AF816627

Produktion und Logistik

Diese Reihe dient der Veröffentlichung neuer Forschungsergebnisse auf den Gebieten der Produktion und Logistik. Aufgenommen werden vor allem herausragende quantitativ orientierte Dissertationen und Habilitationsschriften. Die Publikationen vermitteln innovative Beiträge zur Lösung praktischer Anwendungsprobleme der Produktion und Logistik unter Einsatz quantitativer Methoden und moderner Informationstechnologie.

Kontakt

Professor Dr. Thomas S. Spengler
Technische Universität Braunschweig
Institut für Automobilwirtschaft und Industrielle Produktion
Mühlenpfordtstraße 23
38106 Braunschweig

Jens Christian

Mehrstufige Standortplanung unter ökonomisch-ökologischen Nachhaltigkeitsaspekten

Springer Gabler

Jens Christian
Wirtschaftswissenschaften
Rheinland-Pfälzische Technische
Universität Kaiserslautern-Landau
Kaiserslautern, Deutschland

Vom Fachbereich Wirtschaftswissenschaften der Rheinland-Pfälzischen Technischen
Universität Kaiserslautern-Landau genehmigte Dissertation
D 386
2026

ISSN 1431-6846 ISSN 2628-0108 (electronic)
Produktion und Logistik
ISBN 978-3-658-51326-9 ISBN 978-3-658-51327-6 (eBook)
https://doi.org/10.1007/978-3-658-51327-6

Die Deutsche Nationalbibliothek verzeichnet diese Publikation in der Deutschen Nationalbibliografie; detaillierte bibliografische Daten sind im Internet über https://portal.dnb.de abrufbar.

Planung/Lektorat: Karina Kowatsch
Springer Gabler ist ein Imprint der eingetragenen Gesellschaft Springer Fachmedien Wiesbaden GmbH und ist ein Teil von Springer Nature.
Die Anschrift der Gesellschaft ist: Abraham-Lincoln-Str. 46, 65189 Wiesbaden, Germany

Geleitwort

Die Transformation industrieller Wertschöpfungssysteme in Richtung Klimaneutralität hat in den vergangenen Jahren deutlich an Dynamik gewonnen. Mit dem Übergang in die definitive Phase des europäischen Carbon Border Adjustment Mechanism (CBAM) verändern sich die Rahmenbedingungen für internationale Produktions- und Liefernetzwerke grundlegend. Strategische Standort- und Netzwerkentscheidungen stehen damit zunehmend im Spannungsfeld von Wettbewerbsfähigkeit, Resilienz und Dekarbonisierung.

Vor diesem Hintergrund widmet sich die Dissertation von Herrn Dr. Christian einem hochaktuellen und gleichermaßen wissenschaftlich wie praktisch relevanten Entscheidungsproblem: der mehrstufigen Standort- und Netzwerkplanung unter Berücksichtigung von Emissionszöllen und standortabhängigen Emissionsregulierungen. Ausgangspunkt ist die strukturelle Diskrepanz zwischen regional wirksamer Klimaregulierung und global ausgerichteten Investitions- und Standortentscheidungen. Daraus ergeben sich Zielkonflikte und Verlagerungsanreize, deren Verständnis eine zentrale Voraussetzung für die Wirksamkeit klimapolitischer Instrumente darstellt.

Zur quantitativen Untersuchung dieser Fragestellungen entwickelt Herr Dr. Christian ein mehrperiodiges Optimierungsmodell für strategische Netzwerkentscheidungen, das strukturelle Entscheidungen mit nachfrageseitigen Effekten verknüpft. Hervorzuheben ist insbesondere die standortbezogene Abbildung regulatorischer Instrumente. Damit wird es möglich, die Auswirkungen regulatorischer Instrumente auf Netzwerkstrukturen systematisch zu analysieren sowie die Wechselwirkungen zwischen regulatorischen Rahmenbedingungen und unternehmerischen Entscheidungen quantitativ zu erfassen.

Ein weiterer zentraler Beitrag der Arbeit besteht in der expliziten Berücksichtigung langfristiger regulatorischer Unsicherheiten. Zukünftige Entwicklungen von Emissionsobergrenzen werden mithilfe eines szenariobasierten stochastischen Ansatzes modelliert und durch die Integration des Conditional Value at Risk (CVaR) um eine risikoorientierte Bewertungsdimension ergänzt. Dies ermöglicht die Ausgestaltung robuster Netzwerkstrukturen unter regulatorischer Unsicherheit.

Die vorliegende Arbeit leistet einen wichtigen Beitrag zur Integration ökonomischer und ökologischer Aspekte in eine nachhaltige, von regulatorischer Unsicherheit geprägte

Standortplanung. Ich wünsche der Dissertation von Herrn Dr. Christian daher eine breite Beachtung und nachhaltige Wirkung in Wissenschaft und Praxis.

Kaiserslautern
im Januar 2026

Prof. Dr. Florian Sahling

Vorwort

Die Erhaltung der lebensnotwendigen ökologischen Systeme bei gleichzzeitiger Sicherstellung der ökonomischen Wirtschaftskraft stellt aus meiner Perspektive eine der dringendsten, aber zugleich herausforderndsten Aufgaben der momentanen Zeit dar. Daher bin ich dankbar, dass ich mich im Rahmen meiner Promotion mit einem kleinen Teilbereich dieses umfassenden Gebietes beschäftigen durfte. Die vorliegende Arbeit ist während meiner Zeit als wissenschaftlicher Mitarbeiter am Lehrstuhl für Produktionsmanagement der Rheinland-Pfälzischen Technischen Universität Kaiserslautern-Landau entstanden. Bedanken möchte ich mich an dieser Stelle bei allen Menschen, die mir diesen Weg bereitet und mich bei Erstellung der Dissertation unterstützt sowie begleitet haben.

Mein besonderer Dank gilt meinem Erstgutachter und Betreuer, Prof. Dr. Florian Sahling. Zunächst ist es ihm gelungen, mich von der Möglichkeit einer Promotion zu überzeugen. Im weiteren Verlauf hat er durch fachliche Impulse, sachlich-ruhige Einordnungen, notwendige Freiheiten sowie durch hilfreiches Feedback zum Gelingen des Promotionsvorhabens maßgeblich beigetragen. Ein weiterer Dank ist an meinen Zweitgutachter, Prof. Dr. Karsten Kieckhäfer, gerichtet. Neben seiner Bereitschaft zur Mitwirkung an meinem Promotionsvorhaben sei ihm insbesondere für den fachlich-inspirierenden und motivierenden Austausch in Kopenhagen gedankt. Prof. Dr. Gordon Müller-Seitz danke ich herzlich für die Bereitschaft zur Übernahme des Vorsitzes der Promotionskommission. Gleichermaßen sei Prof. Dr. Daniel Heyen für seine Mitwirkung als weiterer Prüfer gedankt.

Zudem danke ich meinen Lehrstuhl-Kollegen Dr. Pierre Kohlmann und Dr. Stephan Köppel, die mich bei den täglichen Herausforderungen des akademischen Lebens mit offener Art begleitet sowie stets mit Rat und Tat unterstützt haben. Besonders dankbar bin ich für die freundliche Aufnahme und den regelmäßigen Austausch zu Beginn unserer gemeinsamen Zeit am Lehrstuhl, die initial vor allem von den Herausforderungen der Corona-Pandemie geprägt war. Ebenso sei dem Kollegen Lukas Bath sowie allen Kolleginnen sowie Kollegen des ILO-Profilbereichs für die Gespräche bei den gemeinsamen Mittagessen und den Feierabendtreffen gedankt. Bei Carmen Kranz möchte ich mich für die stets engagierte Unterstützung bei jeglichen administrativen Angelegenheiten bedanken. Ein weiterer Dank gilt unseren studentischen und wissenschaftlichen Hilfskräften, mit denen ich im Laufe der Jahre zusammenarbeiten durfte und die mich stets zuverlässig unterstützt haben: Judith Huwer, Christoph Schäfer, Nicholas Beltz, Linda Bentzen, Paul Honecker, Justin Jordan Paulitsch, Martin Speck und Lukas Sutor. Ein besonderer Dank für die tatkräftige Unterstützung bei der Erstellung der Veröffentlichungsversion dieser Dissertation gilt dabei Justin Jordan Paulitsch, Martin Speck und Lukas Sutor. Gleichermaßen danke ich den zahlreichen Studierenden, deren Projekt-, Seminar- sowie Abschlussarbeiten ich betreuen durfte, für den inhaltlichen Austausch und den damit verbundenen Perspektivwechsel.

Neben dem beruflichen Umfeld wäre mir die Bewältigung des Promotionsvorhabens ohne mein familiäres und freundschaftliches Umfeld nicht möglich gewesen. Bedanken möchte ich mich einerseits für die direkte Unterstützung bei der Ausarbeitung der Dissertation, etwa durch reflektierende Gespräche oder Korrekturlesen der Entwurfsversionen. Andererseits haben die zahlreichen gemeinsamen Aktivitäten nicht nur große Freude bereitet, sondern mir im Anschluss ein stets produktiveres Weiterarbeiten an meinem Promotionsvorhaben ermöglicht. Ein besonderer Dank gilt dabei meinen Eltern, die mir hilfreiche Fähigkeiten wie Ausdauer, Durchhaltevermögen und Genauigkeit mit auf den Weg gegeben haben. Zudem haben Sie mir Freiheiten gelassen, meinen eigenen Weg zu suchen, und mich zugleich verlässlich auf diesem unterstützt. Auch allen weiteren Mitgliedern meiner Familie, meiner Schwiegerfamilie und meines Freundeskreises sei an dieser Stelle ebenfalls explizit gedankt. Meiner Frau Konstanze, die mich auf dem tagtäglichen Weg zur Promotion begleitet, unterstützt und ausgehalten hat, gilt jedoch der größte Dank. Sie hat mir nicht nur den notwendigen Freiraum gegeben, um mich in Ruhe meiner Promotion zu widmen. Vielmehr hat sie mir auch immer wieder Aktivitäten außerhalb der Forschung ermöglicht, die mich geerdet und motiviert haben. Für die Unterstützung auf allen Ebenen in der zeitintensiven Schlussphase sei ihr im Besonderen gedankt. Gewidmet sei die Arbeit jedoch denen, die sie nicht mehr lesen können: Opa Peter, Oma Gertrud, Opa Heinrich und Oma Frieda.

Kaiserslautern
im Januar 2026

Jens Christian

Interessenkonflikt Der Autor hat keine relevanten Interessenskonflikte im Zusammenhang mit dieser Publikation.

Inhaltsverzeichnis

Abkürzungsverzeichnis

Allgemeine Abkürzungen

APS	Advanced Planning Systems
CBAM	Carbon Border Adjustment Mechanism
CH_4	Methan
CO_2	Kohlendioxid
ERP	Enterprise Resource Planning
FKW	Fluorkohlenwasserstoffe
H-FKW	Halogenierte Fluorkohlenwasserstoffe
FLP	Facility-Location-Problem
LP	Lineare Programmierung
MP	Mathematische Programmierung
MRP	Material Requirements Planning
N_2O	Distickstoffoxid
SCND	Supply Chain Network Design
SF_6	Schwefelhexafluorid
SND-CT-CP	Supply Network Design with Carbon Tariffs and Car-bon Policies (dt. Mehrstufiges Standortplanungsproblem mit Emissionszöllen und standortabhängigen Emissionsregulierungen)
SND-CT-CP (detEO)	SND-CT-CP mit deterministischer Emissionsobergrenze
SND-CT-CP (keineEO)	SND-CT-CP ohne Berücksichtigung der Emissionsobergrenzen

SND-CT-CP-F&O	Unterproblem des SND-CT-CP zur Umsetzung der Fix&Optimize-Heuristik
S-SND-CT-CP-det	Stochastic-deterministic Supply Network Design with Carbon Tariffs and Carbon Policies (dt. Stochastischdeterministisches Ersatzmodell für das mehrstufige Standortplanungsproblem mit Emissionszöllen und standortabhängigen Emissionsregulierungen)
S-SND-CT-CP-gen	Stochastic-generic Supply Network Design with Carbon Tariffs and Carbon Policies (dt. Stochastisch-generisches mehrstufiges Standortplanungsproblem mit Emissionszöllen und standortabhängigen Emissionsregulierungen)
S-SND-CT-CP-ris	Stochastic Supply Network Design with Carbon Tariffs and Carbon Policies under Risk (dt. Stochastisches mehr-stufiges Standortplanungsproblem mit Emissionszöllen und standortabhängigen Emissionsregulierungen unter Risiko)
S-SND-CT-CP-sim	Modellformulierung des S-SND-CT-CP-det zur Durchführung der simulationsbasierten Analyse

Auswertungsbezogene Abkürzungen

$AbwO_{TI}$	Relative Abweichung von oberen Schranke einer Testinstanz
$AbwU_{TI}$	Relative Abweichung von der unteren Schranke einer Testinstanz
AbwZ	Relative Abweichung der Zielfunktionswerte von S-SND-CT-CP-sim und S-SND-CT-CP-det
ÄndBAG	Relative Änderung der Beschaffungsauszahlungen gegenüber der Ausgangssituation
ÄndEm	Relative Änderung der Emissionen gegenüber der Ausgangssituation
ÄndKap	Relative Änderung des Kapitalwerts gegenüber der Ausgangssituation
ÄndRAG	Relative Änderung der Resilienzauszahlungen gegenüber der Ausgangssituation
AntStM	Anteil in Mitgliedsstaaten errichteter Standorte

AntStN	Anteil in Nicht-Mitgliedsstaaten errichteter Standorte
BAG	Gesamte Auszahlungen für Beschaffung
DabwO	Durchschnittliche relative Abweichung von der oberen Schranke
DabwU	Durchschnittliche relative Abweichung von der unteren Schranke
DAbwZ	Durchschnittliche relative Abweichung der Zielfunktionswerte von S-SND-CT-CP-sim und S-SND-CT-CP-det
DAntLS	Durchschnittlicher Anteil der Simulationsszenarien mit Lost-Sales
DAnzL	Durchschnittliche Anzahl an Lieferanten je Komponente und Periode
DDualGap	Durchschnittliches Duality Gap
DResil	Durchschnittlich realisierter Resilienzscore
DResilMin	Durchschnittlicher Mindestresilienzscore
DUnzSz	Durchschnittlicher Anteil unzulässig gelöster Simulationsszenarien
DUnzJKNT	Durchschnittlicher Anteil unzulässiger Nachfrageort-Produkt-Nachfragestufen-Perioden-Kombinationen
$DZeit^H$	Durchschnittliche Berechnungszeit einer Lösung mittels Fix&Optimize-Heuristik
$DZeit^G$	Durchschnittliche Berechnungszeit einer Lösung mittels Standardsolver Gurobi
DZulSz	Durchschnittlicher Anteil zulässig gelöster Simulationsszenarien
EHAG	Gesamte Auszahlungen für Emissionshandel
EH I	Niveau I des Emissionshandelssystems
EH II	Niveau II des Emissionshandelssystems
EH II-capI	Niveau II des Emissionshandelssystems mit Emissionscapniveau I
EH II-capII	Niveau II des Emissionshandelssystems mit Emissionscapniveau II
EH II-capIII	Niveau II des Emissionshandelssystems mit Emissionscapniveau III
EH II-capIV	Niveau II des Emissionshandelssystems mit Emissionscapniveau IV
EH II-capV	Niveau II des Emissionshandelssystems mit Emissionscapniveau V
EH III	Niveau III des Emissionshandelssystems
EH IV	Niveau IV des Emissionshandelssystems
EH V	Niveau V des Emissionshandelssystems

EmG	Gesamtemissionen
EmM	In Mitgliedsstaaten entstandene Emissionen
EmN	In Nicht-Mitgliedsstaaten entstandene Emissionen
EO I	Niveau I der periodenspezifischen Emissionsobergrenzen
EO II	Niveau II der periodenspezifischen Emissionsobergrenzen
EO III	Niveau III der periodenspezifischen Emissionsobergrenzen
EO IV	Niveau IV der periodenspezifischen Emissionsobergrenzen
EO V	Niveau V der periodenspezifischen Emissionsobergrenzen
ESAG	Gesamte Auszahlungen für Emissionssteuern
ES I	Niveau I der Emissionssteuern
ES II	Niveau II der Emissionssteuern
ES III	Niveau III der Emissionssteuern
ES IV	Niveau IV der Emissionssteuern
ES V	Niveau V der Emissionssteuern
EZ I	Niveau I der Emissionszölle
EZ II	Niveau II der Emissionszölle
EZ III	Niveau III der Emissionszölle
EZ IV	Niveau IV der Emissionszölle
EZ V	Niveau V der Emissionszölle
EZ VI	Niveau VI der Emissionszölle
EZ VII	Niveau VII der Emissionszölle
EZAG	Gesamte Auszahlungen für Emissionszölle
F&O-comb	Fix&Optimize-Heuristik mit kombiniert-sukzessiver Dekomposition
F&O-loc	Fix&Optimize-Heuristik mit standortorientierter Dekomposition
F&O-per	Fix&Optimize-Heuristik mit periodenorientierter Dekomposition
Gap_{TI}	Absolutes Duality Gap einer Testinstanz
Imp1	Anteil der Komponenten, die von Lieferanten in Nicht-Mitgliedsstaaten zu Produktionswerken in Mitgliedsstaaten importiert werden
Imp2	Anteil der Produkte, die von Produktionswerken in Nicht-Mitgliedsstaaten zu Distributionszentren in Mitgliedsstaaten importiert werden
Imp3	Anteil der Produkte, die von Distributionszentren in Nicht-Mitgliedsstaaten zu Nachfrageorten in Mitgliedsstaaten importiert werden
JKNT	Nachfrageort-Produkt-Nachfragestufen-Perioden(-Kombination)
MaxAbwO	Größter auf die obere Schranke bezogener Abweichungswert

MaxAbwU	Größter auf die untere Schranke bezogener Abweichungswert
MaxAbwZ	Größter relativer Abweichungswert der Zielfunktionswerte von S-SND-CT-CP-sim und S-SND-CT-CP-det
MinAbwO	Kleinster auf die obere Schranke bezogener Abweichungswert
MinAbwU	Kleinster auf die untere Schranke bezogener Abweichungswert
MinAbwZ	Kleinster relativer Abweichungswert der Zielfunktionswerte von S-SND-CT-CP-sim und S-SND-CT-CP-det
NfrG	Gesamtausmaß der Nachfragebefriedigung
NfrM	Ausmaß der Nachfragebefriedigung in Mitgliedsstaaten
NfrN	Ausmaß der Nachfragebefriedigung in Nicht-Mitgliedsstaaten
OptGel	Anteil optimal gelöster Testinstanzen
PK	Problemklasse
P1M	Anteil der mit radikaler Technologiestufe in Mitgliedsstaaten errichteten Produktionswerke
P1N	Anteil der mit radikaler Technologiestufe in Nicht-Mitgliedsstaaten errichteten Produktionswerke
P2M	Anteil der mit innovativer Technologiestufe in Mitgliedsstaaten errichteten Produktionswerke
P2N	Anteil der mit innovativer Technologiestufe in Nicht-Mitgliedsstaaten errichteten Produktionswerke
P3M	Anteil der mit konventioneller Technologiestufe in Mitgliedsstaaten errichteten Produktionswerke
P3N	Anteil der mit konventioneller Technologiestufe in Nicht-Mitgliedsstaaten errichteten Produktionswerke
RAG	Gesamte Auszahlungen für Resilienz
RSA 0	Niveau 0 der Resilienzauszahlungen
RSA I	Niveau I der Resilienzauszahlungen
RSA II	Niveau II der Resilienzauszahlungen
RSA III	Niveau III der Resilienzauszahlungen
RSA IV	Niveau IV der Resilienzauszahlungen
RSC 0	Niveau 0 des Mindestresilienzscores
RSC I	Niveau I des Mindestresilienzscores
RSC II	Niveau II des Mindestresilienzscores
RSC III	Niveau III des Mindestresilienzscores
RSC IV	Niveau IV des Mindestresilienzscores
SAG	Gesamte Auszahlungen für Standorte
SIP	Gesamte Einzahlungen für den Verkauf der Produkte
TAG	Gesamte Auszahlungen für Transporte

TI	Testinstanz
WC1	Worst-Case-Ansatz 1 (theoretisch-geringstes Szenario)
WC2	Worst-Case-Ansatz 2 (realisiert-geringstes Szenario)
ZeitLim^{G}	Zeitlimit des Standardsolvers Gurobi
#OptGel	Anzahl optimal gelöster Testinstanzen
#TI	Anzahl der Testinstanzen

Symbolverzeichnis

Indizes und Indexmengen:

$c \in \mathcal{C}$	Menge der Komponenten
$i \in \mathcal{I}$	Menge der potentiellen Standorte für die Distributionszentren
$j \in \mathcal{J}$	Menge der Nachfrageorte
$k \in \mathcal{K}$	Menge der Produkte
$l \in \mathcal{L}$	Menge der Lieferanten
$m \in \mathcal{M}$	Menge der Transportmodi
$n \in \mathcal{N}$	Menge der Nachfragestufen
$p \in \mathcal{P}$	Menge der (Produktions-)Technologiestufen
$s \in \mathcal{S}$	Menge der Szenarien
$t \in \mathcal{T}$	Menge der Perioden
$w \in \mathcal{W}$	Menge der potentiellen Standorte für die Produktionswerke,
$\mathcal{LCT}$	Menge der Lieferanten-Komponenten-Perioden-Kombinationen (l, c, t)
$\mathcal{WPT}$	Menge der Produktionswerke-Technologiestufen-Perioden-Kombinationen (w, p, t)
$\mathcal{IT}$	Menge der Distributionszentren-Perioden-Kombinationen (i, t)
$\mathcal{JKNT}$	Menge der Produkt-Nachfragestufen-Nachfrageorte-Perioden-Kombinationen (j, k, n, t)

Teilmengen:

$\mathcal{C}_l \subseteq \mathcal{C}$	Teilmenge der bei Lieferant l verfügbaren Komponenten
$\mathcal{I}_{CCT} \subseteq \mathcal{I}$	Teilmenge der potentiellen Standorte für die Distributionszentren mit Emissionshandelssystem
$\mathcal{I}_{CTX} \subseteq \mathcal{I}$	Teilmenge der potentiellen Standorte für die Distributionszentren mit Emissionssteuer
$\mathcal{I}_{ER} \subseteq \mathcal{I}$	Teilmenge der potentiellen Standorte für die Distributionszentren mit Emissionsregulierung(en)
$\mathcal{I}_M \subseteq \mathcal{I}$	Teilmenge der potentiellen Standorte für die Distributionszentren, die in einem Mitgliedsstaat liegen
$\mathcal{I}_N \subseteq \mathcal{I}$	Teilmenge der potentiellen Standorte für die Distributionszentren,die in einem Nicht-Mitgliedsstaat liegen
$\mathcal{I}_{PC} \subseteq \mathcal{I}$	Teilmenge der potentiellen Standorte für die Distributionszentren mit periodenspezifischer Emissionsobergrenze
$\mathcal{J}_M \subseteq \mathcal{J}$	Teilmenge der Nachfrageorte, die in einem Mitgliedsstaat liegen
$\mathcal{L}_M \subseteq \mathcal{L}$	Teilmenge der Lieferanten, die in einem Mitgliedsstaat liegen
$\mathcal{L}_N \subseteq \mathcal{L}$	Teilmenge der Lieferanten, die in einem Nicht-Mitgliedsstaat liegen
$\mathcal{M}_l \subseteq \mathcal{M}$	Teilmenge der bei Lieferant l verfügbaren Transportmodi
$\mathcal{M}_w \subseteq \mathcal{M}$	Teilmenge der an Werk w verfügbaren Transportmodi
$\mathcal{M}_i \subseteq \mathcal{M}$	Teilmenge der an Distributionszentrum i verfügbaren Transportmodi
$\mathcal{W}_{CCT} \subseteq \mathcal{W}$	Teilmenge der potentiellen Standorte für die Produktionswerke mit Emissionshandelssystem
$\mathcal{W}_{CTX} \subseteq \mathcal{W}$	Teilmenge der potentiellen Standorte für die Produktionswerke mit Emissionssteuer
$\mathcal{W}_{ER} \subseteq \mathcal{W}$	Teilmenge der potentiellen Standorte für die Produktionswerke mit Emissionsregulierung(en)
$\mathcal{W}_M \subseteq \mathcal{W}$	Teilmenge der potentiellen Standorte für die Produktionswerke, die in einem Mitgliedsstaat liegen
$\mathcal{W}_N \subseteq \mathcal{W}$	Teilmenge der potentiellen Standorte für die Produktionswerke, die in einem Nicht-Mitgliedsstaat liegen
$\mathcal{W}_{PC} \subseteq \mathcal{W}$	Teilmenge der potentiellen Standorte für die Produktionswerke mit periodenspezifischer Emissionsobergrenze
$\mathcal{LCT}^{opt}$	Teilmenge der Lieferanten-Komponenten-Perioden-Kombinationen (l, c, t), deren zugehörige Lieferantenauswahlvariablen im betrachteten Unterproblem optimiert werden

$\mathcal{LCT}^{fix}$ Teilmenge der Lieferanten-Komponenten-Perioden-Kombinationen (*l*, *c*, *t*), deren zugehörige Lieferantenauswahlvariablen im betrachteten Unterproblem fixiert sind

$\mathcal{WPT}^{opt}$ Teilmenge der Produktionswerke-Technologiestufen-Perioden-Kombinationen (*w*, *p*, *t*), deren zugehörige Binärvariablen für Errichtung, Betrieb, Schließung sowie Technologieänderung der Produktionswerke im betrachteten Unterproblem optimiert werden

$\mathcal{WPT}^{fix}$ Teilmenge der Produktionswerke-Technologiestufen-Perioden-Kombinationen (*w*, *p*, *t*), deren zugehörige Binärvariablen für Errichtung, Betrieb, Schließung sowie Technologieänderung der Produktionswerke im betrachteten Unterproblem fixiert sind

$\mathcal{IT}^{opt}$ Teilmenge der Distributionszentren-Perioden-Kombinationen (*i*, *t*), deren zugehörige Binärvariablen für Errichtung, Betrieb und Schließung der Distributionszentren im betrachteten Unterproblem optimiert werden

$\mathcal{IT}^{fix}$ Teilmenge der Distributionszentren-Perioden-Kombinationen (*i*, *t*), deren zugehörige Binärvariablen für Errichtung, Betrieb und Schließung der Distributionszentren im betrachteten Unterproblem fixiert sind

$\mathcal{JKNT}^{opt}$ Teilmenge der Produkt-Nachfragestufen-Nachfrageorte-Perioden-Kombinationen (*j*, *k*, *n*, *t*), deren zugehörige Binärvariablen für die Nachfragebefriedigung optimiert werden

$\mathcal{JKNT}^{fix}$ Teilmenge der Produkt-Nachfragestufen-Nachfrageorte-Perioden-Kombinationen (*j*, *k*, *n*, *t*), deren zugehörige Binärvariablen für die Nachfragebefriedigung fixiert sind

Parameter:

an_{ck} Für Produktion einer Einheit des Produkts *k* benötigte Menge an Komponente *c* (Direktbedarfskoeffizient)

$\widehat{ac}_{lct}$ Auszahlung für die Beschaffung einer Einheit von Komponente *c* bei Lieferant *l* in Periode *t*

$\hat{c}_{lc}^{max}$ Maximalbestellmenge von Komponente *c* bei Lieferant *l*

$\hat{c}_{lc}^{min}$ Mindestbestellmenge von Komponente *c* bei Lieferant *l*

$\tilde{c}_{wp}^{max}$ Kapazität des potentiellen Produktionswerks *w* mit Technologiestufe *p*

c_i^{max} Kapazität des potentiellen Distributionszentrums *i*

$\widehat{ctu}_c$	Kapazitätsverbrauch je transportierter Einheit von Komponente c
$\widetilde{ctu}_k$	Kapazitätsverbrauch je transportierter Einheit von Produkt k
$\widetilde{cu}_{kp}$	Kapazitätsverbrauch je produzierter Einheit von Produkt k in Technologiestufe p
cu_k	Kapazitätsverbrauch je umgeschlagener Einheit von Produkt k
d_{jknt}^{min}	Mindestnachfrage nach Produkt k am Nachfrageort j in Nachfragestufe n und Periode t
d_{jknt}^{max}	Maximalnachfrage nach Produkt k am Nachfrageort j in Nachfragestufe n und Periode t
$\widetilde{ecap}_{wt}$	Emissionscap am potentiellen Produktionswerk w in Periode t
$ecap_{it}$	Emissionscap am potentiellen Distributionszentrum i in Periode t
$\widetilde{eh}_{wt}$	Ein- bzw. Auszahlung (je Emissionseinheit) für gehandelte Emissionsberechtigungen am potentiellen Produktionswerk w in Periode t
eh_{it}	Ein- bzw. Auszahlung (je Emissionseinheit) für gehandelte Emissionsberechtigungen am potentiellen Distributionszentrum i in Periode t
$\widehat{em}_{lwcmt}$	Emissionsfußabdruck je Einheit von Komponente c, welche in Periode t in Transportmodus m von Lieferant l in einem Mitgliedsstaat ($l \in \mathcal{L}_M$) zum potentiellen Produktionswerk w transportiert wird
$\widetilde{em}_{wpikmt}$	Emissionsfußabdruck je Einheit von Produkt k, welches in Periode t in Transportmodus m vom potentiellen Produktionswerk w in einem Mitgliedsstaat ($w \in \mathcal{W}_M$) mit Technologiestufe p zum potentiellen Distributionszentrum i transportiert wird
em_{ijkmt}	Emissionsfußabdruck je Einheit von Produkt k, welches in Periode t in Transportmodus m vom potentiellen Distributionszentrum i in einem Mitgliedsstaat ($i \in \mathcal{I}_M$) zum Nachfrageort j transportiert wird
$\widehat{em}_{lwcmt}^N$	Emissionsfußabdruck je Einheit von Komponente c, welche in Periode t in Transportmodus m von Lieferant l in einem Nicht-Mitgliedsstaat ($l \in \mathcal{L}_N$) zum potentiellen Produktionswerk w transportiert wird
$\widetilde{em}_{wpikmt}^N$	Emissionsfußabdruck je Einheit von Produkt k, welches in Periode t in Transportmodus m vom potentiellen Produktionswerk w in einem Nicht-Mitgliedsstaat ($w \in \mathcal{W}_N$) mit Technologiestufe p zum potentiellen Distributionszentrum i transportiert wird
em_{ijkmt}^N	Emissionsfußabdruck je Einheit von Produkt k, welches in Periode t in Transportmodus m vom potentiellen Distributionszentrum i in einem Nicht-Mitgliedsstaat ($i \in \mathcal{I}_N$) zum Nachfrageort j transportiert wird
eo_t^{PC}	Periodenspezifische Emissionsobergrenze in Periode t
$eo_t^{s,PC}$	Periodenspezifische Emissionsobergrenze in Szenario s und Periode t

$\widetilde{es}_{wt}$	Auszahlung (je Emissionseinheit) für Emissionssteuern am potentiellen Produktionswerk w in Periode t
es_{it}	Auszahlung (je Emissionseinheit) für Emissionssteuern am potentiellen Distributionszentrum i in Periode t
$\widehat{ez}_{lwt}$	Auszahlung (je Emissionseinheit) für Emissionszölle von Lieferant l zum potentiellen Produktionswerk w in Periode t
$\widetilde{ez}_{wit}$	Auszahlung (je Emissionseinheit) für Emissionszölle vom potentiellen Produktionswerk w zum potentiellen Distributionszentrum i in Periode t
ez_{ijt}	Auszahlung für Emissionszölle (je Emissionseinheit) vom potentiellen Distributionszentrum i zum Nachfrageort j je emittierter Einheit in Periode t
$\widetilde{fc}^{est}_{wp}$	Auszahlung für die Errichtung eines Produktionswerks am potentiellen Standort w mit Technologiestufe p
$\widetilde{fc}^{ope}_{wp}$	Auszahlung für den Betrieb eines Produktionswerks am potentiellen Standort w mit Technologiestufe p
$\widetilde{fc}^{clo}_{wp}$	Auszahlung für die Schließung eines Produktionswerks am potentiellen Standort w mit Technologiestufe p
$\widetilde{fc}^{tec,off}_{wp}$	Auszahlung für die Deinstallation der Technologiestufe p am bereits errichteten Produktionswerk w
$\widetilde{fc}^{tec,on}_{wp}$	Auszahlung für die Neuinstallation der Technologiestufe p am bereits errichteten Produktionswerk w
fc^{est}_{i}	Auszahlung für die Errichtung eines Distributionszentrums am potentiellen Standort i
fc^{ope}_{i}	Auszahlung für den Betrieb eines Distributionszentrums am potentiellen Standort i
fc^{clo}_{i}	Auszahlung für die Schließung eines Distributionszentrums am potentiellen Standort i
iz_t	Interner Zinssatz in Periode t
$\widehat{mod}^{max}_{lm}$	Modusspezifische Kapazität für Transporte ab Lieferant l
$\widetilde{mod}^{max}_{wm}$	Modusspezifische Kapazität für Transporte ab Produktionswerk w
mod^{max}_{im}	Modusspezifische Kapazität für Transporte ab Distributionszentrum i
rsa_{lct}	Durch Resilienz bedingte fixe Auszahlung bei Auswahl von Lieferant l für Komponente c
rsc_l	Resilienzscore von Lieferant l
rsc^{min}_{c}	Mindestens einzuhaltender Gesamtresilienzscore für Komponente c
sp_{jknt}	Einzahlung je verkaufter Einheit von Produkt k an Nachfrageort j in Nachfragestufe n und Periode t

$\widehat{tc}_{lwcmt}$	Auszahlung je transportierter Einheit von Komponente c von Lieferant l zum potentiellen Produktionswerk w in Transportmodus m in Periode t
$\widetilde{tc}_{wikmt}$	Auszahlung je transportierter Einheit von Produkt k vom potentiellen Produktionswerk w zum potentiellen Distributionszentrum i in Transportmodus m in Periode t
tc_{ijkmt}	Auszahlung je transportierter Einheit von Produkt k vom potentiellen Distributionszentrum i zu Nachfrageort j in Transportmodus m in Periode t
β_{jkt}	Vorgegebener β-Servicegrad für Produkt k an Nachfrageort j in Periode t
λ	Risikoneigung der Entscheidungsperson
μ	Conditional-Value-at-Risk-bezogene Wahrscheinlichkeit
π^s	Eintritts-Wahrscheinlichkeit von Szenario s
$\overline{LP_t}$	Fixierte Auszahlungen für Standorte in Periode t
$\overline{RP_t}$	Fixierte Auszahlungen für Resilienz in Periode t
$\overline{\alpha_{lct}}$	Fixierte Binärvariable für die Lieferantenauswahl von Komponente c bei Lieferant l in Periode t
$\overline{\gamma_{wpt}^{est}}$	Fixierte Binärvariable für die Errichtung von Produktionswerk w mit Technologiestufe p in Periode t
$\overline{\gamma_{wpt}^{ope}}$	Fixierte Binärvariable für den Betrieb von Produktionswerk w mit Technologiestufe p in Periode t
$\overline{\gamma_{wpt}^{clo}}$	Fixierte Binärvariable für die Schließung von Produktionswerk w mit Technologiestufe p zum Ende einer Periode t
$\overline{\rho_{wpt}^{tec,off}}$	Fixierte Binärvariable für die Deinstallation von Technologiestufe p am (bereits errichteten) Produktionswerk w in Periode t
$\overline{\rho_{wpt}^{tec,on}}$	Fixierte Binärvariable für die Neuinstallation von Technologiestufe p am (bereits errichteten) Produktionswerk w in Periode t
$\overline{\psi_{it}^{est}}$	Fixierte Binärvariable für die Errichtung von Distributionszentrum i in Periode t
$\overline{\psi_{it}^{ope}}$	Fixierter Binärvariable für den Betrieb von Distributionszentrum i in Periode t
$\overline{\psi_{it}^{clo}}$	Fixierte Binärvariable für die Schließung von Distributionszentrum i zum Ende einer Periode t
$\overline{\omega_{jknt}}$	Fixierte Binärvariable für die Nachfragebefriedigung von Produkt k in Nachfragestufe n an Nachfrageort j in Periode t

Hilfsvariablen:

NPV	Kapitalwert
NPV^s	Kapitalwert in Szenario s
AP_t	Gesamte Auszahlungen für Beschaffung in Periode t
AP_t^s	Gesamte Auszahlungen für Beschaffung in Periode t in Szenario s
$CCTP_t$	Gesamte Auszahlungen für Emissionshandel in Periode t
$CCTP_t^s$	Gesamte Auszahlungen für Emissionshandel in Periode t in Szenario s
$CTXP_t$	Gesamte Auszahlungen für Emissionssteuern in Periode t
$CTXP_t^s$	Gesamte Auszahlungen für Emissionssteuern in Periode t in Szenario s
$CTFP_t$	Gesamte Auszahlungen für Emissionszölle in Periode t
$CTFP_t^s$	Gesamte Auszahlungen für Emissionszölle in Periode t in Szenario s
LP_t	Gesamte Auszahlungen für Standorte in Periode t
RP_t	Gesamte Auszahlungen für Resilienzzahlungen in Periode t
SIP_t	Gesamte Einzahlungen für Verkauf der Produkte in Periode t
SIP_t^s	Gesamte Einzahlungen für Verkauf der Produkte in Periode t in Szenario s
TP_t	Gesamte Auszahlungen für Transporte in Periode t
TP_t^s	Gesamte Auszahlungen für Transporte in Periode t in Szenario s
Z^{det}	Zielfunktionswert des S-SND-CT-CP-det
Z^{ris}	Zielfunktionswert des S-SND-CT-CP-ris
Z^{sim}	Zielfunktionswert des S-SND-CT-CP-sim
ρ^0	Hilfsvariable zur Ermittlung des Conditional Value at Risk
ρ^s	Szenariospezifische Hilfsvariable zur Ermittlung des Conditional Value at Risk

Entscheidungsvariablen:

$CVaR$	Conditional Value at Risk
D_{jknt}	Realisierte Nachfrage nach Produkt k an Nachfrageort j in Nachfragestufe n in Periode t
D_{jknt}^s	Realisierte Nachfrage nach Produkt k an Nachfrageort j in Nachfragestufe n in Periode t in Szenario s
LS_{jknt}^s	Lost-Sales an Produkt k von Nachfrageort j in Nachfragestufe n und Periode t in Szenario s
$\widehat{X}_{lwcmt}$	Transportmenge an Komponente c von Lieferant l zu Produktionswerk w in Transportmodus m in Periode t
$\widehat{X}_{lwcmt}^s$	Transportmenge von Komponente c von Lieferant l zu Produktionswerk w in Transportmodus m in Periode t in Szenario s

$\widetilde{X}_{wpikmt}$	Transportmenge an Produkt k vom Produktionswerk w mit Technologiestufe p zu Distributionszentrum i in Transportmodus m in Periode t
$\widetilde{X}^{s}_{wpikmt}$	Transportmenge von Produkt k vom Produktionswerk w mit Technologiestufe p zu Distributionszentrum i in Transportmodus m in Periode t in Szenario s
X_{ijkmt}	Transportmenge an Produkt k vom Distributionszentrum i zu Nachfrageort j in Transportmodus m in Periode t
X^{s}_{ijkmt}	Transportmenge von Produkt k vom Distributionszentrum i zu Kundenort j in Transportmodus m in Periode t in Szenario s
α_{lct}	Binäre Lieferantenauswahlvariable von Komponente c bei Lieferant l in Periode t
γ^{est}_{wpt}	Binäre Errichtungsvariable für Produktionswerk w mit Technologiestufe p in Periode t
γ^{ope}_{wpt}	Binäre Betriebsvariable für Produktionswerk w mit Technologiestufe p in Periode t
γ^{clo}_{wpt}	Binäre Schließungsvariable für Produktionswerk w mit Technologiestufe p in Periode t
$\rho^{tec,off}_{wpt}$	Binäre Deinstallationsvariable für Technologiestufe p am (bereits errichteten) Produktionswerk w in Periode t
$\rho^{tec,on}_{wpt}$	Binäre Neuinstallationsvariable für Technologiestufe p am (bereits errichteten) Produktionswerk w in Periode t
ψ^{est}_{it}	Binäre Errichtungsvariable für Distributionszentrum i in Periode t
ψ^{ope}_{it}	Binäre Betriebsvariable für Distributionszentrum i in Periode t
ψ^{clo}_{it}	Binäre Schließungsvariable für Distributionszentrum i zum Ende einer Periode t
ω_{jknt}	Binäre Nachfragebefriedigungsvariable für Produkt k in Nachfragestufe n an Nachfrageort j in Periode t
ω^{s}_{jknt}	Binäre Nachfragebefriedigungsvariable für Produkt k in Nachfrageort j an Nachfragestufe n in Periode t in Szenario s

Zufallsvariablen:

$\boldsymbol{AP_t}$	Zufallsvariable der gesamten Auszahlungen für Beschaffung in Periode t
$\boldsymbol{CCTP_t}$	Zufallsvariable der gesamten Auszahlungen für Emissionshandel in Periode t
$\boldsymbol{CTXP_t}$	Zufallsvariable der gesamten Auszahlungen für Emissionssteuern in Periode t

$\boldsymbol{CTFP_t}$	Zufallsvariable der gesamten Auszahlungen für Emissionszölle in Periode t
$\boldsymbol{D_{jknt}}$	Zufallsvariable der realisierten Nachfrage nach Produkt k an Nachfrageort j in Nachfragestufe n in Periode t
$\boldsymbol{EO_t^{PO}}$	Zufallsvariable der unsicheren Emissionsobergrenze in Periode t
$\boldsymbol{LS_{jknt}}$	Zufallsvariable der Lost-Sales von Produkt k an Nachfrageort j in Nachfragestufe n in Periode t
$\boldsymbol{NPV}$	Zufallsvariable des Kapitalwerts
$\boldsymbol{SIP_t}$	Zufallsvariable der gesamten Einzahlungen für Verkauf der Produkte in Periode t
$\boldsymbol{TP_t}$	Zufallsvariable der gesamten Auszahlungen für Transporte in Periode t
$\boldsymbol{\widehat{X}_{lwcmt}}$	Zufallsvariable der Transportmenge von Komponente c von Lieferant l zu Produktionswerk w in Transportmodus m in Periode t
$\boldsymbol{\widetilde{X}_{wpikmt}}$	Zufallsvariable der Transportmenge von Produkt k vom Produktionswerk w mit Technologiestufe p zu Distributionszentrum i in Transportmodus m in Periode t
$\boldsymbol{X_{ijkmt}}$	Zufallsvariable der Transportmenge von Produkt k vom Distributionszentrum i zu Kundenort j in Transportmodus m in Periode t
$\boldsymbol{Z^{gen}}$	Zufallsvariable des Zielfunktionswerts des S-SND-CT-CP-gen
$\boldsymbol{\omega_{jknt}}$	Zufallsvariable der Nachfragebefriedigung für Produkt k in Nachfragestufe n an Nachfrageort j in Periode t

Weitere Symbole:

$\overline{ap}_{kt}$	Durchschnittliche Auszahlungen für Beschaffung von Produkt k in Periode t
d^{max}	Maximale Entfernung zwischen zwei Orten im betrachteten Koordinatensystem
$d_{ab}^{(2)}$	Euklidische Entfernung zwischen a und b
$\underline{dd_{jkt}}$	Nachfragerealisation an Kundenort j nach Produkt k in Periode t
$\overline{DN_k}$	Durchschnittliche Nachfrage nach Produkt k
$em_{ab,c/k,mt}$	Emissionsfußabdruck von Komponente c bzw. Produkt k, welche(s) in Periode t in Transportmodus m von Standort a zu Standort b transportiert wird
emf_a	Emissionsfaktor von Standort a
$emfm_m$	Modusbezogener Emissionsfaktor
$ent^{A,PC}$	Unterer Grenzwert des dreiecksverteilten Entwicklungsfaktors
$ent^{B,PC}$	Oberer Grenzwert des dreiecksverteilten Entwicklungsfaktors

$ent^{C,PC}$	Modus des dreiecksverteilten Entwicklungsfaktors
$ent^{s,PC}$	Entwicklungsfaktor der periodenspezifischen Emissionsobergrenze in Szenario s
eo^{A}	Unterer Grenzwert der dreiecksverteilten Emissionsobergrenze
eo^{B}	Oberer Grenzwert der dreiecksverteilten Emissionsobergrenze
eo^{C}	Modus der dreiecksverteilten Emissionsobergrenze
$eo^{C,det}$	Modus der dreiecksverteilten Emissionsobergrenze des S-SND-CT-CP-det
$eo^{C,sim}$	Modus der dreiecksverteilten Emissionsobergrenze des S-SND-CT-CP-sim
$eo^{s,PC}_{Start}$	Zufallsgenerierter Startwert zur Ermittlung der szenariospezifischen Emissionsobergrenzen
$facC_c$	Kapazitätsauslastungsfaktor von Komponente c
$facI_i$	Kapazitätsauslastungsfaktor von Distributionszentrum i
$facL_l$	Kapazitätsauslastungsfaktor von Lieferant l
$facW_w$	Kapazitätsauslastungsfaktor von Produktionswerk w
$frsa$	Variationsfaktor der Resilienzstrafauszahlungen
$frsc$	Variationsfaktor des Mindestresilienzscores
FTS	Variationsfaktor der Transportauszahlungen
$\overline{lp}_t$	Durchschnittliche Auszahlungen für Standorte in Periode t
$modf_m$	Modusspezifischer Transportauszahlungsfaktor
MPG	Prognosegenauigkeit des Modus
n'	Index der Nachfragestufe mit der geringsten Nachfragemenge
$\overline{NumFI}$	Erwartete Anzahl zu errichtender Distributionszentren
$\overline{NumFW}$	Erwartete Anzahl zu errichtender Produktionswerke
NPV^{best}	Bisher best-bekannter Zielfunktionswert der Fix&Optimize-Heuristik
$NPV^{\mathrm{H}}_{\mathrm{TI}}$	Mittels Fix&Optimize-Heuristik ermittelter Zielfunktionswert
$NPV^{\mathrm{G,O}}_{\mathrm{TI}}$	Mittels Standardsolver Gurobi ermittelte obere Schranke des Kapitalwerts für eine Testinstanz
$NPV^{\mathrm{G,U}}_{\mathrm{TI}}$	Mittels Standardsolver Gurobi ermittelte untere Schranke des Kapitalwerts für eine Testinstanz
p'_w	Index der Technologiestufe mit den geringsten Auszahlungen für die Errichtung des Produktionswerks w
PGE	Faktor für die Variation der Prognosegenauigkeit der Entwicklung der Emissionsobergrenzen
PGG	Faktor die Variation der Prognosegenauigkeit des unteren Grenzwerts der Dreiecksverteilung

PGM	Faktor für die Variation der Prognosegenauigkeit des Modus der Dreiecksverteilung
sup^{EM}	Emissionsbezogener Aufschlagsfaktor der Verkaufseinzahlungen
sup_j^J	Kundenspezifischer Aufschlagsfaktor der Verkaufseinzahlungen
sup_k^K	Produktspezifischer Aufschlagsfaktor der Verkaufseinzahlungen
$tc_{ab,c/k,mt}$	Auszahlungen je transportierter Einheit an Komponente c bzw. Produkt k, welche(s) von Standort a zu Standort b in Transportmodus m in Periode t transportiert wird
$\overline{tp}_t$	Durchschnittliche Auszahlungen für Transport in Periode t
$\mathcal{U}\{u_1, u_2\}$	Diskrete Gleichverteilung mit Grenzen u_1 und u_2
$\mathcal{U}[u_1, u_2]$	Stetige Gleichverteilung mit Grenzen u_1 und u_2
VC^c	Variationsfaktor der Kapazitäten
VC^d	Variationskoeffizient der Nachfrage
VC^{mo}	Variationsfaktor der Transportmodi
VCC	Variationsfaktor der Emissionsobergrenzen und Emissionscaps

1 Einleitung

1.1 Gegenstand der Arbeit

Angesichts des anthropogen verursachten Klimawandels sieht das Pariser Klimaschutzabkommen von 2015 als Übereinkommen von 197 Staaten eine globale Begrenzung der stetig voranschreitenden Erderwärmung vor. Demnach soll die Erderwärmung auf deutlich unter zwei Grad Celsius beschränkt werden, wobei als Vergleichspunkt das vorindustrielle Zeitalter dient. Darüber hinaus sollen Bestrebungen unternommen werden, um den Temperaturanstieg auf 1,5 Grad Celsius zu beschränken. Als zentrales Instrument zur Erreichung der Zielsetzung dient die Minderung der für die Klimaerwärmung ursächlichen Treibhausgasemissionen. Hierbei soll in der zweiten Hälfte des 21. Jahrhunderts Treibhausgasneutralität erreicht werden, sodass Ausstoß und Abbau von Treibhausgasen in einem ausgeglichenen Verhältnis stehen.[1] Diese globale Zielsetzung findet auch Eingang in die nationale Gesetzgebung. So sieht das deutsche Grundgesetz neben der generellen Pflicht zur Erhaltung der natürlichen Lebensgrundlagen[2] in Bezug auf die Treibhausgasemissionen vor, dass bis zum Jahr 2045 Klimaneutralität erreicht werden soll.[3] Diese durch die Gesetzgebung vorgesehenen Zielsetzungen dienen letztlich dem Leitbild der nachhaltigen Entwicklung. Aus ökologischer Perspektive beinhaltet dieses die Erhaltung der natürlichen Systeme als Grundlage des menschlichen Lebens und aller menschlichen Handlungen, welche folglich auch die ökonomischen Aktivitäten umfassen.[4]

---

[1] Vgl. Bundesministerium für Wirtschaft und Energie (2025); Hauff (2021), S. 133 und Übereinkommen von Paris (2015) § 1 Absatz 1a).

[2] Vgl. Grundgesetz für die Bundesrepublik Deutschland (2015) § 20a.

[3] Vgl. Grundgesetz für die Bundesrepublik Deutschland (2015) § 143h Absatz 1 Satz 1.

[4] Vgl. Hauff (2021), S. 149.

J. Christian, *Mehrstufige Standortplanung unter ökonomisch-ökologischen Nachhaltigkeitsaspekten*, Produktion und Logistik,
https://doi.org/10.1007/978-3-658-51327-6_1

Die hierzu notwendige Begrenzung der Treibhausgasemissionen soll durch Emissionsregulierungen, die meist von staatlicher Seite eingeführt werden, sichergestellt werden. Zu den Emissionsregulierungen zählen Emissionssteuern, Emissionshandelssysteme sowie Emissionsobergrenzen. Bei diesen Ansätzen sollen Anreize zur Reduzierung der Emissionen über eine direkte Bepreisung der Emissionen oder eine Beschränkung der Menge ausgestoßener Emissionen gesetzt werden.[5] Auch wenn diese Ansätze in einer Vielzahl an Ländern in Kraft sind, gibt es aus einer globalen Perspektive dennoch deutliche Unterschiede. Dazu zeigt Abbildung 1.1, in welchen Staaten Emissionssteuer sowie Emissionshandelssysteme bereits in Kraft oder geplant[6] sind. Zudem wird in Abbildung 1.1 visualisiert, in welchen Staaten beide Emissionsregulierungen in Kraft sind. Gleichermaßen sind auch diejenigen Staaten, in welchen Emissionen nicht reguliert werden, dargestellt.[7]

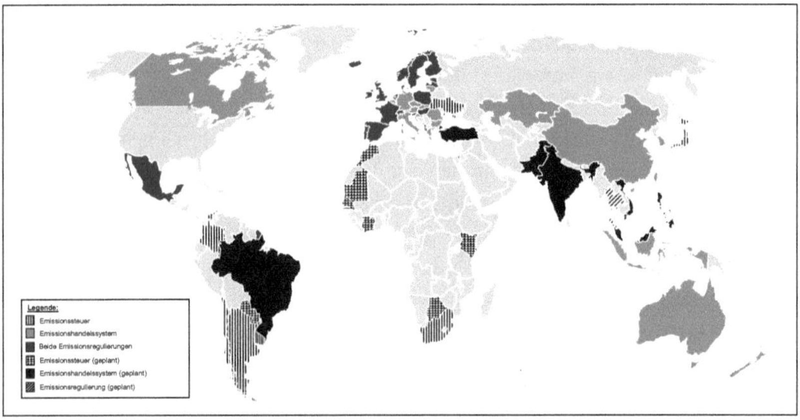

Abb. 1.1 Weltweites Auftreten von Emissionsregulierungen. (**Quelle:** In Anlehnung an World Bank Group (2025))

Aus dieser Abbildung 1.1 wird kenntlich, dass es wesentliche Unterschiede zwischen den einzelnen Staaten gibt. Diese unterscheiden sich einerseits darin, ob und welche Emissionsregulierungen zu beachten sind.[8] Im Falle bestehender

[5] Vgl. Abbasi und Ahmadi Choukolaei (2023), S. 1 und Waltho et al. (2019), S. 306.

[6] Zudem zeigt Abbildung 1.1, wenn die Einführung einer Emissionsregulierung geplant ist, aber noch keine Festlegung auf eine konkrete Regulierungsform erfolgt ist.

[7] Vgl. World Bank Group (2025).

[8] Vgl. World Bank Group (2025).

Emissionsregulierungen zeigen sich zwischen den Staaten andererseits auch Unterschiede im Niveau der relevanten Kenngrößen.[9] Die Unterschiede zwischen den einzelnen Staaten resultieren darin, dass emissionsunregulierte Gebiete ein größeres Ausmaß an Flexibilität sowie ökonomische Vorteile bieten. Dies führt dazu, dass Unternehmen ihre Betriebe in emissionsunregulierte Gebiete verlagern. Dieser Verlagerungseffekt wird als Carbon Leakage bezeichnet.[10] Nicht nur in dieser Folge werden Treibhausgase in verschiedenen Staaten in unterschiedlichen Mengen ausgestoßen. Für die globale Klimawirkung und das Ziel der Emissionsreduzierung ist dagegen der Ort, an dem die Emissionen auftreten, nicht relevant.[11] Vielmehr stellt die Zielsetzung der Emissionsreduzierung eine globale Herausforderung dar. Da die Treibhausgasemissionen aus einer globalen Perspektive jedoch weiterhin ansteigen, hat der Temperaturanstieg laut Angaben des IPCC (2023) in der Periode von 2011 bis 2020 bereits 1,1 Grad Celsius erreicht.[12] Dies verdeutlicht, dass die bisherigen Bemühungen zur Begrenzung des Temperaturanstiegs nicht ausreichen und weitere Maßnahmen in naher Zukunft notwendig sind.

Aus diesem Grund hat die Europäische Kommission 2021 im Rahmen des Pakets „Fit für 55“ [13] ein Grenzausgleichssystem (Carbon Border Adjustment Mechanism) vorgesehen.[14] Dieses stellt eine Form des Emissionszolls dar, der als Gegenmaßnahme zum Carbon Leakage eingesetzt wird. Gemäß diesem sollen bei Einfuhr von Produkten aus emissionsunregulierten in emissionsregulierte Gebiete die Emissionen eines Gutes mit einem Zollsatz belegt werden. Dadurch soll im Wesentlichen die globale Zielsetzung der Emissionsreduzierung erreicht werden.[15]

Dabei kommt der Standortplanung gemäß Abbasi und Ahmadi Choukolaei (2023) eine maßgebliche Rolle zu, um gleichermaßen ökologische als auch ökonomische Zielsetzungen im Sinne der Nachhaltigkeit zu erzielen.[16] Gemäß Waltho et al. (2019) ist es ein primäres Ziel der Standortplanung, eine Reduzierung der resultierenden Emissionen zu bewirken. Treiber für diese Zielsetzung sind dabei neben Aspekten des Umweltschutzes und Anforderungen der Kunden vor allem die Vorgaben durch Emissionsregulierungen. Aus Perspektive der Standortplanung

---

[9] Vgl. Deutscher Bundestag (2024), S. 14–15.

[10] Vgl. Fang et al. (2020), S. 1 und Zhou et al. (2017), S. 1542–1543.

[11] Vgl. Hottenroth et al. (2013), S. 4.

[12] Vgl. IPCC (2023), S. 4.

[13] Dieses Paket sieht bis zum Jahr 2030 eine Senkung der Emissionen um mindestens 55 % vor; vgl. Europäische Kommission (2025b).

[14] Vgl. Europäische Kommission (2025b).

[15] Vgl. Fang et al. (2020), S. 1.

[16] Vgl. Abbasi und Ahmadi Choukolaei (2023), S. 1.

stehen dabei im Wesentlichen die finanziellen Auswirkungen der Emissionsregulierungen sowie eine angemessene Reaktion auf die Emissionsregulierungen im Vordergrund.[17]

Die Standortplanung umfasst grundsätzlich Lokations- und Allokationsentscheidungen. Im Sinne der in dieser Arbeit betrachteten mehrstufigen Ausprägung ist die Standortplanung auf eine aus Lieferanten, Produktionswerken, Distributionszentren und Nachfrageorten bestehende Supply Chain bezogen. Demnach wird innerhalb der Standortplanung darüber entschieden, an welchen Standorten Produktionswerke sowie Distributionszentren errichtet werden sollen. Zudem werden im Rahmen der Allokationsentscheidungen die Transporte zwischen den einzelnen Stufen der Supply Chain festgelegt. Daneben werden weiterführende Entscheidungen getroffen, sodass unter anderem eine Auswahl der Lieferanten erfolgen kann.[18]

In diesem Kontext behandelt die vorliegende Arbeit das Themengebiet der mehrstufigen Standortplanung unter ökonomisch-ökologischen Nachhaltigkeitsaspekten. Dazu wird eine mathematische Modellformulierung als quantitativer Ansatz zur Entscheidungsunterstützung vorgestellt. Die durch diesen Ansatz modellierte Standortplanung trifft Entscheidungen über Errichtung und Betrieb der Produktionswerke sowie Distributionszentren. Zudem werden die Lieferanten unter Berücksichtigung von Resilienzaspekten ausgewählt, um die Funktionsfähigkeit des ermittelten Netzwerks auch bei etwaig auftretenden Disruptionen zu gewährleisten. Die Entscheidungen über die Standorte werden unter expliziter Beachtung der standortabhängigen Emissionsregulierungen getroffen. Diese berücksichtigen aus einer globalen Perspektive, dass an verschiedenen Standorten unterschiedliche Emissionsregulierungen zu beachten sind, die sich auch in ihrer jeweiligen Ausprägung unterscheiden. Gleichermaßen werden die außerhalb des Geltungsbereichs der Emissionsregulierungen entstandenen Emissionen bei Einfuhr in emissionsregulierte Gebiete über einen Emissionszoll erfasst. Die mehrstufige Standortplanung ist durch einen mehrjährigen Planungshorizont gekennzeichnet, innerhalb dessen Unsicherheiten über die Ausprägungen einzelner Parameter auftreten können.[19] Diese Unsicherheiten werden in der vorliegenden Arbeit bezüglich der charakteristischen Emissionsregulierungen betrachtet. Da hier insbesondere die Emissionsobergrenzen mit weitreichenden Konsequenzen für das Netzwerkdesign assoziiert sind[20] und diese gleichermaßen durch exogene Einflüsse als unsicher erscheinen, wird eine angepasste Modellformulierung mit unsicheren Emissionsobergrenzen vorgestellt. Um

[17] Vgl. Waltho et al. (2019), S. 305.

[18] Vgl. Melo et al. (2009), S. 402–404.

[19] Vgl. Melo et al. (2009), S. 402.

[20] Vgl. Waltho et al. (2019), S. 309.

die aufgestellten Modellformulierungen in angemessener Zeit lösen zu können und somit eine praxisnahe Anwendung des quantitativen Entscheidungsunterstützungsansatzes zu ermöglichen, wird in dieser Arbeit ein heuristischer Lösungsansatz vorgestellt. Da die Fix&Optimize-Heuristik für vergleichbare[21] Optimierungsprobleme in angemessener Zeit eine geeignete Lösung bereitstellt[22], wird diese als heuristischer Lösungsansatz für die mathematischen Modellformulierungen zur mehrstufigen Standortplanung unter ökonomisch-ökologischen Nachhaltigkeitsaspekten angewendet.

Das folgende Teilkapitel stellt die Struktur und den Aufbau der vorliegenden Arbeit dar.

1.2 Struktur der Arbeit

Ziel dieser Arbeit ist die Entwicklung und Analyse mathematischer Modellformulierungen für die mehrstufige Standortplanung unter Berücksichtigung ökonomisch-ökologischer Nachhaltigkeitsaspekte. Die vorgestellten Modelle dienen als quantitative Ansätze zur Entscheidungsunterstützung.

Die vor dem Hintergrund dieser Zielsetzung ausgestaltete Struktur ist in Abbildung 1.2 visualisiert. In den nachfolgenden Ausführungen wird diese insofern erläutert, als dass jeweils die Inhalte der einzelnen Kapitel kurz skizziert werden.[23]

Demnach schließen sich an die einleitenden Worte dieses Kapitels im folgenden **Kapitel** 2 **Einordnung, Klassifizierung und Literaturübersicht** der Standortplanung unter ökonomisch-ökologischen Nachhaltigkeitsaspekten an. Dazu wird in Teilkapitel 2.1 zunächst die Standortplanung hinsichtlich verschiedener Ausprägungsformen klassifiziert. Des Weiteren werden die Charakteristika der mehrstufigen Standortplanung erläutert und diese im Anschluss in das Supply Chain Planning eingeordnet. In Teilkapitel 2.2 wird die Standortplanung unter Unsicherheit charakterisiert. Dabei werden eingangs verschiedene Entscheidungssituationen unter Unsicherheit klassifiziert, wobei im weiteren Verlauf des Teilkapitels auf die für diese Arbeit relevanten Aspekte näher eingegangen wird. Diese umfassen die stochastische und risikoorientierte Standortplanung sowie die Standortplanung unter

---

[21] Die Optimierungsprobleme werden aufgrund ihrer gemischt-ganzzahligen Struktur als vergleichbar bezeichnet.

[22] Vgl. u. a. Christian und Sahling (2024), S. 8–10; Helber und Sahling (2010), S. 252–255 oder Moreno et al. (2016), S. 88–89.

[23] Für die vorliegenden Erläuterungen erfolgt aus Übersichtsgründen ein Verweis bis zur zweiten Gliederungsebene (Ebene der Teilkapitel). Für eine Zuordnung aller weiteren Unterkapitel, die im Folgenden inhaltlich dargelegt werden, sei auf das Inhaltsverzeichnis verwiesen.

Abb. 1.2 Struktur der Arbeit

Berücksichtigung von Disruptionen. Teilkapitel 2.3 erläutert die Emissionsregulierungen im Kontext ökonomisch-ökologischer Nachhaltigkeitsaspekte. Hierzu werden die Nachhaltigkeitsaspekte zu Beginn des Kapitels charakterisiert. Im Anschluss werden die Emissionsregulierungen als zentraler Nachhaltigkeitsaspekt dieser Arbeit eingeordnet. Zudem erfolgt eine Abgrenzung der verschiedenen Formen der Emissionsregulierungen. Teilkapitel 2.4 bietet einen Literaturüberblick zur Standortplanung unter Beachtung von Emissionsregulierungen. Hierzu wird zunächst der aktuelle Stand der Literatur erläutert, um im Anschluss die von der Literatur vernachlässigten Aspekte in Form der Forschungslücke darzustellen.

Der Hauptteil dieser Arbeit ist dreigeteilt: Im **ersten Teil** wird ein **mathematisches Modell** für die mehrstufige Standortplanung unter ökonomisch-ökologischen Nachhaltigkeitsaspekten vorgestellt. Dieses berücksichtigt im Besonderen standortabhängige Emissionsregulierungen sowie Emissionszölle und wird hinsichtlich der Modellannahmen (Teilkapitel 3.1) sowie der Modellformulierung (Teilkapitel 3.2) in Kapitel 3 vorgestellt. Das als SND-CT-CP[24] bezeichnete Modell wird in Kapitel 4 numerisch untersucht. Dazu wird in Teilkapitel 4.1 zunächst die Grundidee der für die Untersuchungen verwendeten Testinstanzen dargelegt. Die Ergebnisse der durchgeführten Untersuchungen werden in Teilkapitel 4.2 dargelegt, visualisiert sowie analysiert. Hierbei wird zunächst die Wirkungsweise der

[24] Aus dem Englischen stammende Abkürzung: **S**upply **N**etwork **D**esign with **C**arbon **T**ariffs and **C**arbon **P**olicies.

standortabhängigen Emissionsregulierungen sowie der Emissionszölle separat analysiert, um im Anschluss die Wirkungsweise der Kombination aus Emissionszöllen und standortabhängigen Emissionsregulierungen zu erläutern. Abschließend erfolgt in Teilkapitel 4.3 eine Bewertung der Ergebnisse.

Der **zweite Teil** der Arbeit beschäftigt sich mit einem **heuristischen Lösungsansatz** für das im ersten Teil vorgestellte SND-CT-CP. Dazu wird in Kapitel 5 eine Fix&Optimize-Heuristik eingeführt. Hierbei gibt Teilkapitel exrefSubSec:UberHeur eine Übersicht über heuristische Lösungsansätze für die Standortplanung. Diese Lösungsansätze werden auf Basis eines Klassifizierungsschemas kategorisiert und anschließend sukzessive vorgestellt. Dabei wird die verwendete Fix&Optimize-Heuristik von den übrigen Ansätzen abgegrenzt und ihre Eignung als Lösungsansatz für das SND-CT-CP begründet. Das darauffolgende Teilkapitel 5.2 legt dar, wie die Fix&Optimize-Heuristik zur Lösung des SND-CT-CP ausgestaltet wird. Zunächst wird die Lösungsidee erläutert, um im Anschluss die zur Anwendung der Fix&Optimize-Heuristik notwendige Modellanpassung vorzustellen. Außerdem werden die verwendeten Dekompositionsstrategien sowie der Ablauf beschrieben. In Kapitel 6 folgen die numerischen Ergebnisse der Fix&Optimize-Heuristik. Das erste Teilkapitel 6.1 beschreibt das Testdesign der durchgeführten Untersuchungen. Die Ergebnisse dieser Untersuchungen stehen im Fokus von Teilkapitel 6.2. Dabei werden zunächst die Auswertungskriterien vorgestellt, um im Anschluss die anhand dieser Kriterien bewerteten Ergebnisse zu analysieren. Zum Schluss des zweiten Teils werden die vorgestellten Ergebnisse in Teilkapitel 6.3 zusammenfassend bewertet.

Im **dritten Teil** wird der Bereich der **Unsicherheit** im Rahmen der Standortplanung unter ökonomisch-ökologischen Nachhaltigkeitsaspekten behandelt. Unter Berücksichtigung der stochastischen Emissionsobergrenzen werden in Kapitel 7 verschiedene Modellformulierungen eingeführt. Im ersten Teilkapitel 7.1 wird die zu diesem Zwecke aufgestellte generische Modellformulierung erläutert. Dabei wird auch die Notwendigkeit einer deterministischen Ersatzmodellformulierung aufgezeigt und der hierzu verwendete Szenario-Ansatz motiviert. Daran anschließend wird im zweiten Teilkapitel 7.2 die szenariobasierte deterministische Ersatzmodellformulierung vorgestellt. In Ergänzung hierzu behandelt das dritte Teilkapitel 7.3 eine risikoorientierte Modellformulierung, wobei der Conditional Value at Risk als Risikomaß Anwendung findet. Die aufgestellten Modelle werden in Kapitel 8 numerisch untersucht. Zu Beginn dieses Kapitels werden in Teilkapitel 8.1 die verwendeten Testinstanzen sowie das dazu korrespondierende Testdesign beschrieben. Darauf aufbauend visualisiert, erläutert und analysiert Teilkapitel 8.2 die Ergebnisse der durchgeführten Untersuchungen. Einerseits wird die Wirkungsweise der szenariobasierten deterministischen Ersatzmodellformulierung herausgearbeitet. Andererseits wird analysiert, wie diese Ersatzmodellformulierung im Vergleich mit anderen

Ansätzen zur Berücksichtigung der unsicheren Emissionsobergrenzen zu beurteilen ist. Analog zu den vorherigen Teilen schließt auch der dritte Teil mit einer in Teilkapitel 8.3 dargelegten, zusammenfassenden Bewertung der Ergebnisse.

Diese Arbeit endet mit den in **Kapitel** 9 gegebenen **Schlussbemerkungen**. Dabei werden in Teilkapitel 9.1 zunächst die wichtigsten Erkenntnisse der vorliegenden Arbeit zusammengefasst. Im daran anschließenden Teilkapitel 9.2 werden an die Arbeit anknüpfende Aspekte behandelt, die im Rahmen weiterer Forschungen im Bereich der Standortplanung unter ökonomisch-ökologischen Nachhaltigkeitsaspekten behandelt werden könnten.

2 Einordnung, Klassifizierung und Literaturübersicht der Standortplanung unter ökonomisch-ökologischen Nachhaltigkeitsaspekten

2.1 Einordnung der Standortplanung in das Supply Chain Planning

2.1.1 Klassifizierung der Standortplanung

Die **Standortplanung** beschäftigt sich im engeren Sinne mit der Wahl eines oder mehrerer geeigneter Standorte. Da es unterschiedliche Ansätze bezüglich des Umfangs und des Planungsgegenstands der Standortplanung gibt, lässt sich zunächst zwischen der volkswirtschaftlichen, der betrieblichen sowie der innerbetrieblichen Standortplanung unterscheiden. Dabei behandelt die **volkswirtschaftliche Standortplanung** die grundsätzliche Ansiedlung von Wirtschaftsbranchen innerhalb eines Wirtschaftsgebietes. Im Gegensatz hierzu umfasst die **betriebliche Standortplanung** alle Standortentscheidungen von einzelnen Betrieben im geografischen Raum. Dagegen betrachtet die **innerbetriebliche Standortplanung**, die auch als Layoutplanung bekannt ist, die Anordnung von Betriebsmitteln innerhalb der Grenzen eines betrieblichen Standorts.[1] In der vorliegenden Arbeit liegt der Fokus auf der betrieblichen Standortplanung, die gemäß Brandeau und Chiu (1989) ein „räumliches Ressourcenallokationsproblem"[2] darstellt. Demgemäß erfolgt im Wesentlichen eine Anordnung von Standorten, welche die räumlich verteilte Nachfrage erfüllen. Zudem wird meist eine Zuordnung der Standorte zu den Nachfrageorten vorgenommen.[3] Zur weiteren Abgrenzung der betrieblichen Standortplanung

---

[1] Vgl. Domschke und Drexl (1996), S. 1–3 und Domschke et al. (2018), S. 1.

[2] Brandeau und Chiu (1989), S. 646.

[3] Vgl. Brandeau und Chiu (1989), S. 646–647.

J. Christian, *Mehrstufige Standortplanung unter ökonomisch-ökologischen Nachhaltigkeitsaspekten*, Produktion und Logistik,
https://doi.org/10.1007/978-3-658-51327-6_2

ist in Abbildung 2.1 ein Schema zur **Klassifizierung von Standortplanungsproblemen** dargestellt, welches als Grundlage für die Ausführungen in diesem Kapitel dient.[4]

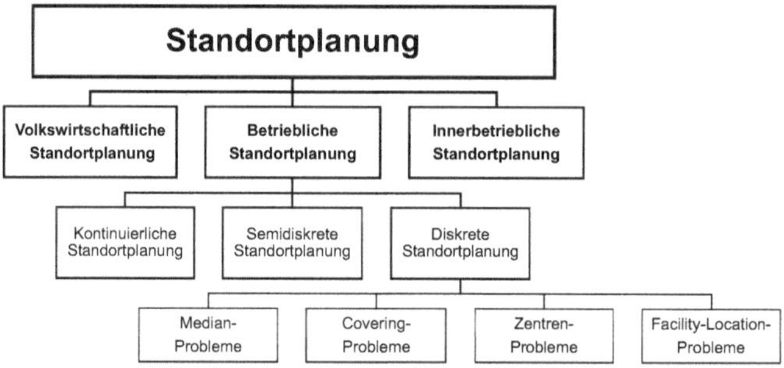

Abb. 2.1 Schema zur Klassifizierung der Standortplanung

Demgemäß lässt sich die betriebliche Standortplanung in die kontinuierliche, die semidiskrete sowie die diskrete Standortplanung untergliedern.[5] Bei der **kontinuierlichen Standortplanung**, die auch als Standortplanung in der Ebene bezeichnet wird, ist jeder Punkt in einer vorgegebenen Fläche ein potentieller Standort. Folglich gilt es die Koordinaten eines oder mehrerer zu errichtender Standorte zu ermitteln. Als Entscheidungskriterium werden hierbei die unter Vorgabe einer geeigneten Metrik bestimmten Transportentfernungen minimiert.[6]

Dagegen sind bei der **semidiskreten Standortplanung**, die gleichermaßen als Standortplanung in Netzen benannt wird, die Positionen der potentiellen Standorte vorgegeben. Das Netzwerk beinhaltet dabei die betrachteten Einrichtungen und die Orte, an denen eine Nachfrage vorliegt. Die Nachfrageorte bilden dabei die Knoten des Netzwerks, welche wiederum durch entsprechende Kanten verbunden sind. Die Einrichtungen, einschließlich der potentiellen Standorte, können dabei auf eigenständigen Knoten oder auf den Kanten des Netzwerks liegen.[7]

---

[4] Die zur Klassifizierung herangezogenen Literaturquellen sind für die jeweilige Ebene im Text angegeben.

[5] Vgl. Mattfeld und Vahrenkamp (2014), S. 101.

[6] Vgl. Domschke et al. (2018), S. 3 und Klose (2001), S. 13.

[7] Vgl. Daskin (2013), S. 21; Klose (2001), S. 16 und Mattfeld und Vahrenkamp (2014), S. 101.

Analog hierzu sind bei der **diskreten Standortplanung** die potentiellen Standorte bekannt. Hierbei erfolgt die Auswahl geeigneter potentieller Standorte jedoch in einem der diskreten Standortplanung vorgelagerten Planungsschritt.[8] Im Unterschied zur semidiskreten Standortplanung nimmt die zugrunde liegende Struktur des Netzwerks lediglich eine untergeordnete Rolle ein. Daher werden die potentiellen Standorte hinsichtlich ihrer Position als gegeben angenommen.[9] Dementsprechend sind auch die Entfernungen bekannt. Auf Basis dieser Ausführungen wird deutlich, dass die semidiskrete als auch die diskrete Standortplanung hinsichtlich der Kenntnis der potentiellen Standorte eine zentrale Gemeinsamkeit aufweisen. Die Struktur des Netzwerks ist lediglich bei der semidiskreten Standortplanung für die Lage dieser Standorte als auch die darauf aufbauenden Entfernungen zwischen den Standorten wesentlich.[10] Die im Folgenden betrachtete diskrete Standortplanung wird in Form gemischt-ganzzahliger mathematischer Optimierungsprobleme abgebildet.[11] Dabei lässt sich die diskrete Standortplanung wiederum in Median-, Covering-, Zentren- und Facility-Location-Probleme unterteilen.[12]

Median-Probleme sind dadurch gekennzeichnet, dass über die Errichtung einer vorgegebenen Anzahl p an Standorten aus der Menge an potentiellen Standorten entschieden werden soll. Die daher ebenfalls als p-Median-Probleme bezeichneten Planungsprobleme ermitteln die p Standorte unter Minimierung der Gesamtkosten. Diese bestehen ausschließlich aus den Zuordnungskosten der Kundenorte zu den p Standorten.[13] Die Zuordnungskosten werden dabei auf Basis der jeweiligen Entfernungen bestimmt, die mit der transportierten Menge gewichtet wird.[14]

Dagegen gehen **Covering-Probleme** davon aus, dass eine Kundennachfrage nur dann befriedigt werden kann, wenn der zugeordnete Standort innerhalb einer

[8] Das hierzu notwendige Vorgehen und relevante Standortfaktoren beschreiben u.a. Corsten und Gössinger (2016), S. 415–417; Günther und Tempelmeier (2020), S. 57–60 oder Mattfeld und Vahrenkamp (2014), S. 100.

[9] Es sei angemerkt, dass auch bei der semidiskreten Standortplanung die Position der Standorte als gegeben angenommen wird. Durch die vorgegebene Lage dieser auf den Knoten als wie den Kanten des Netzwerks muss jedoch die letztlich resultierende Position im Netzwerk noch bestimmt werden. Da sich dies jedoch ebenfalls über eine Menge potentieller Standorte abbilden lässt, sind die Unterschiede zwischen beiden Formen gemäß Klose (2001) nur „graduell“ ; siehe Klose (2001), S. 18.

[10] Vgl. Daskin (2013), S. 22 und Klose (2001), S. 18.

[11] Vgl. Klose (2001), S. 18.

[12] Vgl. Laporte et al. (2019), S. 9.

[13] Dabei wird angenommen, dass die Kosten für die Inbetriebnahme der Standorte für alle potentiellen Standorte gleich hoch und folglich nicht entscheidungsrelevant sind; vgl. Melo et al. (2009), S. 402.

[14] Vgl. Marín und Pelegrín (2019), S. 25–26.

vorgegebenen Entfernung liegt. Erst unter diesen Bedingungen gilt die Kundennachfrage als abgedeckt. Covering-Probleme finden dabei insbesondere in der Standortplanung von Notfalleinrichtungen Anwendung. Grundsätzlich wird zwischen Set-Covering- und Max-Covering-Problemen unterschieden. Bei Set-Covering-Problemen muss jede Kundennachfrage abgedeckt werden. Zur Ermittlung der errichteten Standorte wird die Anzahl der Standorte, die zur Abdeckung aller Kundennachfragen notwendig sind, minimiert. Daher erfolgt bei den Set-Covering-Problemen die Auswahl möglichst weniger, aber grundsätzlich beliebig vieler Standorte, sodass alle Kundennachfragen abgedeckt sind.[15] Dagegen ist die Anzahl zu errichtender Standorte bei den Max-Covering-Problemen mit p vorgegeben. Diese verfolgen die Zielsetzung, die Abdeckung der Kundennachfrage zu maximieren. Folglich muss in einer optimalen Lösung eines Max-Covering-Problems nicht jede Kundennachfrage abgedeckt sein. Somit werden bei Max-Covering-Problemen genau p Standorte ausgewählt, sodass möglichst viele Kundennachfragen bedient werden.[16]

Zentren-Probleme verfolgen hingegen die Zielsetzung, p Standorte[17] so anzuordnen, dass die größte Entfernung zu den zugeordneten Nachfrageorte minimiert wird. Diese „Minimax"-Zielsetzung minimiert folglich das Maximum aller Entfernungswerte von Standorten zu Nachfrageorten. Durch diese Zielsetzung soll erreicht werden, dass die Standorte innerhalb des Netzwerks möglichst zentral positioniert werden. Daher finden Zentren-Probleme insbesondere für die Positionierung von Einrichtungen wie Schulen oder Feuerwachen Anwendung, für welche im Vergleich zu Industriebetrieben eine zentrale Lage wünschenswert ist.[18]

Das **Facility-Location-Problem (FLP)**[19] stellt gemäß Fernández und Landete (2019) eines der wesentlichsten Probleme der Standortplanung dar. Das FLP ist dabei in Form von Lokations- und Allokationsentscheidungen durch zweierlei Entscheidungsarten gekennzeichnet. Hierbei umfassen die Lokationsentscheidungen die Auswahl einzurichtender Standorte, welche aus der Menge potentieller Standorte gewählt werden. Im Rahmen der Allokationsentscheidungen wird eine Zuordnung

---

[15] Vgl. García und Marín (2019), S. 100-101.

[16] Vgl. García und Marín (2019), S. 104.

[17] Dabei kann auch lediglich ein einzelner Standort errichtet werden. Alternativ können auch mehrere Standorte angeordnet werden. Somit gilt: $p \geq 1$.

[18] Vgl. Domschke und Drexl (1996), S. 121 und Domschke et al. (2018), S. 13.

[19] In der Literatur wird dieses Problem auch teilweise als Warehouse-Location-Problem, Plant-Location-Problem oder Fixed-Charge-Facility-Location-Problem bezeichnet. Da sich gemäß Domschke et al. (2018) der Begriff des Facility-Location-Problems durchgesetzt hat, wird dieser auch in der vorliegenden Arbeit verwendet. Siehe hierzu u.a. Domschke et al. (2018), S. 4; Fernández und Landete (2019), S. 67 oder Klose (2001), S. 19.

der eingerichteten Standorte zu den Nachfrageorten vorgenommen. Für jede dieser Entscheidungsarten fallen entsprechende Kosten an, die in der Zielfunktion über die Summe aus Standorterrichtungs- und Zuordnungskosten minimiert werden.[20] Je nach Anwendungsfall kann eine weitere Ausgestaltung dieser grundlegenden Modellidee erfolgen.[21] Die unterschiedlichen Varianten können dabei beispielsweise anhand des in Abbildung 2.2 dargestellten Schemas klassifiziert werden.[22]

Zunächst kann zwischen ein- und mehrstufigen Facility-Location-Problemen unterschieden werden. Bei den einstufigen Modellen wird ausschließlich die den Nachfrageorten unmittelbar vorgelagerte Netzwerkstufe betrachtet.[23] Diese Netzwerkstufe kann beispielsweise einem Lager bzw. Distributionszentrum[24] entsprechen.[25] Dagegen betrachten mehrstufige Facility-Location-Probleme mindestens eine weitere vorgelagerte Netzwerkstufe. Im Sinne des vorherigen Beispiels könnte diese Netzwerkstufe den Produktionswerken entsprechen. Diese beliefern die Nachfrageorte wiederum über die Distributionszentren. Wohingegen bei den einstufigen Modellen ausschließlich für die den Nachfrageorten unmittelbar vorgelagerte Netzwerkstufe eine Standortentscheidung getroffen wird, können bei den mehrstufigen Modellen auch für weitere Netzwerkstufen Standortentscheidungen getroffen werden.[26]

---

[20] Vgl. Fernández und Landete (2019), S. 67.

[21] Vgl. Melo et al. (2009), S. 401.

[22] Vergleichbare Klassifizierungsschemata finden sich in Klose (2001), S. 11–12 oder Daskin (2013), S. 11–20. Es sei angemerkt, dass die Abgrenzungskriterien nicht nur spezifisch für das FLP Anwendung finden, sondern auch zur Klassifizierung weiterer Standortplanungsprobleme angewandt werden können.

[23] Vgl. Domschke et al. (2018), S. 4–5 und S. 7–8.

[24] Zur Begrifflichkeit des Lagers und Abgrenzung unterschiedlicher Lagertypen sei auf Günther und Tempelmeier (2020), S. 54–56 verwiesen. Da diese Lager im Rahmen der Standortplanung hinblickend auf den langfristigen Planungshorizont im Wesentlichen eine warenumschlagende Funktion erfüllen, wird zur Vermeidung von Missverständnissen in dieser Arbeit der an die englische Literatur (siehe u.a. Daskin (2013), S. 1 oder Mattfeld und Vahrenkamp (2014), S. 99) angelehnte Begriff der Distributionszentren verwendet.

[25] Vgl. Melo et al. (2009), S. 404. Alternativ kann die den Nachfrageorten unmittelbar vorgelagerte Netzwerkstufe auch einem Produktionswerk entsprechen, sofern kein Warenumschlag über ein Distributionszentrum erfolgt.

[26] Vgl. Domschke et al. (2018), S. 4–5 und S. 7–8.

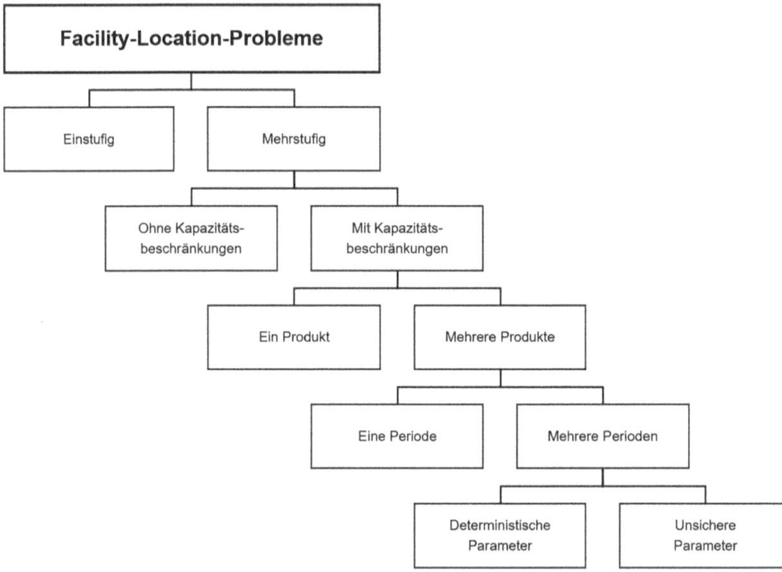

Abb. 2.2 Schema zur Klassifizierung der Varianten des Facility-Location-Problems

Weiterhin kann zwischen Facility-Location-Problemen ohne und mit Kapazitätsbeschränkungen differenziert werden. Im Falle ohne Kapazitätsbeschränkungen wird davon ausgegangen, das die Kapazitäten insofern anpassungsfähig sind, als dass diese für die Planung nicht berücksichtigt werden müssen. Andernfalls sind für die zu errichtenden Standorte Kapazitätsbeschränkungen zwingend einzuhalten. Darüber hinaus dient die Anzahl betrachteter Produkte als Abgrenzungskriterium. Sofern von homogenen Produkten ausgegangen wird, können die betreffenden Charakteristika aggregiert betrachtet werden und gehen folglich in Form eines Produktes in die Modellformulierung ein. Im Fall inhomogener Produkte werden diese dagegen separat betrachtet. Des Weiteren erfolgt eine Abgrenzung auf Basis der Anzahl betrachteter Perioden. Im statischen Fall sind die Einflussparameter im Zeitverlauf konstant, sodass im Planungsproblem lediglich eine Periode betrachtet wird. Im Gegensatz hierzu bilden dynamische Modelle sich im Zeitverlauf ändernde Parameter durch den Einbezug mehrerer Perioden ab. Hierbei ist bei der Standortauswahl die zeitliche Struktur explizit zu berücksichtigen, sodass Standorteröffnung, -betrieb und -schließung in einen zeitlichen Kontext zu bringen sind. Zuletzt wird gemäß des in Abbildung 2.2 dargestellten Klassifizierungsschemata zwischen einer deterministischen und unsicheren Betrachtung der Parameter des Facility-Location-Problems unterschieden. Im Falle einer deterministischen Betrachtung werden diese Parameter als mit Sicherheit bekannt angenommen. Für den anderen Fall werden die mit den Parametern verbundenen Unsicherheiten explizit abgebildet.[27] Weitere Ausführungen zur Berücksichtigung der unsicheren Parameter in der Standortplanung finden sich in Abschnitt 2.2.

Im Hinblick auf die unterschiedlichen Ausgestaltungsmöglichkeiten wird das Facility-Location-Problem in der englischsprachigen Fachliteratur zum **Supply Chain Network Design (SCND)**[28] abgegrenzt. Wesentliches Charakteristikum des Supply Chain Network Design ist die Betrachtung einer mehrstufigen Supply Chain, die in ihrer generischen Ausgestaltung gemäß Melo et al. (2009) aus Lieferanten, Produktionswerken, Distributionszentren und Nachfrageorten besteht. Auch wenn eine mehrstufige Struktur vorliegt, muss dabei nicht für jede Netzwerkstufe eine Standortentscheidung getroffen werden. Gleichermaßen beinhalten die im Rahmen des SCND getroffenen Entscheidungen analog zum FLP im Wesentlichen Lokations- und Allokationsentscheidungen. Darüber hinaus ist das SCND durch weiterführende Entscheidungen charakterisiert. Diese umfassen unter anderem Entscheidungen über die Kapazitäten, die Auswahl von Lieferanten im Rahmen der Beschaffung, die Ausgestaltung der Produktion sowie die Auswahl der Transportmodi.[29] Weiterhin kann auch das SCND gemäß der in Abbildung 2.2 dargestellten Kriterien klassifiziert werden.

Zusammenfassend sind beide Entscheidungsprobleme durch die jeweils im Fokus stehenden Lokations- und Allokationsentscheidungen gekennzeichnet. Das Supply Chain Network Design lässt sich vom Facility-Location-Problem bezüglich der ganzheitlicheren Betrachtung der zugrunde liegenden Supply Chain und den damit verbundenen weiterführenden Planungsaufgaben abgrenzen.

Im weiteren Verlauf dieser Arbeit wird die Begrifflichkeit der Standortplanung im Sinne der Lokations- und Allokationsentscheidungen von FLP und SCND verwendet. Sofern eine explizite Abgrenzung zwischen beiden Entscheidungsproblemen notwendig ist, erfolgt eine entsprechende Kennzeichnung. Dabei wird mangels treffender Übersetzung für den englischsprachigen Fachbegriff des Supply Chain Network Design der Begriff der **mehrstufigen Standortplanung** als Synonym

---

[27] Vgl. Klose (2001), S. 12.

[28] Teilweise findet sich als Synonym hierzu auch der Begriff des „Network Design"; vgl. Melo et al. (2009), S. 403. Hierbei sei auf die begriffliche Abgrenzung zwischen Supply Chain (wörtliche Übersetzung: Lieferkette) und Network (wörtliche Übersetzung: Netzwerk) in Abschnitt 2.1.2 verwiesen. Es sei angemerkt, dass die Begrifflichkeit des Supply Chain Network Design sowohl die kettenförmige als auch die eher netzwerkartige Struktur einschließt.

[29] Vgl. Melo et al. (2009), S. 402–404.

verwendet. Die Lösung eines Standortplanungsproblems, welche zumindest die Ergebnisse der Lokations- und Allokationsentscheidungen enthält, wird im Sprachgebrauch dieser Arbeit als Netzwerkdesign bezeichnet. Im nachfolgenden Kapitel erfolgt eine Einordnung der für die vorliegende Arbeit titelgebenden mehrstufigen Standortplanung in das Supply Chain Planning.

2.1.2 Einordnung in das Supply Chain Planning

Die Planung der Supply Chain zählt zu den zentralen Aufgaben des Supply Chain Managements.[30] Grundsätzlich beschreibt Planung die Vorwegnahme zukünftiger Ereignisse. Als Reaktion auf diese Ereignisse wird ein entsprechender Plan erstellt. Im Kontext von Supply Chains ist die nachfolgend als **Supply Chain Planning**[31] bezeichnete Planung durch unterschiedliche Planungsaufgaben mit jeweils einer Vielzahl an Handlungsoptionen gekennzeichnet. Zielsetzung ist hierbei die Bewertung verschiedener Handlungsmöglichkeiten, sodass ein idealerweise optimaler Plan ermittelt werden kann.[32]

Eine Supply Chain besteht gemäß Stadtler (2015) aus „zwei oder mehr rechtlich getrennten Organisationen, die durch Material-, Informations- oder finanzielle Flüsse verbunden sind“[33]. Die Supply Chain wird dabei im Wesentlichen durch die Kundennachfrage getrieben. Demgemäß umfasst eine Supply Chain alle Organisationen, die direkt oder indirekt an der Erfüllung dieser Kundennachfrage beteiligt sind. Dies betrifft neben den Lieferanten, Produzenten und Distributoren auch die Zielgruppe der Kunden.[34] Die Begrifflichkeit der Supply Chain suggeriert, dass diese aus einer einzigen und linearen „Kette“ aus Lieferant, Produzent, Distributor und Konsument besteht. Dies ist jedoch häufig nicht zutreffend. Vielmehr gibt es in jeder Kategorie meist mehrere Akteure, sodass synonym auch die

[30] Vgl. Fandel et al. (2009), S. 119. Zur Begrifflichkeit des Supply Chain Managements siehe u.a. Fandel et al. (2009), S. 1–6 oder Stadtler (2015), S. 3–5.

[31] Es sei darauf hingewiesen, dass der Begriff Supply Chain Planning in der Literatur teilweise auch in einem anderen Kontext verwendet wird; siehe hierzu u.a. Günther (2005), S. 7.

[32] Vgl. Fandel et al. (2009), S. 119.

[33] Eigene Übersetzung aus Stadtler (2015), S. 3. Im Falle rechtlich getrennter Organisation wird von interorganisatorischen Supply Chains gesprochen, wohingegen andernfalls eine intraorganisatorische Supply Chain vorliegt. In Übereinstimmung mit Stadtler (2015) sei darauf hingewiesen, dass die rechtliche Trennung der Organisationen keine zwingende Anforderung an eine Supply Chain ist. Vielmehr steht die Verbindung über entsprechende Material-, Informations- und Finanzflüsse im Vordergrund.

[34] Vgl. Chopra und Meindl (2014), S. 22–24.

dahingehend zutreffendere Begrifflichkeit eines Netzwerks verwendet wird.[35] Das Supply Chain Planning wird im Wesentlichen durch die grundlegend verschiedenen Planungsaufgaben der vier betrieblichen Funktionsbereiche Beschaffung, Produktion, Distribution und Absatz charakterisiert. Diejenigen Teilprozesse, welche der Bereitstellung jener für die Herstellung der Produkte benötigten Ressourcen dienen, sind dem Bereich der Beschaffung zugeordnet.[36] Dagegen umfasst der Bereich der Produktion diejenigen Prozesse, welche die Transformation oder Kombination der bereitgestellten Inputgüter in absetzbare Produkte bedingen. Die durchzuführende Transformation erfolgt hierbei in den Produktionswerken. Der Bereich der Distribution umfasst hingegen diejenigen Prozesse, welche der Verteilung der hergestellten Produkte an die Kunden dienen. Die dabei anfallenden Aufgaben werden hauptsächlich von den Distributionszentren übernommen.[37] Alle vorangestellten Teilprozesse werden durch die Erfüllung der Nachfrage getrieben. Die Ermittlung der hierzu benötigten Nachfrageprognosen erfolgt durch den Bereich des Absatzes.[38]

Zur Erfüllung der im Supply Chain Planning anfallenden Aufgaben kommen in Unternehmen **Advanced Planning Systems** (APS) als softwarebasierte Entscheidungsunterstützungssysteme[39] zum Einsatz. Diese grenzen sich von traditionelleren Systemen wie dem Material Requirements Planning (MRP) oder den Enterprise Resource Planning (ERP)[40] durch drei wesentliche Charakteristika ab: Erstens beruht die Planung auf einem ganzheitlichen Ansatz, welcher die gesamte Supply Chain umfasst. Zweitens werden die unterschiedlichen Planungsprobleme über mathematische Methoden des Operations Research modelliert und optimiert. Drittens handelt es sich bei APS um einen hierarchischen Planungsansatz. Demgemäß fließen die Ergebnisse der Planung der einzelnen Module als Einschränkungen in die jeweils nachfolgenden Planungsmodule ein. Gleichermaßen erfolgt eine

---

[35] Vgl. Stadtler (2015), S. 3–4 und Chopra und Meindl (2014), S. 23–24. Die Begrifflichkeit des Netzwerks gewinnt weiter an Bedeutung, wenn stufenübergreifende Transporte möglich sind. In diesem Fall erfolgt eine Belieferung nicht zwangsweise durch die direkt untergeordnete Stufe; vgl. Melo et al. (2009), S. 404.

[36] Vgl. Fleischmann et al. (2015), S. 76.

[37] Vgl. Fandel et al. (2009), S. 26–27.

[38] Vgl. Fleischmann et al. (2015), S. 76.

[39] Dahingehend sei angemerkt, dass diese Planungssysteme die Entscheidungsperson unterstützen sollen, aber zur Bewertung und Umsetzung dieses Plans dennoch die Entscheidungsperson relevant ist. Vgl. hierzu Fleischmann et al. (2015), S. 76.

[40] Hierzu sei angemerkt, dass dennoch ERP-Systeme zur Beschaffung und Verwaltung der für die APS notwendigen Daten benötigt werden. Vgl. hierzu Corsten und Gössinger (2016), S. 605 oder Fandel et al. (2009), S. 123.

Rückkopplung in dem Sinne, dass hinsichtlich der erbrachten Leistung Feedback aus den untergeordneten in die übergeordneten Module einfließt.[41]

Die **Supply Chain Planning Matrix** stellt die Aufgaben des Supply Chain Planning strukturiert dar und gibt auf diesem Wege einen Überblick über die einzelnen Planungsmodule der APS.[42] Hierzu erfolgt eine Klassifizierung der Planungsaufgaben auf Basis der Fristigkeit des Planungshorizonts sowie dem Bezug der Planungsaufgabe zu den betrieblichen Funktionsbereichen.[43] Wie zuvor erläutert, umfassen die betrieblichen Funktionsbereiche hierbei Beschaffung, Produktion, Distribution und Absatz. Anhand der Fristigkeit des Planungshorizonts wird zwischen langfristiger, mittelfristiger und kurzfristiger Planung unterschieden. Die langfristige Planung, die teilweise auch mit der strategischen Planung gleichgesetzt wird, beinhaltet Entscheidungen, deren Konsequenzen über mehrere Jahre hinweg die zukünftige Entwicklung der Supply Chain beeinflussen. Dazu zählt insbesondere die Struktur und das Design einer Supply Chain. Auf Basis der Vorgaben durch die langfristige Planung trifft die mittelfristige Planung Entscheidungen über die Materialflüsse und Ressourcen innerhalb der Supply Chain. Hierzu wird ein Planungshorizont von mehreren Monaten betrachtet. Wiederum werden die Aktivitäten bei der kurzfristigen Planung unter Beachtung der auf den übergeordneten Planungsstufen getroffenen Entscheidungen präzisiert und zur unmittelbaren Ausführung ausgestaltet. Folglich beinhaltet der Planungshorizont der kurzfristigen Planung mehrere Wochen bis wenige Tage. Mit geringer werdender Fristigkeit nimmt der Detaillierungsgrad zu, sodass die kurzfristige Planung mit dem höchsten Detaillierungsgrad einhergeht.[44]

Auf Basis der geschilderten Abgrenzungskriterien lassen sich die Aufgaben des Supply Chain Planning in die Supply Chain Planning Matrix einordnen. Die Hauptaufgaben der einzelnen Planungsaufgaben der in Abbildung 2.3 dargestellten Supply Chain Planning Matrix werden im Folgenden erläutert.

---

[41] Vgl. Fleischmann et al. (2015), S. 73–75.

[42] Vgl. Rohde et al. (2000), S. 10.

[43] Vgl. Corsten und Gössinger (2016), S. 605.

[44] Vgl. Fleischmann et al. (2015), S. 72. Analog zu den Ausführungen von Fleischmann et al. (2015) wird auf eine Verwendung der Begrifflichkeiten der taktischen sowie operativen Planung verzichtet.

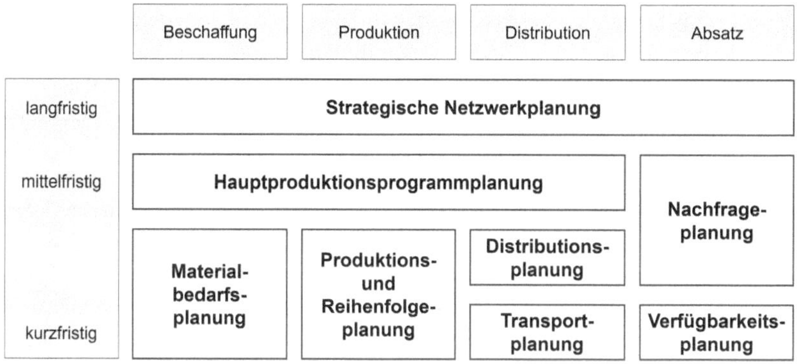

Abb. 2.3 Die Supply Chain Planning Matrix. (**Quelle:** In Anlehnung an Rohde et al. (2000), S. 10.)

Die **strategische Netzwerkplanung** beinhaltet weitreichende Entscheidungen der Bereiche Beschaffung, Produktion, Distribution und Absatz, die für einen langfristigen Planungshorizont getroffen werden.[45] Zur Visualisierung des bereichsübergreifenden Charakters und den damit verbundenen Interdependenzen zwischen den einzelnen Entscheidungen ist diese Planungsaufgabe in einem über alle Funktionsbereiche reichenden Rechteck dargestellt.[46] Dabei wird ermittelt, an welchen Orten und mit welcher Kapazität Produktionswerke sowie Distributionszentren betrieben werden. Zudem nimmt die strategische Netzwerkplanung Zuordnungsentscheidungen der Produkte zu Werken sowie der Kunden zu Distributionszentren vor. Dadurch werden die Transportverbindungen zwischen den einzelnen Akteuren der Supply Chain bestimmt.[47] Für den Bereich der Beschaffung erfolgt auf Grundlage festzulegender Entscheidungskriterien die Auswahl der Lieferanten.[48] Als Kriterien können hierzu unter anderem die Qualitäten und Verfügbarkeiten sowie die Beschaffungsauszahlungen herangezogen werden. Im Rahmen der strategischen Netzwerkplanung kann dabei auch über strategische Partnerschaften mit wichtigen Lieferanten entschieden werden.[49] Wie zuvor angemerkt, werden für die Bereiche Produktion und Distribution Entscheidungen über die Auswahl geeigneter Standorte getroffen.

[45] Vgl. Rohde et al. (2000), S. 10.
[46] Vgl. Fleischmann et al. (2015), S. 77.
[47] Vgl. Günther (2005), S. 14.
[48] Vgl. Fandel et al. (2009), S. 128.
[49] Vgl. Fleischmann et al. (2015), S. 79.

Sofern bereits Standorte bestehen, werden diese betreffend vorhandener Kapazitäten sowie verwendeter Technologien überprüft und bei Bedarf angepasst.[50] Zudem wird über die Errichtung und Ausgestaltung, unter anderem bezüglich der Kapazitäten, neuer Standorte entschieden.[51] Weiterhin erfolgt eine Auswahl der Kundenmärkte, die unter anderem über die Entfernung zu den Distributionszentren die Transportkosten und folglich die Netzwerkstruktur beeinflussen.[52] Das im Rahmen der strategischen Netzwerkplanung ermittelte Netzwerk aus Lieferanten, Produktionswerken, Distributionszentren sowie Nachfrageorten bildet die Grundlage für die darauf folgenden, detaillierteren Planungsebenen.[53]

Auf der mittelfristigen Planungsebene schließt im Bereich des Absatzes die **Nachfrageplanung** an. Diese verfolgt im Wesentlichen die Zielsetzung, die in der Zukunft realisierten Mengen des Absatzes zu prognostizieren. Zur Prognose der Absatzmengen können unter anderem verschiedene statistische Verfahren als quantitative Prognoseverfahren zum Einsatz kommen.[54]

Ebenfalls auf der mittelfristigen Planungsebene ist die **Hauptproduktionsprogrammplanung**[55] angesiedelt, welche die Bereiche der Beschaffung, Produktion und Distribution betrifft. Diese basiert auf den in der Nachfrageplanung ermittelten Absatzmengen und ist durch ein hohes Aggregationsniveau gekennzeichnet, sodass hier meist Produktgruppen betrachtet werden.[56] Wesentliche Aufgabe der Hauptproduktionsprogrammplanung ist die Bestimmung koordinierter Beschaffungs-, Produktions- und Distributionsmengen. Diese werden unter Berücksichtigung der zur Verfügung stehenden Kapazitäten ermittelt, sodass die resultierenden Gesamtkosten minimiert werden.[57]

---

[50] Vgl. Fleischmann et al. (2015), S. 78.

[51] Vgl. Rohde et al. (2000), S. 10.

[52] Vgl. Fandel et al. (2009), S. 128.

[53] Vgl. Rohde et al. (2000), S. 10.

[54] Vgl. Rohde et al. (2000), S. 10–12. Hinsichtlich der Begrifflichkeit der Nachfrageplanung, die auch als Demand Planning bezeichnet wird, sei darauf hingewiesen, dass keine Planung im engeren Sinne der zu Beginn des Kapitels gegebenen Definition erfolgt. Vielmehr beschreibt Nachfrageplanung den Prozess der Ermittlung einer Nachfrageprognose. Diese dient als Grundlage für zahlreiche Entscheidungen innerhalb der Supply Chain, die in der Regel vor der Realisierung der Kundennachfrage getroffen werden. Weiterführende Informationen hierzu bieten u.a. Kilger und Wagner (2015), S. 125.

[55] Für diese Planungsaufgabe ist auch der Begriff „Master Planning“ verbreitet, vgl. u.a. Rohde et al. (2000).

[56] Vgl. Rohde et al. (2000), S. 12.

[57] Vgl. Corsten und Gössinger (2016), S. 607.

Daran anschließend umfasst die den Bereich der Beschaffung betreffende **Materialbedarfsplanung** einerseits die Erstellung von konkreten Bestellaufträgen bei den Lieferanten. Andererseits wird hierbei eine Auskunft über die Verfügbarkeiten der vorhandenen Materialien erteilt, die bei der Auftragsfreigabe sowie in Bezug auf die Verfügbarkeitsplanung notwendig ist.[58]

Unter Beachtung der durch die Hauptproduktionsprogrammplanung getroffenen Vorgaben erfolgt für den Bereich der Produktion mittels der **Produktions- und Reihenfolgeplanung** eine Konkretisierung des aufgestellten Plans, sodass dieser für die einzelnen Werke und Produktionseinheiten präzisiert wird.[59] Für einen mittelfristigen Planungshorizont erfolgt zunächst eine Planung der Produktionsmengen einzelner Produktfamilien auf monatlicher oder wöchentlicher Basis. Für einen kurzfristigen Planungshorizont bestimmt die Losgrößenplanung unter Beachtung des Tradeoffs zwischen Rüst- und Lagerkosten, wie viele Aufträge eines Produktes in einem gemeinsamen Los gefertigt werden. Darauf aufbauend ermittelt die Reihenfolgeplanung, auf welcher Maschine und in welcher Reihenfolge die Produkte unter Beachtung der Kapazitäten sowie des Fertigstellungszeitpunktes produziert werden. Die Fristigkeit der Reihenfolgeplanung liegt dabei in der kurzen Frist im Minutenbereich.[60]

Für den Bereich der Distribution schließt sich an die Hauptproduktionsprogrammplanung die Distributions- und Transportplanung an. Der Unterschied zwischen beiden Planungsaufgaben besteht dabei hauptsächlich in der Fristigkeit sowie dem Aggregationsniveau. Die **Distributionsplanung** ermittelt meist auf monatlicher oder wöchentlicher Basis im Rahmen eines mittelfristigen Planungshorizonts die Transportmengen für Produktfamilien, wobei die zu beachtenden Kapazitäten ebenfalls aggregiert betrachtet werden. Zur Spezifizierung des ermittelten Plans bestimmt die **Transportplanung** im Bereich der kurzfristigen Planung die täglichen Transportmengen für einzelne Produkte. Dabei werden die zur Verfügung stehenden Kapazitäten ebenfalls detaillierter betrachtet, sodass bei der Planung die Kapazitäten einzelner Transportfahrzeuge eingehalten werden.[61]

Zielsetzung der auf der kurzfristigen Planungsebene im Bereich des Absatzes angeordneten **Verfügbarkeitsplanung**[62] ist es, den Kunden einen verbindlichen Liefertermin mitzuteilen. Hierzu wird im Wesentlichen ein Abgleich mit den

[58] Vgl. Rohde et al. (2000), S. 14.

[59] Vgl. Fandel et al. (2009), S. 137.

[60] Vgl. Fleischmann et al. (2015), S. 80–81 und Fandel et al. (2009), S. 137–138.

[61] Vgl. Fleischmann et al. (2015), S. 79 und S. 81.

[62] Für diese Planungsaufgabe ist auch der Begriff „Available To Promise" (ATP) verbreitet, vgl. u.a. Rohde et al. (2000).

relevanten Lagerbeständen vorgenommen und im Falle eines nicht ausreichenden Bestandes ein entsprechender Produktionsauftrag ausgelöst.[63]

Die vorangestellten Überlegungen verdeutlichen, dass mit kürzer werdender Fristigkeit des Planungshorizonts der Detaillierungsgrad ansteigt. Vice versa steigt mit zunehmender Fristigkeit des Planungshorizonts das Aggregationsniveau an. Die Aggregation der Daten ist dabei auf Produkte, Ressourcen und die Zeit bezogen. Somit erfolgt eine Aggregation beispielsweise in Produktfamilien, Kapazitätsgruppen oder längere Zeitperioden.[64]

Die **mehrstufige Standortplanung** lässt sich in die **langfristige Planungsebene der Supply Chain Planning Matrix einordnen**. Dabei umfasst die mehrstufige Standortplanung gemäß den Ausführungen in Abschnitt 2.1.1 die den Bereich der strategischen Netzwerkplanung betreffenden Planungsaufgaben. Im Zentrum der mehrstufigen Standortplanung stehen die Standortentscheidungen bezüglich Errichtung sowie Betrieb der Produktionswerke und Distributionszentren. Die damit einhergehenden Investitionen, welche meist einen größeren Umfang annehmen, sind mit über mehrere Jahre andauernden Auswirkungen auf die Konfiguration des Netzwerks verbunden.[65] Gleichermaßen erfolgen Entscheidungen über die Kapazitäten und Technologien der einzurichtenden Standorte. Des Weiteren kann auch eine Auswahlentscheidung hinsichtlich der Lieferanten und Kunden erfolgen. Neben den Auswahlentscheidungen ist die mehrstufige Standortplanung durch die Allokationsentscheidungen der einzelnen Stufen des Netzwerks gekennzeichnet. Diese Ausführungen verdeutlichen den langfristigen Planungshorizont der mehrstufigen Standortplanung sowie den Bezug zu allen vier betrachteten betrieblichen Funktionsbereichen. Somit decken sich diese Planungsinhalte mit den zu Beginn dieses Kapitels geschilderten Inhalten der strategischen Netzwerkplanung. Demgemäß lässt sich die im Fokus dieser Arbeit stehende mehrstufige Standortplanung als strategische Planungsaufgabe des Supply Chain Planning einordnen.

Hinblickend auf den mit der mehrstufigen Standortplanung als strategische Planungsaufgabe verbundenen langfristigen Planungshorizont gehen Unsicherheiten über die Ausprägungen einiger Parameter, wie beispielsweise bezüglich der Kundennachfrage und der Kosten, einher.[66] Diese sind Teil des folgenden Kapitels, in welchem die Standortplanung unter Unsicherheit charakterisiert wird.

---

[63] Vgl. Fandel et al. (2009), S. 137.

[64] Vgl. Fleischmann et al. (2015), S. 75.

[65] Vgl. Melo et al. (2009), S. 403.

[66] Vgl. Melo et al. (2009), S. 402.

2.2 Charakterisierung der Standortplanung unter Unsicherheit

2.2.1 Überblick über Entscheidungssituationen unter Unsicherheit

Die im Rahmen der Standortplanung getroffenen Entscheidungen beeinflussen das Netzwerkdesign über einen mehrjährigen Zeithorizont. Innerhalb dieses Planungshorizonts können dabei die für die Standortentscheidung angenommenen Bedingungen unerwarteten Änderungen unterliegen. Diese können durch starke Schwankungen oder unzureichende Prognosen der Parameter wie Kapazitäten, Nachfragen sowie Kosten bedingt sein. Weiterhin können unerwartete Disruptionen zu einer Änderung der angenommenen Bedingungen führen. Da die im Rahmen der Standortplanung getroffenen Entscheidungen nur mit deutlichem und vor allem finanziellen Aufwand anzupassen sind, wird die mit den beiden zuvor geschilderten Fällen verbundene Unsicherheit in den mathematischen Modellen zur Standortplanung unter Unsicherheit abgebildet.[67]

Hierzu lässt sich grundsätzlich zwischen **Entscheidungen unter Sicherheit** und **Entscheidungen unter Unsicherheit** differenzieren. Im ersten Fall sind alle Parameter deterministisch und folglich mit Sicherheit bekannt. Für die Entscheidungen unter Unsicherheit lässt sich weiter unterscheiden, ob die Wahrscheinlichkeitsverteilung der unsicheren Parameter bekannt ist.

Sofern der Entscheidungsperson Informationen über die zugrunde liegende Wahrscheinlichkeitsverteilung bekannt sind, wird die Problemstellung über ein **stochastisches Optimierungsproblem** abgebildet. Dabei wird in der Regel der Erwartungswert des entsprechenden Zielfunktionswertes optimiert.

Im Gegensatz hierzu findet ein **robustes Optimierungsproblem** Anwendung, falls keine Informationen über die Wahrscheinlichkeitsverteilung vorliegen oder bekannt sind. Hierbei wird meist im Sinne einer Worst-Case-Betrachtung eine Optimierung des schlechtesten Verlustfalls vorgenommen.[68] Dazu verfolgen robuste Optimierungsprobleme über die Zielfunktion eine Minimierung der maximalen Kosten. Alternativ findet zudem eine Minimierung des maximalen Bedauerns

---

[67] Vgl. Correia und Saldanha-da-Gama (2019), S. 185–186; Govindan et al. (2017), S. 109 und Snyder (2006), S. 537.

[68] Vgl. Snyder (2006), S. 538 auf Basis von Rosenhead et al. (1972), S. 415–418.

Anwendung. Das Bedauern wird dabei als Differenz zwischen der gewählten Strategie und derjenigen Strategie, die unter Kenntnis der Ausprägung der unsicheren Parameter gewählt worden wäre, ermittelt.[69]

Für beide Subtypen können die unsicheren Parameter in kontinuierlicher oder diskreter Ausprägung vorliegen. Im Falle einer diskreten Ausprägung findet in beiden Subtypen ein Szenario-Ansatz Anwendung. Für eine kontinuierliche Ausprägung im Rahmen stochastischer Optimierungsprobleme wird die bekannte Wahrscheinlichkeitsverteilung direkt zur Approximation der unsicheren Parameter angewendet. Dahingegen wird bei robusten Optimierungsproblemen für kontinuierliche Ausprägungen eine sogenannte „Intervall-Unsicherheit“ angenommen, bei welcher die unsicheren Parameter zwischen vorgegebenen Grenzwerten liegen.[70] Dabei sind jedoch keine Wahrscheinlichkeiten über das Eintreten der innerhalb dieser Grenzen liegenden Werte bekannt.[71]

Als weiterer Subtyp der Entscheidungen unter Unsicherheit lassen sich gemäß Govindan et al. (2017) Situationen abgrenzen, in denen die Auswahlbedingungen von Alternativen unbestimmt sind oder Grenzwerte für bestimmte Interessensgebiete nicht bekannt sind. Hierbei kommen sogenannte **fuzzy Optimierungsprobleme** in Anwendung. Dabei wird das fuzzy Optimierungsmodell zunächst in ein reguläres mathematisches Modell überführt und im Anschluss mit exakten oder heuristischen Ansätzen gelöst.[72]

Abbildung 2.4 fasst die vorgestellte Klassifizierung der Entscheidungssituationen sowie die Formen der Optimierungsprobleme zusammen, die bei unterschiedlichen Ausprägungen von Entscheidungssituationen unter Unsicherheit Anwendung finden.

Grundsätzlich verfolgt die Entscheidungsfindung unter Unsicherheit die Zielsetzung, eine Lösung zu finden, die unter allen möglichen Realisationen der unsicheren Parameter zu einer geeigneten Lösung führt. Somit soll in Bezug auf die Standortplanung das Netzwerkdesign so ausgestaltet werden, dass dieses auch für die unsicheren Ausprägungen der Parameter geeignet ist. Die konkrete Beurteilung der Geeignetheit einer Lösung ist dabei vom entsprechenden Anwendungsfall abhängig.[73]

---

69 Vgl. Snyder (2006), S. 544–545.

70 Vgl. Snyder (2006), S. 538 und S. 544–545.

71 Vgl. Scholl (2001), S. 71.

72 Vgl. Govindan et al. (2017), S. 111–112 und S. 127–128.

73 Vgl. Govindan et al. (2017), S. 110 und Snyder (2006), S. 538.

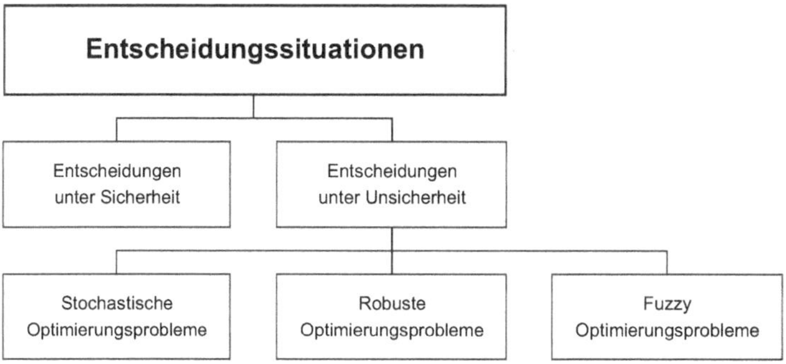

Abb. 2.4 Klassifizierung der Entscheidungssituationen unter Unsicherheit sowie der hierfür angewandten Optimierungsprobleme

Neben den zuvor erläuterten unsicheren Ausprägungen der Parameter können sich bei der Standortplanung die während der Planungsphase angenommenen Bedingungen durch im Zeitverlauf auftretende **Disruptionen** ändern. Disruptionen werden dabei durch Naturkatastrophen oder menschlichen Einfluss verursacht und bedrohen die Leistungsfähigkeit des konfigurierten Netzwerks.[74]

Im Folgenden werden die im Fokus dieser Arbeit stehenden Aspekte der Standortplanung unter Unsicherheit vertieft. Hierzu wird in Abschnitt 2.2.2 zunächst die stochastische Standortplanung weiterführend erläutert. Da die in diesem Teilbereich verfolgte Zielsetzung der Optimierung eines Erwartungswerts insbesondere bei größeren Schwankungen der stochastischen Parameter ungeeignet sein kann, wird die Berücksichtigung von Risikomaßen in Form einer risikoorientierten Standortplanung in Abschnitt 2.2.3 eingeführt.[75] Abschließend erläutert Abschnitt 2.2.4 die Standortplanung unter Berücksichtigung von Disruptionen.

2.2.2 Stochastische Standortplanung

Im Rahmen der stochastischen Standortplanung wird davon ausgegangen, dass Informationen über die Wahrscheinlichkeitsverteilung der **unsicheren Parameter** bekannt sind.[76] Die Unsicherheiten sind dabei auf die für die Standortplanung

[74] Vgl. Hosseini et al. (2019), S. 285.

[75] Vgl. Govindan et al. (2017), S. 125.

[76] Vgl. Govindan et al. (2017), S. 111.

charakteristischen Parameter bezogen.[77] Besonders häufig wird in der Literatur zur Standortplanung die Unsicherheit der Nachfrage betrachtet.[78] Einerseits ist der besondere Fokus dadurch zu erklären, dass sowohl die Supply Chain im Generellen als auch die Standortplanung im Besonderen darauf ausgerichtet sind, die Nachfrage der Kunden zu erfüllen.[79] Andererseits sind hinblickend auf den langfristigen und folglich über mehrere Jahre reichenden Planungshorizont der Standortplanung insbesondere Informationen über die Nachfrage mit Unsicherheiten verbunden.[80] Die Kombination beider Sichtweisen erklärt den besonderen Fokus auf die unsichere Nachfrage. Der Nachfrage wird somit eine besondere Bedeutung zugemessen, um ein Netzwerkdesign zu ermitteln, welches für möglichst viele Realisierungen des unsicheren Parameters geeignet ist.

Alle weiteren Parameter, die in der Literatur zur Standortplanung als unsicher angenommen werden, sind gemäß Govindan et al. (2017) bezüglich der Untersuchungshäufigkeit in einem deutlichen Abstand zu der am häufigsten untersuchten unsicheren Nachfrage angesiedelt. Von den übrigen Parametern werden insbesondere die Kosten der im Rahmen der Standortplanung betrachteten Aktivitäten als unsicher angesehen. Dies betrifft neben den Transportkosten auch die Produktionskosten, sofern diese in der betrachteten Modellformulierung zur Standortplanung relevant sind. Daneben werden auch etwaige Unsicherheiten der Kapazitäten untersucht, die dabei auf die betrachteten Standorte oder die Transporte bezogen sein können. Zudem werden häufiger Unsicherheiten über die von den Lieferanten angebotene Menge betrachtet.[81] Grundsätzlich können sowohl ein Parameter als auch die Kombination aus mehreren Parametern als stochastisch angenommen werden, wobei in letzterem Falle bestehende Abhängigkeiten zwischen den unsicheren Parametern abgebildet werden müssen.[82]

Die unsicheren Parameter werden im Allgemeinen über Zufallsvariablen abgebildet. Das unter diesen Prämissen gebildete Optimierungsmodell ist in der Regel weder direkt lösbar, noch lassen sich Aussagen über die Optimalität oder Zulässigkeit treffen. Daher kann bei stochastischen Optimierungsproblemen ein **Szenario-Ansatz** zum Einsatz kommen. Über diesen Szenario-Ansatz wird die unter Berücksichtigung von Zufallsvariablen gebildete generische Modellformulierung in eine deterministische Ersatzmodellformulierung überführt. Die daraus resultierende

[77] Vgl. Correia und Saldanha-da-Gama (2019), S. 186.

[78] Vgl. Govindan et al. (2017), S. 112–113.

[79] Vgl. Govindan et al. (2017), S. 116.

[80] Vgl. Sahling und Kayser (2016), S. 201.

[81] Vgl. Govindan et al. (2017), S. 112–113.

[82] Vgl. Scholl (2001), S. 71.

Ersatzmodellformulierung ist dann mit den üblichen Methoden für entsprechende Optimierungsprobleme lösbar.[83]

Generell ist ein Szenario durch eine Realisierung des stochastischen Parameters gekennzeichnet.[84] Die Zufallsvariable wird folglich über eine endliche Anzahl an möglichen Realisationen, d.h. eine Menge an Szenarien, approximiert.[85] Auf Basis der dem stochastischen Parameter zugrunde liegenden Wahrscheinlichkeitsverteilung kann eine Eintrittswahrscheinlichkeit für jedes Szenario ermittelt werden.[86] Herausforderungen bestehen bei diesem Ansatz im Besonderen hinsichtlich der Generierung geeigneter Szenarien als auch bezüglich der mit einer entsprechenden Anzahl benötigter Szenarien zunehmenden Größe des Optimierungsproblems.[87] Daher kommt häufig eine vorbestimmte kleinere Menge an Szenarien mit zugehörigen Eintrittswahrscheinlichkeiten zum Einsatz.[88] Grundsätzlich können die Szenarien über das Simple Random Sampling generiert werden. Dabei werden die Szenarien zwar auf Basis der zugrunde liegenden Wahrscheinlichkeitsverteilung ermittelt. Jedoch erfolgt die Bestimmung der einzelnen Szenarien zufällig und jeweils unabhängig voneinander. Dadurch weisen die generierten Szenarien meist eine niedrige Präzision und somit größere Abweichungen von der im Falle eines stochastischen Optimierungsproblems explizit bekannten Wahrscheinlichkeitsverteilung auf. Daher kann alternativ die von Saliby (1990) vorgeschlagene Vorgehensweise des Descriptive Sampling Anwendung finden. Dabei werden die Szenarien auf Grundlage der bekannten Wahrscheinlichkeitsverteilung koordiniert bestimmt, um eine bessere Anpassung der generierten Szenarien an die vorgegebene Wahrscheinlichkeitsverteilung zu erzielen. Beim Descriptive Sampling erfolgt eine Aufteilung der Verteilungsfunktion in gleich große Intervalle, die in Abhängigkeit der Anzahl betrachteter Szenarien ermittelt werden. Der zum Mittelwert des jeweiligen Intervalls korrespondierende inverse Wert wird als Ausprägungswert des unsicheren Parameters im jeweiligen Szenario betrachtet.[89] Alternativ gibt es weitere Verfahren zur Generierung der szenariospezifischen Ausprägungswerte. Ein Beispiel ist das Latin Hypercube Sampling, bei welchem analog zum Descriptive Sampling eine

---

[83] Vgl. Scholl (2001), S. 71–76.

[84] Da in dieser Arbeit die Kombination von mehreren stochastischen Parametern nicht betrachtet wird, wird im Folgenden nur auf den Fall eines stochastischen Parameters eingegangen. Für ersteren Fall wäre ein Szenario für eine Kombination der Ausprägungen der stochastischen Parameter charakterisiert.

[85] Vgl. Govindan et al. (2017), S. 119.

[86] Vgl. Correia und Saldanha-da-Gama (2019), S. 187.

[87] Vgl. Govindan et al. (2017), S. 119.

[88] Vgl. Govindan et al. (2017), S. 125.

[89] Vgl. Saliby (1990), S. 1133 und S. 1137–1139.

Aufteilung der Verteilungsfunktion in Intervalle mit gleicher Wahrscheinlichkeit erfolgt. Dagegen werden die Werte innerhalb der Intervalle beim Latin Hypercube Sampling jedoch zufällig ausgewählt.[90]

Der Szenario-Ansatz findet gemäß der zuvor beschriebenen Vorgehensweise Anwendung für stochastische Standortplanungsprobleme.[91] In Abhängigkeit davon, welcher der Beginn dieses Teilkapitels beschriebenen Parameter des Standortplanungsproblems als stochastisch angenommen wird, werden die jeweils betroffenen Parameter und Entscheidungsvariablen szenariospezifisch betrachtet.[92] Dabei wird bei stochastischen Standortplanungsproblemen der **erwartete Zielfunktionswert** optimiert. Hierzu werden häufig die erwarteten Kosten minimiert oder der erwartete Gewinn maximiert.[93]

Neben Zielsetzungen auf Basis von Erwartungswerten erfolgt in anderen Ansätzen auch eine **probabilistische Zielsetzung**. Dahingehend wird eine in einem zu definierenden Sinne „gute"[94] Lösung des Standortplanungsproblems angestrebt.[95] Dazu können beispielsweise Chance-Constrained-Modelle zum Einsatz kommen. Diese fordern, dass die Einhaltung bestimmter Nebenbedingungen als Chance Constraints nur zu einer vorgegebenen Zulässigkeitswahrscheinlichkeit erfolgen muss. Dadurch werden jedoch etwaige Unzulässigkeiten der Lösungen, die außerhalb der vorgegebenen Wahrscheinlichkeit liegen, explizit nicht betrachtet.[96]

Weiterhin wird bei der stochastischen Standortplanung differenziert, ob die Entscheidungen vor oder nach Kenntnis der tatsächlichen Realisierung des unsicheren Parameters erfolgen. Bei der Standortplanung werden die Lokationsentscheidungen aufgrund der strategischen Entscheidungsdimension meist ex ante, d.h. vor Kenntnis der tatsächlichen Realisierung, getroffen.[97] Ebenso können die Allokationsentscheidungen ex ante getroffen werden. Alternativ kann die Allokation ex post nach Auflösung der Unsicherheit erfolgen.[98] Sofern Entscheidungen sowohl vor als auch nach Kenntnis der tatsächlichen Realisierung getroffen werden, findet ein **zweistufiger Ansatz** Anwendung. Dabei werden Entscheidungen mit längerer Planungsfrist vor und Entscheidungen mit kürzerer Planungsfrist nach Kenntnis der Realisierung

[90] Vgl. Helton und Davis (2003), S. 32–34.
[91] Vgl. Correia und Saldanha-da-Gama (2019), S. 195 und Govindan et al. (2017), S. 119.
[92] Vgl. Correia und Saldanha-da-Gama (2019), S. 195.
[93] Vgl. Snyder (2006), S. 538.
[94] Snyder (2006), S. 538 und S. 543.
[95] Vgl. Snyder (2006), S. 538.
[96] Vgl. Scholl (2001), S. 74.
[97] Vgl. Correia und Saldanha-da-Gama (2019), S. 187 und Snyder (2006), S. 538.
[98] Vgl. Correia und Saldanha-da-Gama (2019), S. 187.

der unsicheren Parameter getroffen. Wie zuvor erläutert, wird dann über Standorte und Kapazitäten in der ersten Stufe entschieden, wohingegen Produktions- und Transportmengen in der zweiten Stufe bestimmt werden.[99] Eine Erweiterung des zweistufigen Ansatz stellt der mehrstufige Ansatz dar, bei welchem die Realisierung der unsicheren Parameter nicht zu einem Zeitpunkt, sondern sukzessive und folglich stufenweise erfolgt.[100]

Die erwartungswertorientierte Betrachtung der stochastischen Standortplanung vernachlässigt insbesondere die bei starken Schwankungen auftretenden Extremfälle. Diese finden im Rahmen der nachfolgend vorgestellten risikoorientierten Standortplanung besondere Berücksichtigung.

2.2.3 Risikoorientierte Standortplanung

Um das mit den Extremwerten verbundene Risiko zu begrenzen, berücksichtigt die risikoorientierte Standortplanung explizit die Verteilung des Zielfunktionswertes. Dieser Zielfunktionswert bildet bei der stochastischen Standortplanung beispielsweise die erwarteten Kosten oder den erwarteten Gewinn ab. Meist ist dieser abhängig von der Ausprägung der unsicheren Parameter und daher eine Zufallsvariable. Zur Begrenzung des mit der unsicheren Ausprägung verbundenen Risikos werden verschiedene Verteilungskennzahlen als Risikomaße herangezogen. Die im Rahmen der risikoorientierten Standortplanung verwendeten Risikomaße werden im Folgenden vorgestellt. Grundsätzlich wird über ein **Risikomaß** eine mit einer Zufallsvariable verbundene Ausprägung in eine reellwertige Zahl überführt, die folglich Eingang in gemischt-ganzzahlige mathematische Optimierungsmodelle finden kann. Hierzu gibt es zwei Möglichkeiten: Einerseits kann das Risikomaß in Form einer Nebenbedingung auf einen festzulegenden Wert begrenzt werden. Andererseits kann ein gewichtetes Mittel aus Risikomaß und Erwartungswert in der Zielfunktion berücksichtigt werden. Der Gewichtungsfaktor entspricht in diesem Fall der Risikoneigung der Entscheidungsperson.[101]

Die **Risikoneigung** gibt dabei gemäß Scholl (2001) an, wie die Entscheidungsperson die Chance eines guten Resultats im Verhältnis zum Risiko eines schlechten Resultats beurteilt. Hinsichtlich der Risikoneigung lässt sich zwischen drei Grundformen differenzieren. Wird die Chance auf ein gutes Resultat relevanter als das Risiko eines schlechten Resultats eingeschätzt, so ist die Entscheidungsperson als

[99] Vgl. Govindan et al. (2017), S. 119.

[100] Vgl. Govindan et al. (2017), S. 121–124.

[101] Vgl. Govindan et al. (2017), S. 125.

risikofreudig zu bezeichnen. Im Gegensatz hierzu ist für eine *risikoaverse* Entscheidungsperson das Risiko eines schlechten Resultats deutlich relevanter als die Chance auf ein gutes Resultat. Im Unterschied zu den geschilderten Extrempositionen sind für eine *risikoneutrale* Entscheidungsperson die Chance auf ein gutes Resultat und das Risiko eines schlechten Resultats gleichgewichtet, sodass letztlich eine Beurteilung auf Basis des Mittelwerts erfolgt.[102] Neben diesen Grundtypen lassen sich entsprechende Zwischenformen der Risikoneigung definieren. Diese finden für die risikoorientierte Standortplanung über die Wahl des Gewichtungsfaktors Ausdruck.

Als Risikomaße können für die risikoorientierte Standortplanung verschiedene statistische Kennzahlen sowie Risikomaße aus dem Finanz- und Versicherungsbereich eingesetzt werden.[103] So wird beispielsweise für die **Standardabweichung** oder die **Varianz** über die Abweichung der entsprechenden Resultate vom Erwartungswert das mit einer Alternative verbundene Risiko quantifiziert.[104] Alternativ kann auch die **(absolute) Abweichung** vom Mittelwert als Risikomaß herangezogen werden.[105] Diese Abweichungsmaße berücksichtigen sowohl positive als auch negative Abweichungen. Im Unterschied hierzu werden bei der **Semiabweichung** nur diejenigen Abweichungen berücksichtigt, die vom Erwartungswert oder einem gesetzten Zielfunktionswert in kritischer Richtung, die in Abhängigkeit der jeweiligen Zielsetzung definiert ist, abweichen. Somit werden bei einer minimierenden Zielsetzung ausschließlich die Abweichungen einer Alternative in positiver Richtung als kritisch beurteilt und im Rahmen der Semiabweichung berücksichtigt.[106] Neben diesen Risikomaßen findet im Bereich der Standortplanung gemäß Govindan et al. (2017) am häufigsten der **Conditional Value at Risk** Anwendung.[107] Dieses Risikomaß wurde von Rockafellar und Uryasev (2002) zunächst zur Ermittlung des Risikos von Verlusten im Finanzbereich eingeführt. Gleichermaßen findet der Conditional Value at Risk auch im Bereich der stochastischen Optimierung Anwendung.[108] Dabei gibt der Conditional Value at Risk im Allgemeinen den bedingten Mittelwert der zu einer vorgegebenen Wahrscheinlichkeit korrespondierenden schlechtesten Verlustszenarien an.[109] Im Unterschied hierzu gibt der ebenfalls als Risikomaß verbreitete **Value at Risk** lediglich den größtmöglichen Verlust für ein

[102] Vgl. Scholl (2001), S. 51.
[103] Vgl. Govindan et al. (2017), S. 125.
[104] Vgl. Scholl (2001), S. 52.
[105] Vgl. Govindan et al. (2017), S. 125.
[106] Vgl. Govindan und Fattahi (2017), S. 685–686.
[107] Vgl. Govindan et al. (2017), S. 125–126
[108] Vgl. Rockafellar und Uryasev (2002), S. 1444–1446.
[109] Vgl. Sarykalin et al. (2008), S. 270.

vorgegebenes Konfidenzintervall an.[110] Dadurch werden jedoch diejenigen Verluste vernachlässigt, die außerhalb der vorgegebenen Grenze liegen. Somit wird durch den Value at Risk im Wesentlichen eine untere Schranke angegeben, wobei jedoch die außerhalb dieser Grenze liegenden Verluste vernachlässigt werden. Dies entspricht einer eher risikofreudigen Sichtweise, die jedoch im Hinblick auf die bei Risikomaßen im Fokus stehende Risikoorientierung nur teilweise Anklang findet. Diese Sichtweise und die beim Value at Risk nicht berücksichtigten Verluste bezieht der Conditional Value at Risk durch die Betrachtung eines bedingten Mittelwertes jedoch explizit ein. Folglich merken Rockafellar und Uryasev (2002) an, dass der Conditional Value at Risk dem Value at Risk zur Anwendung im Rahmen der Optimierung überlegen ist.[111] Daher findet dieser auch häufig Eingang in die risikoorientierte Standortplanung.[112]

Neben der in diesem Kapitel thematisierten Berücksichtigung des generellen Risikos ungeeigneter Netzwerkkonfigurationen wird im folgenden Kapitel das spezifische Risiko von Disruptionen und die Berücksichtigung dieses Risikos im Rahmen der Standortplanung vorgestellt.

2.2.4 Standortplanung unter Berücksichtigung von Disruptionen

Disruptionen stellen wesentliche Unterbrechungen der gewohnten Leistungsfähigkeit einer Supply Chain hinsichtlich Produktion und Distribution der benötigten Bedarfe dar.[113] Dabei können Disruptionen aufgrund **externer oder interner Auslöser** entstehen.[114] Externe Auslöser lassen sich in durch menschliche Handlungen ausgelöste Ereignisse sowie Naturkatastrophen untergliedern. In erstgenannte Kategorie fallen u.a. Terrorattacken, Kriege und Streiks. Naturkatastrophen können u.a. in Form von Erdbeben, Überschwemmungen oder Hurrikans auftreten.[115] Demgegenüber führen auch innerhalb der Supply Chain getroffene Entscheidungen für bestimmte Strategien als interne Auslöser zu Disruptionen. Beispiele hierfür sind Single-Sourcing-Entscheidungen sowie eine Orientierung an Grundsätzen des Lean

[110] Vgl. Fábián (2008), S. 888.
[111] Vgl. Rockafellar und Uryasev (2002), S. 1444.
[112] Vgl. Govindan et al. (2017), S. 125–126.
[113] Vgl. Rajesh (2019), S. 224.
[114] Vgl. Tukamuhabwa et al. (2015), S. 5592.
[115] Vgl. Tukamuhabwa et al. (2015), S. 5592 und Hosseini et al. (2019), S. 285.

Managements[116]. Diese Strategien sollen eigentlich primär in Effizienzsteigerungen und Kostensenkungen resultieren. Gleichermaßen werden jedoch durch solche Entscheidungen die für unvorhergesehene Anpassungen notwendigen Flexibilitäten eingeschränkt. Somit können auch interne Ursachen Disruptionen auslösen.[117]

Durch intern wie extern ausgelöste Disruptionen wird die Leistungsfähigkeit einer Supply Chain insofern einschränkt, dass die Produkte nicht mehr in dem vorgesehenen Umfang produziert und distribuiert werden können.[118] Daher sind Disruptionen mit vielseitigen negativen Folgen verbunden, die unter anderem höhere Kosten, Einschränkungen der Nachfrageerfüllung und fehlendes Vertrauen in die zukünftige Leistungsfähigkeit der Supply Chain beinhalten können.[119]

Wohingegen viele dieser möglichen Ursachen mit einer geringen Wahrscheinlichkeit auftreten, sind die einzelnen Ereignisse in ihrer Wirkung so bedeutsam, dass diese bereits bei der strategischen Standortplanung berücksichtigt werden. Eine besondere Relevanz ergibt sich für die Gestaltung von globalen Netzwerken. Folglich wird das Netzwerkdesign so gewählt, dass dieses Disruptionen grundsätzlich standhalten kann. Zudem soll im Falle des Auftretens von Disruptionen eine schnelle Behebung der damit verbundenen Konsequenzen ermöglicht werden. Die unter diesen Prämissen ausgestaltete Supply Chain wird als resilient[120] bezeichnet.[121] **Resiliente Supply Chains** verfügen gemäß den Ausführungen von Tukamuhabwa et al. (2015) über die Fähigkeit, sich auf unerwartete disruptive Ereignisse vorzubereiten sowie auf Disruptionen unter Beibehaltung von Struktur und Kontrolle reagieren zu können. Zudem geht damit einher, dass die Supply Chain im Anschluss an die Disruptionen in angemessener Zeit und zu geringen Kosten in den ursprünglichen oder einen besseren Zustand überführt wird.[122]

Um eine resiliente Supply Chain zu erreichen, kommen sowohl proaktive als auch reaktive Strategien zum Einsatz. **Proaktive Strategien** sollen vor Eintritt der Disruption dieser präventiv entgegentreten und bei einem etwaigen Auftreten der

---

[116] Für weitere Erläuterungen zu den Grundsätzen des Lean Managements (u.a. Prozessverbesserungen und Beseitigung aller Verschwendungen) und der Auswirkungen auf etwaige Disruptionen sei auf Carvalho und Cruz-Machado (2011), S. 27 verwiesen.

[117] Vgl. Tukamuhabwa et al. (2015), S. 5592.

[118] Vgl. Tukamuhabwa et al. (2015), S. 5592.

[119] Vgl. Aldrighetti et al. (2021), S. 2.

[120] Dabei sei angemerkt, dass Resilienz gemäß Philipsen und Ziemer (2014), S. 68 als „die Eigenschaft eines Systems definiert (ist, Anmerkung des Autors), nach Auslenkung wieder einen stabilen Zustand erreichen zu können."

[121] Vgl. Hosseini et al. (2019), S. 285–286.

[122] Vgl. Tukamuhabwa et al. (2015), S. 8.

Disruption die damit einhergehen Konsequenzen abschwächen.[123] Für die Resilienz einer Supply Chain ist insbesondere der Bereich der Lieferantenauswahl von erhöhter Wichtigkeit.[124] Dazu können Auswahlkriterien zum Einsatz kommen, mit denen beispielsweise die politische Stabilität im Umfeld des Lieferanten, die finanzielle Stabilität sowie Dauerhaftigkeit des Lieferantenbetriebs bewertetet werden.[125] Durch die Auswahl geografisch verteilter Lieferanten kann die Wirkung regional auftretender Disruptionen abgemildert werden. Des Weiteren ist eine generelle Diversifizierung der Lieferanten vorteilhaft, sodass anstelle einer Single-Sourcing-Strategie mehrere Lieferanten gewählt werden sollten. Gleichermaßen kann es sinnvoll sein, mehrere Transportarten einzusetzen.[126] Diese redundante Ausgestaltung der Strukturen kann auch auf weitere Ressourcen des Netzwerks Anwendung finden. Damit soll bei Bedarf eine ausgefallene Ressource durch eine weitere Ressource ersetzt werden können.[127] Zudem kann eine Fortifikation der Standorte gegen natürlich bedingte Disruptionen wie Erdbeben oder Fluten erfolgen. Demgemäß können die Standorte mit bestimmten Merkmalen versehen werden, die solchen Ereignissen entgegentreten. Daneben können zusätzliche Kapazitäten für die einzelnen Stufen der Supply Chain sowie etwaige Sicherheitsbestände eingeplant werden.[128] Weiterhin können vertragliche Vereinbarungen mit zusätzlichen Lieferanten abgeschlossen werden, die als Backup-Lieferanten nur für den Fall des Auftretens von Disruptionen in Anspruch genommen werden. Diese sind von dem Auftreten etwaiger Disruptionen nicht betroffen und können somit den möglichen Ausfall der hinsichtlich Disruptionen gefährdeten Lieferanten kompensieren.[129]

Neben den proaktiven Strategien können **reaktive Strategien** Anwendung finden, welche im Falle des Auftretens von Disruptionen verschiedene Maßnahmen mit dem Ziel der Überwindung der dadurch entstandenen Konsequenzen umfassen. Dazu zählt beispielsweise die Inanspruchnahme der Backup-Lieferanten sowie eine Anpassung der geplanten Bestell-, Produktions-, Lager- und Transportmengen.[130]

Die proaktiven und reaktiven Strategien können im Rahmen eines **Szenario-Ansatzes** zur Berücksichtigung von Resilienzaspekten Anwendung finden. Dabei geht mit jedem Szenario eine gewisse Disruptionswahrscheinlichkeit einher, die auf

[123] Vgl. Aldrighetti et al. (2021), S. 6.
[124] Vgl. Hosseini et al. (2019), S. 293
[125] Vgl. Tukamuhabwa et al. (2015), S. 10.
[126] Vgl. Hosseini et al. (2019), S. 293–294.
[127] Vgl. Klibi et al. (2010), S. 291.
[128] Vgl. Aldrighetti et al. (2021), S. 6.
[129] Vgl. Aldrighetti et al. (2021), S. 6 und Hosseini et al. (2019), S. 295–296.
[130] Vgl. Aldrighetti et al. (2021), S. 6.

Basis historischer Daten sowie subjektiver Einschätzungen gewählt wird.[131] Analog zu den Ausführungen in Abschnitt 2.2.2 kann auch in diesem Zusammenhang ein zweistufiger Ansatz Anwendung finden. Gemäß diesem erfolgt in der ersten Stufe eine generelle Auswahl der Maßnahmen der proaktiven Strategien. Unter Kenntnis der realisierten Disruptionen werden dann in der zweiten Stufe die Maßnahmen der reaktiven Strategien eingeplant.[132]

Grundsätzlich können die zuvor ausgeführten **Resilienzaspekte** in den Modellen zur Standortplanung unter anderem **kostenmäßig abgebildet** werden. Einerseits sind dadurch die Konsequenzen des Auftretens von Disruptionen hinsichtlich etwaiger Schäden an Maschinen oder Gebäuden als auch die entstandenen Verzögerungen und Anpassungen über eine kostenmäßige Erfassung dargestellt. Andererseits können die Maßnahmen der proaktiven und reaktiven Resilienzstrategien bezüglich der damit verbundenen Kosten in die Modellformulierung eingebunden werden.[133]

Eine weitere Möglichkeit besteht darin, die Resilienz über eine Kennzahl zu erfassen. Grundsätzlich erfasst diese Kennzahl, die sich als **Resilienzscore** bezeichnen lässt, die Wirkung verschiedener Einflussfaktoren mit Wirkung auf das Ausmaß der Resilienz.[134] Für den Fall einer modellendogenen Berechnung kann die ermittelte Kennzahl im Rahmen einer multikriteriellen Zielfunktion maximiert werden.[135] Der Resilienzscore kann je nach Zielsetzung und Berechnung auf die Resilienz der gesamten Supply Chain bezogen sein.[136] Alternativ können über einen Resilienzscore beispielsweise einzelne Lieferanten hinsichtlich ihrer Resilienz bewertet werden.[137] Folglich wird der Resilienzscore auf Basis der für den konkreten Anwendungsfall relevanten Resilienzkriterien sowie des Umfangs der Betrachtung entweder modellendogen oder modellexogen berechnet.[138]

---

[131] Vgl. Aldrighetti et al. (2021), S. 9 auf Basis von Klibi et al. (2010).

[132] Vgl. Hosseini et al. (2019), S. 300.

[133] Vgl. Aldrighetti et al. (2021), S. 6–9.

[134] Unterschiedliche Ansätze zur Berechnung des Resilienzscores sind in Hosseini et al. (2019), S. 298–299; Pettit et al. (2013), S. 53–54 und Sabouhi et al. (2021), S. 7 beschrieben.

[135] Vgl. Hosseini et al. (2019), S. 298–299.

[136] Vgl. Rajesh (2019), S. 227

[137] Vgl. Shishodia et al. (2019), S. 470–472.

[138] Für einen auf die Lieferanten bezogenen Resilienzscore siehe u.a. Shishodia et al. (2019), S. 470–472. Für einen Resilienzscore, der auf die gesamte Supply Chain bezogen ist, siehe u.a. Rajesh (2019), S. 225–230.

Für alle vorgestellten Ansätze verfolgt die Standortplanung unter Resilienzaspekten als wesentliche Zielsetzung, ein Netzwerkdesign zu gestalten, welches möglicherweise auftretenden Disruptionen standhält und eine Überwindung der damit verbundenen Konsequenzen mit geringem Aufwand ermöglicht.[139]

Die unter Resilienzaspekten getroffenen Entscheidungen weisen wechselseitige Auswirkungen zu den unter Nachhaltigkeitsaspekten getroffenen Entscheidungen einer Supply Chain auf. Diese Auswirkungen können dabei sowohl gleichgerichtet als auch gegensätzlich erfolgen.[140] Durch die Erfüllung von Resilienzkriterien besteht einerseits die Gefahr, dass diese mit Verschlechterungen der Umweltwirkung einer Supply Chain verbunden sind.[141] Andererseits können auch unter Nachhaltigkeitsaspekten getroffene Entscheidungen mit einer Verschlechterung der Resilienz der Supply Chain einhergehen. Im Rahmen der Lieferantenauswahl kann beispielsweise ein unter Nachhaltigkeitskriterien gewählter Lieferant mit erheblichen Disruptionsrisiken verbunden sein. Diese Auswirkungen werden im Fall des Single-Sourcing noch weiter verstärkt. Neben diesen gegensätzlichen Wirkungen in Form eines Zielkonflikts können auch gleichgerichtete Wirkungen erfolgen. Insbesondere wirkt sich ein stärkeres Ausmaß der Fortifikation von gefährdeten Standorten auch positiv auf die Nachhaltigkeitsbeurteilung der Supply Chain aus.[142]

In Bezug auf diese Überlegungen werden im folgenden Kapitel ökonomisch-ökologische Nachhaltigkeitsaspekte in Form von Emissionsregulierungen eingeführt.

2.3 Emissionsregulierungen im Kontext ökonomisch-ökologischer Nachhaltigkeitsaspekte

2.3.1 Charakterisierung ökonomisch-ökologischer Nachhaltigkeitsaspekte

Im vorliegenden Kapitel erfolgt eine Einordnung und Klassifizierung der Emissionsregulierungen als Bestandteil der ökonomisch-ökologischen Nachhaltigkeit. Hierzu wird zunächst die Begrifflichkeit der Nachhaltigkeit abgegrenzt und eine Übersicht relevanter Aspekte gegeben. Gemäß Grunwald und Kopfmüller (2012) wird **Nachhaltigkeit** als ein zu erreichender Zustand definiert, während der

[139] Vgl. Hosseini et al. (2019), S. 299.

[140] Vgl. Aldrighetti et al. (2021), S. 11; Ivanov (2016), S. 3507–3508 und S. 3520 sowie Sabouhi et al. (2021), S. 1.

[141] Vgl. Aldrighetti et al. (2021), S. 11.

[142] Vgl. Ivanov (2016), S. 3512 und S. 3519–3521.

hierfür erforderliche Veränderungsprozess als **nachhaltige Entwicklung** bezeichnet wird.[143] Die nachhaltige Entwicklung kennzeichnet dabei diejenige „Entwicklung, die die Bedürfnisse der Gegenwart befriedigt, ohne zu riskieren, daß künftige Generationen ihre eigenen Bedürfnisse nicht befriedigen können".[144] Das ursprünglich aus dem Bereich der Forstwirtschaft stammende Konzept wurde im 20. Jahrhundert im Wesentlichen durch die von den Vereinten Nationen eingesetzte Brundtland-Kommission geprägt. Aus dieser ist neben der zuvor genannten Definition vor allem die Zielsetzung einer dauerhaften Erfüllung der menschlichen Grundbedürfnisse bei expliziter Beachtung der Grenzen der natürlichen Umwelt hervorgegangen.[145] In dieser Folge wurde das Leitbild der nachhaltigen Entwicklung durch die Konferenz für Umwelt und Entwicklung in Rio de Janeiro 1992 von 178 Nationen als verpflichtendes Leitbild anerkannt.[146] Zur Konkretisierung der nachhaltigen Entwicklung sind von den Vereinten Nationen die bis 2030 zu erreichenden „Sustainable Development Goals" vorgesehen. Diese umfassen insgesamt 17 unterschiedliche Ziele (mit daraus abgeleiteten Zielvorgaben) zur Umsetzung einer nachhaltigen Entwicklung, wobei insbesondere die Bekämpfung des Klimawandels und die Erhaltung der Grundlagen des Lebens im Vordergrund stehen.[147]

Die Nachhaltigkeit lässt sich in die Dimensionen Ökologie, Ökonomie und Soziales untergliedern. Der Teilbereich der **ökologischen Nachhaltigkeit** hat die Zielsetzung, das ökologische System als Grundlage allen menschlichen Lebens und aller menschlichen Aktivitäten zu erhalten. Dabei dient das ökologische System gleichermaßen als Quelle natürlicher Ressourcen sowie als Senke von Emissionen.[148] Gemäß der ökologischen Nachhaltigkeit ist eine jeweilige Nutzung in einem ausgewogenen Verhältnis vorgesehen. Demnach soll die grundsätzlich zulässige Nutzung natürlicher Ressourcen als Quelle nur in dem Ausmaß erfolgen, in welchem diese durch erneuerbare Ressourcen ersetzt werden können. Gleichermaßen sind die Emissionen nur im Ausmaß der Aufnahmefähigkeit der natürlichen Aufnahmemedien, die als Senken fungieren, zulässig.[149] Emissionen sind alle Stoffe fester, flüssiger oder gasförmiger Natur, welche auf die Umwelt belastend einwirken.[150]

---

143 Vgl. Grunwald und Kopfmüller (2012), S. 11.

144 Hauff (1987), S. 46.

145 Vgl. Grunwald und Kopfmüller (2012), S. 18–19 und S. 23–25 sowie Hauff (2021), S. 2–3 und S. 9–10.

146 Vgl. Grunwald und Kopfmüller (2012), S. 25–27 und Hauff (2021), S. 12.

147 Vgl. Hauff (2021), S. 13–14 und Vereinte Nationen (2025).

148 Vgl. Hauff (2021), S. 36.

149 Vgl. Grunwald und Kopfmüller (2012), S. 55.

150 Vgl. Olsson und Piekenbrock (1996), S. 101.

Grundsätzlich können Emissionen natürlichen Ursprungs sein oder durch menschliches Handeln verursacht werden. Meist werden Emissionen durch regulatorische Anforderungen begrenzt, um schädliche Umwelteinwirkungen zu vermeiden.[151]

Die **ökonomische Nachhaltigkeit** zielt auf eine Erhaltung der wesentlichen Eigenschaften eines betriebswirtschaftlich genutzten Systems ab.[152] Gleichermaßen wird eine Stärkung der Wirtschaftskraft angestrebt, um eine ausreichende Lebensqualität zu sichern. Eine Förderung der Wirtschaftskraft kann durch Innovationen, Anlageinvestitionen sowie Ausgaben für Forschung und Entwicklung umgesetzt werden. Dabei ist der technische Fortschritt umweltorientiert zu gestalten, sodass Wachstum und eine erhöhte Nutzung der natürlichen Ressourcen teilweise entkoppelt werden. Dahingehend gilt es unter anderem die Produktionsweise hinsichtlich ihrer nachhaltigen Ausgestaltung zu überdenken. Die durch die notwendige Wirtschaftskraft ermöglichte Erhaltung der Lebensqualität umfasst neben der materiellen Ausstattung auch ein ausreichendes Ausmaß an Umweltqualität.[153]

Als dritte Dimension stellt die **soziale Nachhaltigkeit** die Erhaltung und Weitergabe der immateriellen Lebensgrundlagen in den Vordergrund. Die soziale Nachhaltigkeit umfasst dabei unter anderem soziale Grundgüter wie Gesundheit, Kleidung, Wohnung und politische Rechte. Daneben steht über soziale Ressourcen wie Toleranz, Solidarität und Integrationsfähigkeit der dauerhafte Zusammenhalt einer Gesellschaft im Vordergrund, welcher sich auch auf die ökologische und ökonomische Stabilität auswirkt. Gleichermaßen wird über die soziale Nachhaltigkeit eine gerechte Verteilung des Wohlstands angestrebt.[154]

Aus den vorangestellten Überlegungen wird deutlich, dass alle drei Nachhaltigkeitsdimensionen eng miteinander verknüpft sind. Das Konzept der **schwachen Nachhaltigkeit** sieht dabei eine Substituierbarkeit[155] der einzelnen Nachhaltigkeitsdimensionen vor.[156]

Dagegen betont das Konzept der **starken Nachhaltigkeit** den Vorrang der ökologischen Dimension. Dieses beruht auf der Annahme, dass Defizite in der ökologischen Nachhaltigkeit nicht durch andere Bereiche ausgeglichen werden

---

[151] Vgl. Landesanstalt für Umwelt Baden-Württemberg (2025).

[152] Vgl. Pufé (2017), S. 101.

[153] Vgl. Hauff (2021), S. 37–39.

[154] Vgl. Grunwald und Kopfmüller (2012), S. 58 und Hauff (2021), S. 39.

[155] Demnach werden alle Dimensionen gleichrangig behandelt, sodass beispielsweise ein Defizit im Bereich der ökologischen Nachhaltigkeit durch entsprechende Überschüsse in den anderen beiden Bereichen ausgeglichen werden kann. Gleichermaßen muss der gesamte Kapitalbestand für die zukünftigen Generationen erhalten bleiben; vgl. Grunwald und Kopfmüller (2012), S. 57 und Hauff (2021), S. 37.

[156] Vgl. Grunwald und Kopfmüller (2012), S. 57 und Hauff (2021), S. 37.

können. Vielmehr steht im Vordergrund, dass insbesondere sensible Ökosysteme einen bedeutenden Einfluss auf das menschliche Überleben haben. Dabei sind diese ökologischen Systeme bis zu einem (meist nicht exakt bekannten) Grenzwert[157] belastbar, wodurch bei Überschreiten des Grenzwerts irreversible Konsequenzen drohen können.[158]

Für den weiteren Verlauf dieser Arbeit erfolgt eine Fokussierung auf **ökonomisch-ökologische Nachhaltigkeitsaspekte**. Die im Folgenden nicht weiter ausgeführte soziale Dimension ist dabei unter anderem durch eine erschwerte Quantifizierbarkeit gekennzeichnet.[159] Gleichermaßen weist die soziale Dimension enge und relevante Bezugspunkte zu den anderen beiden Nachhaltigkeitsdimensionen auf. Dennoch liegen diese Aspekte aufgrund der Fokussierung auf ökonomisch-ökologische Nachhaltigkeitsaspekte außerhalb des Betrachtungsgegenstands dieser Arbeit. Diesem Fokus liegt die an das Konzept der starken Nachhaltigkeit angelehnte Überzeugung zugrunde, dass die ökologischen Systeme als Ausgangspunkt und Grundgegenstand aller weiteren Handlungen dienen.[160] Vor diesem Hintergrund scheinen der ökonomische Fortschrittsoptimismus und die Bewahrung der natürlichen Lebensgrundlagen in einem unvereinbaren Gegensatz zu stehen.[161] Das Zusammenspiel dieser beiden Nachhaltigkeitsdimensionen steht im Mittelpunkt dieser Arbeit. Im Rahmen der ökologischen Nachhaltigkeit werden vor allem die Emissionen fokussiert.[162] Zu den Emissionen zählen neben den charakteristischen Treibhausgasemissionen auch Abluft, Abwasser, Erschütterungen, Lärm, Licht, Strahlen, Abfälle und Abwärme.[163] Hinblickend auf die global notwendige Emissionsreduzierung kommen in der Regel technische Lösungen zum Einsatz, für deren Einsatz aufgrund der damit verbundenen Kosten meist staatliche Regulierungen notwendig sind.[164] Im folgenden Kapitel wird zunächst die Notwendigkeit

---

[157] Dabei finden die von Daly (1990) aufgestellten Managementregeln Anwendung. Diese sehen unter anderem vor, dass die Emissionen unterhalb der assimilativen Kapazitäten des natürlichen Systems bleiben müssen; vgl. Daly (1990), S. 2–3.

[158] Vgl. Grunwald und Kopfmüller (2012), S. 54–56 und Hauff (2021), S. 54–60. Neben diesen gegensätzlichen Konzepten kann auch ein Kompromiss im Sinne des Konzepts der kritischen Nachhaltigkeit erfolgen. Demnach ist eine Substitution der Dimensionen möglich, sofern ein kritischer Schwellenwert nicht unterschritten wird; vgl. Hauff (2021), S. 61–62.

[159] Vgl. Eskandarpour et al. (2015), S. 23.

[160] Vgl. Hauff (2021), S. 56.

[161] Vgl. Grunwald und Kopfmüller (2012), S. 20–21.

[162] Vgl. Hauff (2021), S. 36

[163] Vgl. Hauff (2021), S. 89 und Bundes-Immissionsschutzgesetz – BImSchG (2025), § 1 Absatz 3.

[164] Vgl. Hauff (2021), S. 89.

von Emissionsregulierungen ausgeführt, um im Anschluss verschiedene Formen der Emissionsregulierungen zu erläutern und diese voneinander abzugrenzen.

2.3.2 Klassifizierung der Emissionsregulierungen

Der Ausstoß von Treibhausgasemissionen begünstigt den Fortschritt des Klimawandels. Der Klimawandel führt wiederum zu einer globalen Erderwärmung, die mit zahlreichen Konsequenzen verbunden ist. Hierzu zählen unter anderem Dürren, Starkniederschläge, ein Anstieg des Meeresspiegels und ein Verlust von Biodiversität.[165] Diese Konsequenzen bedrohen in einem starken Ausmaß die menschliche Lebensgrundlage. Um die für diese Konsequenzen verantwortlichen Treiber systematisch erfassen zu können, wurden 1997 auf der Klimakonferenz von Kyoto folgende Emissionen als relevante Treibhausgasemissionen festgelegt: Kohlendioxid (CO_2), Methan (CH_4), Distickstoffoxid (N_2O), halogenierte Fluorkohlenwasserstoffe (H-FKW), Fluorkohlenwasserstoffe (FKW) und Schwefelhexafluorid (SF_6). Die Wirkung dieser Treibhausgasemissionen wird dabei über die Umrechnung in Kohlendioxid-Äquivalente auf die Wirkung von Kohlenstoffdioxid normiert.[166]

Zur Erfassung der relevanten Emissionen kann ein **Emissionsfußabdruck** (Carbon Footprint) zum Einsatz kommen. Dieser beinhaltet die systematische Bilanzierung der Kohlendioxid-äquivalenten Treibhausgasemissionen. Demnach erfolgt durch den Emissionsfußabdruck keine Bewertung der Umweltleistung oder Nachhaltigkeit im Gesamten, sondern lediglich eine Fokussierung auf die klimarelevanten Treibhausgasemissionen. Je nach Anwendungsfall kann der Emissionsfußabdruck auf die gesamte Wertschöpfungskette eines Unternehmens (Corporate Carbon Footprint) oder auf den Lebensweg eines einzelnen Produktes (Product Carbon Footprint)[167] bezogen sein. Für den Corporate Carbon Footprint werden die gemäß DIN EN ISO 14064 in unterschiedliche Scopes unterteilten direkten (Scope 1) sowie indirekten (Scope 2/3) Emissionen erfasst. Die indirekten Emissionen beinhalten in Scope 2 die durch fremdbezogene Energie sowie in Scope 3 durch die dem Unternehmen vor- sowie nachgelagerten Prozesse bedingten Emissionen.[168]

[165] Vgl. Hauff (2021), S. 133.

[166] Vgl. UNFCC (1998), S. 6 und S. 19.

[167] Zur Berechnung des Product Carbon Footprint sei auch auf DIN EN ISO 14067 verwiesen.

[168] Vgl. Hottenroth et al. (2013), S. 9–11.

Um die entstandenen Emissionen systematisch begrenzen zu können, kommen Emissionssteuern, Emissionsobergrenzen und Emissionshandelssysteme als wesentliche Emissionsregulierungen zum Einsatz.[169]

Emissionssteuern sehen vor, dass jede emittierte Emissionseinheit mit einer Zahlung belegt wird. Zielsetzung der Emissionssteuer ist es folglich, über die Steuerzahlungen Anreize zur Auswahl umweltfreundlicher Technologien zu setzen. Darüber soll eine Reduzierung der Emissionen erzielt werden. Dazu ist insbesondere der Emissionssteuersatz geeignet zu wählen. Einerseits muss dieser hoch genug sein, um ausreichend hohe Anreize für eine Emissionsreduzierung zu bieten. Andererseits soll hierdurch die wirtschaftliche Entwicklung nicht gefährdet werden.[170] Die Höhe des Steuersatzes kann sich beispielsweise an den Folgen der durch die Emissionsmenge entstehenden Umweltschäden orientieren.[171] In Deutschland gibt es seit dem Jahr 2021 eine Emissionssteuer auf Heiz- und Kraftstoffe. Dazu wurde ein Einstiegspreis von 25 Euro je emittierter Tonne CO_2 festgelegt, der in jährlichen Schritten auf bis zu 65 Euro steigen soll. Langfristig soll diese Bepreisung in ein Emissionshandelssystem überführt werden.[172]

Emissionsobergrenzen legen die Höhe der zulässig emittierbaren Emissionen fest. Der Umfang der Emissionsobergrenzen unterscheidet sich für den jeweiligen Anwendungsfall. So können international agierende Unternehmen einer globalen Emissionsobergrenze unterliegen. Alternativ kann eine Emissionsobergrenze aufgrund regulatorischer Vorgaben lediglich in einem Land oder in einer spezifischen Region einzuhalten sein. Neben den regulatorischen Vorgaben können Emissionsobergrenzen ebenfalls durch interne Vorgaben oder Zielsetzungen bedingt sein. Hierbei kann die Emissionsobergrenze auch als Selbstverpflichtung für das Umweltengagement eines Unternehmens oder einer Supply Chain verstanden werden. Auch wenn diese Regulierungsart in der Praxis nur vereinzelt zum Einsatz kommt, findet diese in der wissenschaftlichen Literatur breiten Anklang. Dieser ist dadurch zu begründen, dass durch Emissionsobergrenzen mittels Vorgabe einer oberen Schranke eine direkte und effektive Begrenzung der entstehenden Emissionen möglich ist. Die fehlende Anwendung in der Praxis resultiert unter anderem aus der Festlegung einer geeigneten Emissionsobergrenze. Dabei liegt die

---

[169] Vgl. Waltho et al. (2019), S. 306 oder Abbasi und Ahmadi Choukolaei (2023), S. 2. Es sei angemerkt, dass diese Regulierungen im Wesentlichen auf die Kohlendioxidemissionen bezogen sind. Wie zuvor ausgeführt, erfolgt über die Kohlendioxidäquivalente eine entsprechende Umrechnung der anderen Treibhausgasemissionen. Im Wording dieser Arbeit erfolgt über die Begrifflichkeit der Emissionsregulierungen eine weiter gefasste Bezeichnung.

[170] Vgl. Waltho et al. (2019), S. 306–307.

[171] Vgl. Deutscher Bundestag (2024), S. 9.

[172] Vgl. Deutscher Bundestag (2024), S. 7–8.

Herausforderung darin, dass die gewählte Emissionsobergrenze die wirtschaftliche Entwicklung nicht einschränken soll. Grundsätzlich kann die Emissionsobergrenze auf Basis vergangener oder aktueller Daten mit Bezug auf eine Emissionsreduzierung gesetzt werden, wobei die Unsicherheit hinsichtlich der zukünftigen Entwicklung zu beachten ist. Grundsätzlich sind Emissionsobergrenzen mit deutlichen Konsequenzen auf die Supply Chain verbunden. Im Vergleich zu den übrigen Emissionsregulierungen führen die Emissionsobergrenzen in der Literatur zu den geringsten Emissionen, aber gleichzeitig zu den höchsten Kosten.[173] Als Ergänzung hierzu sieht das in der wissenschaftlichen Literatur sowie in der Praxis nur sehr vereinzelt betrachtete Emissionsoffset die Möglichkeit einer Überschreitung der vorgegebenen Emissionsobergrenze vor. Dabei fällt je emittierter Einheit, welche die vorgegebene Emissionsobergrenze übersteigt, eine Strafzahlung an. Im Gegensatz zu dem deutlich weiter verbreiteten Emissionshandelssystem werden jedoch keine Anreize gesetzt, Emissionen unterhalb der vorgegebenen Emissionsobergrenze zu erzielen.[174] Trotz der zuvor geschilderten Herausforderungen umfasst beispielsweise das 1997 verabschiedete und 2005 in Kraft getretene Kyoto-Protokoll konkrete Obergrenzen für die Treibhausgasemissionen verschiedener Industrieländer.[175] Für Deutschland sieht das Bundes-Klimaschutzgesetz (KSG) konkrete Reduzierungsziele vor, sodass als erstes Zwischenziel die Treibhausgasemissionen bis zum Jahr 2030 im Vergleich zum Referenzjahr 1990 um mindestens 65 Prozent reduziert werden sollen.[176]

Im Rahmen eines **Emissionshandelssystems** wird eine begrenzte Anzahl an Emissionszertifikaten auf einem regulierten Markt gehandelt. Jedes Emissionszertifikat berechtigt dabei zum Ausstoß einer vorgegebenen Menge an Emissionen. Den Marktteilnehmenden wird für einen vorgegebenen Zeitraum zunächst eine gewisse Menge an Emissionszertifikaten kostenfrei zugewiesen. Diese Menge wird als Emissionscap bezeichnet. Werden mehr Emissionen emittiert, als gemäß dem Emissionscap vorgesehen sind, so müssen weitere Emissionszertifikate zugekauft werden. Ist dagegen die ausgestoßene Emissionsmenge geringer als das Emissionscap, so werden die nicht benötigten Emissionszertifikate auf dem Markt veräußert.[177] Die Bestimmung der Emissionscaps kann beispielsweise gemäß der Methode des Grandfathering erfolgen. Dabei werden jeder am Emissionshandelssystem

[173] Vgl. Waltho et al. (2019), S. 308–309.

[174] Vgl. Waltho et al. (2019), S. 311–312.

[175] Vgl. UNFCC (1998), S. 1 und S. 20 und Grunwald und Kopfmüller (2012), S. 27.

[176] Vgl. Umweltbundesamt (2025b) und Bundes-Klimaschutzgesetz - KSG (2024), § 3 Absatz 1 Nummer 1.

[177] Vgl. Waltho et al. (2019), S. 310.

beteiligten Partei Emissionszertifikate auf Basis des Emissionsausstoßes der vergangenen Perioden zugewiesen. Zur Bestimmung der Emissionsberechtigungen der aktuellen Periode wird der Vergangenheitswert mit einem Reduzierungsfaktor gewichtet, um im Zeitverlauf eine Emissionsreduzierung zu erzielen.[178] Analog zu den weiteren Emissionsregulierungen besteht die Herausforderung darin, sowohl den Emissionshandelspreis als auch das Emissionscap geeignet zu wählen. Dabei soll aus ökologischer Perspektive ein Anreiz zur Emissionsreduzierung gesetzt werden und gleichermaßen aus ökonomischer Perspektive die resultierende Belastung in Grenzen gehalten werden. Da sich der Preis, zu dem Emissionszertifikate versowie zugekauft werden, auf dem Markt bildet, ist nur eine sehr begrenzte Beeinflussung dieses Emissionshandelspreises möglich.[179] Diese kann am ehesten über die Begrenzung der Menge an ausgegebenen Emissionszertifikaten erfolgen.[180] Der Europäische Emissionshandel stellt eine Umsetzung des Emissionshandelssystems auf europäischer Ebene dar und umfasst die Emissionen der Energiewirtschaft, der energieintensiven Industrie, des innereuropäischen Luftverkehrs sowie des Seeverkehrs.[181] Die Emissionscaps werden zum Teil kostenlos sowie zum Teil über Versteigerungen ausgegeben. Dabei bezieht sich ein Emissionszertifikat auf den Ausstoß einer Tonne Kohlendioxid-Äquivalente. Über den sich am Markt gebildeten Preis für die Emissionszertifikate soll ein Anreiz zur Emissionsreduzierung gesetzt werden. Dieser Preis bewegte sich für die Jahre 2022 bis 2025 mit wechselnden Schwankungen im Korridor zwischen 60 Euro und 100 Euro je Tonne Kohlendioxid-Äquivalente. Um die festgelegten Emissionsreduzierungsziele zu erreichen, wird das Emissionscap jährlich linear reduziert sowie zusätzlich an festgelegten Zeitpunkten in Sprüngen abgesenkt.[182]

Wie aus den vorherigen Ausführungen deutlich wird, sind Emissionsregulierungen meist auf bestimmte wirtschaftliche Gebiete bezogen. Im Gegensatz hierzu gibt es auch Gebiete, in welchen die Emissionen nicht oder nur in einem geringeren Ausmaß reguliert werden. Daraus resultiert ein Ungleichgewicht bezüglich

---

[178] Vgl. Zakeri et al. (2015), S. 198.

[179] Vgl. Waltho et al. (2019), S. 310.

[180] Vgl. Deutscher Bundestag (2024), S. 4–5.

[181] Neben diesem bestehenden Emissionshandel (EU-ETS 1) werden ab 2027 die Emissionen im Straßenverkehr, Gebäuden sowie in den kleineren und mittelgroßen Industrie- bzw. Energieanlagen in einem separaten Emissionshandelssystem (EU-ETS 2) erfasst; vgl. Umweltbundesamt (2023). In Deutschland ergänzt zudem ein nationales Emissionshandelssystem den Europäischen Emissionshandel, wobei in diesem Emissionen der Wärmeerzeugung, des Verkehrs sowie des Abfalls inbegriffen sind; vgl. Deutscher Bundestag (2024), S. 5 und S. 7–8.

[182] Vgl. Umweltbundesamt (2025a).

der Emissionsregulierungen verschiedener wirtschaftlicher Gebiete. Dabei führen Emissionsregulierungen zu einem Standortnachteil für diejenigen Gebiete, in welchen Emissionen reguliert werden. Dies kann dazu führen, dass Unternehmen ihre Betriebsstätten in Gebiete verlagern, welche bezüglich der Emissionen weniger restriktiv sind und folglich Vorteile hinsichtlich der Flexibilität als auch betreffend der resultierenden Kosten bieten. Neben den Standorten werden dabei auch die mit den entsprechenden Prozessen verbundenen Emissionen verlagert. Dieser Verlagerungsprozess wird als **Carbon Leakage** bezeichnet.[183]

Um Carbon Leakage entgegenzuwirken, werden **Emissionszölle** vorgeschlagen. Diese sehen vor, dass die aus emissionsunregulierten Gebieten eingeführten Güter bei Einfuhr in emissionsregulierte Gebiete mit einem entsprechenden Emissionszollsatz belegt werden. Dieser Zollsatz wird dabei auf die mit dem jeweiligen Gut verknüpften Emissionen bezogen. Mit den Emissionszöllen sollen aus Sicht der emissionsregulierten Gebiete zwei wesentliche Zielsetzungen erfüllt werden: Einerseits sollen die Importe aus unregulierten Gebieten reduziert werden. Andererseits soll die Zielsetzung der Emissionsreduzierung, die als globale Herausforderung zu verstehen ist, erreicht werden.[184] Letztere Zielsetzung wird insbesondere durch Carbon Leakage gefährdet. Durch die Emissionsverlagerung in unregulierte Gebiete ist keine direkte Regulierung der entstehenden Emissionen möglich, sodass ohne Emissionszölle keine Anreize zu einer Emissionsreduzierung gesetzt werden können. Aus diesen Gründen führt beispielsweise die Europäische Union ab 2026 den Carbon Border Adjustment Mechanism (CBAM) ein, der sich seit 2023 in einer Übergangsphase befindet. Dieser sieht vor, dass bei Importen von Gütern[185] in die Europäische Union die entsprechenden Emissionen deklariert werden müssen. Korrespondierend zu der Höhe der Emissionszertifikate müssen entsprechende Emissionszertifikate gekauft werden. Sofern für diese Emissionen bereits ein Emissionspreis gezahlt wurde, wird dies bei der Berechnung der benötigten Emissionszertifikate berücksichtigt. Grundsätzlich entspricht der Emissionspreis dem gleichen Preis, der für die Emissionen bei Herstellung der Güter innerhalb der Europäischen Union angefallen wäre. Wesentliche Zielsetzung des CBAM ist es, dass die Emissionsreduktionsziele der Europäischen Union nicht durch Carbon Leakage umgangen werden.[186]

---

[183] Vgl. Abbasi und Ahmadi Choukolaei (2023), S. 2; Fang et al. (2020), S. 1 und Zhou et al. (2017), S. 1542–1543.

[184] Vgl. Fang et al. (2020), S. 1

[185] Der CBAM fällt beim Import von Zement, Eisen, Stahl, Aluminium, Düngemittel, Elektrizität und Wasserstoff. Ursächlich für diese Auswahl dieser Gütergruppen ist deren emissionsintensive Herstellung und das demnach vergrößerte Risiko für Carbon Leakage; vgl. Europäische Kommission (2025a).

[186] Vgl. Europäische Kommission (2025a).

Neben den Emissionsregulierungen sind die generelle Notwendigkeit für Emissionsreduzierungen als auch die expliziten Anforderungen der Kunden wesentliche Treiber, welche die Berücksichtigung von Emissionsaspekten im Bereich der Standortplanung notwendig machen.[187] Die gemäß Abschnitt 2.1.1 vorwiegend ökonomische Zielsetzung der Standortplanung wird vor diesem Hintergrund um eine ökologische Dimension erweitert. Daher wird im folgenden Kapitel eine Übersicht über die Literatur im Bereich der Standortplanung unter Berücksichtigung von Emissionsaspekten gegeben, wobei der Fokus auf der Berücksichtigung verschiedener Emissionsregulierungen liegt.

2.4 Literaturüberblick zur Standortplanung mit Emissionsregulierungen

2.4.1 Darstellung des aktuellen Stands der Literatur

Die **Standortplanung mit Emissionsregulierungen** lässt sich als Teilbereich der nachhaltigen Standortplanung einordnen. Letztere wird in der wissenschaftlichen Literatur als Sustainable Supply Chain Network Design bezeichnet und umfasst die Berücksichtigung ökonomischer, ökologischer und sozialer Aspekte im Rahmen der Standortplanung. Der im Folgenden betrachtete Teilbereich des Green Supply Chain Network Design umfasst dabei insbesondere die Emissionsaspekte als ökologische Nachhaltigkeitsdimension.[188]

Die Berücksichtigung von Emissionen erfolgt in der Literatur auf unterschiedlichen Arten: Einerseits werden die in der Supply Chain entstandenen Emissionen als eigenständige und zu minimierende Zielfunktion aufgefasst. Meist ist dieser ökologischen Zielfunktion dann eine ökonomische (bspw. gewinnmaximierende oder kostenminimierende) Zielfunktion gegenübergestellt, sodass häufig Methoden der multikriteriellen Optimierung zum Einsatz kommen. Da Emissionsregulierungen jedoch die ökonomische Quantifizierung dieses ökologischen Nachhaltigkeitsaspekts ermöglichen, beschäftigt sich der zweite Teil der Literatur mit der Standortplanung unter expliziter Berücksichtigung der Emissionsregulierungen.[189] Auf diesem Teilbereich liegt der Fokus des nachfolgenden Literaturüberblicks. Abbasi und Ahmadi Choukolaei (2023) und Waltho et al. (2019) bieten zu diesem Teilbereich umfassende Überblicksartikel.

[187] Vgl. Abbasi und Ahmadi Choukolaei (2023), S. 1 und Waltho et al. (2019), S. 305.

[188] Vgl. Eskandarpour et al. (2015), S. 27–28.

[189] Vgl. Christian und Sahling (2024), S. 2.

Die nachfolgend vorgestellten und klassifizierten Modelle[190] enthalten die Standortentscheidung in Form einer binären Entscheidungsvariable. Des Weiteren berücksichtigen diese Modelle Emissionsregulierungen (in Form von Emissionssteuer, Emissionshandelssystem, Emissionsobergrenze und Emissionsoffset[191]) oder beachten Emissionszölle. Zudem liegt der Fokus ausschließlich auf vorwärtsgerichteten Supply Chains, sodass rückwärtsgerichtete oder Closed-Loop Supply Chains nicht betrachtet werden.

Übersichtstabelle 2.1 klassifiziert die nach diesen Merkmalen ausgewählte Literatur anhand der Kategorien Emissions- und Modellaspekte. Im Hinblick auf die Emissionsaspekte werden die unterschiedlichen Modelle gemäß der im Modell enthaltenen Emissionsregulierungen (Emissionsobergrenze, Emissionssteuer, Emissionshandel, Emissionszölle) sowie der für die hierfür herangezogenen Emissionsquellen (Lieferanten, Produktion, Lagerung, Transport) eingeordnet. Bezug nehmend auf die Modellaspekte wird zunächst abgegrenzt, ob eine minimierende oder maximierende Zielfunktion vorliegt. Daneben gibt Tabelle 2.1 an, ob und in welcher Form (stochastisch, fuzzy, robust) Unsicherheiten berücksichtigt werden. Des Weiteren wird unterschieden, ob jeweils ein(e) oder mehrere Transportmodi, Perioden, Produkte und Produktionstechnologien modelliert werden. Außerdem werden die Gesamtanzahl der Netzwerkstufen und die Anzahl derjenigen Netzwerkstufen ausgewiesen, für welche eine Standortentscheidung getroffen wird. Ein Großteil der verwendeten Literatur beruht dabei auf einer drei- bis vierstufigen Supply Chain, sodass diese in Produktionswerke, Distributionszentren und Nachfrageorte sowie ggf. Lieferanten unterteilt ist. Sofern nicht anders angegeben, werden hierbei Standortentscheidungen für Produktionswerke und Distributionszentren getroffen. Weiterhin wird angegeben, ob das entsprechende Modell Resilienzaspekte berücksichtigt. Zuletzt ist der jeweilige Lösungsansatz dargestellt, wobei zwischen generellen Standardsolvern, exakten Lösungsmethoden sowie Heuristiken unterschieden wird.

Die in diesem Kapitel erläuterte und in Übersichtstabelle 2.1 dargestellte Literatur zur Standortplanung mit Emissionsregulierungen lässt sich in zwei Teile untergliedern: Ein Teil der Literatur beschäftigt sich mit mehreren Emissionsregulierungen, die in Form von alternativen Modellformulierungen analysiert werden. Im Gegensatz hierzu fokussieren sich die im Nachfolgenden vorgestellten und in den **ersten Teil** der Literatur eingeordneten Ansätze jeweils lediglich auf **eine Emissionsregulierung**.

---

[190] Der Literaturüberblick orientiert sich in großen Teilen an Christian und Sahling (2024), wird jedoch an die Anforderungen der vorliegenden Arbeit angepasst und ergänzt.

[191] Das Emissionsoffset wird in Tabelle 2.1 als Unterform der Emissionsobergrenze dargestellt.

Tabelle 2.1 Literaturübersicht zur Standortplanung mit Emissionsregulierungen

		Emissionsaspekte								Modellaspekte									
		Emissionsregulierungen				Emissionsquellen													
		Emissionsobergrenze	Emissionssteuer	Emissionshandel	Emissionszölle	Lieferanten	Produktion	Lagerung	Transport	Zielfunktion	Unsicherheit	# Transportmodi	# Perioden	# Produkte	# Produktionstechnologien	# Netzwerkstufen	# Standortentscheidungen	Resilienzaspekte	Lösungsansatz
Teil 1 (eine ER)	Abdallah et al. (2010)			X		X	X	X	X	Min	det	s	s	m	s	4	2		GS
	Abdallah et al. (2012)			X		X	X	X	X	Min	det	s	s	m	s	4	2		GS
	Abdallah et al. (2013)			X		X	X	X	X	Min	det	s	s	m	s	4	2		GS
	Altmann (2015)	OS				X	X		X	Max	det	m	m	m	s	3	1		GS
	Diabat und Simchi-Levi (2010)	EO					X	X	X	Min	det	s	s	m	s	3	2		GS
	Elhedhli und Merrick (2012)		X						X	Min	det	s	s	s	s	3	1		H
	Fattahi und Govindan (2018)	EO					X		X	Min	sto	m	m	m	s	4	2	X	E
	Giarola et al. (2012)			X			X			Max	sto	s	m	m	m	1	1		GS
	Kabadurmus und Erdogan (2020)			X			X		X	Min	det	m	s	m	s	3	1	X	GS
	Rahmani und Mahoodian (2017)	EO					X		X	Min	rob	m	s	m	s	3	2	X	E
	Rezaee et al. (2017)			X			X		X	Min	sto	m	s	m	m	4	2		GS
	Shaw et al. (2016)			X			X		X	Min	sto	s	s	s	s	4	2		E
	Tsao et al. (2021)			X			X	X	X	Max	rob/fuz	m	s	m	s	4	2		GS
	Urata et al. (2017)	EO				X				Min	det	s	s	m	s	3	1		GS
	Valderrama et al. (2020)			X			X	X	X	Min	det	s	m	m	s	10	9		GS
	Yang et al. (2016)		X					X	X	Min	det	s	s	s	s	3	1		GS
Teil 2 (mehrere ER)	Esmaeili et al. (2020)	EO/OS	X	X		X	X		X	Max	det	s	s	s	s	3	1		GS
	Fahimnia et al. (2015)	EO	X				X		X	Min	det	m	m	m	m	3	2		H
	Martí et al. (2015)	EO	X			X	X	X	X	Min	sto	m	s	s	s	2	1		GS
	Marufuzzaman et al. (2014)	EO/OS	X	X		X	X	X	X	Min	det	m	m	m	s	4	1		GS
	Sherafati et al. (2020)	EO/OS	X	X			X	X	X	Max	rob/fuz	s	m	m	s	2	1		GS
	Turken et al. (2017)	OS	X				X		X	Min	det	s	s	s	s	2	1		H
	Zakeri et al. (2015)		X	X			X	X	X	Min	det	m	m	m	m	3	2		GS
	Zhou et al. (2017)	EO			X	X	X		X	Min	det	m	s	s	s	3	1		GS
	Christian und Sahling (2024)	**EO**	**X**	**X**	**X**	**X**	**X**	**X**	**X**	**Min**	**det**	**m**	**m**	**m**	**m**	**4**	**2**		**H**
	Vorliegende Arbeit	**EO**	**X**	**X**	**X**	**X**	**X**	**X**	**X**	**Max**	**det/sto**	**m**	**m**	**m**	**m**	**4**	**2**	**X**	**H**

ER: Emissionsregulierung(en), EO: Emissionsobergrenze, OS: Emissionsoffset, Min: Minimierung, Max: Maximierung, det: deterministisch, sto: stochastisch, fuz: fuzzy, rob: robust, m: mehrere, s: ein/e, GS: genereller Solver, H: Heuristik, E: exakter Lösungsansatz.

Abdallah et al. (2010) und Diabat und Simchi-Levi (2010) zählen zu den ersten Autoren, die sich mit Emissionsregulierungen im Bereich der Standortplanung beschäftigt haben. Abdallah et al. (2010) integrieren ein Emissionshandelssystem in das Design eines vierstufigen Netzwerks. Dagegen beschränkt das von Diabat und Simchi-Levi (2010) aufgestellte Modell für eine dreistufige Supply Chain die durch Produktion, Lagerung und Transport entstandenen Emissionen im Sinne einer *Emissionsobergrenze*. Auch Urata et al. (2017) betrachten eine dreistufige globale Supply Chain, wobei unter Berücksichtigung einer globalen Emissionsobergrenze, die als Emissionsreduzierungszielsetzung dient, über die Standorte der Produktionswerke entschieden wird. Ebenfalls für ein dreistufiges Netzwerk begrenzen Rahmani und Mahoodian (2017) mit einer standortspezifischen Obergrenze die jeweils an den Standorten entstandenen Produktionsemissionen und Transportemissionen separat. Ein robuster Ansatz wird verwendet, um Unsicherheiten in Bezug auf Nachfrage und Produktionskosten einzubeziehen. Zudem werden verschiedene Disruptionsszenarien betrachtet, wobei jedes Szenario eine etwaige Disruption einer bestimmten Anzahl von Standorten abbildet. Über einen zweistufigen Szenario-Ansatz sind Anpassungen an den Materialflüssen nach Eintritt des Disruptionsszenarios möglich, wobei die Standortentscheidungen szenariounabhängig getroffen werden. Statt wie in den vorherigen Ansätzen die Emissionen direkt zu begrenzen, schränken Fattahi und Govindan (2018) die durch Produktions- und Transportemissionen entstandenen Kosten im Sinne einer kostenmäßigen Emissionsobergrenze ein. Fattahi und Govindan (2018) beziehen hierbei ihr vierstufiges Netzwerk auf die Produktion von Biokraftstoff. Ein mehrstufiger stochastischer Ansatz kommt dabei zum Einsatz, um das unsichere Angebot an Biomasse sowie die durch mögliche Disruptionen bedingte Einschränkung der Standortkapazitäten abzubilden.

Im Gegensatz zu den vorherigen Ansätzen berücksichtigt Altmann (2015) im Sinne eines Emissionsoffsets Strafzahlungen für das Überschreiten der gesetzlich vorgeschriebenen Emissionsgrenzwerte. Dabei werden in einer dreistufigen Supply Chain mit emissionsabhängigen Kundennachfragen die Standorte der Produktionswerke festgelegt.

Wiederum im Unterschied hierzu sieht das *Emissionshandelssystem* ökonomische Anreize vor, die bei Unterschreiten eines vorgegebenen Emissionscaps greifen. In diesem Teilbereich analysieren Abdallah et al. (2012) dabei die in Abdallah et al. (2010) vorgestellte Modellformulierung im Rahmen einer Fallstudie. Ein besonderer Fokus liegt auf der Wirkung der Emissionshandelskosten. Abdallah et al. (2013) erweitern die ursprüngliche Modellformulierung um die Entscheidung über die Nutzung von Photovoltaikanlagen auf den Dächern der zu errichtenden Standorte.

Insbesondere im Teilbereich der Standortplanung mit Emissionshandelssystemen werden Unsicherheiten abgebildet. Dabei betrachten Giarola et al. (2012) ein einstufiges Netzwerk mit Standortentscheidungen zu den Produktionsstätten im Anwendungsfall der Herstellung von Biokraftstoff. Giarola et al. (2012) verwenden einen zweistufigen Szenario-Ansatz, um die durch einen stochastischen Emissionshandelspreis sowie Beschaffungspreis bedingten Unsicherheiten in die Planung zu integrieren. Rezaee et al. (2017) verwenden ebenfalls einen zweistufigen Szenario-Ansatz, um den stochastischen Emissionshandelspreis in einem vierstufigen Netzwerk abzubilden. Zusätzlich wird jedoch die Nachfrage als unsicher angenommen. Shaw et al. (2016) setzen hingegen Chance Constraints ein, um eine stochastische Nachfrage sowie stochastische Kapazitäten der Standorte in einem vierstufigen Netzwerk zu berücksichtigen.

Im Gegensatz zu den vorherigen Ansätzen beziehen sich die Unsicherheiten bei Tsao et al. (2021) jedoch nicht auf den Emissionshandelspreis, sondern vielmehr auf die Kosten für Auswahl der Standorte, Transport sowie die Kosten der jeweiligen Prozesse des betrachteten vierstufigen Netzwerks. Zudem wird die Nachfrage nach zur Produktion benötigten Komponenten als unsicher angenommen. Die Unsicherheiten werden durch eine Kombination von robuster und fuzzy Optimierung abgebildet. In Folge der Gewinnmaximierung gehen Tsao et al. (2021) von einer preisabhängigen Nachfrage aus. Die verwendete lineare Nachfragefunktion ist hierbei abhängig vom entsprechenden Verkaufspreis sowie der Marktgröße. Valderrama et al. (2020) betrachten den Anwendungsfall des Bergbaus. Bedingt durch diesen Anwendungsfall treffen die Autoren auf zahlreichen Netzwerkstufen Standortentscheidungen, die sich jedoch im Wesentlich auf Produktion und Distribution zurückführen lassen. Besonders zu erwähnen ist, dass das Emissionshandelssystem separat für jeden Standort auf jeder Netzwerkstufe betrachtet wird.

Kabadurmus und Erdogan (2020) erweitern den Bereich der Standortplanung mit Emissionshandelssystem im Rahmen einer dreistufigen Supply Chain mit Entscheidung über die Standorte der Produktionswerke um Resilienzaspekte. Hierzu werden die Lieferanten anhand eines Risikowerts bewertet. Über alle ausgewählten Lieferanten darf das sich ergebende gesamte Risiko einen gewissen Schwellenwert nicht übersteigen.

Treten ökonomisch unerwünschte Konsequenzen beim Emissionshandelssystem nur für die das vorgegebene Emissionscap übersteigenden Emissionen auf, sieht die *Emissionssteuer* hingegen Zahlungen für jede emittierte Emissionseinheit vor. Dabei gehören Elhedhli und Merrick (2012) zu den ersten Autoren, die Emissionskosten im Sinne von Emissionssteuern im Kontext der Standortplanung untersucht haben. In einer dreistufigen Supply Chain treffen die Autoren Standortentscheidungen für die Distributionszenten. Yang et al. (2016) beziehen die Emissionssteuer hingegen auf eine dreistufige Supply Chain im Bereich der City-Logistik, wobei Standorte für die Distributionszentren ausgewählt werden.

Im Gegensatz zu den bislang vorgestellten Aspekten werden im nachfolgend ausgeführten **zweiten Teil** der Literatur jeweils **mehrere Emissionsregulierungen** behandelt, die anhand separater Modellformulierungen für die Standortplanung vergleichend analysiert werden.

Fahimnia et al. (2015) und Martí et al. (2015) betrachten dabei Emissionssteuern und Emissionsobergrenzen. Fahimnia et al. (2015) beschränken Luftschadstoffe in den Produktionswerken über eine standortspezifische Obergrenze. In ihrem dreistufigen Netzwerk stellen diese Autoren heraus, dass hohe Emissionssteuern notwendig sind, um eine signifikante Emissionsreduzierung zu erzielen. Martí et al. (2015) vergleichen für eine zweistufige Supply Chain mit Entscheidungen über die Produktionswerke eine Emissionssteuer mit einer Emissionsobergrenze, die entweder kundenspezifisch oder über die gesamte Supply Chain einzuhalten ist. Martí et al. (2015) gehen hierbei von einer stochastischen Nachfrage aus. Die Autoren zeigen, dass eine marktbasierte Emissionsobergrenze zwar mit größeren Auswirkungen auf das Netzwerkdesign verbunden ist, sich im Hinblick auf die resultierenden Kosten hingegen nur gering von der globalen Emissionsobergrenze unterscheidet. Im Vergleich zu den Emissionssteuern sind beide Formen der Emissionsobergrenze jedoch mit geringeren Kosten verbunden.

Zakeri et al. (2015) vergleichen die Auswirkungen der Emissionssteuer mit denen des Emissionshandels hinblickend auf das Design einer dreistufigen Supply Chain. Auf Basis einer Fallstudie können die Autoren zeigen, dass das Emissionshandelssystem zu geringeren Emissionen und niedrigeren Kosten als die Emissionssteuer führt.

Turken et al. (2017) stellen für eine zweistufige Supply Chain mit Entscheidungen über die Errichtung von Produktionswerken heraus, dass Emissionssteuern nur einen sehr begrenzten Anreiz zur Reduktion von Emissionen darstellen. Stattdessen führen Emissionsoffsets, welche in diesem Fall separat für die standortspezifischen Produktions- sowie Transportemissionen betrachtetet werden, bei hohen Strafzahlungen zu effizienteren Emissionsreduzierungen.

Esmaeili et al. (2020), Marufuzzaman et al. (2014) und Sherafati et al. (2020) vergleichen alle Formen der in Abschnitt 2.3.2 vorgestellten Emissionsregulierungen. Anhand einer dreistufigen Supply Chain mit Lokationsentscheidungen der Raffineriestandorte zur Herstellung von Biokraftstoff stellen Esmaeili et al. (2020) heraus, dass das Emissionshandelssystem auf Basis ökonomischer und ökologischer Kriterien den übrigen Emissionsregulierungen überlegen ist. Die Herstellung von Biokraftstoff steht ebenfalls im Mittelpunkt der von Marufuzzaman et al. (2014) modellierten vierstufigen Supply Chain, in welcher Produktionsstandorte festgelegt werden. Anhand einer Fallstudie schlussfolgern diese Autoren, dass vor allem Emissionsobergrenzen zu einer deutlichen Reduzierung der Emissionen führen. Um vergleichbare Resultate mit den emissionsbepreisenden Regulierungen der Emissionssteuer sowie des Emissionshandelssystems zu erzielen, sind sehr hohe Emissionspreise notwendig. Weiterhin stellen die Autoren fest, dass bei diesen Emissionsregulierungen eher die zusätzlichen Kosten in Kauf genommen werden und auf Anpassungen der Supply Chain verzichtet wird. Sherafati et al. (2020) stellen eine Modellformulierung für eine zweistufige Supply Chain bei Produktionslokationsentscheidungen mit Fokus auf die regionale Entwicklung vor. In Folge dessen werden die Emissionsregulierungen regionsspezifisch betrachtet. Zudem wird hier von einer preisabhängigen Nachfrage ausgegangen. Um die mit den Emissionen verbundenen Unsicherheiten im Modell zu berücksichtigen, wird ein hybrider Ansatz zwischen robuster Optimierung und fuzzy Chance Constraints verwendet. Die Ergebnisse der Autoren stellen heraus, dass die Emissionssteuer zu den höchsten Kosten und das Emissionshandelssystem zu den geringsten Emissionen sowie Kosten führt.

Zhou et al. (2017) sind die einzigen Autoren, die im untersuchten Teilgebiet Emissionszölle betrachten und diese im Rahmen eines dreistufigen Netzwerks mit Entscheidungen über die Nutzung der Produktionswerke verknüpfen. Zudem werden die durch Beschaffung, Produktion und Transport erzeugten Emissionen durch eine Obergrenze beschränkt. Die Autoren stellen dabei in ihren numerischen Untersuchungen heraus, dass die Emissionszölle nur sehr begrenzt Einfluss nehmen. Stattdessen beeinflussen die Kapazitätseinschränkungen die Wahl von emissionsreduzierenden Technologien.

2.4.2 Darstellung der Forschungslücke

Die im vorherigen Kapitel ausgeführte Literaturübersicht zeigt deutlich auf, dass das Forschungsgebiet der Standortplanung mit Emissionsregulierungen von einer Vielzahl an Autoren aus unterschiedlichen Blickwinkeln behandelt wird. Trotz dieser quantitativen als auch qualitativen Fülle werden die Emissionsregulierungen in der bestehenden Literatur vor allem in der Weise betrachtet, dass eine Emissionsregulierung an allen Standorten gleichermaßen zu berücksichtigen ist. Lediglich teilweise werden deren konkrete Ausprägungen, wie beispielsweise die Höhe der Emissionssteuer oder die vorgegebene Emissionsobergrenze, standortbezogen betrachtet.[192] Zudem werden die Emissionsregulierungen in der Literatur ausschließlich alternativ betrachtet, sodass verschiedene Emissionsregulierungen folglich mit unterschiedlichen Modellformulierungen einhergehen. Meist sind Unternehmen in einer Planungssituation jedoch verschiedenen Emissionsregulierungen an unterschiedlichen Standorten ausgesetzt. Dies trifft insbesondere im Rahmen einer globalen Standortplanung zu, wobei die (potentiellen) Standorte auf verschiedene Länder mit unterschiedlichen Emissionsregulierungen verteilt sein können.

An diesen in der Literatur vernachlässigten Aspekten setzt die Arbeit von Christian und Sahling (2024) an. Dabei werden standortabhängige Emissionsregulierungen betrachtet, sodass bei Konfiguration des Netzwerkes an verschiedenen Standorten unterschiedliche sowie verschieden ausgeprägte Emissionsregulierungen zu beachten sind. Im Spezifischen modellieren Christian und Sahling (2024) Emissionssteuer, Emissionshandelssystem und eine periodenspezifische Emissionsobergrenze, wobei diese jeweils standortspezifisch ausgeprägt sind. Die **standortabhängigen Emissionsregulierungen** werden mit **Emissionszöllen** kombiniert, die in der Literatur lediglich von Zhou et al. (2017) betrachtet werden. Diese Autoren betrachten in ihrem einperiodigen Modell eines dreistufigen Netzwerks Emissionszölle in Kombination mit einer standortübergreifenden Obergrenze. Christian und Sahling (2024) stellen dagegen in ihrem vierstufigen globalen Netzwerk, in welchem Standortentscheidungen für Produktionswerke und Distributionszentren getroffen werden, die Wirkungsweise der Kombination aus Emissionszöllen und standortabhängigen Emissionsregulierungen in den Vordergrund. Dabei liegt ein deterministisches mehrperiodiges Standortplanungsproblem unter Berücksichtigung mehrerer Produkte zugrunde. Des Weiteren wird der Einfluss der Kombination aus standortabhängigen Emissionsregulierungen und Emissionszöllen auf die Wahl emissionsreduzierender Produktionstechnologien fokussiert. An den Produktionswerken stehen verschiedene Produktionstechnologien zur Auswahl, wobei an einem Standort genau eine Technologie zum Einsatz kommt. Im Zeitverlauf ist es möglich, diese Technologie zu ändern. Zudem können zum Transport zwischen den

[192] Hier sind u.a. standortbezogene Emissionsobergrenzen anzuführen, die sich bspw. in Fahimnia et al. (2015) oder Rahmani und Mahoodian (2017) finden. Sherafati et al. (2020) betrachtet dagegen regionsspezifische Emissionspreise für Emissionssteuer und Emissionsoffset.

Standorten verschiedene Transportmodi eingesetzt werden. Sowohl die eingesetzten Transportmodi als auch die zur Produktion ausgewählten Technologien wirken sich auf die **Emissionsfußabdrücke** aus. Diese sind hier im Sinne eines Product Carbon Footprints exogen[193] vorgegeben.

Aus der Literaturübersicht in Tabelle 2.1 wird deutlich, dass die große Mehrzahl der Autoren einen kommerziellen Standardsolver[194] verwenden, um das aufgestellte mathematische Modell zu lösen. Daneben setzen Fattahi und Govindan (2018), Rahmani und Mahoodian (2017) und Shaw et al. (2016) den Dekompositionsansatz von Benders als exakten Lösungsansatz für die Standortplanungsprobleme mit Emissionsregulierungen ein. Heuristische Lösungsansätze kommen in diesem Themenbereich gleichermaßen nur sehr vereinzelt zum Einsatz. Eine Lagrange-Heuristik wird von Elhedhli und Merrick (2012) angewendet, wohingegen Fahimnia et al. (2015) und Turken et al. (2017) problemspezifische Greedy-Heuristiken anwenden. Da jedoch Standortplanungsprobleme aufgrund ihrer Modellkomplexität Bedarf für einen heuristischen Lösungsansatz haben[195], wird in der Arbeit von Christian und Sahling (2024) eine flexible **Fix&Optimize-Heuristik** vorgestellt und angewandt. Diese Fix&Optimize-Heuristik wird im zweiten Teil dieser Arbeit ausführlich behandelt.

Das von Christian und Sahling (2024) vorgestellte Modell wird in der vorliegenden Arbeit um einige weitere relevante Aspekte ergänzt. Wie aus der Literaturübersicht in Tabelle 2.1 ersichtlich wird, werden nur in wenigen Ansätzen Disruptionen und eine folglich resiliente Ausgestaltung der Standortplanung betrachtet. Da jedoch der Klimawandel eine Ursache für das vermehrte Auftreten von natürlich bedingten Disruptionen sein kann[196], erscheint eine Betrachtung von Resilienzaspekten im Bereich der ökonomisch-ökologischen Nachhaltigkeit unabdingbar. Dahingehend liegt in der vorliegenden Arbeit ein besonderer Fokus auf der **Lieferantenauswahl unter Resilienzaspekten**, da sich ein etwaiger durch Disruptionen bedingter Lieferantenausfall auf die nachgelagerten Prozesse und folglich auch auf die zentrale Zielsetzung der Nachfrageerfüllung an den Kundenorten auswirken würde. Hierzu wird jeder Lieferant anhand eines Resilienzscores bewertet, wobei über alle ausgewählten Lieferanten ein Mindestresilienzscore einzuhalten ist. Zudem wird

---

[193] In der Literatur wird der Product Carbon Footprint von Martí et al. (2015) auf Basis der durch Beschaffung, Produktion, Lagerung und Transport generierten Emissionen modellendogen ermittelt. Christian und Sahling (2024) hingegen gehen von einem modellexogen vorgegebenen Product Carbon Footprint aus, der die relevanten Emissionen für die entsprechenden Emissionsregulierung erfasst.

[194] Vorliegend wird insbesondere der Standardsolver CPLEX eingesetzt.

[195] Weitere Ausführungen hierzu sind Abschnitt 5.1 zu entnehmen.

[196] Vgl. hierzu die Ausführungen in Abschnitt 2.3.2

die Auswahl nicht ausreichend resilienter Lieferanten in der Zielfunktion bestraft. Um den Zusammenhang zwischen Preis und Nachfrage realistischer zu gestalten, betrachtet das nachfolgend vorgestellte Modell eine **preisabhängige Nachfrage**. Dieser Aspekt wird im Bereich der Standortplanung lediglich von Sherafati et al. (2020) und Tsao et al. (2021) betrachtet. In Weiterentwicklung des Ansatzes von Sherafati et al. (2020) wird der Zusammenhang zwischen Preis und Nachfrage über Nachfragestufen berücksichtigt. Folglich wird an jedem Nachfrageort genau eine Preis-Nachfrage-Kombination ausgewählt. Da die Verkaufseinzahlungen bei einer Maximierung des Kapitalwerts mit exogen vorgegebener vollständiger Erfüllung der Kundennachfrage einen festen Wert annehmen würden und somit lediglich die Auszahlungen entscheidungsrelevant wären, geht eine maximierende Zielsetzung mit einer Entscheidung über die zu erfüllenden Kundennachfragen einher. Das unter diesen Prämissen aufgestellte mathematische Modell zur mehrstufigen Standortplanung unter ökonomisch-ökologischen Nachhaltigkeitsaspekten steht im Fokus des ersten Teils dieser Arbeit.

Wie in Abschnitt 2.2 ausgeführt, sind Standortplanungsprobleme in Folge des langfristigen Planungshorizonts durch zahlreiche Unsicherheiten gekennzeichnet. Anhand des in Abschnitt 2.4.1 vorgestellten Literaturüberblicks wird deutlich, dass diese Unsicherheiten im Bereich der Standortplanung mit Emissionsregulierungen insbesondere hinsichtlich der Nachfrage und der Kosten betrachtet werden. Im Bereich der Emissionsregulierungen sind gemäß der vorgestellten Literatur insbesondere die Emissionsobergrenzen mit weitreichenden Konsequenzen für das Netzwerkdesign verbunden. Da jedoch diesbezügliche Unsicherheiten in der Literatur nicht betrachtet wurden, schließt die vorliegende Arbeit diese Lücke. Daher wird im dritten Teil dieser Arbeit eine entsprechende Modellformulierung entwickelt, die über einen Szenario-Ansatz sowie eine risikoorientierte Modellformulierung die **stochastischen Emissionsobergrenzen** beinhaltet.

Im nachfolgenden Kapitel wird jedoch zunächst die deterministische Variante hinsichtlich der Modellannahmen sowie der Modellformulierung erläutert.

Teil I
Mathematisches Modell für die Standortplanung unter ökonomisch-ökologischen Nachhaltigkeitsaspekten

3 Mathematische Modellformulierung für die mehrstufige Standortplanung mit Emissionszöllen und standortabhängigen Emissionsregulierungen (SND-CT-CP)

3.1 Modellannahmen des SND-CT-CP

Im vorliegenden Kapitel wird ein mathematisches Modell für die mehrstufige Standortplanung mit Emissionszöllen und standortabhängigen Emissionsregulierungen (SND-CT-CP)[1] vorgestellt. Dem SND-CT-CP liegen die folgenden Modellannahmen zugrunde:[2]

Über einen Planungshorizont von $|\mathcal{T}|$ Perioden ($t \in \mathcal{T}$) soll das Design eines vierstufigen Netzwerks bestimmt werden. An $|\mathcal{W}|$ potentiellen Standorten ($w \in \mathcal{W}$) können hierzu Produktionswerke eingerichtet werden. An diesen werden $|\mathcal{K}|$ Produkte ($k \in \mathcal{K}$) hergestellt. Die zur Produktion benötigten $|\mathcal{C}|$ Komponenten ($c \in \mathcal{C}$) können bei $|\mathcal{L}|$ Lieferanten ($l \in \mathcal{L}$) bezogen werden. Die hergestellten Produkte werden über $|\mathcal{I}|$ Distributionszentren ($i \in \mathcal{I}$), über deren Einrichtung zu entscheiden ist, zu den $|\mathcal{J}|$ Nachfrageorten ($j \in \mathcal{J}$) transportiert.

---

[1] **S**upply **N**etwork **D**esign with **C**arbon **T**ariffs and **C**arbon **P**olicies.

[2] Das vorliegende Modell basiert auf der in Christian und Sahling [25] vorgestellten Modellformulierung. Im Unterschied hierzu wird vorliegend jedoch eine Maximierung des Kapitalwerts mit preisabhängiger Erfüllung der Nachfrage betrachtet. Zudem werden in der vorliegenden Modellformulierung Resilienzaspekte betrachtet.

Ergänzende Information Die elektronische Version dieses Kapitels enthält Zusatzmaterial, auf das über folgenden Link zugegriffen werden kann https://doi.org/10.1007/978-3-658-51327-6_3.

J. Christian, *Mehrstufige Standortplanung unter ökonomisch-ökologischen Nachhaltigkeitsaspekten*, Produktion und Logistik,
https://doi.org/10.1007/978-3-658-51327-6_3

Zum Transport der Produkte und Komponenten zwischen den Stufen des Netzwerks können $|\mathcal{M}|$ kapazitätsbeschränkte Transportmodi[3] ($m \in \mathcal{M}$) eingesetzt werden.

Abbildung 3.1 verdeutlicht das dem SND-CT-CP zugrunde liegende Netzwerk[4], welches mit Lieferanten, Produktionswerken, Distributionszentren und Nachfrageorten eine mehrstufige Struktur vorsieht.

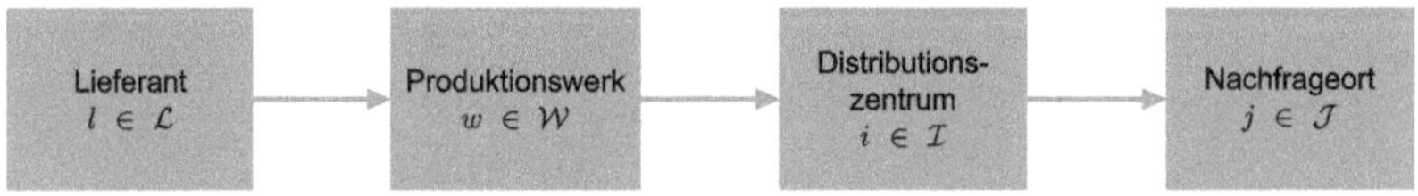

Abb. 3.1 Netzwerkstruktur des SND-CT-CP

Um die Annahmen des SND-CT-CP strukturiert sowie nachvollziehbar darzulegen, werden diese in die folgenden Kategorien untergliedert:

- Materialfluss im Netzwerk
- Lieferantenauswahl unter Resilienzaspekten
- Standortentscheidungen für Produktionswerke und Distributionszentren
- Nachfrageerfüllung
- Emissionszölle
- Standortabhängige Emissionsregulierungen
- Zielsetzung des SND-CT-CP

Die einzelnen Kategorien werden im Nachfolgenden sukzessive vorgestellt.

Materialfluss im Netzwerk:

Die zur Produktion benötigten Komponenten werden bei den **Lieferanten** bezogen, wobei die bei Lieferant l verfügbaren Komponenten $c \in \mathcal{C}_l$ in der Teilmenge $\mathcal{C}_l \subseteq \mathcal{C}$

---

[3] Unter Transportmodi werden hier die verschiedenen Arten verstanden, mit denen Komponenten bzw. Produkte zwischen den Standorten transportiert werden können. Beispielsweise kann, wie in Abschnitt 4.1 weiter ausgeführt, zwischen einem Transport über die Straße (bspw. mit dem Transportmittel LKW), die Schiene (mit dem Transportmittel Güterzug), das Wasser (mit dem Transportmittel Schiff) oder die Luft (meist mit dem Transportmittel Flugzeug) unterschieden werden.

[4] Hinsichtlich der Begrifflichkeit „Netzwerk“ wird auf die Ausführungen in Abschnitt 2.1.1 verwiesen. Das in Abbildung 3.1 dargestellte Netzwerk weist eine kettenförmige Struktur auf.

enthalten sind. Hierbei gibt an_{ck} den Direktbedarf an Komponente c zur Fertigung einer Einheit des Produkts k an.

Die bei den Lieferanten beschafften Komponenten werden zu den **Produktionswerken** transportiert. Folglich ist für jede Periode t über die Transportmengen $\widehat{X}_{lwcmt}$ in Modus m vom Lieferanten l zum Produktionswerk w zu entscheiden. Hierbei fallen je transportierter Mengeneinheit Auszahlungen $\widehat{tc}_{lwcmt}$ an. Jeder bei Lieferant l verfügbare Transportmodus ($m \in \mathcal{M}_l$) ist durch eine modusspezifische Kapazität $\widehat{mod}_{lm}^{max}$ gekennzeichnet. In Bezug hierzu wird von einem komponentenspezifischen Kapazitätsverbrauch je transportierter Einheit ausgegangen, der mit $\widehat{ctu}_c$ angegeben ist.

Ausgehend von den Produktionswerken werden die dort hergestellten Produkte zu den **Distributionszentren** transportiert. Hierbei gilt es erneut Auszahlungen $\widetilde{tc}_{wikmt}$ zu berücksichtigen, die je transportierter Mengeneinheit von Produktionswerk w zum Distributionszentrum i in Transportmodus m und Periode t anfallen. Gleichermaßen sind die an Produktionswerk w verfügbaren Transportmodi ($m \in \mathcal{M}_w$) durch eine modusspezifische Kapazität $\widetilde{mod}_{wm}^{max}$ beschränkt, wobei der produktspezifische Kapazitätsverbrauch $\widetilde{ctu}_k$ zu berücksichtigen ist. Unter diesen Prämissen wird über die Transportmengen $\widetilde{X}_{wpikmt}$ vom Produktionswerk w zum Distributionszentrum i entschieden.

Auf der letzten Stufe des Netzwerks werden die Produkte von den Distributionszentren zu den **Nachfrageorten** transportiert. Dabei wird über die produkt- und modusspezifischen Transportmengen X_{ijkmt} von Distributionszentrum i zu Nachfrageort j in Periode t entschieden. Hierbei fallen je transportierter Einheit Auszahlungen tc_{ijkmt} an. Unter Berücksichtigung des produktspezifischen Kapazitätsverbrauchs $\widetilde{ctu}_k$ ist die Kapazität mod_{im}^{max} der an den Distributionszentren verfügbaren Transportmodi ($m \in \mathcal{M}_i$) zu beachten.

Lieferantenauswahl unter Resilienzaspekten:

Im Rahmen des SND-CT-CP wird für jede Periode t eine Entscheidung darüber getroffen, welche Lieferanten für die Auswahl der benötigten Komponenten ausgewählt werden. Die entsprechende binäre Lieferantenauswahlvariable α_{lct} ist definiert als

$$\alpha_{lct} = \begin{cases} 1, & \text{falls Komponente } c \text{ bei Lieferant } l \text{ in Periode } t \text{ beschafft wird,} \\ 0, & \text{sonst.} \end{cases}$$

Die Beschaffungsentscheidung erfolgt unter Berücksichtigung der bei den Lieferanten verfügbaren Komponenten ($c \in \mathcal{C}_l$) sowie unter Beachtung von Kapazitäten, den damit verbundenen Auszahlungen sowie Resilienzaspekten[5]. Dementsprechend gilt es die Mindestbestellmenge $\widehat{c}_{lc}^{min}$ und die Maximalbestellmenge $\widehat{c}_{lc}^{max}$ des Lieferanten l hinsichtlich Komponente c zu berücksichtigen. Des Weiteren fallen für die Beschaffung einer Einheit an Komponente c bei Lieferant l in Periode t Auszahlungen $\widehat{ac}_{lct}$ an.

Zudem gilt es bei Auswahl der Lieferanten Resilienzaspekte zu beachten. Demgemäß gibt rsc_l den Resilienzscore von Lieferant l an.[6] Je höher dieser Resilienzscore, desto geringer sind die Risiken für Disruptionen bei diesem Lieferanten einzuschätzen, sodass von einer positiven Korrelation zwischen Resilienzscore und Resilienzbeurteilung des Lieferanten ausgegangen wird. Um die Auswahl ausreichend resilienter Lieferanten zu gewährleisten, gilt es für jede Komponente unter Berücksichtigung der ausgewählten Lieferanten in jeder Periode einen Gesamtresilienzscore von mindestens rsc_c^{min} einzuhalten. Gleichermaßen muss beachtet werden, dass auch die Auswahl mehrerer Lieferanten mit individuell niedrigen Resilienzscores in Summe den Mindestresilienzscore erfüllen könnte. Daher wird die Auswahl einer Komponente bei einem Lieferanten, der individuell nicht über einen als ausreichend hoch eingeschätzten Resilienzscore verfügt, mit einer fixen Auszahlung rsa_{lct} je Periode sanktioniert. Durch diese Sanktionierung werden Maßnahmen, die zur Kompensation eines niedrigen Resilienzscores notwendig sein können, zahlungsmäßig abgebildet.[7] Kompensationsmaßnahmen könnten beispielsweise das Vorhalten von Sicherheitsbeständen oder das Vorsehen von Backup-Regelungen umfassen.[8] Es ist zu betonen, dass im Rahmen des SND-CT-CP nicht diese Maßnahmen

---

[5] Die Resilienzaspekte werden im SND-CT-CP deterministisch betrachtet.

[6] Demnach wird angenommen, dass die bei Lieferant l verfügbaren Komponenten $c \in \mathcal{C}_l$ den gleichen Resilienzscore aufweisen. Würde diese Annahme nicht getroffen werden, so wäre der Resilienzscore rsc_l zusätzlich abhängig von Komponente c.

[7] Dabei wird angenommen, dass diese Kompensationsmaßnahmen bei Auswahl von Lieferant l anfallen und unabhängig von der bei diesem Lieferanten beschafften Menge sind. Damit verbunden ist die Annahme, dass die Resilienzbeurteilung der Lieferanten unabhängig von der jeweils beschafften Menge ist. Demnach fallen die Kompensationsmaßnahmen und hiermit verknüpfte Auszahlungen bei Auswahl des entsprechenden Lieferanten an und sind demnach ebenfalls unabhängig von der beschafften Menge. Somit wird beispielsweise dem Fall entgegengewirkt, dass der Mindestresilienzscore lediglich durch die Auswahl mehrerer Lieferanten mit individuell niedrigen Resilienzscores erreicht wird. Im Falle einer mengenmäßigen Sanktionierung würde dann je nach Parametrisierung ein niedriger Wert für die Resilienzauszahlungen als im vorliegend abgebildeten Fall resultieren.

[8] Für weitere Ausführungen hierzu sei auf Abschnitt 2.2.4 verwiesen.

selbst abgebildet und geplant werden, sondern lediglich eine Darstellung in Form zusätzlicher Auszahlungen erfolgt.[9]

Standortentscheidungen für Produktionswerke und Distributionszentren: Im Zentrum des SND-CT-CP stehen die Entscheidungen über die Einrichtung der Produktionswerke und Distributionszentren. Hierbei wird auf Basis der jeweiligen Menge potentieller Standorte eine Entscheidung darüber getroffen, an welchen Orten und in welcher Ausgestaltung Produktionswerke und Distributionszentren errichtet, betrieben sowie ggfs. geschlossen werden.

In jedem potentiellen **Produktionswerk** $w \in \mathcal{W}$ können grundsätzlich alle K Produkte hergestellt werden. Hierzu stehen für jedes potentielle Produktionswerk insgesamt P verschiedene Produktionstechnologiestufen ($p = 1, \ldots, P$) zur Auswahl, wobei in jedem betriebenen Produktionswerk genau eine Produktionstechnologiestufe je Periode zum Einsatz kommt. Die gewählte Technologie wirkt sich auf Kapazitäten, Auszahlungen sowie Emissionen aus. Hinblickend auf die Kapazitäten beeinflusst die Produktionstechnologiestufe p den Kapazitätsverbrauch $\widetilde{cu}_{kp}$ je produzierter Einheit an Produkt k. Zudem bestimmt die gewählte Technologiestufe p die damit verknüpfte maximale Produktionskapazität $\widetilde{c}^{max}_{wp}$ am potentiellen Standort w.

Über die Auswahl der Produktionstechnologie wird im Rahmen der Einrichtung der Produktionswerke entschieden. Dabei fallen für die Einrichtung eines Produktionswerks an Standort w mit Technologiestufe p fixe Auszahlungen $\widetilde{fc}^{est}_{wp}$ an. Die zugehörige binäre Errichtungsvariable γ^{est}_{wpt} ist definiert als

$$\gamma^{est}_{wpt} = \begin{cases} 1, & \text{falls an Standort } w \text{ mit Technologiestufe } p \text{ in Periode } t \\ & \text{ein Produktionswerk eingerichtet wird,} \\ 0, & \text{sonst.} \end{cases}$$

[9] Die Berücksichtigung von Resilienzaspekten wäre in analoger Form auch grundsätzlich im Rahmen der Produktionswerke und Distributionszentren möglich. Im vorliegenden Modell erfolgt jedoch unter anderem aus Redundanzgründen eine Beschränkung der Resilienzaspekte auf die Lieferanten. Zudem wird im Rahmen des SND-CT-CP keine grundsätzliche Positionierung der Lieferanten vorgenommen, sondern lediglich eine Auswahl auf Grundlage bereits bestehender (extern vorgegebener) Lieferanten(orte) getroffen. Im Unterschied hierzu werden für die Produktionswerke und Distributionszentren Entscheidungen über die Errichtung sowie den Betrieb neuer Standorte getroffen. Folglich kann davon ausgegangen werden, dass bei Auswahl der potentiellen Standorte für Produktionswerke und Distributionszentren entsprechende Resilienzüberlegungen bereits Eingang gefunden haben.

Sofern ein errichteter Standort nicht geschlossen wird, wird dieser nach der Errichtung bis zum Ende des Planungshorizonts betrieben. Für den Betrieb des Produktionswerks[10] fallen unabhängig von der produzierten Menge fixe Auszahlungen in Höhe von $\widetilde{fc}_{wp}^{ope}$ an. Die zugehörige binäre Betriebsvariable γ_{wpt}^{ope} ist definiert als

$$\gamma_{wpt}^{ope} = \begin{cases} 1, & \text{falls an Standort } w \text{ mit Technologiestufe } p \text{ in Periode } t \\ & \text{ein Produktionswerk betrieben wird,} \\ 0, & \text{sonst.} \end{cases}$$

Für die Schließung des Produktionswerks fallen fixe Auszahlungen in Höhe von $\widetilde{fc}_{wp}^{clo}$ an.[11] Die zugehörige binäre Schließungsvariable[12] γ_{wpt}^{clo} ist definiert als

$$\gamma_{wpt}^{clo} = \begin{cases} 1, & \text{falls Produktionswerk } w \text{ mit Technologiestufe } p \\ & \text{zum Ende der Periode } t \text{ geschlossen wird,} \\ 0, & \text{sonst.} \end{cases}$$

Es wird davon ausgegangen, dass ein geschlossener Standort im Rahmen des betrachteten Planungshorizonts nicht erneut geöffnet werden kann. Dementsprechend kann ein Produktionswerk $w \in \mathcal{W}$ nur einmal eingerichtet werden. Aus Gründen der Kapazitätsanpassung sowie im Hinblick auf die mit der Technologiestufe verbundenen Emissionen ist ein Wechsel der ausgewählten Produktionstechnologie im Zeitverlauf möglich. Die zum Ende der Periode t erfolgende Deinstallation von Technologiestufe p am bereits errichteten Produktionswerk w ist mit einer Auszahlung $\widetilde{fc}_{wp}^{tec,off}$ verbunden. Die entsprechende binäre Deinstallationsvariable ist definiert als

---

[10] Abbildbar wäre über die vorliegende Modellierung zudem der Fall, dass zu Beginn des Planungshorizonts bereits Produktionswerke betrieben werden. Im Rahmen einer Rekonfiguration des Netzwerkdesigns könnten die bereits betriebenen Produktionswerke ebenfalls in die Planung einbezogen werden. Somit kann über den Weiterbetrieb oder die Schließung bestehender sowie die Eröffnung alternativer Standorte entschieden werden. Diese Aussagen sind gleichermaßen auf die Distributionszentren zutreffend.

[11] Es wird angenommen, dass bei der Standortschließung ausschließlich Auszahlungen entstehen. Diese können sowohl die materiellen als auch die personellen Ressourcen betreffen, sodass diese Auszahlungen bspw. für den Rückbau der Infrastruktur oder Maschinen (oder ggf. Gebäude) sowie für Abfindungen (sofern keine Weiterbeschäftigung in einem anderen Produktionswerk möglich ist) anfallen. Analoges gilt hinsichtlich der fixen Auszahlungen für die Schließung der Distributionszentren.

[12] Im Falle einer Standortschließung zum Periodenende von t kann der Standort während der entsprechenden Periode t noch betrieben werden.

$$\rho_{wpt}^{tec,off} = \begin{cases} 1, & \text{falls am bereits errichteten Standort } w \text{ Technologiestufe } p \\ & \text{zum Ende der Periode } t \text{ deinstalliert wird,} \\ 0, & \text{sonst.} \end{cases}$$

Unmittelbar mit Beginn der darauffolgenden Periode $t + 1$ steht die gewählte neue Technologiestufe p zur Verfügung. Für die Installation, die über nachfolgende Binärvariable definiert ist, fallen Auszahlungen $\widetilde{fc}_{wp}^{tec,on}$ an.

$$\rho_{wpt}^{tec,on} = \begin{cases} 1, & \text{falls am bereits errichteten Standort } w \text{ die neu installierte} \\ & \text{Technologiestufe } p \text{ zum Beginn der Periode } t \text{ zur Verfügung steht,} \\ 0, & \text{sonst.} \end{cases}$$

Die vorangestellten Modellannahmen verdeutlichen, dass die Produktionstechnologiestufen vorliegend generisch und folglich ohne Beschränkung auf einen konkreten Anwendungsfall ausgestaltet sind. Das Verständnis der Produktionstechnologien ist in der vorliegenden Arbeit an die von REFA [121] gegebene Definition der Produktionstechnik angelehnt. Dementsprechend werden unter einer Produktionstechnologie alle Verfahren, Maßnahmen und Einrichtungen verstanden, die zur Herstellung von Produkten zum Einsatz kommen. Somit umfasst die Produktionstechnologie Aspekte aus den Teilbereichen der Verfahrens-, Fertigungs- sowie Energietechnik.[13] Gemäß dieser generischen Ausgestaltung können über die Produktionstechnologien unter anderem die Verfahren und technischen Prozesse, die bei Herstellung der entsprechenden Produkte zum Einsatz kommen, betreffend der damit verbundenen Wirkung auf Kapazitäten, Auszahlungen sowie Emissionen abgebildet werden.[14]

Neben der Entscheidung über Errichtung und Betrieb der Produktionswerke wird im Rahmen des SND-CT-CP darüber entschieden, an welchen Orten $i \in \mathcal{I}$ Distributionszentren errichtet sowie betrieben werden sollen. Die **Distributionszentren** sind dabei über die (Umschlags-)Kapazität c_i^{max} kapazitätsbeschränkt. Dabei ist

---

[13] Vgl. REFA [121]. Für eine Erläuterung der Begriffe der Verfahrens-, Fertigungs- und Energietechnik sei auf Fechter et al. [51], S. 982 verwiesen.

[14] Gleichermaßen könnten im Sinne der vorherigen Definition in Bezug auf die Energietechnik verschiedene Möglichkeiten zum Bezug, zur Speicherung oder Nutzung der zur Produktion benötigten Energie hinsichtlich der damit verbundenen Wirkung auf die Kapazitäten, Auszahlungen und Emissionen abgebildet werden.

der produktspezifische Kapazitätsverbrauch[15] cu_k zu berücksichtigen. Weiterhin fallen für die Errichtung eines Distributionszentrums fixe Auszahlungen in Höhe von fc_i^{est} an. Die zugehörige binäre Errichtungsvariable ψ_{it}^{est} ist definiert als

$$\psi_{it}^{est} = \begin{cases} 1, & \text{falls an Standort } i \text{ in Periode } t \text{ ein Distributionszentrum} \\ & \text{eingerichtet wird,} \\ 0, & \text{sonst.} \end{cases}$$

Ebenso fallen für den Betrieb des Distributionszentrums fixe Auszahlungen fc_i^{ope} an, wobei die entsprechende binäre Betriebsvariable ψ_{it}^{ope} wie folgt definiert ist:

$$\psi_{it}^{ope} = \begin{cases} 1, & \text{falls an Standort } i \text{ in Periode } t \text{ ein Distributionszentrum} \\ & \text{betrieben wird,} \\ 0, & \text{sonst.} \end{cases}$$

Wird ein Distributionszentrum errichtet, so kann dieses auch in einer der darauffolgenden Perioden geschlossen werden, wofür fixe Auszahlungen fc_i^{clo} anfallen. Die korrespondierende binäre Schließungsvariable ψ_{it}^{clo} ist definiert als

$$\psi_{it}^{clo} = \begin{cases} 1, & \text{falls Distributionszentrum } i \text{ zu Beginn von Periode } t \\ & \text{geschlossen wird,} \\ 0, & \text{sonst.} \end{cases}$$

Es gilt zu beachten, dass jedes Distributionszentrum über den gesamten Planungshorizont maximal einmal geschlossen und folglich maximal einmal errichtet werden darf. Die Distributionszentren werden aufgrund des langfristigen Planungshorizonts und der damit verknüpften aggregierten Betrachtung im SND-CT-CP lediglich als Umschlagsorte[16] betrachtet, sodass alle eintreffenden Produkte bereits in derselben Periode das jeweilige Distributionszentrum zu den Nachfrageorten verlassen.[17]

---

[15] Aufgrund der strategischen Ausrichtung des SND-CT-CP und der damit verknüpften aggregierten Betrachtung wird der Kapazitätsverbrauch nicht auf konkrete Kapazitätsausgestaltungen wie Platz, Ressourcen o.ä. bezogen.

[16] Demnach wird im SND-CT-CP keine Lagerung (über die Periodengrenzen hinweg) betrachtet.

[17] Hier sei auf die in Abschnitt 2.1.2 thematisierte Einordnung der Standortplanung in die strategische Ebene der Supply Chain Planning Matrix und die damit korrespondierende Länge

Nachfrageerfüllung:
An jedem **Nachfrageort** $j \in \mathcal{J}$ wird durch die eintreffenden Transportmengen die preisabhängige Nachfrage befriedigt. Abbildung 3.2 visualisiert dabei den im SND-CT-CP angenommenen Zusammenhang zwischen Nachfrage und Preis, welcher als bekannt vorausgesetzt wird und in Form von Nachfragestufen[18] berücksichtigt wird.

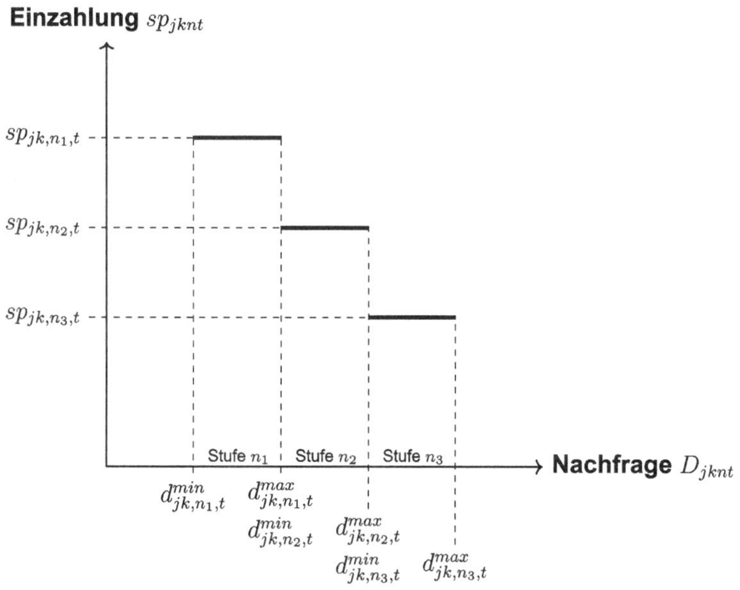

Abb. 3.2 Approximation der preisabhängigen Nachfrage mittels Nachfragestufen

Grundsätzlich wird dabei angenommen, dass ein höherer Verkaufspreis zu einer geringeren Nachfrage führt. Demgegenüber folgt aus einem niedrigeren Verkaufspreis eine höhere Nachfrage. Die zur Approximation dieses Zusammenhangs verwendeten Nachfragestufen ($n \in \mathcal{N}$) bilden hierbei die unterschiedlichen Kombinationen von Verkaufspreis und Nachfrage ab. Jede Nachfragestufe $n \in \mathcal{N}$ charakterisiert eine aus Verkaufspreis und Nachfrage bestehende Kombination. Diese ist

einer strategischen Planungsperiode, die entweder ein Jahr oder ein Quartal umfasst, verwiesen.

[18] Weiterführende Ausführungen zur preisabhängigen Nachfrage sowie eine Herleitung der vorliegend verwendeten Nachfragestufen finden sich im Anhang A.1. Abbildung 3.2 geht beispielhaft von $|\mathcal{N}| = 3$ Nachfragestufen aus.

an jedem Nachfrageort j in jeder Periode t produktspezifisch durch eine Mindestnachfrage d_{jknt}^{min} und eine Maximalnachfrage d_{jknt}^{max} gekennzeichnet.

Korrespondierend hierzu gibt sp_{jknt} die resultierende Einzahlung[19] je verkaufter Einheit von Produkt k an Nachfrageort j in Periode t an. Folglich visualisiert Abbildung 3.2 für eine Nachfrageort-Produkt-Perioden-Kombination die verwendeten Nachfragestufen zur Approximation des Zusammenhangs zwischen Einzahlung und Nachfrage.

Im Rahmen der Nachfrageerfüllung im SND-CT-CP werden zwei Entscheidungen getroffen:

Erstens wird ermittelt, in welcher Nachfragestufe die Nachfrage an Nachfrageort j befriedigt wird. In jeder Periode muss die Nachfrage an jedem Nachfrageort in genau einer Nachfragestufe erfüllt werden. Die entsprechende binäre Nachfragebefriedigungsvariable ist definiert als

$$\omega_{jknt} = \begin{cases} 1, & \text{falls Nachfrage an Nachfrageort } j \text{ nach Produkt } k \text{ in Nachfragestufe } n \\ & \text{in Periode } t \text{ befriedigt wird,} \\ 0, & \text{sonst.} \end{cases}$$

Zweitens wird innerhalb der vorgegebenen Grenzen der gewählten Nachfragestufe darüber entschieden, welche Nachfragemenge D_{jknt} realisiert wird.

Emissionszölle:

Die zuvor beschriebenen Entscheidungen des SND-CT-CP werden unter expliziter Berücksichtigung von Emissionszöllen getroffen. Emissionszölle fallen bei Einfuhr von Produkten oder Komponenten aus emissionsunregulierten Gebieten in emissionsregulierte Gebiete an. Hierzu wird zwischen Standorten in Nicht-Mitgliedsstaaten und Standorten in Mitgliedsstaaten unterschieden. Standorte in Mitgliedsstaaten sind dadurch gekennzeichnet, dass an diesen Orten die verursachten Emissionen[20] reguliert werden. Im Gegensatz hierzu werden Emissionen an Standorten in Nicht-Mitgliedsstaaten nicht reguliert. Folglich wird die Menge der

---

[19] Hinblickend auf den langfristigen Planungshorizont wird dieser Zahlungsstrom, der in den vorhergehenden Ausführungen als Verkaufspreis bezeichnet wurde, als Einzahlung benannt.

[20] Der Emissionsbegriff ist im SND-CT-CP generisch ausgestaltet. Naheliegend sind hierbei insbesondere die CO_2-Emissionen. Dennoch kann unter Emissionen eine beliebige der in Abschnitt 2.3 vorgestellten Emissionsarten verstanden werden. Auch wenn im SND-CT-CP nur jeweils eine ausgewählte Emissionsart berücksichtigt wird, können durch Umrechnung in entsprechende Vergleichsäquivalente (wie bspw. CO_2-Äquivalente) jedoch auch mehrere Emissionsarten simultan abgebildet werden.

Standorte von Lieferanten ($\mathcal{L}$), Produktionswerken ($\mathcal{W}$), Distributionszentren ($\mathcal{I}$) und Nachfrageorten ($\mathcal{J}$) jeweils in zwei disjunkte Teilmengen untergliedert: Die Teilmengen $\mathcal{L}_M$, $\mathcal{W}_M$, $\mathcal{I}_M$ und $\mathcal{J}_M$ umfassen jeweils diejenigen Standorte, die in einem Mitgliedsstaat liegen. Folglich beinhalten die Teilmengen $\mathcal{L}_N$, $\mathcal{W}_N$, $\mathcal{I}_N$ und $\mathcal{J}_N$ diejenigen Standorte, die in einem Nicht-Mitgliedstaat liegen. Demgemäß zeigt Abbildung 3.3 die Netzwerkstruktur unter Berücksichtigung der zuvor erläuterten Aufteilung.

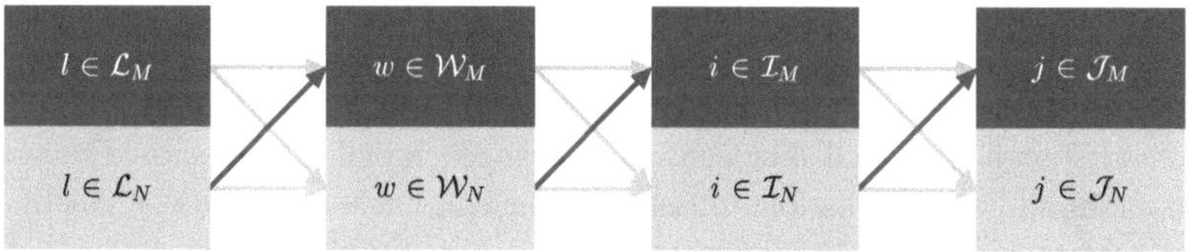

Abb. 3.3 Netzwerkstruktur des SND-CT-CP unter Berücksichtigung von Emissionszöllen

Die Beschränkung der Emissionsregulierungen auf Teilgebiete setzt einen Anreiz zur Ansiedelung in Nicht-Mitgliedsstaaten. Diesen als Carbon Leakage bezeichneten Abwanderungsbewegungen von Unternehmensstandorten werden Emissionszölle entgegengesetzt. Folglich gilt es bei Einfuhr von Komponenten oder Produkten aus Nicht-Mitgliedsstaaten in Mitgliedsstaaten einen Emissionszollsatz zu beachten. Über die schwarz markierten Pfeile werden in Abbildung 3.3 diejenigen drei Fälle aufgezeigt, für welche ein solcher Emissionszoll auftritt:

Die aufgrund des Emissionszolls anfallende Auszahlung $\widehat{ez}_{lwt}$ je emittierter Emissionseinheit wird im Nachfolgenden auch als Emissionszollsatz bezeichnet und dann erhoben, wenn Komponenten von Lieferanten aus Nicht-Mitgliedsstaaten ($l \in \mathcal{L}_N$) zu Produktionswerken in Mitgliedsstaaten ($w \in \mathcal{W}_M$) transportiert werden. Zur Ermittlung der hierfür relevanten Emissionen fließen Emissionsfußabdrücke[21] in das SND-CT-CP ein. Der Emissionsfußabdruck umfasst dabei generell alle Emissionen, die bis zur betrachteten Netzwerkstufe in Nicht-Mitgliedsstaaten entstanden und für den bei Einfuhr in Mitgliedsstaaten anfallenden Emissionszoll relevant sind. Spezifisch auf den vorliegenden Fall bezogen, umfasst der Emissionsfußabdruck $\widehat{em}^N_{lwcmt}$ dabei die in Nicht-Mitgliedsstaaten entstandenen Emissionen je Einheit von Komponente c, welche in Periode t mit Transportmodus m

[21] Der Emissionsfußabdruck ähnelt dem in Abschnitt 2.3 vorgestellten Product Carbon Footprint, wobei im vorliegenden Fall eine Zwischenbilanzierung auf jeder Netzwerkstufe erfolgt und der Emissionsfußabdruck als exogen vorgegeben angenommen wird. Dieser wird in Abschnitt 4.1 weiter vertieft und anhand eines Beispiels verdeutlicht.

von Lieferant l zu Produktionswerk w transportiert wird. Zur Ermittlung der Höhe des letztlich anfallenden Emissionszolls wird die mit dem Emissionsfußabdruck gewichtete Menge der jeweiligen Stufe, welche im vorliegenden Fall jeweils der Transportmenge entspricht[22], mit dem Emissionszollsatz bewertet.

Analog gilt es den Emissionszollsatz $\widetilde{ez}_{wit}$ je emittierter Emissionseinheit dann zu berücksichtigen, wenn Produkte von Produktionswerken aus Nicht-Mitgliedsstaaten ($w \in \mathcal{W}_N$) zu Distributionszentren in Mitgliedsstaaten ($i \in \mathcal{I}_M$) eingeführt werden. Der Emissionsfußabdruck $\widetilde{em}^N_{wpikmt}$ umfasst hierzu die in Nicht-Mitgliedsstaaten entstandenen Emissionen je Einheit von Produkt k, welches in Periode t mit Transportmodus m von Produktionswerk w mit Technologiestufe p[23] zu Distributionszentrum i transportiert wird.

Korrespondierend zu den beiden vorangegangenen Fällen werden die Emissionen dann mit einem Emissionszollsatz ez_{ijt} belegt, wenn Produkte von Distributionszentren aus Nicht-Mitgliedsstaaten ($i \in \mathcal{I}_N$) zu Nachfrageorten in Mitgliedsstaaten ($j \in \mathcal{J}_M$) importiert werden. Entsprechend beinhaltet der Emissionsfußabdruck em^N_{ijkmt} die in Nicht-Mitgliedsstaaten entstandenen Emissionen je Einheit von Produkt k, welches in Periode t mit Transportmodus m von Distributionszentrum i zum Nachfrageort j eingeführt wird.

Standortabhängige Emissionsregulierungen:

Zusätzlich zu den in Nicht-Mitgliedsstaaten entstandenen Emissionen, die bei Einfuhr in Mitgliedsstaaten mit einem Emissionszoll belegt werden, sind im SND-CT-CP die in Mitgliedsstaaten verursachten Emissionen durch verschiedene standortabhängige Emissionsregulierungen berücksichtigt. Konkret werden im SND-CT-CP eine Emissionssteuer (CTX), ein Emissionshandelssystem (CCT) sowie eine periodenspezifische Emissionsobergrenze (PC) betrachtet. Diese Emissionsregulierungen sind standortabhängig und werden folglich an den betriebenen Standorten der Produktionswerke sowie Distributionszentren erfasst. Somit beinhalten die

[22] Da sich aufgrund des langfristigen Planungshorizonts ein- und ausgehende Menge einer Netzwerkstufe in einer Periode jeweils entsprechen, werden die für diese Netzwerkstufe relevanten Mengen durch die Transportmengen abgebildet. Dies bedeutet jedoch nicht, dass der Emissionsfußabdruck nur die durch den Transport entstandenen Emissionen erfasst. Vielmehr umfasst dieser alle Emissionen, die bis zur jeweiligen Netzwerkstufen relevant sind und aus verschiedenen Gründen (wie bspw. Produktion, Transport oder Umschlag) entstanden sind.

[23] Hierbei wird kenntlich, aus welchem Grund die Entscheidungsvariable $\widetilde{X}_{wpikmt}$ in Abhängigkeit von der gewählten Technologiestufe p deklariert wird. Hierdurch wird gewährleistet, dass die zur gewählten Produktionstechnologie korrespondierenden Emissionen abgebildet werden können. Dazu wird die Transportmenge $\widetilde{X}_{wpikmt}$ mit dem entsprechenden Emissionsfußabdruck multipliziert. Auf dieser Grundlage werden dann die entsprechenden Emissionszölle bzw. Emissionsregulierungen bestimmt.

Teilmengen $\mathcal{W}_{CTX}$, $\mathcal{W}_{CCT}$ und $\mathcal{W}_{PC}$ diejenigen potentiellen Standorte der Produktionswerke, an denen die entsprechende Emissionsregulierung in Kraft gesetzt ist. Gleichermaßen werden über die Teilmengen $\mathcal{I}_{CTX}$, $\mathcal{I}_{CCT}$ und $\mathcal{I}_{PC}$ die potentiellen Standorte der Distributionszentren mit den jeweiligen Emissionsregulierungen erfasst. Die verschiedenen Teilmengen sind bezogen auf eine Standortkategorie nicht als paarweise disjunkt vorgegeben.[24] Demgemäß betrachtet das SND-CT-CP standortabhängige Emissionsregulierungen, die sich nicht nur hinsichtlich der standortbezogenen Ausprägung ihrer Charakteristika, sondern auch Bezug nehmend auf die Standorte, an denen eine Emissionsregulierung zu berücksichtigen ist, unterscheiden.

Hierbei verdeutlicht Abbildung 3.4, dass die Emissionsregulierungen jeweils an den betroffenen Produktionswerken und Distributionszentren erhoben werden. Die entsprechenden Indizes w und i müssen folglich in einer der obig beschriebenen Teilmengen enthalten sein. Dies wird ausschließlich in Abbildung 3.4 über die generalisierten Teilmengen $\mathcal{W}_{ER}$ bzw. $\mathcal{I}_{ER}$ eher symbolisierend dargestellt.[25] Mit schwarzen Pfeilen[26] sind hierbei die jeweils relevanten Emissionen gekennzeichnet. Diese werden analog zu den Emissionszöllen über Emissionsfußabdrücke erfasst.

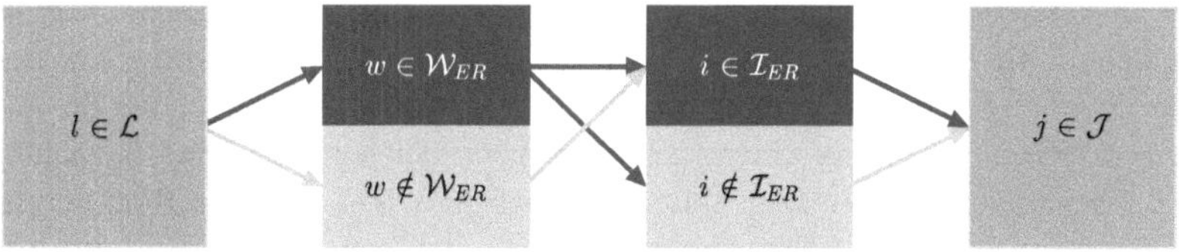

Abb. 3.4 Netzwerkstruktur des SND-CT-CP unter Berücksichtigung von Emissionsregulierungen

[24] Daraus folgt, dass an einem Standort grundsätzlich mehrere Emissionsregulierungen simultan in Kraft gesetzt sein können, aber nicht müssen.

[25] Die hierbei verwendeten Teilmengen $\mathcal{W}_{ER}$ bzw. $\mathcal{I}_{ER}$ enthalten alle Produktionswerke bzw. Distributionszentren, an denen eine Emissionsregulierung zu beachten ist. Für die konkrete Ausgestaltung im SND-CT-CP wird auf die spezifischen Teilmengen $\mathcal{W}_{CTX}$, $\mathcal{W}_{CCT}$ und $\mathcal{W}_{PC}$ bzw. $\mathcal{I}_{CTX}$, $\mathcal{I}_{CCT}$ und $\mathcal{I}_{PC}$ zurückgegriffen. Folglich dienen die Teilmengen $\mathcal{W}_{ER}$ bzw. $\mathcal{I}_{ER}$ lediglich der Visualisierung in Abbildung 3.4, um auf eine redundante Darstellung der weitestgehend analogen Abbildung für jede Emissionsregulierung verzichten zu können.

[26] An den Produktionswerken sind ein- und ausgehende Emissionen relevant. An den Distributionszentren sind aus Redundanzgründen lediglich die ausgehenden Emissionen relevant.

Vorliegend umfassen die Emissionsfußabdrücke die in Mitgliedsstaaten entstandenen Emissionen, welche für die Emissionsregulierungen bis zur betreffenden Netzwerkstufe relevant sind. Demnach impliziert $\widehat{em}_{lwcmt}$ den Emissionsfußabdruck je Einheit von Komponente c, welche in Periode t mit Transportmodus m von Lieferant $l \in \mathcal{L}_M$ zu Produktionswerk w transportiert wird. In Analogie hierzu beinhaltet $\widetilde{em}_{wpikmt}$ den Emissionsfußabdruck je Einheit von Produkt k, das in Periode t mit Transportmodus m von Produktionswerk $w \in \mathcal{W}_M$ mit Technologiestufe p zu Distributionszentrum i befördert wird. Des Weiteren enthält em_{ijkmt} den Emissionsfußabdruck je Einheit von Produkt k, welches in Periode t mit Transportmodus m von Distributionszentrum $i \in \mathcal{I}_M$ zu Nachfrageort j transportiert wird.

Im Rahmen der **Emissionssteuer** werden an den betroffenen Produktionswerken $w \in \mathcal{W}_{CTX}$ die entstandenen Emissionen der entsprechenden Periode t mit dem Emissionssteuersatz $\widetilde{es}_{wt}$ belegt. In Analogie hierzu wird am Distributionszentrum $i \in \mathcal{I}_{CTX}$ der Emissionssteuersatz es_{it} erhoben.

Das **Emissionshandelssystem** sieht für jedes betriebene Produktionswerk $w \in \mathcal{W}_{CCT}$ in Periode t ein Emissionscap $\widetilde{ecap}_{wt}$ vor. Übersteigen die an diesem Standort entstandenen Emissionen die durch das Emissionscap vorgegebene Menge an Emissionen, so müssen zusätzliche Berechtigungen für den Ausstoß der über dem Emissionscap realisierten Emissionen zugekauft werden. Unterschreiten dagegen die entstandenen Emissionen die vorgegebene Höchstmenge an Emissionen, so werden die Berechtigungen für die Differenz zwischen der Höchstmenge und den realisierten Emissionen verkauft. Vorliegend wird davon ausgegangen, dass Zu- und Verkauf von Emissionsberechtigungen jeweils zur gleichen Aus- bzw. Einzahlung je Emissionseinheit führt. Des Weiteren erfolgt im SND-CT-CP die Bilanzierung in Emissionseinheiten.[27] Demzufolge gibt $\widetilde{eh}_{wt}$ die Ein- bzw. Auszahlungen je zusätzlich bzw. nicht benötigter Emissionseinheit bei Produktionswerk w an. Analog hierzu ist für jedes betroffene und betriebene Distributionszentrum $i \in \mathcal{I}_{CCT}$ in jeder Periode t ein Emissionscap $ecap_{it}$ vorgesehen, wobei überschüssige bzw. nicht benötigte Emissionen zu eh_{it} ver- bzw. zugekauft werden.

Im Zusammenhang mit der **periodenspezifischen Emissionsobergrenze** werden die an den entsprechenden Produktionswerken $w \in \mathcal{W}_{PC}$ und Distributionszentren $i \in \mathcal{I}_{PC}$ in Summe entstandenen Emissionen in jeder Periode t durch

[27] Eine Bilanzierung in Berechtigungs- bzw. Zertifikatseinheiten wäre grundsätzlich möglich. Vorliegend wird in Analogie zu den weiteren Emissionsregulierungen eine Bilanzierung in Emissionseinheiten verwendet.

eine standortübergreifende Emissionsobergrenze eo_t^{PC} begrenzt. Im Gegensatz zum Emissionshandelssystem muss die hierbei vorgegebene Emissionsobergrenze in jeder Periode strikt eingehalten werden.

Zielsetzung:
Zusammenfassend werden die zuvor erläuterten Entscheidungen in Form der damit verbundenen binären und reellwertigen Entscheidungsvariablen des SND-CT-CP in Abbildung 3.5 dargestellt. Diese beeinhalten Entscheidungen über die Auswahl der Lieferanten (α_{lct}) sowie der Standorte für Produktionswerke (γ_{wpt}^{est}, γ_{wpt}^{ope} und γ_{wpt}^{clo}) und Distributionszentren (ψ_{it}^{est}, ψ_{it}^{ope} und ψ_{it}^{clo}). Für die Produktionswerke wird auch über Änderungen der eingesetzten Produktionstechnologie ($\rho_{wpt}^{tec,off}$ und $\rho_{wpt}^{tec,on}$) entschieden. Zudem wird eine Entscheidung über die preisabhängige Nachfrageerfüllung (ω_{jknt}) einschließlich der realisierten Nachfragemenge (D_{jknt}) getroffen. Weiterhin werden die zwischen den Netzwerkstufen ($\hat{X}_{lwcmt}$, $\tilde{X}_{wpikmt}$ und X_{ijkmt}) transportierten Mengen ermittelt. Die meisten der in Abbildung aufgeführten Entscheidungsvariablen wirken sich auf die Ein- und Auszahlungsbestandteile des SND-CT-CP aus.[28]

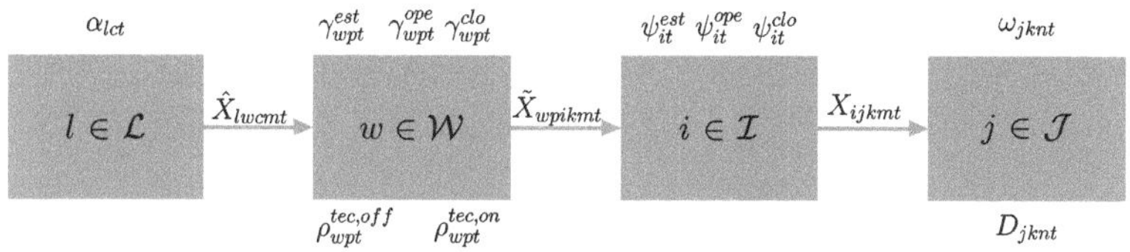

Abb. 3.5 Netzwerkstruktur des SND-CT-CP mit Angabe der Entscheidungsvariablen

Zielsetzung des SND-CT-CP ist die Maximierung des Kapitalwerts NPV. Hierzu wird die Differenz aus Einzahlungen sowie Auszahlungen im Sinne einer kapitalwertorientierten Betrachtung[29] mit Hilfe des internen Zinssatzes iz_t[30] auf den Beginn des Planungshorizonts abgezinst. Die Einzahlungen SIP_t resultieren

[28] Für eine detaillierte Zuordnung der Entscheidungsvariablen zu den entscheidungsrelevanten Ein- und Auszahlungsbestandteilen sei auf die vorherigen Ausführungen verwiesen.

[29] Weitere Erläuterungen zur Kapitalwertmethode können Küpper [93], S. 160–168 sowie Hölscher und Helms [78], S. 54–60 entnommen werden.

[30] Weitere Erläuterungen zum internen Zinssatz finden sich in Hölscher und Helms [78], S. 15–18.

dabei aus dem Verkauf der Produkte. Die gesamten Auszahlungen je Periode setzen sich aus den Auszahlungen für Standorte LP_t (Errichtung, Betrieb, Schließung und Technologieänderung), Transporte TP_t, Beschaffung AP_t, Resilienz RP_t, Emissionszölle $CTFP_t$, Emissionshandel $CCTP_t$ und Emissionssteuern $CTXP_t$ zusammen.

3.2 Modellformulierung des SND-CT-CP

Infolge der beschriebenen Annahmen und mit der Notation aus Tabelle 3.1 kann das SND-CT-CP als gemischt-ganzzahliges lineares Optimierungsproblem mathematisch wie folgt beschrieben werden.

Aus Übersichtsgründen wird das SND-CT-CP hinsichtlich Darstellung und Erläuterung des Modells in die bereits im Rahmen der Modellannahmen vorgestellten Kategorien untergliedert.[31]

Modell SND-CT-CP:
Zielfunktion:

$$\text{Max.}NPV = \sum_{t \in \mathcal{T}} \frac{1}{\prod_{\tau=1}^{t}(1 + iz_\tau)} \cdot \Big(SIP_t - \big(TP_t + LP_t + AP_t + RP_t + CTFP_t + CTXP_t + CCTP_t \big) \Big) \quad (3.1)$$

mit:

$$SIP_t = \sum_{j \in \mathcal{J}} \sum_{k \in \mathcal{K}} \sum_{n \in \mathcal{N}} sp_{jknt} \cdot D_{jknt} \qquad \forall t \in \mathcal{T} \quad (3.1.1)$$

[31] Da die Emissionszölle sowie Emissionssteuern und Emissionshandel als standortabhängige Emissionsregulierungen ausschließlich im Rahmen der Zielfunktion enthalten sind, finden sich die entsprechenden Erläuterungen hierzu unter der Kategorie der Zielfunktion. Die periodenabhängigen Emissionsobergrenzen sind als Nebenbedingungen enthalten und werden folglich als eigene Kategorie angeführt.

Tabelle 3.1 Verwendete Notation für das SND-CT-CP

Indizes und Indexmengen:	
$c \in \mathcal{C}$	Menge der Komponenten
$i \in \mathcal{I}$	Menge der potentiellen Standorte für die Distributionszentren
$j \in \mathcal{J}$	Menge der Nachfrageorte
$k \in \mathcal{K}$	Menge der Produkte
$l \in \mathcal{L}$	Menge der Lieferanten
$m \in \mathcal{M}$	Menge der Transportmodi
$n \in \mathcal{N}$	Menge der Nachfragestufen
$p \in \mathcal{P}$	Menge der (Produktions-)Technologiestufen
$t \in \mathcal{T}$	Menge der Perioden
$w \in \mathcal{W}$	Menge der potentiellen Standorte für die Produktionswerke,
Teilmengen:	
$\mathcal{C}_l \subseteq \mathcal{C}$	Teilmenge der bei Lieferant l verfügbaren Komponenten
$\mathcal{I}_{CCT} \subseteq \mathcal{I}$	Teilmenge der potentiellen Standorte für die Distributionszentren mit Emissionshandelssystem
$\mathcal{I}_{CTX} \subseteq \mathcal{I}$	Teilmenge der potentiellen Standorte für die Distributionszentren mit Emissionssteuer
$\mathcal{I}_M \subseteq \mathcal{I}$	Teilmenge der potentiellen Standorte für die Distributionszentren, die in einem Mitgliedsstaat liegen
$\mathcal{I}_N \subseteq \mathcal{I}$	Teilmenge der potentiellen Standorte für die Distributionszentren, die in einem Nicht-Mitgliedsstaat liegen
$\mathcal{I}_{PC} \subseteq \mathcal{I}$	Teilmenge der potentiellen Standorte für die Distributionszentren mit periodenspezifischer Emissionsobergrenze,
$\mathcal{J}_M \subseteq \mathcal{J}$	Teilmenge der Nachfrageorte, die in einem Mitgliedsstaat liegen
$\mathcal{L}_M \subseteq \mathcal{L}$	Teilmenge der Lieferanten, die in einem Mitgliedsstaat liegen
$\mathcal{L}_N \subseteq \mathcal{L}$	Teilmenge der Lieferanten, die in einem Nicht-Mitgliedsstaat liegen,
$\mathcal{M}_l \subseteq \mathcal{M}$	Teilmenge der bei Lieferant l verfügbaren Transportmodi
$\mathcal{M}_w \subseteq \mathcal{M}$	Teilmenge der an Werk w verfügbaren Transportmodi,
$\mathcal{M}_i \subseteq \mathcal{M}$	Teilmenge der an Distributionszentrum i verfügbaren Transportmodi
$\mathcal{W}_{CCT} \subseteq \mathcal{W}$	Teilmenge der potentiellen Standorte für die Produktionswerke mit Emissionshandelssystem
$\mathcal{W}_{CTX} \subseteq \mathcal{W}$	Teilmenge der potentiellen Standorte für die Produktionswerke mit Emissionssteuer
$\mathcal{W}_M \subseteq \mathcal{W}$	Teilmenge der potentiellen Standorte für die Produktionswerke, die in einem Mitgliedsstaat liegen

(Fortsetzung)

Tabelle 3.1 (Fortsetzung)

$\mathcal{W}_N \subseteq \mathcal{W}$	Teilmenge der potentiellen Standorte für die Produktionswerke, die in einem Nicht-Mitgliedsstaat liegen
$\mathcal{W}_{PC} \subseteq \mathcal{W}$	Teilmenge der potentiellen Standorte für die Produktionswerke mit periodenspezifischer Emissionsobergrenze
Parameter:	
an_{ck}	Für Produktion einer Einheit des Produkts k benötigte Menge an Komponente c (Direktbedarfskoeffizient)
$\widehat{ac}_{lct}$	Auszahlung für die Beschaffung einer Einheit von Komponente c bei Lieferant l in Periode t
$\widehat{c}_{lc}^{max}$	Maximalbestellmenge von Komponente c bei Lieferant l
$\widehat{c}_{lc}^{min}$	Mindestbestellmenge von Komponente c bei Lieferant l
$\widetilde{c}_{wp}^{max}$	Kapazität des potentiellen Produktionswerks w mit Technologiestufe p
c_i^{max}	Kapazität des potentiellen Distributionszentrums i
$\widehat{ctu}_c$	Kapazitätsverbrauch je transportierter Einheit von Komponente c
$\widetilde{ctu}_k$	Kapazitätsverbrauch je transportierter Einheit von Produkt k
$\widetilde{cu}_{kp}$	Kapazitätsverbrauch je produzierter Einheit von Produkt k in Technologiestufe p
cu_k	Kapazitätsverbrauch je umgeschlagener Einheit von Produkt k
d_{jknt}^{min}	Mindestnachfrage nach Produkt k am Nachfrageort j in Nachfragestufe n und Periode t
d_{jknt}^{max}	Maximalnachfrage nach Produkt k am Nachfrageort j in Nachfragestufe n und Periode t
$\widetilde{ecap}_{wt}$	Emissionscap am potentiellen Produktionswerk w in Periode t
$ecap_{it}$	Emissionscap am potentiellen Distributionszentrum i in Periode t
$\widetilde{eh}_{wt}$	Ein- bzw. Auszahlung (je Emissionseinheit) für gehandelte Emissionsberechtigungen am potentiellen Produktionswerk w in Periode t
eh_{it}	Ein- bzw. Auszahlung (je Emissionseinheit) für gehandelte Emissionsberechtigungen am potentiellen Distributionszentrum i in Periode t
$\widehat{em}_{lwcmt}$	Emissionsfußabdruck je Einheit von Komponente c, welche in Periode t in Transportmodus m von Lieferant l in einem Mitgliedsstaat ($l \in \mathcal{L}_M$) zum potentiellen Produktionswerk w transportiert wird
$\widetilde{em}_{wpikmt}$	Emissionsfußabdruck je Einheit von Produkt k, welches in Periode t in Transportmodus m vom potentiellen Produktionswerk w in einem Mitgliedsstaat ($w \in \mathcal{W}_M$) mit Technologiestufe p zum potentiellen Distributionszentrum i transportiert wird

(Fortsetzung)

Tabelle 3.1 (Fortsetzung)

em_{ijkmt}	Emissionsfußabdruck je Einheit von Produkt k, welches in Periode t in Transportmodus m vom potentiellen Distributionszentrum i in einem Mitgliedsstaat ($i \in \mathcal{I}_M$) zum Nachfrageort j transportiert wird
$\widehat{em}^N_{lwcmt}$	Emissionsfußabdruck je Einheit von Komponente c, welche in Periode t in Transportmodus m von Lieferant l in einem Nicht-Mitgliedsstaat ($l \in \mathcal{L}_N$) zum potentiellen Produktionswerk w transportiert wird
$\widetilde{em}^N_{wpikmt}$	Emissionsfußabdruck je Einheit von Produkt k, welches in Periode t in Transportmodus m vom potentiellen Produktionswerk w in einem Nicht-Mitgliedsstaat ($w \in \mathcal{W}_N$) mit Technologiestufe p zum potentiellen Distributionszentrum i transportiert wird
em^N_{ijkmt}	Emissionsfußabdruck je Einheit von Produkt k, welches in Periode t in Transportmodus m vom potentiellen Distributionszentrum i in einem Nicht-Mitgliedsstaat ($i \in \mathcal{I}_N$) zum Nachfrageort j transportiert wird
eo^{PC}_t	Periodenspezifische Emissionsobergrenze in Periode t
$\widetilde{es}_{wt}$	Auszahlung (je Emissionseinheit) für Emissionssteuern am potentiellen Produktionswerk w in Periode t
es_{it}	Auszahlung (je Emissionseinheit) für Emissionssteuern am potentiellen Distributionszentrum i in Periode t
$\widehat{ez}_{lwt}$	Auszahlung (je Emissionseinheit) für Emissionszölle von Lieferant l zum potentiellen Produktionswerk w in Periode t
$\widetilde{ez}_{wit}$	Auszahlung (je Emissionseinheit) für Emissionszölle vom potentiellen Produktionswerk w zum potentiellen Distributionszentrum i in Periode t
ez_{ijt}	Auszahlung für Emissionszölle (je Emissionseinheit) vom potentiellen Distributionszentrum i zum Nachfrageort j je emittierter Einheit in Periode t
$\widetilde{fc}^{est}_{wp}$	Auszahlung für die Errichtung eines Produktionswerks am potentiellen Standort w mit Technologiestufe p
$\widetilde{fc}^{ope}_{wp}$	Auszahlung für den Betrieb eines Produktionswerks am potentiellen Standort w mit Technologiestufe p
$\widetilde{fc}^{clo}_{wp}$	Auszahlung für die Schließung eines Produktionswerks am potentiellen Standort w mit Technologiestufe p
$\widetilde{fc}^{tec,off}_{wp}$	Auszahlung für die Deinstallation der Technologiestufe p am bereits errichteten Produktionswerk w
$\widetilde{fc}^{tec,on}_{wp}$	Auszahlung für die Neuinstallation der Technologiestufe p am bereits errichteten Produktionswerk w
fc^{est}_i	Auszahlung für die Errichtung eines Distributionszentrums am potentiellen Standort i
fc^{ope}_i	Auszahlung für den Betrieb eines Distributionszentrums am potentiellen Standort i

(Fortsetzung)

Tabelle 3.1 (Fortsetzung)

fc_i^{clo}	Auszahlung für die Schließung eines Distributionszentrums am potentiellen Standort i
iz_t	Interner Zinssatz in Periode t
$\widehat{mod}_{lm}^{max}$	Modusspezifische Kapazität für Transporte ab Lieferant l
$\widetilde{mod}_{wm}^{max}$	Modusspezifische Kapazität für Transporte ab Produktionswerk w
mod_{im}^{max}	Modusspezifische Kapazität für Transporte ab Distributionszentrum i
rsa_{lct}	Durch Resilienz bedingte fixe Auszahlung bei Auswahl von Lieferant l für Komponente c
rsc_l	Resilienzscore von Lieferant l
rsc_c^{min}	Mindestens einzuhaltender Gesamtresilienzscore für Komponente c
sp_{jknt}	Einzahlung je verkaufter Einheit von Produkt k an Nachfrageort j in Nachfragestufe n und Periode t
$\widehat{tc}_{lwcmt}$	Auszahlung je transportierter Einheit von Komponente c von Lieferant l zum potentiellen Produktionswerk w in Transportmodus m in Periode t
$\widetilde{tc}_{wikmt}$	Auszahlung je transportierter Einheit von Produkt k vom potentiellen Produktionswerk w zum potentiellen Distributionszentrum i in Transportmodus m in Periode t
tc_{ijkmt}	Auszahlung je transportierter Einheit von Produkt k vom potentiellen Distributionszentrum i zu Nachfrageort j in Transportmodus m in Periode t
Hilfsvariablen:	
NPV	Kapitalwert
SIP_t	Gesamte Einzahlungen für Verkauf der Produkte in Periode t
AP_t	Gesamte Auszahlungen für Beschaffung in Periode t
$CCTP_t$	Gesamte Auszahlungen für Emissionshandel in Periode t
$CTXP_t$	Gesamte Auszahlungen für Emissionssteuern in Periode t
$CTFP_t$	Gesamte Auszahlungen für Emissionszölle in Periode t
LP_t	Gesamte Auszahlungen für Standorte in Periode t
RP_t	Gesamte Auszahlungen für Resilienzzahlungen in Periode t
TP_t	Gesamte Auszahlungen für Transporte in Periode t

(Fortsetzung)

Tabelle 3.1 (Fortsetzung)

Entscheidungsvariablen:	
D_{jknt}	Realisierte Nachfrage nach Produkt k an Nachfrageort j in Nachfragestufe n in Periode t
$\widehat{X}_{lwcmt}$	Transportmenge an Komponente c von Lieferant l zu Produktionswerk w in Transportmodus m in Periode t
$\widetilde{X}_{wpikmt}$	Transportmenge an Produkt k vom Produktionswerk w mit Technologiestufe p zu Distributionszentrum i in Transportmodus m in Periode t
X_{ijkmt}	Transportmenge an Produkt k vom Distributionszentrum i zu Nachfrageort j in Transportmodus m in Periode t
α_{lct}	Binäre Lieferantenauswahlvariable von Komponente c bei Lieferant l in Periode t
γ_{wpt}^{est}	Binäre Errichtungsvariable für Produktionswerk w mit Technologiestufe p in Periode t
γ_{wpt}^{ope}	Binäre Betriebsvariable für Produktionswerk w mit Technologiestufe p in Periode t
γ_{wpt}^{clo}	Binäre Schließungsvariable für Produktionswerk w mit Technologiestufe p zum Ende einer Periode t
$\rho_{wpt}^{tec,off}$	Binäre Deinstallationsvariable für Technologiestufe p am (bereits errichteten) Produktionswerk w in Periode t
$\rho_{wpt}^{tec,on}$	Binäre Neuinstallationsvariable für Technologiestufe p am (bereits errichteten) Produktionswerk w in Periode t
ψ_{it}^{est}	Binäre Errichtungsvariable für Distributionszentrum i in Periode t
ψ_{it}^{ope}	Binäre Betriebsvariable für Distributionszentrum i in Periode t
ψ_{it}^{clo}	Binäre Schließungsvariable für Distributionszentrum i zum Ende einer Periode t
ω_{jknt}	Binäre Nachfragebefriedigungsvariable für Produkt k in Nachfragestufe n an Nachfrageort j in Periode t

$$\begin{aligned} TP_t = & \sum_{l\in\mathcal{L}} \sum_{w\in\mathcal{W}} \sum_{c\in\mathcal{C}} \sum_{m\in\mathcal{M}} \widehat{tc}_{lwcmt} \cdot \widehat{X}_{lwcmt} \\ & + \sum_{w\in\mathcal{W}} \sum_{p\in\mathcal{P}} \sum_{i\in\mathcal{I}} \sum_{k\in\mathcal{K}} \sum_{m\in\mathcal{M}} \widetilde{tc}_{wikmt} \cdot \widetilde{X}_{wpikmt} \\ & + \sum_{i\in\mathcal{I}} \sum_{j\in\mathcal{J}} \sum_{k\in\mathcal{K}} \sum_{m\in\mathcal{M}} tc_{ijkmt} \cdot X_{ijkmt} \qquad \forall t \in \mathcal{T} \end{aligned} \tag{3.1.2}$$

$$LP_t = \sum_{w \in \mathcal{W}} \sum_{p \in \mathcal{P}} \left(\widetilde{fc}_{wp}^{est} \cdot \gamma_{wpt}^{est} + \widetilde{fc}_{wp}^{ope} \cdot \gamma_{wpt}^{ope} + \widetilde{fc}_{wp}^{clo} \cdot \gamma_{wpt}^{clo} \right) \tag{3.1.3}$$

$$\sum_{w \in \mathcal{W}} \sum_{p \in \mathcal{P}} \left(\widetilde{fc}_{wp}^{tec,off} \cdot \rho_{wpt}^{tec,off} + \widetilde{fc}_{wp}^{tec,on} \cdot \rho_{wpt}^{tec,on} \right)$$

$$+ \sum_{i \in \mathcal{I}} \left(fc_i^{est} \cdot \psi_{it}^{est} + fc_i^{ope} \cdot \psi_{it}^{ope} + fc_i^{clo} \cdot \psi_{it}^{clo} \right) \qquad \forall t \in \mathcal{T}$$

$$AP_t = \sum_{l \in \mathcal{L}} \sum_{w \in \mathcal{W}} \sum_{c \in \mathcal{C}} \sum_{m \in \mathcal{M}} \widehat{ac}_{lct} \cdot \widehat{X}_{lwcmt} \qquad \forall t \in \mathcal{T} \tag{3.1.4}$$

$$RP_t = \sum_{l \in \mathcal{L}} \sum_{c \in \mathcal{C}} rsa_{lct} \cdot \alpha_{lct} \qquad \forall t \in \mathcal{T} \tag{3.1.5}$$

$$CTFP_t = \sum_{l \in \mathcal{L}_N} \sum_{w \in \mathcal{W}_M} \sum_{c \in \mathcal{C}} \sum_{m \in \mathcal{M}} \widehat{ez}_{lwt} \cdot \widehat{em}_{lwcmt}^{N} \cdot \widehat{X}_{lwcmt} \tag{3.1.6}$$

$$+ \sum_{w \in \mathcal{W}_N} \sum_{p \in \mathcal{P}} \sum_{i \in \mathcal{I}_M} \sum_{k \in \mathcal{K}} \sum_{m \in \mathcal{M}} \widetilde{ez}_{wit} \cdot \widetilde{em}_{wpikmt}^{N} \cdot \widetilde{X}_{wpikmt}$$

$$+ \sum_{i \in \mathcal{I}_N} \sum_{j \in \mathcal{J}_M} \sum_{k \in \mathcal{K}} \sum_{m \in \mathcal{M}} ez_{ijt} \cdot em_{ijkmt}^{N} \cdot X_{ijkmt} \qquad \forall t \in \mathcal{T}$$

$$CTXP_t = \sum_{w \in \mathcal{W}_{CTX}} \widetilde{es}_{wt} \cdot \left(\sum_{l \in \mathcal{L}_M} \sum_{c \in \mathcal{C}} \sum_{m \in \mathcal{M}} \widehat{em}_{lwcmt} \cdot \widehat{X}_{lwcmt} \right. \tag{3.1.7}$$

$$\left. + \sum_{p \in \mathcal{P}} \sum_{i \in \mathcal{I}} \sum_{k \in \mathcal{K}} \sum_{m \in \mathcal{M}} \widetilde{em}_{wpikmt} \cdot \widetilde{X}_{wpikmt} \right)$$

$$+ \sum_{i \in \mathcal{I}_{CTX}} \sum_{j \in \mathcal{J}_M} \sum_{k \in \mathcal{K}} \sum_{m \in \mathcal{M}} es_{it} \cdot em_{ijkmt} \cdot X_{ijkmt} \qquad \forall t \in \mathcal{T}$$

$$
\begin{aligned}
CCTP_t = & \sum_{w \in \mathcal{W}_{CCT}} \widetilde{eh}_{wt} \cdot \Bigg[\Big(\sum_{l \in \mathcal{L}_M} \sum_{c \in \mathcal{C}} \sum_{m \in \mathcal{M}} \widehat{em}_{lwcmt} \cdot \widehat{X}_{lwcmt} \\
& + \sum_{p \in \mathcal{P}} \sum_{i \in \mathcal{I}} \sum_{k \in \mathcal{K}} \sum_{m \in \mathcal{M}} \widetilde{em}_{wpikmt} \cdot \widetilde{X}_{wpikmt} \Big) \\
& - \Big(\sum_{p \in \mathcal{P}} \widetilde{ecap}_{wt} \cdot \gamma_{wpt}^{ope} \Big) \Bigg] \\
& + \sum_{i \in \mathcal{I}_{CCT}} eh_{it} \cdot \Bigg[\Big(\sum_{j \in \mathcal{J}_M} \sum_{k \in \mathcal{K}} \sum_{m \in \mathcal{M}} em_{ijkmt} \cdot X_{ijkmt} \Big) \\
& - \Big(eecap_{it} \cdot \psi_{it}^{ope} \Big) \Bigg] \qquad \forall t \in \mathcal{T}
\end{aligned}
\tag{3.1.8}
$$

Die Zielfunktion (3.1) fordert die Maximierung des Kapitalwerts. Der Kapitalwert setzt sich aus den auf den Beginn des Planungshorizontes abgezinsten Einzahlungen abzüglich der abgezinsten Gesamtauszahlungen zusammen. Die *Einzahlungen* SIP_t resultieren in Übereinstimmung mit (3.1.1) aus dem Verkauf der Produkte. Die Gesamtauszahlungen wiederum bestehen aus den nachfolgend erläuterten Auszahlungen für Transporte, Standorte, Beschaffung, Resilienz, Emissionszölle, Emissionssteuern und Emissionshandel.

Die Auszahlungen für *Transporte* TP_t ergeben sich gemäß (3.1.2) durch den Transport der Komponenten von den Lieferanten zu den Produktionswerken. Zudem resultieren die Transporte der Produkte von den Produktionswerken über die Distributionszentren zu den Nachfrageorten in entsprechenden Auszahlungen. Die Auszahlungen für die *Standorte* LP_t entstehen nach (3.1.3) aus Errichtung, Betrieb sowie Schließung der Produktionswerke und Distributionszentren. Zudem sind in diesem Zusammenhang die Auszahlungen für das Wechseln der Produktionstechnologie an den Produktionswerken zu berücksichtigen. Die Auszahlungen für *Beschaffung* AP_t folgen in Übereinstimmung mit (3.1.4) aus den bei den Lieferanten beschafften Komponenten. Zudem ergeben sich die durch Berücksichtigung der *Resilienz* bedingten Auszahlungen RP_t für die Auswahl nicht-ausreichend resilienter Lieferanten mit (3.1.5).

Die Auszahlungen für die *Emissionszölle* $CTFP_t$ setzen sich nach (3.1.6) aus drei Anteilen zusammen: Erstens wird die Einfuhr der Komponenten von Lieferanten aus Nicht-Mitgliedsstaaten ($l \in \mathcal{L}_N$) zu Produktionswerken in Mitgliedsstaaten ($w \in \mathcal{W}_M$) im Hinblick auf die in Nicht-Mitgliedsstaaten verursachten Emissionen mit dem standortspezifischen Emissionszollsatz $\widehat{ez}_{lwt}$ belegt. Zweitens werden die bis zum Zeitpunkt des Imports in Nicht-Mitgliedsstaaten verursachten Emissionen der Produkte gleichermaßen mit einem standortspezifischen Emissionszollsatz $\widetilde{ez}_{wit}$ versehen, wenn diese aus Produktionswerken in Nicht-Mitgliedsstaaten ($w \in \mathcal{W}_N$) zu Distributionszentren in Mitgliedsstaaten ($i \in \mathcal{I}_M$) transportiert werden. Drittens werden in Analogie hierzu die in Nicht-Mitgliedsstaaten erzeugten Emissionen der Produkte bei Einfuhr aus Distributionszentren in Nicht-Mitgliedsstaaten ($i \in \mathcal{I}_N$) zu Nachfrageorten in Mitgliedsstaaten ($j \in \mathcal{J}_M$) mit einem standortspezifischen Emissionszollsatz ez_{ijt} belegt.

Die Auszahlungen für *Emissionssteuern* $CTXP_t$ fallen in Übereinstimmung mit (3.1.7) für die Emissionen derjenigen Produktionswerke ($w \in \mathcal{W}_{CTX}$) und Distributionszentren ($i \in \mathcal{I}_{CTX}$) an, bei welchen es eine Emissionssteuer zu beachten gilt. Hierbei werden an den Standorten der Produktionswerke einerseits diejenigen Emissionen mit einem Emissionssteuersatz $\widetilde{es}_{wt}$ belegt, die am betrachteten Standort selbst entstanden sind. Andererseits werden im Sinne einer ganzheitlichen Betrachtung auch diejenigen Emissionen versteuert, die in den aus Mitgliedsstaaten verwendeten Komponenten[32] enthalten sind. Ebenso werden die an den Distributionszentren entstandenen Emissionen mit einem Emissionssteuersatz es_{it} besteuert.

Die Ein- bzw. Auszahlungen für den *Emissionshandel* $CCTP_t$ gilt es an denjenigen Standorten der Produktionswerke ($w \in \mathcal{W}_{CCT}$) und Distributionszentren ($i \in \mathcal{I}_{CCT}$) zu ermitteln, an welchen ein Emissionshandelssystem als Emissionsregulierung vorgegeben ist. Übersteigen die am Produktionswerk w relevanten Emissionen das vorgegebene Emissionscap $\widetilde{ecap}_{wt}$, so müssen Berechtigungen zum Ausstoß zusätzlicher Emissionen zu Auszahlungen $\widetilde{eh}_{wt}$ je emittierter Einheit erworben werden. Falls das vorgegebene Emissionscap dagegen unterschritten wird, entstehen je nicht benötigter Emissionseinheit Einzahlungen $\widetilde{eh}_{wt}$.[33] Die Obergrenze findet dabei nur in denjenigen Perioden Anwendung, in denen das Produktionswerk betrieben wird ($\gamma_{wpt}^{ope} = 1$). Der gleiche Mechanismus greift für den Emissionshandel an jedem betroffenen Distributionszentrum i, wobei jede nicht benötigte bzw. zusätzliche Emissionseinheit mit eh_{it} zu entsprechenden Ein- bzw. Auszahlungen führt.

Die Maximierung der Zielfunktion (3.1) erfolgt unter Beachtung der Restriktionen (3.2) bis (3.32), die im Nachfolgenden auf Basis der aufgeführten Kategorien sukzessive vorgestellt werden:

---

[32] Sollten am betrachteten Standort Komponenten aus Nicht-Mitgliedsstaaten verwendet werden, so sind die zugehörigen Emissionen nicht relevant. Die entsprechenden Emissionen werden bei Einfuhr verzollt. Eine Doppelung von Emissionssteuer und Emissionszoll ist somit im vorliegenden Modell nicht vorgesehen. Diese Argumentation gilt analog bei Ermittlung der für Emissionshandel bzw. Emissionsobergrenze relevanten Emissionen.

[33] Entsprechen die verursachten Emissionen der vorgegebenen Emissionsobergrenze, so findet kein Handel statt. Es ergeben sich damit weder Ein- noch Auszahlungen.

- Restriktionen zum Materialfluss im Netzwerk
- Restriktionen zur Lieferantenauswahl unter Resilienzaspekten
- Restriktionen zu den Standortentscheidungen der Produktionswerke und Distributionszentren
- Restriktionen zur Nachfrageerfüllung
- Restriktionen zur Einhaltung der Emissionsobergrenzen
- Restriktionen zur Deklaration der Entscheidungs- und Hilfsvariablen

Restriktionen zum Materialfluss im Netzwerk:

$$\sum_{l \in \mathcal{L}} \sum_{m \in \mathcal{M}} \widehat{X}_{lwcmt} = \sum_{p \in \mathcal{P}} \sum_{i \in \mathcal{I}} \sum_{k \in \mathcal{K}} \sum_{m \in \mathcal{M}} \widetilde{X}_{wpikmt} \cdot an_{ck} \qquad \forall w \in \mathcal{W},\ c \in \mathcal{C},\ t \in \mathcal{T} \tag{3.2}$$

$$\sum_{w \in \mathcal{W}} \sum_{p \in \mathcal{P}} \sum_{m \in \mathcal{M}} \widetilde{X}_{wpikmt} = \sum_{j \in \mathcal{J}} \sum_{m \in \mathcal{M}} X_{ijkmt} \qquad \forall i \in \mathcal{I},\ k \in \mathcal{K},\ t \in \mathcal{T} \tag{3.3}$$

$$\sum_{i \in \mathcal{I}} \sum_{m \in \mathcal{M}} X_{ijkmt} = \sum_{n \in \mathcal{N}} D_{jknt} \qquad \forall j \in \mathcal{J},\ k \in \mathcal{K},\ t \in \mathcal{T} \tag{3.4}$$

$$\sum_{w \in \mathcal{W}} \sum_{c \in \mathcal{C}} \widehat{ctu}_c \cdot \widehat{X}_{lwcmt} \leq \widehat{mod}_{lm}^{max} \qquad \forall l \in \mathcal{L},\ m \in \mathcal{M}_l,\ t \in \mathcal{T} \tag{3.5}$$

$$\sum_{p \in \mathcal{P}} \sum_{i \in \mathcal{I}} \sum_{k \in \mathcal{K}} \widetilde{ctu}_k \cdot \widetilde{X}_{wpikmt} \leq \widetilde{mod}_{wm}^{max} \qquad \forall w \in \mathcal{W}, m \in \mathcal{M}_w, t \in \mathcal{T} \tag{3.6}$$

$$\sum_{j \in \mathcal{J}} \sum_{k \in \mathcal{K}} \widetilde{ctu}_k \cdot X_{ijkmt} \leq mod_{im}^{max} \qquad \forall i \in \mathcal{I},\ m \in \mathcal{M}_i,\ t \in \mathcal{T} \tag{3.7}$$

Die Restriktionen (3.2) bis (3.7) regeln den Materialfluss im Netzwerk, sodass über die einzelnen Prozessschritte sowie die kapazitätsbeschränkten Transporte zwischen den Netzwerkstufen letztlich die Nachfrage an den Nachfrageorten erfüllt wird. Dabei bewirken die Restriktionen (3.2), dass die benötigte Menge an Komponenten im Produktionswerk in der jeweiligen Periode zur Verfügung steht. Gleichermaßen wird sichergestellt, dass die Komponenten noch in derselben Periode zu Produkten verarbeitet und gemäß (3.3) an die Distributionszentren weitertransportiert werden. Mit Gleichungen (3.3) wird zudem sichergestellt, dass in den Distributionszentren kein Lagerbestand aufgebaut wird und somit alle eingehenden Produktmengen noch in derselben Periode wieder das Distributionszentrum verlassen. Durch die Gleichungen (3.4) wird in jeder Periode t erreicht, dass die von den Distributionszentren ausgehenden Transportmengen an jedem Nachfrageort j den in Nachfragestufe n realisierten Bedarf D_{jknt} decken. Die Ungleichungen (3.5) bis (3.7) können als Kapazitäts- und Verfügbarkeitsrestriktionen der Transportmodi aufgefasst werden. Die von den Lieferanten ausgehenden Transporte werden mit (3.5) unter Beachtung des komponentenbezogenen Kapazitätsverbrauchs $\widehat{ctu}_c$ und der verfügbaren Transportmodi ($m \in \mathcal{M}_l$) durch die standort- und modusabhängige Transportkapazität $\widehat{mod}_{lm}^{max}$ beschränkt. In gleicher Weise garantieren die Ungleichungen (3.6) und (3.7) unter Beachtung der produktspezifischen Kapazitätsverbräuche $\widetilde{ctu}_k$ die Einhaltung der modusbezogenen Kapazitäten bei von Produktionswerken und Distributionszentren ausgehenden Transporten.

Restriktionen zur Lieferantenauswahl unter Resilienzaspekten:

$$\sum_{w \in \mathcal{W}} \sum_{m \in \mathcal{M}} \widehat{X}_{lwcmt} \leq \widehat{c}_{lc}^{max} \cdot \alpha_{lct} \qquad \forall l \in \mathcal{L},\ c \in \mathcal{C}_l,\ t \in \mathcal{T} \tag{3.8}$$

$$\sum_{w \in \mathcal{W}} \sum_{m \in \mathcal{M}} \widehat{X}_{lwcmt} \geq \widehat{c}_{lc}^{min} \cdot \alpha_{lct} \qquad \forall l \in \mathcal{L},\ c \in \mathcal{C}_l,\ t \in \mathcal{T} \tag{3.9}$$

$$\sum_{l \in \mathcal{L}} rsc_l \cdot \alpha_{lct} \geq rsc_c^{min} \qquad \forall c \in \mathcal{C},\ t \in \mathcal{T} \tag{3.10}$$

Die Restriktionen (3.8) bis (3.10) gewährleisten die Auswahl der Lieferanten unter Beachtung der Kapazitäten und Verfügbarkeiten der jeweiligen Komponenten sowie unter Einhaltung der Resilienzanforderungen. Hierbei bewirken die Restriktionen (3.8), dass die Kapazitätsgrenze $\widehat{c}_{lc}^{max}$ für jede beim Lieferanten l verfügbare Komponente $c \in \mathcal{C}_l$ eingehalten wird. Zudem erfolgt durch (3.8) in Verbindung mit (3.9) eine Verknüpfung von binärer (α_{lct}) mit reellwertiger Entscheidungsvariable ($\widehat{X}_{lwcmt}$). Demgemäß findet ein Transport nur dann von dem betreffenden Lieferanten l statt, wenn dieser in Periode t zur Lieferung von Komponente c ausgewählt wird ($\alpha_{lct} = 1$). Daran anschließend garantieren die Restriktionen (3.9) für die ausgewählten Komponenten-Lieferanten-Kombinationen, dass die Mindestbestellmenge $\widehat{c}_{lc}^{min}$ eingehalten wird. Hierdurch wird in Kombination mit den Restriktionen (3.10)) zusätzlich gewährleistet, dass nur tatsächlich zur Beschaffung eingesetzte Lieferanten ($\alpha_{lct} = 1$ <u>und</u> $\widehat{X}_{lwcmt} > 0$) auf den Mindestresilienzscore einwirken. Dabei stellen die Restriktionen (3.10) für jede Komponente c sicher, dass der Mindestresilienzscore durch die aufsummierten Resilienzscores der ausgewählten Lieferanten in jeder Periode t erfüllt wird.

Restriktionen zu den Standortentscheidungen der Produktionswerke und Distributionszentren:

$$\sum_{i \in \mathcal{I}} \sum_{k \in \mathcal{K}} \sum_{m \in \mathcal{M}} \widetilde{cu}_{kp} \cdot \widetilde{X}_{wpikmt} \leq \widetilde{c}_{wp}^{max} \cdot \gamma_{wpt}^{ope} \qquad \forall w \in \mathcal{W},\ p \in \mathcal{P},\ t \in \mathcal{T} \tag{3.11}$$

$$\gamma_{wpt}^{ope} = \gamma_{wpt}^{est} + \gamma_{wp,t-1}^{ope} - \gamma_{wp,t-1}^{clo} - \rho_{wp,t-1}^{sw,off} + \rho_{wpt}^{tec,on} \qquad \forall w \in \mathcal{W},\ p \in \mathcal{P},\ t \in \mathcal{T} \tag{3.12}$$

$$\sum_{p \in \mathcal{P}} \sum_{t \in \mathcal{T}} \gamma_{wpt}^{est} \leq 1 \qquad \forall w \in \mathcal{W} \tag{3.13}$$

$$\sum_{p \in \mathcal{P}} \gamma_{wpt}^{ope} \leq 1 \qquad \forall w \in \mathcal{W},\ t \in \mathcal{T} \tag{3.14}$$

$$\sum_{p \in \mathcal{P}} \rho_{wpt}^{tec,on} \leq \sum_{p \in \mathcal{P}} \gamma_{wp,t-1}^{ope} \qquad \forall w \in \mathcal{W},\ t \in \mathcal{T} \tag{3.15}$$

$$\sum_{j \in \mathcal{J}} \sum_{k \in \mathcal{K}} \sum_{m \in \mathcal{M}} cu_k \cdot X_{ijkmt} \leq c_i^{max} \cdot \psi_{it}^{ope} \qquad \forall i \in \mathcal{I},\ t \in \mathcal{T} \tag{3.16}$$

$$\psi_{it}^{ope} = \psi_{it}^{est} + \psi_{i,t-1}^{ope} - \psi_{i,t-1}^{clo} \qquad \forall i \in \mathcal{I},\ t \in \mathcal{T} \tag{3.17}$$

$$\sum_{t \in \mathcal{T}} \psi_{it}^{est} \leq 1 \qquad \forall i \in \mathcal{I} \tag{3.18}$$

Diese Restriktionskategorie beinhaltet alle Restriktionen, welche die Standortentscheidungen der Produktionswerke ((3.11) bis (3.15)) sowie Distributionszentren ((3.16) bis (3.18)) betreffen.

Dabei sorgen die Ungleichungen (3.11) dafür, dass vom Produktionswerk w nur dann etwas transportiert werden kann, wenn dieses auch betrieben wird ($\gamma_{wpt}^{ope} = 1$). Weiterhin stellen diese Restriktionen sicher, dass die Kapazitätsgrenze c_{wp}^{max} unter Beachtung des produktspezifischen Kapazitätsverbrauchs $\widetilde{cu}_{kp}$ an jedem betriebenen Standort w nicht überschritten wird. Die Gleichungen (3.12) garantieren, dass ein Produktionswerk w mit Technologiestufe p in Periode t nur dann betrieben werden kann ($\gamma_{wpt}^{ope} = 1$), wenn das Produktionswerk in derselben Periode errichtet wird ($\gamma_{wpt}^{est} = 1$) oder bereits in der Vorperiode betrieben wurde ($\gamma_{wp,t-1}^{ope} = 1$). Zudem muss hierfür sichergestellt sein, dass das Produktionswerk nicht zum Ende der Vorperiode geschlossen wurde ($\gamma_{wp,t-1}^{clo} = 0$). Gleichermaßen berücksichtigen diese Gleichungen, dass an einem errichteten Produktionswerk w ein Wechsel der Technologiestufe p durch Deinstallation zum Periodenende ($\rho_{wp,t-1}^{sw,off}$) und Neuinstallation zu Beginn der darauffolgenden Periode ($\rho_{wpt}^{tec,on}$) möglich ist. Die Ungleichungen (3.13) gewährleisten, dass jeder potentielle Werksstandort w maximal einmal und mit nicht mehr als einer Technologiestufe p errichtet wird.[34] Im Hinblick auf die durch (3.12) gegebene Möglichkeit des Technologiewechsels wird mit Nebenbedingungen (3.14) sichergestellt, dass für jedes in Periode t betriebene Produktionswerk w genau eine Technologiestufe p eingesetzt wird.[35] Ungleichungen (3.15) beschränken die Möglichkeit des Technologiewechsels ($\rho_{wpt}^{tec,on}$) auf bereits errichtete Produktionswerke, wobei diese folglich in der Vorperiode des Technologiewechsels in Betrieb gewesen sein müssen ($\gamma_{wp,t-1}^{ope} = 1$).

Analog zu (3.11) sind die Ungleichungen (3.16) aufgebaut, die wiederum für jedes Distributionszentrum i die Kapazitäts- und Kopplungsrestriktionen darstellen. Restriktionen (3.17) gewährleisten, dass ein Distributionszentrum i in Periode t nur dann betrieben werden kann ($\psi_{it}^{ope} = 1$), wenn das Distributionszentrum in dieser Periode errichtet wird ($\psi_{it}^{est} = 1$) oder bereits in der Vorperiode betrieben wurde ($\psi_{i,t-1}^{ope} = 1$). Dies setzt voraus, dass das Distributionszentrum nicht bereits zum Ende der Vorperiode geschlossen wurde ($\psi_{i,t-1}^{clo} = 0$). Die Nebenbedingungen (3.18) garantieren dabei, dass jedes Distributionszentrum i maximal einmal errichtet wird.

[34] Daraus folgt, dass jeder Werksstandort ebenfalls maximal einmal geschlossen werden kann. Analog gilt dies für (3.18) im Hinblick auf die Schließung der Standorte der Distributionszentren.

[35] Es gilt dabei zu beachten, dass die linke Seite der Restriktionen (3.14) in Kombination mit (3.11) und (3.12) für einen Periode t betriebenen Standort w immer den Wert eins annehmen wird. Sofern dieser Standort w in Periode t nicht in Betrieb ist, nimmt die linke Seite der Ungleichungen den Wert null an.

Restriktionen zur Nachfrageerfüllung:

$$\sum_{n \in \mathcal{N}} \omega_{jknt} = 1 \qquad \forall j \in \mathcal{J},\ k \in \mathcal{K},\ t \in \mathcal{T} \tag{3.19}$$

$$D_{jknt} \geq d_{jknt}^{min} \cdot \omega_{jknt} \qquad \forall j \in \mathcal{J},\ k \in \mathcal{K},\ n \in \mathcal{N},\ t \in \mathcal{T} \tag{3.20}$$

$$D_{jknt} \leq d_{jknt}^{max} \cdot \omega_{jknt} \qquad \forall j \in \mathcal{J},\ k \in \mathcal{K},\ n \in \mathcal{N},\ t \in \mathcal{T} \tag{3.21}$$

Bereits durch die zuvor erläuterten Restriktionen (3.4) wird sichergestellt, dass die von den Distributionszentren transportierte Menge exakt die an Nachfrageort j realisierte Nachfrage D_{jknt} nach Produkt k in Periode t erfüllt. Weiterhin ist die preisabhängige Nachfrage in den Restriktionen (3.19) bis (3.21) folgendermaßen ausgestaltet: Einerseits wird für jeden Nachfrageort j eine Entscheidung über die Auswahl der Nachfragestufe getroffen. Andererseits wird innerhalb der gewählten Nachfragestufe eine Auswahl über die zu realisierende Nachfragemenge D_{jknt} getroffen.

Ersteres wird im SND-CT-CP durch die Restriktionen (3.19) gesichert. Hierdurch wird an jedem Nachfrageort j in jeder Periode t genau eine Nachfragestufe n gewählt. Folglich muss im SND-CT-CP die produktspezifische Nachfrage an jedem Nachfrageort j in jeder Periode t erfüllt werden. Über die Auswahl einer Nachfragestufe n kann das Ausmaß der Nachfrageerfüllung bestimmt werden.

Daran anschließend wird durch die Ungleichungen (3.20) und (3.21) sichergestellt, dass die Nachfragemenge D_{jknt} innerhalb der vorgegebenen Grenzen der gewählten Nachfragestufe n bestimmt wird. Folglich wird hierbei auch eine Verknüpfung von D_{jknt} und ω_{jknt} vorgenommen, um eine Nachfrageerfüllung außerhalb der gewählten Nachfragestufe auszuschließen. Hierzu gewährleisten die Ungleichungen (3.20), dass die Mindestnachfrage d_{jknt}^{min} der gewählten Nachfragestufe ($\omega_{jknt} = 1$) eingehalten wird. Gleichermaßen garantieren die Ungleichungen (3.21), dass die Maximalnachfrage d_{jknt}^{max} der gewählten Nachfragestufe ($\omega_{jknt} = 1$) nicht überschritten wird.

Restriktionen zur Einhaltung der Emissionsobergrenzen:

$$\begin{aligned} eo_t^{PC} \geq & \sum_{l \in \mathcal{L}_M} \sum_{w \in \mathcal{W}_{PC}} \sum_{c \in \mathcal{C}} \sum_{m \in \mathcal{M}} \widehat{em}_{lwcmt} \cdot \widehat{X}_{lwcmt} \\ & + \sum_{w \in \mathcal{W}_{PC}} \sum_{p \in \mathcal{P}} \sum_{i \in \mathcal{I}} \sum_{k \in \mathcal{K}} \sum_{m \in \mathcal{M}} \widetilde{em}_{wpikmt} \cdot \widetilde{X}_{wpikmt} \\ & + \sum_{i \in \mathcal{I}_{PC}} \sum_{j \in \mathcal{J}} \sum_{k \in \mathcal{K}} \sum_{m \in \mathcal{M}} em_{ijkmt} \cdot X_{ijkmt} \qquad \forall t \in \mathcal{T} \end{aligned} \tag{3.22}$$

Die Nebenbedingungen (3.22) sorgen für die Einhaltung der periodenbezogenen Obergrenze eo_t^{PC}. Dazu werden die an den entsprechenden Standorten der Produktionswerke ($w \in \mathcal{W}_{PC}$) und Distributionszentren ($i \in \mathcal{I}_{PC}$) anfallenden Emissionen in jeder Periode t beschränkt.

Restriktionen zur Deklaration der Entscheidungs- und Hilfsvariablen:

$$\alpha_{lct} \in \{0, 1\} \qquad \forall l \in \mathcal{L},\ c \in \mathcal{C},\ t \in \mathcal{T} \tag{3.23}$$

$$\gamma_{wpt}^{ope},\ \gamma_{wpt}^{est},\ \gamma_{wpt}^{clo} \in \{0, 1\} \qquad \forall w \in \mathcal{W},\ p \in \mathcal{P},\ t \in \mathcal{T} \tag{3.24}$$

$$\psi_{it}^{ope},\ \psi_{it}^{est},\ \psi_{it}^{clo} \in \{0, 1\} \qquad \forall i \in \mathcal{I},\ t \in \mathcal{T} \tag{3.25}$$

$$\rho_{wpt}^{tec,off},\ \rho_{wpt}^{tec,on} \in \{0, 1\} \qquad \forall w \in \mathcal{W},\ p \in \mathcal{P},\ t \in \mathcal{T} \tag{3.26}$$

$$\omega_{jknt} \in \{0, 1\} \qquad \forall j \in \mathcal{J},\ k \in \mathcal{K},\ n \in \mathcal{N},\ t \in \mathcal{T} \tag{3.27}$$

$$SIP_t, AP_t, CCTP_t, CTXP_t, CTFP_t, LP_t, RP_t, TP_t \in \mathbb{R} \qquad \forall t \in \mathcal{T} \tag{3.28}$$

$$D_{jknt} \geq 0 \qquad \forall j \in \mathcal{J},\ k \in \mathcal{K},\ n \in \mathcal{N},\ t \in \mathcal{T} \tag{3.29}$$

$$\widehat{X}_{lwcmt} \geq 0 \qquad \forall l \in \mathcal{L},\ w \in \mathcal{W},\ c \in \mathcal{C}_l,\ m \in \mathcal{M}_l,\ t \in \mathcal{T} \tag{3.30}$$

$$\widetilde{X}_{wpikmt} \geq 0 \qquad \forall w \in \mathcal{W},\ p \in \mathcal{P},\ i \in \mathcal{I},\ k \in \mathcal{K},\ m \in \mathcal{M}_w,\ t \in \mathcal{T} \tag{3.31}$$

$$X_{ijkmt} \geq 0 \qquad \forall i \in \mathcal{I},\ j \in \mathcal{J},\ k \in \mathcal{K},\ m \in \mathcal{M}_i,\ t \in \mathcal{T} \tag{3.32}$$

Abschließend definieren die Restriktionen (3.23) bis (3.27) γ_{wpt}^{ope}, γ_{wpt}^{est}, γ_{wpt}^{clo}, $\rho_{wpt}^{tec,off}$, $\rho_{wpt}^{tec,on}$, ψ_{it}^{ope}, ψ_{it}^{est}, ψ_{it}^{clo}, ω_{jknt} und α_{lct} als Binärvariablen. Mit (3.28) werden die Hilfsvariablen der Auszahlungsbestandteile für die Zielfunktion definiert. Letztlich begrenzen die Nebenbedingungen (3.29) bis (3.32) die Nachfrage- und Transportmengen auf den betriebswirtschaftlich sinnvollen Bereich.

Im nachfolgenden Kapitel 4 wird das SND-CT-CP hinsichtlich der wesentlichen Charakteristika des Modells untersucht.

Numerische Untersuchungen zum SND-CT-CP

4

4.1 Beschreibung der verwendeten Testinstanzen

Die in diesem Kapitel vorgestellten numerischen Untersuchungen zum SND-CT-CP umfassen eine Analyse der Wirkungsweise der Emissionszölle (Abschnitt 4.2.1) sowie der standortabhängigen Emissionsregulierungen (Abschnitt 4.2.2). Zudem wird der Einfluss der Kombination aus Emissionszöllen und standortabhängigen Emissionsregulierungen (Abschnitt 4.2.3) untersucht.

Dabei beruhen die nachfolgenden numerischen Untersuchungen zu einem großen Anteil auf den in Christian und Sahling (2024) vorgestellten Testinstanzen. Für die vorliegenden numerischen Untersuchungen werden diese Instanzen an das SND-CT-CP angepasst. Wie in Abschnitt 3.1 beschrieben, betreffen die Anpassungen unter anderem die Maximierung des Kapitalwerts sowie die damit verknüpfte preisabhängige Erfüllung der Nachfrage. Des Weiteren erfolgt die Lieferantenauswahl unter Resilienzaspekten.

Die Parameter werden dabei in folgende Kategorien geclustert: Standortkoordinaten, Transportauszahlungen, Emissionsfußabdrücke, Kapazitäten, Nachfragewerte, Standortauszahlungen, Lieferanten- und Resilienzaspekte, Emissionsobergrenzen und Emissionscaps sowie Verkaufseinzahlungen. Durch Vorstellung dieser Kategorien im vorliegenden Teilkapitel wird sukzessive die Grundidee der verwendeten Testinstanzen dargelegt.

Ergänzende Information Die elektronische Version dieses Kapitels enthält Zusatzmaterial, auf das über folgenden Link zugegriffen werden kann https://doi.org/10.1007/978-3-658-51327-6_4.

J. Christian, *Mehrstufige Standortplanung unter ökonomisch-ökologischen Nachhaltigkeitsaspekten*, Produktion und Logistik,
https://doi.org/10.1007/978-3-658-51327-6_4

Abschließend erfolgt eine zusammenfassende Darstellung der wichtigsten Charakteristika der verwendeten Testinstanzen. Zudem wird das Testdesign für die numerischen Untersuchungen vorgestellt.

Standortkoordinaten:[1]
Die Koordinaten jedes Standorts werden zufällig innerhalb des in Abbildung 4.1 dargestellten Koordinatensystems ($[0, 350] \times [0, 100]$) generiert. Hierzu werden die Koordinaten zwischen der vorgegebenen Grenzen über eine Gleichverteilung bestimmt.[2] Die vorgegebenen Grenzen unterscheiden sich für Mitgliedsstaaten und Nicht-Mitgliedsstaaten hinsichtlich der x-Koordinate: Standorte in Mitgliedsstaaten werden jeweils hälftig innerhalb der Grenzen $[0, 75] \times [0, 100]$ bzw. $[275, 350] \times [0, 100]$ platziert. Im Hinblick auf die Verteilung wird davon ausgegangen, dass 60% der Standorte von Lieferanten, potentiellen Produktionswerken und potentiellen Distributionszentren in Mitgliedsstaaten angesiedelt sind. Zudem sind 80% der Nachfrageorte zu Mitgliedsstaaten zugeordnet. Die jeweils verbleibenden Standorte sind in Nicht-Mitgliedsstaaten angesiedelt und werden innerhalb der Grenzen $[75, 225] \times [0, 100]$ zufällig generiert.[3]

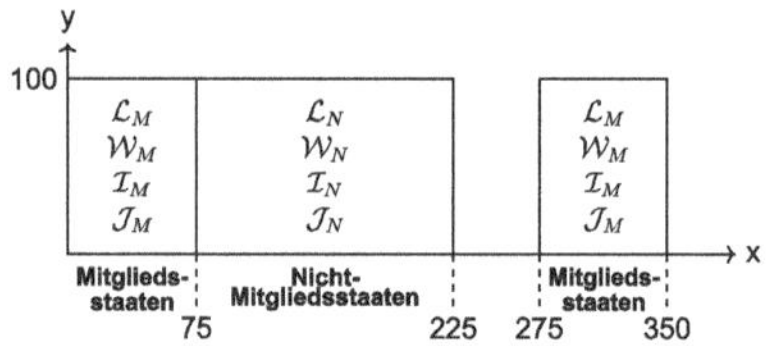

Abb. 4.1 Aufteilung der Standorte in (Nicht-)Mitgliedsstaaten

[1] Auch wenn die Standortkoordinaten nicht explizit im SND-CT-CP enthalten sind, so dienen sie dennoch als relevante Grundlage für die untersuchte Instanz und werden aus diesem Grund als separate Kategorie angeführt.

[2] Dabei wird auf eine diskrete Gleichverteilung zurückgegriffen, die im Folgenden mit $\mathcal{U}\{u_1, u_2\}$ angegeben wird. u_1 und u_2 sind dabei die Grenzen, innerhalb derer eine gleichverteilte Zufallszahl generiert wird. Im Gegensatz hierzu wird eine kontinuierliche Gleichverteilung mit $\mathcal{U}[u_1, u_2]$ gekennzeichnet.

[3] Vgl. Christian und Sahling (2024), S. 13.

Die sich folglich ergebende Zuordnung von Standorten zu Zonen verfolgt die Idee, sowohl geringe[4] als auch größere Entfernungen zwischen Nicht-Mitgliedsstaaten und Mitgliedsstaaten abzubilden. Der durch die Anordnung von Standorten in Nicht-Mitgliedsstaaten in eher zentraler Position und Positionierung von Standorten in Mitgliedsstaaten an den Rändern des gewählten Koordinatensystems entstehende Vorteil für Standorte in Nicht-Mitgliedsstaaten wird bewusst in Kauf genommen.[5]

Transportauszahlungen:

Basierend auf den generierten Standortkoordinaten werden die Transportauszahlungen je transportierter Einheit zwischen Standort a und b gemäß folgender Formel berechnet:

$$tc_{ab,c/k,mt} = modf_m \cdot d_{ab}^{(2)} \cdot FTS$$

Dabei wird die euklidische Entfernung $d_{ab}^{(2)}$ mit einem modusspezifischen Faktor $modf_m$ sowie einem weiteren Variationsfaktor FTS gewichtet. Der modusspezifische Faktor $modf_m$, der in Tabelle 4.1 dargestellt ist, berücksichtigt die Auszahlungsunterschiede zwischen den in den Untersuchungen betrachteten Transportmodi (Straße, Schiene, Wasser und Luft). Mit dem weiteren Variationsfaktor $FTS = 0,5 \pm 0,1$ wird über $\pm 0,1$ zwischen Produkten (+) und Komponenten (−) unterschieden. Es gilt anzumerken, dass alle Produkte bzw. Komponenten innerhalb der jeweiligen Kategorie (hinsichtlich aller Parameter) als homogen angenommen werden. Die zuvor erläuterte generelle Formel wird für die jeweilige Netzwerkstufe analog angepasst.[6]

[4] Im Extremfall wäre es aufgrund der Auswahl der Grenzwerte der Gleichverteilung theoretisch sogar möglich, dass ein Standort in Mitgliedsstaaten und ein Standort in Nicht-Mitgliedsstaaten die gleiche x-Koordinate (x=75) und die gleiche y-Koordinate (y innerhalb der Grenzen [0, 100] beliebig) aufweisen.

[5] Dieser spiegelt sich insbesondere in der Verteilung von Standorten in Nicht- und Mitgliedsstaaten wider, siehe beispielsweise Abbildung 4.5. Unter Inkaufnahme dieses Vorteils sind insbesondere die Standortverlagerungen in Abschnitt 4.2.2 zu beurteilen.

[6] Vgl. Christian und Sahling (2024), S. 13–14 mit $modf_m$ auf Basis von Tsao et al. (2021), S. 8.

Tabelle 4.1 Modusbezogene Transportauszahlungs- ($modf_m$) und Emissionsfaktoren ($emfm_m$)[7]

m	$modf_m$	$emfm_m$
Straße (m_1)	$\mathcal{U}[0,125; 0,35]$	0, 000111
Schiene (m_2)	$\mathcal{U}[0,15; 0,325]$	0, 000016
Wasser (m_3)	$\mathcal{U}[0,1; 0,275]$	0, 000031
Luft (m_4)	$\mathcal{U}[4; 7]$	0, 0006

Emissionsfußabdrücke:

Die Emissionsfußabdrücke werden gemäß folgender genereller Formel auf Basis der durch Transporte und standortbezogene Prozesse verursachten Emissionen generiert.[8]

$$em_{ab,c/k,mt} = emfm_m \cdot d_{ab}^{(2)} + emf_a$$

Hierzu wird die euklidische Entfernung $d_{ab}^{(2)}$ mit einem modusspezifischen Emissionsfaktor $emfm_m$, der in Tabelle 4.1 angegeben ist, gewichtet. Hinzuaddiert werden die Emissionsfaktoren der Standorte, die für Lieferanten ($\mathcal{U}[0.01; 0.04]$), Produktionswerke ($\mathcal{U}[0.04; 0.16]$) und Distributionszentren ($\mathcal{U}[0.01; 0.04]$) zufällig generiert werden.[9] Da davon ausgegangen wird, dass Standorte in Nicht-Mitgliedsstaaten mit höheren Emissionen verbunden sind, werden zur Berechnung der Emissionsfußabdrücke in Nicht-Mitgliedsstaaten o.g. Werte mit dem zufällig generierten Faktor $\mathcal{U}[1.4; 1.5]$ multipliziert. Im Hinblick auf die unterschiedlichen Technologiestufen, die in den Produktionswerken zum Einsatz kommen können, wird zwischen einer

[7] Vgl. Christian und Sahling (2024), S.14.

[8] Zur Berechnung der Emissionsfußabdrücke in der betrieblichen Praxis sei auf DIN EN 16258 oder auf Anbieter wie EcoTransIT World oder greenable verwiesen, die entstandenen Emissionen entweder ausschließlich bezüglich des Transports oder das Produkt im Gesamten ermitteln.

[9] Vgl. Christian und Sahling (2024), S. 14 mit $emfm_{m_1-m_3}$ auf Basis von Umweltbundesamt (2022) und $emfm_{m_4}$ auf Basis von Kabadurmus und Erdogan (2020), S. 57 (Einheit jeweils: t CO_2-Äquivalente je tkm). Die standortbezogenen Emissionsfaktoren emf_a sind folglich auf die Einheit t CO_2-Äquivalente je Mengeneinheit dimensioniert. Hinblickend auf die Einheiten sei angemerkt, dass die vorliegenden Instanzen nicht auf eine spezifische Industrie oder einen Anwendungsfall ausgelegt sind. Auch wenn die Testinstanzen unter Beachtung des Verhältnisses der Einheiten gewählt wurden, wird daher auf die Angabe konkreter Einheiten für jeden Parameter verzichtet. Um jedoch bei den Emissionen das Größenverhältnis der Werte zu verdeutlichen, werden hier die zugrunde liegenden Einheiten angegeben.

konventionellen (p_3), innovativen (p_2) und radikalen (p_1) Technologie entschieden. Auf die Emissionsfußabdrücke der konventionellen Technologie Bezug nehmend, werden die Emissionsfußabdrücke der emissionsreduzierenden Technologien mit $\mathcal{U}[0.4; 0.5]$ (p_2) bzw. $\mathcal{U}[0; 0.1]$ (p_1) verringert.[10]

Die zuvor geschilderte Bestimmung und die generelle Wirkungsweise der Emissionsfußabdrücke werden im Nachfolgenden anhand eines Beispiels verdeutlicht. Hierzu wird von den in Abbildung 4.2 dargestellten Standorten $l_1 \in \mathcal{L}_M$, $w_1 \in \mathcal{W}_N$, $i_1 \in \mathcal{I}_N$ und $j_1 \in \mathcal{J}_M$ ausgegangen. Diese stehen in einer direkten Abfolge, sodass die Komponenten von Lieferant l_1 zu Produktionswerk w_1 transportiert werden. Die in w_1 hergestellten Produkte werden anschließend über das Distributionszentrum i_1 zum Nachfrageort j_1 geliefert.

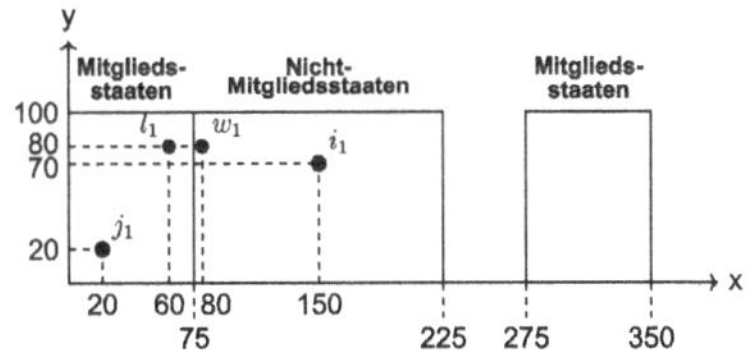

Abb. 4.2 Beispielhafte Darstellung von Standorten zur Verdeutlichung der Berechnung des Emissionsfußabdrucks

Die vorliegend verwendete approximative Berechnung der Emissionsfußabdrücke wird in Tabelle 4.2 dargestellt. Hierbei wird zunächst jeweils die euklidische Entfernung $d_{ab}^{(2)}$ zwischen den jeweiligen Standorten ermittelt. Diese wird dann mit dem modusspezifischen Emissionsfaktor (aus Tabelle 4.1) multipliziert ($emfm_m \cdot d_{ab}^{(2)}$). Beispielhaft wird davon ausgegangen, dass auf der ersten Stufe ($l_1 \rightarrow w_1$) der Transportmodus Straße (m_1) zum Einsatz kommt. Auf der zweiten Stufe ($w_1 \rightarrow i_1$) wird hingegen der Transportmodus Schiene (m_2) und auf der dritten Stufe ($i_1 \rightarrow j_1$) der Modus Luft (m_4) eingesetzt. Zu diesem ermittelten Wert wird der standortspezifische Emissionsfaktor emf_a addiert, wobei hierbei von einer konventionellen Technologie (p_3) in Produktionswerk w_1 ausgegangen wird. Da es sich bei den Emissionsfußabdrücken der zweiten und dritten Stufe um in Nicht-Mitgliedsstaaten entstandene Emissionen handelt, wird der zuvor berechnete Wert ($emfm_m \cdot d_{ab}^{(2)} + emf_a$) mit dem Faktor 1,45 multipliziert[11].

[10] Vgl. Christian und Sahling (2024), S. 14–15.

[11] Die (Zwischen-)Ergebnisse werden hier jeweils auf fünf Nachkommastellen gerundet. Vorgegebene Werte (wie $emfm_m$ oder emf_a) werden jeweils mit allen Nachkommastellen

Tabelle 4.2 Beispielhafte Berechnung des Emissionsfußabdrucks

	$d_{ab}^{(2)}$	$emfm_m$	$emfm_m \cdot d_{ab}^{(2)}$	emf_a	$emfm_m \cdot d_{ab}^{(2)} + emf_a$	Faktor	$em_{ab,c/k,mt}^{(N)}$
$l_1 \rightarrow w_1$	20,00000	0,000111	0,00222	0,025	0,02722	1,00	0,02722
$w_1 \rightarrow i_1$	70,71068	0,000016	0,00113	0,100	0,10113	1,45	0,14664
$i_1 \rightarrow j_1$	139,28388	0,000600	0,08357	0,025	0,10857	1,45	0,15743

Die nach diesem Schema ermittelten Emissionsfußabdrücke werden für die Berechnung der für die Emissionszölle und -regulierungen relevanten Emissionsmengen eingesetzt. Im vorliegenden Beispiel ist dabei insbesondere der Emissionsfußabdruck $em_{i_1,j_1,k,m_4,t}^N$ relevant, auf dessen Basis die von $i_1 \in \mathcal{I}_N$ zu $j_1 \in \mathcal{J}_M$ eingeführten Emissionen ermittelt und mit einem Emissionszoll belegt werden.

Die vorangestellten Ausführungen verdeutlichen, dass es sich bei der vorliegend verwendeten Berechnung um eine approximative Annäherung an den tatsächlich realisierten Emissionsfußabdruck handelt.[12]

Nachfragewerte:
Zur Bestimmung der Nachfragewerte wird zunächst für jedes Produkt k eine durchschnittliche Nachfrage $\overline{DN_k} = \mathcal{U}\{75, 250\}$ zufällig bestimmt.[13] Die konkrete Nachfragerealisation dd_{jkt} wird für jeden Nachfrageort j dabei auf Basis der

angegeben. Bei auf Basis der Gleichverteilung ermittelten Werten (wie emf_a) wird hier vereinfachend jeweils der Mittelwert angenommen. Die Angabe der resultierenden Emissionsfußabdrücke erfolgt in t CO_2-Äquivalente je Mengeneinheit.

[12] Im Vergleich zum Product Carbon Footprint, der über ein Produktlabel alle bis zum aktuellen Zeitpunkt relevanten Emissionen enthält, erfolgt vorliegend eine Annäherung über die auf der jeweiligen Netzwerkstufe relevanten Emissionen. Gleichermaßen wäre durch eine Anpassung der Modellformulierung eine detailliertere Abbildung der relevanten Emissionen möglich. Dann müssten jedoch die Emissionsfußabdrücke als auch die Transportmengen jeweils in Abhängigkeit aller Netzwerkstufen (sowie unter anderem der Transportmodi auf der jeweiligen Netzwerkstufe) definiert sein. Der dadurch resultierende erhöhte Umfang der Modellformulierung sowie die verminderte Nachvollziehbarkeit stehen für ein strategisches Planungsproblem in einem fraglichen Verhältnis zur erhöhten Präzision bei der Abbildung der relevanten Emissionen.

[13] Vgl. Christian und Sahling (2024), S. 14 auf Basis von Sahling und Kayser (2016), S. 213.

produktspezifischen Durchschnittsnachfrage $\overline{DN_k}$ sowie unter Berücksichtigung des Variationskoeffizienten der Nachfrage VC^d wie folgt generiert:[14]

$$dd_{jkt} = \mathcal{U}\{\lceil (1 - VC^d) \cdot \overline{DN_k} \rceil, \lceil (1 + VC^d) \cdot \overline{DN_k} \rceil\}$$

Der ermittelte Wert dd_{jkt} entspricht der Maximalnachfrage in Nachfragestufe n_3 ($d^{max}_{jk,n_3,t} = dd_{jkt}$).[15] Auf dieser Basis wird die Minimalnachfrage der entsprechenden Stufe mit folgender Formel generiert:

$$d^{min}_{jknt} = d^{max}_{jknt} - \lceil 0,1 \cdot \overline{DN_k} \rceil$$

Gleichermaßen folgt daraus die Maximalnachfrage der beiden weiteren Nachfragestufen n_2 und n_1 über folgende Formel:

$$d^{max}_{jk,n-1,t} = d^{min}_{jk,n,t} - 1$$

Kapazitäten:
Die Berechnung der Kapazitäten der Standorte ($\widehat{c_{lc}}^{max}$, $\widetilde{c_{wp}}^{max}$ und c^{max}_i) erfolgt auf Basis der Durchschnittsnachfrage aller Standorte und Produkte, die gemäß den nachfolgenden Formeln mit standort- bzw. komponentenabhängigen Auslastungsfaktoren ($facL_l = \frac{\mathcal{U}\{1,|\mathcal{L}|\}}{|\mathcal{L}|}$, $facC_c = \frac{\mathcal{U}\{1,|\mathcal{C}|\}}{3}$, $facW_w = \frac{\mathcal{U}\{1,|\mathcal{W}|\}}{|\mathcal{W}|}$ und $facI_i = \frac{\mathcal{U}\{1,|\mathcal{I}|\}}{|\mathcal{I}|}$) sowie einem Variationsfaktor VC^c gewichtet wird.[16]

$$\widehat{c_{lc}}^{max} = (1 + VC^c) \cdot facL_l \cdot facC_c \cdot |\mathcal{J}| \cdot \sum_{k \in \mathcal{K}} \overline{DN_k}$$

$$\widetilde{c_{wp}}^{max} = (1 + VC^c) \cdot facW_w \cdot |\mathcal{J}| \cdot \sum_{k \in \mathcal{K}} \overline{DN_k}$$

$$c^{max}_i = (1 + VC^c) \cdot facI_i \cdot |\mathcal{J}| \cdot \sum_{k \in \mathcal{K}} \overline{DN_k}$$

---

[14] Vgl. Christian und Sahling (2024), S. 14 auf Basis Sahling (2013), S. 70, wobei die Werte im Unterschied zu Sahling (2013) nicht auf Basis einer Normalverteilung generiert werden, sondern vorliegend auf einer Gleichverteilung basierend ermittelt werden.

[15] Für die nachfolgenden Untersuchungen werden $|\mathcal{N}| = 3$ Nachfragestufen betrachtet.

[16] Vgl. Christian und Sahling (2024), S. 14 auf Basis von Sahling und Kayser (2016), S. 213. Im Unterschied zu Christian und Sahling (2024) wird vorliegend noch ein komponentenabhängiger Auslastungsfaktor bei der Bestimmung von $\widehat{c_{lc}}^{max}$ berücksichtigt.

Es sei angemerkt, dass vorliegend keine Kapazitätsunterschiede zwischen den Technologiestufen betrachtet werden, da in den nachfolgenden Untersuchungen weniger der Kapazitätseinfluss als vielmehr der Emissionseinfluss der Technologiestufen analysiert werden soll. Die Mindestbestellmenge wird auf der durchschnittlich benötigten Menge der entsprechenden Komponente gewählt, sodass $\widetilde{c}_{lc}^{min} = \frac{\sum_{k \in \mathcal{K}} an_{ck} \cdot \overline{DN_k}}{2 \cdot |\mathcal{K}| \cdot |\mathcal{L}|}$ folgt. Gemäß den nachfolgenden Formeln beruht die Berechnung der Kapazitäten der Transportmodi ($\widehat{mod}_{lm}^{max}$, $\widetilde{mod}_{wm}^{max}$ und mod_{im}^{max}) auf den jeweiligen Standortkapazitäten, die mit dem Faktor VC^{mo} variiert werden.

$$\begin{aligned}
\widehat{mod}_{lm}^{max} &= \mathcal{U}\{0,1\} \cdot \mathcal{U}[1,5] \cdot (1 + VC^{mo}) \cdot \frac{\sum_{c \in \mathcal{C}} \widetilde{c_{lc}}^{max}}{|\mathcal{C}|} \\
\widetilde{mod}_{wm}^{max} &= \mathcal{U}\{0,1\} \cdot (1 + VC^{mo}) \cdot \frac{\sum_{p \in \mathcal{P}} \widetilde{c_{wp}}^{max}}{|\mathcal{P}|} \\
mod_{im}^{max} &= \mathcal{U}\{0,1\} \cdot (1 + VC^{mo}) \cdot c_i^{max}
\end{aligned}$$

Die Auswahl der an den Standorten verfügbaren Transportmodi erfolgt über $\mathcal{U}\{0,1\}$ zufällig. Davon ausgenommen ist der Transportmodus Straße (m_1), der an allen Standorten verfügbar ist.[17]

Standortauszahlungen:

Die Auszahlungen für Errichtung, Betrieb, Schließung und Technologieänderung der Produktionswerke und Distributionszentren beruhen im Wesentlichen auf den Kapazitäten, die mit einigen Vorfaktoren gewichtet werden.[18] Grundlage für die Auszahlungen der Produktionswerke sind die gemäß der folgenden Formel berechneten Auszahlungen für den Standortbetrieb in der konventionellen Technologiestufe p_3:

$$\widetilde{fc}_{w,p_3}^{ope} = 5 \cdot \mathcal{U}[100, 110] \cdot \sqrt{\widetilde{c_{w,p_3}}^{max}}$$

[17] Vgl. Christian und Sahling (2024), S. 14.

[18] Vgl. Christian und Sahling (2024), S. 14 in Anlehnung an Sahling und Kayser (2016), S. 213 (Auszahlungen für Errichtung, Betrieb sowie Schließung der Produktionswerke), Cornuejols et al. (1991), S. 294 (Betriebsauszahlungen der Distributionszentren) sowie Rahmani und Mahoodian (2017), S. 612 (Verhältnis der Betriebsauszahlungen von Produktionswerken und Distributionszentren).

Die innovative (p_2) und radikale (p_3) Technologie sind im Vergleich hierzu mit höheren Betriebsauszahlungen verbunden, sodass hierfür $\widetilde{fc}^{ope}_{w,p_3}$ mit dem Faktor $\mathcal{U}[1.1; 1.2]$ (p_2) bzw. $\mathcal{U}[1.4; 1.5]$ (p_3) multipliziert wird. Zudem sind die oben genannten Werte auf Standorte in Mitgliedsstaaten zu verstehen. Für Standorte in Nicht-Mitgliedsstaaten wird $\widetilde{fc}^{ope}_{w,p_3}$ mit dem Faktor $\mathcal{U}[0.8; 0.9]$ multipliziert.

Aufbauend auf den Betriebsauszahlungen $\widetilde{fc}^{ope}_{w,p_3}$, werden die Auszahlungen für Errichtung und Schließung der Produktionswerke wie folgt berechnet:

$$\widetilde{fc}^{clo}_{wp} = 2 \cdot \mathcal{U}[0.09; 0.11] \cdot \widetilde{fc}^{ope}_{wp} \cdot \sqrt{\widetilde{c_{wp}}^{max}}$$
$$\widetilde{fc}^{est}_{wp} = 10 \cdot \mathcal{U}[0.09; 0.11] \cdot \widetilde{fc}^{ope}_{wp} \cdot \sqrt{\widetilde{c_{wp}}^{max}}$$

Die Auszahlungen dienen wiederum als Grundlage für die Auszahlungen, die bei Änderung der Technologiestufe für De- sowie Neuinstallation einmalig anfallen.

$$\widetilde{fc}^{tec,off}_{wp} = \mathcal{U}[0.2; 0.3] \cdot \widetilde{fc}^{clo}_{wp}$$
$$\widetilde{fc}^{tec,on}_{wp} = \mathcal{U}[0.2; 0.3] \cdot \widetilde{fc}^{est}_{wp}$$

Analog zu den Produktionswerken werden gemäß den folgenden Formeln die Auszahlungen für Errichtung und Schließung der Distributionszentren auf Grundlage der Auszahlungen für den Standortbetrieb bestimmt. Diese beruhen wiederum auf den Kapazitäten der jeweiligen Distributionszentren und haben dabei im Vergleich zu den Produktionswerken geringere Werte.

$$fc^{ope}_{i} = \mathcal{U}[100, 110] \cdot \sqrt{c^{max}_{i}}$$
$$fc^{clo}_{i} = 2 \cdot \mathcal{U}[0.09; 0.11] \cdot fc^{ope}_{i} \cdot \sqrt{c^{max}_{i}}$$
$$fc^{est}_{i} = 10 \cdot \mathcal{U}[0.09; 0.11] \cdot fc^{ope}_{i} \cdot \sqrt{c^{max}_{i}}$$

Lieferanten- und Resilienzaspekte:

Die Auszahlungen für jede beschaffte Einheit einer Komponente werden für Lieferanten in Nicht-Mitgliedsstaaten mit $\widehat{ac}_{lct} = \mathcal{U}[0, 5; 2]$ bestimmt. Diese Auszahlungen können bei Lieferanten in Mitgliedsstaaten mit $\widehat{ac}_{lct} = \mathcal{U}[1, 5; 4]$ etwas höher ausfallen. Der Direktbedarfskoeffizient wird durch $an_{ck} = \mathcal{U}\{0; 2\}$ zufällig bestimmt.[19]

[19] Vgl. Christian und Sahling (2024), S. 14.

Bei der Ermittlung der Resilienzaspekte wird angenommen, dass ein Lieferant umso resilienter ist, je höher der entsprechende Resilienzscore ist. Die Berechnung des konkreten Resilienzscores beruht dabei auf der geografischen Lage des Standortes. Dazu wird das vorgegebene Koordinatensystem gemäß Abbildung 4.3 in Zonen aufgeteilt, in welchen den Lieferanten ein geringer ($\mathcal{U}\{1, 3\}$), mittlerer ($\mathcal{U}\{4, 7\}$) oder hoher ($\mathcal{U}\{8, 10\}$) Resilienzscore zugewiesen wird.[20]

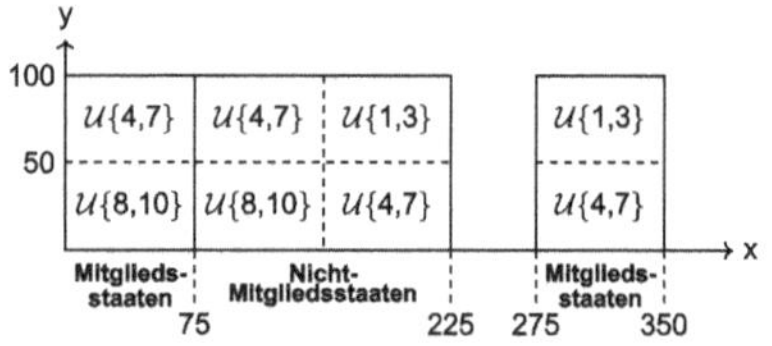

Abb. 4.3 Zonenabhängige Zuordnung der Resilienzscores

Um bei Auswahl der Produktionswerke und Distributionszentren wie in Abschnitt 3.1 ebenfalls Resilienzaspekte zu berücksichtigen, wird davon ausgegangen, dass in Zonen mit niedrigem Resilienzscore keine potentiellen Standorte verfügbar sind und daher keine Standorte errichtet werden können. Folglich sind in diesen Zonen lediglich Lieferanten- und Nachfragestandorte angesiedelt.

Auf Basis der generierten Resilienzscores ergibt sich mit folgender Formel der Mindestresilienzscore je Komponente:[21]

$$rsc_c^{min} = \frac{\sum_{l \in \mathcal{L}} rsc_l}{|\mathcal{L}|} \cdot \frac{|\mathcal{L}|}{frsc} = \frac{\sum_{l \in \mathcal{L}} rsc_l}{frsc}$$

Die Wirkungsweise des Mindestresilienzscores wird anhand eines Beispiels verdeutlicht. Dazu wird von fünf Lieferanten ausgegangen, deren Resilienzscores in der nachfolgenden Tabelle 4.3 angegeben sind. Zudem werden in dieser Tabelle 4.3 verschiedene Mindestresilienzscores gemäß der vorangestellten Formel und in Abhängigkeit des Faktors $frsc$ dargestellt.

[20] In der Literatur wird der Resilienzscore häufig im Intervall [0, 1] angegeben, siehe u.a. Shishodia et al. (2019), S. 469. In Abweichung hierzu erfolgt in der vorliegenden Arbeit zur besseren Darstellung der Unterschiede eine Skalierung auf das Intervall [0, 10].

[21] Über die Wahl des Mindestresilienzscores kann in Kombination mit den vorliegenden Resilienzscores die Auswahl einer Single-Sourcing- oder Multiple-Sourcing-Strategie erfolgen. Konkret wird dies gemäß der vorliegenden Formel über den variierenden Faktor $frsc$ gesteuert, der in Kapitel A.3 näher betrachtet wird.

Tabelle 4.3 Beispiel zur Einhaltung des Mindestresilienzscores

l	l_1	l_2	l_3	l_4	l_5	$frsc$	2,5	5	10	20
rsc_l	3	2	8	7	5	rsc_c^{min}	10	5	2,5	1,25

Auf Basis der in Tabelle 4.3 gegebenen Resilienzscores müssten bei einem Mindestresilienzscore von rsc_c^{min}=10 mindestens zwei der fünf Lieferanten gewählt werden. Dadurch wird deutlich, dass der gewählte Mindestresilienzscore indirekt die Auswahl mehrerer Lieferanten fördern und somit Single-Sourcing vermeiden kann. Jedoch könnte für einen niedrigeren Mindestresilienzscore (rsc_c^{min}={5; 2,5; 1,25}) die Auswahl eines Lieferanten ausreichen.[22] Hier wäre bei Auswahl des Lieferanten l_3 aufgrund des hohen Resilienzscores (rsc_{l_3}=8) der Mindestresilienzscore für diese Fälle erfüllt. Gleichermaßen könnte dieser aber auch durch die Auswahl der beiden Lieferanten (l_1 und l_2) mit den niedrigsten Resilienzscores (rsc_{l_1}=3 und rsc_{l_2}=2) erfüllt sein. Um diese aus Resilienzperspektive unerwünschte Wahl zu erschweren, berücksichtigt das SND-CT-CP entsprechende Strafzahlungen.

Gemäß folgender Formel fallen fixe Strafzahlungen je Periode an, wenn Lieferanten in Zonen mit geringem oder mittleren Resilienzscore ($rsc_l < 8$) ausgewählt werden:[23]

$$rsa_{lct} = \begin{cases} 0, & \text{falls } rsc_l \geq 8 \\ \frac{\widehat{c_{lc}}^{max}}{rsc_l} \cdot frsa, & \text{falls } rsc_l < 8 \end{cases}$$

Die Strafzahlungen werden unter Berücksichtigung der lieferantenspezifischen Kapazität und des Resilienzscores ermittelt. Je geringer der Resilienzscore, desto höher sind die Resilienzstrafauszahlungen.

Emissionsobergrenzen und Emissionscaps:

Die Emissionscaps und periodenspezifischen Emissionsobergrenzen werden auf Basis der Durchschnittsnachfrage und der Emissionsfußabdrücke in Mitgliedsstaaten gemäß der nachfolgenden Formeln bestimmt.[24]

[22] Die übrigen Faktoren, welche die Auswahl der Lieferanten im SND-CT-CP beeinflussen, werden bei diesen Überlegungen nicht betrachtet. Hierzu zählen unter anderem die Kapazitäten oder die Beschaffungsauszahlungen.

[23] Der variierende Faktor $frsa$ wird in Kapitel A.3 näher analysiert.

[24] Vgl. Christian und Sahling (2024), S. 15.

$$\widetilde{cap}_{w,t_1} = VCC \cdot \Big(\sum_{i \in \mathcal{I}_M} \widetilde{em}_{w,p_1,i,k_1,m_1,t_1}\Big) \cdot \frac{\sum_{k \in \mathcal{K}} \overline{DN_k}}{|\mathcal{K}| \cdot |\mathcal{I}_M|}$$

$$cap_{i,t_1} = VCC \cdot \Big(\sum_{j \in \mathcal{J}_M} em_{ij,k_1,m_1,t_1}\Big) \cdot \frac{\sum_{k \in \mathcal{K}} \overline{DN_k}}{|\mathcal{K}| \cdot |\mathcal{J}_M|}$$

$$\begin{aligned} eo^{PC}_{t_1} = VCC \cdot \Big(&\sum_{l \in \mathcal{L}_M} \sum_{w \in \mathcal{W}_M} \widehat{em}_{lw,c_1,m_1,t_1} \\ &+ \sum_{w \in \mathcal{W}_M} \sum_{i \in \mathcal{I}_M} \widetilde{em}_{w,p_1,i,k_1,m_1,t_1}\Big) \cdot \frac{\sum_{k \in \mathcal{K}} \overline{DN_k}}{|\mathcal{W}_M| \cdot |\mathcal{K}|} \\ &+ VCC \cdot \Big(\sum_{i \in \mathcal{I}_M} \sum_{j \in \mathcal{J}_M} em_{ij,k_1,m_1,t_1}\Big) \cdot \frac{\sum_{k \in \mathcal{K}} \overline{DN_k}}{|\mathcal{I}_M| \cdot |\mathcal{K}|} \end{aligned}$$

Hierbei ist VCC ein Variationsfaktor, der zur Untersuchung der Emissionscaps sowie Emissionsobergrenzen in den nachfolgenden Kapiteln weiter analysiert wird. Im Rahmen der verwendeten Testinstanzen wird von im Zeitverlauf sinkenden Emissionscaps sowie Emissionsobergrenzen ausgegangen. Folglich entspricht der jeweilige Wert von $\widetilde{cap}_{wt}$, cap_{it} bzw. eo^{PC}_t in Periode t (mit $t > 1$) lediglich 90% des Vorperiodenwerts.

Verkaufseinzahlungen:
Die Einzahlungen je verkaufter Einheit eines Produkts werden in Anlehnung an Sahling und Kayser (2016) gemäß nachfolgender Formel bestimmt:[25]

$$sp_{jk,n_3,t} = (1 + sup^J_j + sup^K_k + sup^{EM}) \cdot (\overline{ap}_{kt} + \overline{lp}_t + \overline{tp}_t)$$

Dabei geben $sup^J_j = \mathcal{U}[0,1; 0,15]$ kunden- bzw. $sup^K_k = \mathcal{U}[0,15; 0,3]$ produktspezifische Aufschlagsfaktoren an, die um einen emissionsbezogenen Aufschlag $sup^{EM} = \mathcal{U}[0,05; 0,1]$ ergänzt werden. Die addierten Aufschlagsfaktoren werden mit den addierten durchschnittlichen Auszahlungen für Beschaffung $\overline{ap}_{kt}$, Transport $\overline{tp}_t$ und Standorte $\overline{lp}_t$ multipliziert. Diese werden wiederum gemäß folgenden Formeln bestimmt:

[25] Vgl. Sahling und Kayser (2016), S. 213–214.

$$\overline{ap}_{kt} = \sum_{c \in C_l} an_{ck} \cdot \frac{\sum_{l \in \mathcal{L}} \widehat{ac}_{lct}}{|\mathcal{L}|}$$

$$\overline{tp}_t = \frac{\sum_{m \in \mathcal{M}} modf_m}{|\mathcal{M}|} \cdot \frac{d^{max}}{2} \cdot FTS \text{ mit } d^{max} = \sqrt{350^2 + 100^2}$$

$$\overline{lp}_t = \overline{NumFW} \cdot \left(\frac{\frac{\sum_w \sum_p \widetilde{fc}_{wp}^{est}}{|\mathcal{W}| \cdot |\mathcal{P}|}}{|\mathcal{T}| \cdot \sum_k \overline{DN_k}} + \frac{\frac{\sum_w \sum_p \widetilde{fc}_{wp}^{ope}}{|\mathcal{W}| \cdot |\mathcal{P}|}}{\sum_k \overline{DN_k}} \right)$$

$$+ \overline{NumFI} \cdot \left(\frac{\frac{\sum_i fc_i^{est}}{|\mathcal{I}|}}{|\mathcal{T}| \cdot \sum_k \overline{DN_k}} + \frac{\frac{\sum_i fc_i^{ope}}{|\mathcal{I}|}}{\sum_k \overline{DN_k}} \right)$$

In die Berechnung der durchschnittlichen Standortauszahlungen fließen dabei die erwarteten Anzahlen an Produktionswerken $\overline{NumFW} = \frac{\sum_k \overline{DN_k}}{\frac{\sum_w \sum_p c_{wp}^{max}}{|\mathcal{W}| \cdot |\mathcal{P}|}}$ und an Distributionszentren $\overline{NumFI} = \frac{\sum_k \overline{DN_k}}{\frac{\sum_i c_i^{max}}{|\mathcal{I}|}}$ ein.

Hinblickend auf die Nachfragestufen wird angenommen, dass die Einzahlungen in den Stufen n_1 und n_2, welche im Vergleich zu n_3 mit geringeren Nachfragewerten verbunden sind, jeweils gemäß folgender Formeln höher sind:

$$sp_{jk,n_2,t} = sp_{jk,n_3,t} + 0,025 \cdot sp_{jk,n_3,t}$$
$$sp_{jk,n_1,t} = sp_{jk,n_2,t} + 0,025 \cdot sp_{jk,n_3,t}$$

Die zuvor erläuterten Berechnungen beziehen sich auf Nachfrageorte in Mitgliedsstaaten ($j \in \mathcal{J}_M$). Für Nachfrageorte in Nicht-Mitgliedsstaaten ($j \in \mathcal{J}_N$) werden die generierten Einzahlungswerte sp_{jknt} um den Faktor $\mathcal{U}[0,85; 0,9]$ verringert.

Zusammenfassung:

Zusammenfassend lässt sich festhalten, dass die gewählten Testinstanzen insbesondere durch die Gegensätze von Mitglieds- und Nicht-Mitgliedsstaaten gekennzeichnet sind. Diese Unterschiede werden durch die vergleichsweise Gegenüberstellung der charakteristischen Parameter in Tabelle 4.4 übersichtlich dargestellt.

Tabelle 4.4 Vergleichende Gegenüberstellung charakteristischer Parameter in Nicht-Mitgliedsstaaten und Mitgliedsstaaten

Parameter	Nicht-Mitgliedsstaaten	Mitgliedsstaaten
Standortauszahlungen	niedriger	höher
Emissionsfußabdrücke	höher	niedriger
Beschaffungsauszahlungen	niedriger	höher
Verkaufseinzahlungen	niedriger	höher

Testdesign:

Auf Basis der vorliegenden Parameterwerte werden über die Änderung verschiedener Variationsfaktoren insgesamt 48 Testinstanzen (TI)[26] generiert. Die hierdurch resultierende Problemklasse (PK) 0 ist in Tabelle 4.5 hinsichtlich der Kardinalitäten der Indexmengen dargestellt. Auf dieser Problemklasse beruhen die numerischen Untersuchungen des folgenden Abschnitten 4.2.

Tabelle 4.5 Übersicht über die Kardinalitäten der Indexmengen für die numerischen Untersuchungen zum SND-CT-CP

	$\|\mathcal{C}\|$	$\|\mathcal{I}\|$	$\|\mathcal{J}\|$	$\|\mathcal{K}\|$	$\|\mathcal{L}\|$	$\|\mathcal{M}\|$	$\|\mathcal{N}\|$	$\|\mathcal{P}\|$	$\|\mathcal{T}\|$	$\|\mathcal{W}\|$	#TI
PK 0	20	10	20	5	10	5	3	3	6	5	48

Zur Generierung der 48 Testinstanzen werden der Variationskoeffizient der Nachfrage VC^d sowie die Variationsfaktoren der Kapazitäten VC^c und Transportmodi VC^{mo} für drei ($VC^d = \{0,1; 0,2; 0,3\}$) bzw. zwei verschiedene Ausprägungen ($VC^c = \{0,1; 0,2\}$ bzw. $VC^{mo} = \{0,1; 0,2\}$) betrachtet. Aus diesen Variationen resultieren jeweils unterschiedliche Werte für die direkt und indirekt betroffenen Parameter. Insgesamt ergeben sich hieraus zwölf Parameterkonstellationen. Für jede diese Konstellationen werden vier unterschiedliche Zufallszahlenstartwerte berücksichtigt, sodass 48 Parameterkonstellationen entstehen.[27] Diese 48 Testinstanzen werden dann im Rahmen der numerischen Untersuchungen zum SND-CT-CP ausgewertet. Sofern nicht anders angemerkt, wird bei den nachfolgenden Untersuchungen jeweils der Mittelwert der 48 Testinstanzen bezogen auf die zu analysierende Kennzahl angegeben.

[26] #TI gibt hierbei die Anzahl an Testinstanzen an.

[27] Vgl. Christian und Sahling (2024), S. 8.

Aus der vorangestellten Erläuterung der verwendeten Testinstanzen wird in Kombination mit der Modellvorstellung in Kapitel 3 deutlich, dass im SND-CT-CP eine Vielzahl an Entscheidungen zu treffen ist. Hierbei führen insbesondere die im Modell vertretenen Binärvariablen zu langen Rechenzeiten.[28] Aus diesem Grund wird in Tabelle 4.6 das Laufzeitverhalten des Modells beispielhaft dargestellt.[29]

Tabelle 4.6 Auswirkung der Laufzeit auf das durchschnittliche Duality Gap (DDualGap) und die Anzahl optimal gelöster Testinstanzen (#OptGel)

Laufzeitlimit	0,25h	0,5h	1h	2h	4h
DDualGap	1,27%	1,08%	0,90%	0,84%	0,80%
#OptGel	3	4	4	5	6

Dabei wird das Abbruchkriterium ausgehend von einem Abbruch nach einer Viertelstunde jeweils verdoppelt. Das SND-CT-CP wurde hierzu in GAMS 45.7 implementiert und mit dem Standardsolver Gurobi 10.0.0 gelöst. Die vorliegenden Berechnungen wurden auf dem Hochleistungsrechner „Elwetritsch“ der Rheinland-Pfälzischen Technischen Universität Kaiserslautern-Landau im Cluster skylake-96 durchgeführt. Das Laufzeitverhalten des SND-CT-CP wird vorliegend anhand des durchschnittlichen Duality Gap (DDualGap) sowie der Anzahl optimal gelöster Testinstanzen (#OptGel) beurteilt. Die Bezeichnung der relativen Abweichung der ermittelten Lösung von der entsprechenden Schranke der optimalen Lösung als Duality Gap wird hierbei in Anlehnung an Pochet und Wolsey (2006) gewählt.[30]

Das relative Duality Gap ($\text{DualGap}_{\text{TI}}$) wird für das SND-CT-CP gemäß folgender Formel bestimmt:

$$\text{DualGap}_{\text{TI}} = \frac{|NPV_{\text{TI}}^{\text{G,U}} - NPV_{\text{TI}}^{\text{G,O}}|}{|NPV_{\text{TI}}^{\text{G,O}}|} = \frac{|\text{Gap}_{\text{TI}}|}{|NPV_{\text{TI}}^{\text{G,O}}|}$$

[28] Vgl. Christian und Sahling (2024), S. 7 auf Basis von Eskandarpour et al. (2015), S. 29.

[29] Betrachtet wird hierbei PK 0, wobei für die in Tabelle 4.6 dargestellten Ergebnisse zunächst weder Emissionszölle noch Emissionsregulierungen berücksichtigt werden.

[30] Vgl. Pochet und Wolsey (2006), S. 31 oder GAMS (2025b). Es gilt anzumerken, dass der Begriff teilweise auch in einem anderen Zusammenhang verwendet (siehe bspw. Suhl und Mellouli (2013), S. 153–154) bzw. übersetzt (siehe bspw. Kallrath (2013), S. 348.) wird, sodass vorliegend von dem deutschsprachigen Begriff der Dualitätslücke abgesehen wird.

Dazu wird das absolute Duality Gap (Gap_{TI}) hinblickend auf die maximierende Zielsetzung des SND-CT-CP als die Differenz zwischen unterer Schranke ($NPV_{TI}^{G,U}$), welche den durch Gurobi ermittelten Zielfunktionswert enthält, und obererer Schranke ($NPV_{TI}^{G,O}$) der optimalen Lösung bestimmt. Dieses wird wiederum in ein Verhältnis zur oberen Schranke $NPV_{TI}^{G,O}$ gesetzt und vorliegend als durchschnittliches Duality Gap über alle Testinstanzen ausgewertet.

Dabei wird aus Tabelle 4.6 kenntlich, dass nur wenige der insgesamt 48 Testinstanzen optimal gelöst werden können. Diese Anzahl erhöht sich mit zunehmender Laufzeit nur in kleinen Schritten. Des Weiteren zeigt das Duality Gap ebenfalls eine sehr langsame Konvergenz, wobei die Abweichung bei einem Abbruch nach einer Stunde Laufzeit unter einem Prozent liegt und sich folglich der optimalen Lösung annähert. Durch eine weitere Verlängerung kann keine deutliche Verbesserung des Duality Gap oder eine erhöhte Anzahl optimal gelöster Testinstanzen realisiert werden. Daher wurden die nachfolgend angegebenen und erläuterten Ergebnisse mit einem Abbruchkriterium von einer Stunde ermittelt.[31]

4.2 Numerische Ergebnisse

4.2.1 Wirkungsweise der standortabhängigen Emissionsregulierungen

Im vorliegenden Kapitel wird die Wirkungsweise der standortabhängigen Emissionsregulierungen analysiert. Dazu wird im Wesentlichen der Einfluss auf den Kapitalwert, die resultierenden Emissionen sowie die Verteilung der Standorte in Nicht- sowie Mitgliedsstaaten in den Vordergrund gestellt. Zudem werden weitere Effekte anhand des netzwerkstufenabhängigen Anteils der Importe sowie des Ausmaßes der Nachfragebefriedigung dargelegt.[32] Obwohl das SND-CT-CP standortabhängige Emissionsregulierungen in Form von Emissionssteuer, Emissionshandelssystem und periodenspezifischer Emissionsobergrenze beinhaltet, wird zunächst lediglich die Wirkungsweise der Emissionssteuer aufgezeigt. Aus Redundanzgründen wird darauf verzichtet, jede Emissionsregulierung hinsichtlich der eingangs beschriebenen Auswertungskennzahlen separat zu analysieren. Anhand der Wirkungsweise der

[31] Das durchschnittliche Duality Gap der in Abschnitt 4.2 und Anhang A.3 vorgestellten Ergebnisse beträgt über alle (50 · 48 =) 2 400 ausgewerteten Testinstanzen 1,19%. Damit liegt das realisierte durchschnittliche Duality Gap etwas über dem für die Ermittlung des Laufzeitlimits beispielhaft herangezogenen und in den Tabelle 4.6 angegebenen Wert.

[32] Weiterführende Kennzahlen sowie die zugehörigen Zahlenwerte finden sich in Anhang A.2 in den Tabellen A.2 und A.5.

Emissionssteuer werden exemplarisch die Auswirkungen von standortabhängigen Emissionsregulierungen analysiert. Zudem werden Analogien und Unterschiede der Wirkungsweise von Emissionshandelssystem und periodenspezifischer Emissionsobergrenze im Vergleich zur Wirkungsweise der Emissionssteuer aufgezeigt.

Zur Analyse der Emissionssteuer wird der Emissionssteuersatz in verschiedenen Niveaus (ES I bis ES V) betrachtet. Hierzu wird jeweils auf Basis der Gleichverteilung innerhalb vorgegebener Grenzen zufallsbasiert ein Wert für die Auszahlung (je Emissionseinheit) für Emissionssteuern an den Produktionswerken ($\widetilde{es}_{wt}$) bzw. Distributionszentren (es_{it}) generiert. Die Grenzwerte der Gleichverteilung werden wie in Tabelle 4.7 angegeben von Niveau zu Niveau jeweils verdoppelt, sodass mit zunehmendem Niveau eine höhere Emissionssteuer impliziert ist.[33]

Tabelle 4.7 Niveaustufen zur Analyse der Emissionssteuern

Niveau	ES I	ES II	ES III	ES IV	ES V
Ausprägung	$\mathcal{U}[40, 50]$	$\mathcal{U}[80, 100]$	$\mathcal{U}[160, 200]$	$\mathcal{U}[320, 400]$	$\mathcal{U}[640, 800]$

Die Werte der zuvor beschriebenen Kennzahlen werden hierbei jeweils mit den Werten einer Referenzsituation („ohne“) verglichen, in der weder Emissionsregulierungen noch Emissionszölle vorliegen. In Abbildung 4.4 sind die relativen Änderungen des Kapitalwerts sowie der Emissionen gegenüber der Ausgangssituation dargestellt.

Wie in Abbildung 4.4 zu erkennen, sinkt mit zunehmender Emissionssteuer der Kapitalwert. Dabei beträgt der Rückgang des Kapitalwerts auf dem höchsten Emissionssteuerniveau (ES V) im Vergleich zur Referenzsituation ohne Emissionsregulierungen mehr als zehn Prozent. Der für alle Emissionssteuerniveaus zu verzeichnende Rückgang liegt vor allem im deutlichen Anstieg der Auszahlungen für Transporte begründet. Zudem sinken die Einzahlungen für den Verkauf der Produkte. Hinblickend auf die Auszahlungen für Emissionssteuern ist zu verzeichnen,

[33] Die Niveaus ES I bis ES IV sind hier analog zu Christian und Sahling (2024), S. 9 gewählt. Aufgrund der Unterschiede des in Kapitel 3 vorgestellten SND-CT-CP zu dem in Christian und Sahling (2024) dargelegten Modell weichen die vorliegenden Ergebnisse von denen in Christian und Sahling (2024) ab. In Kombination mit den Ausführungen aus Abschnitt 2.3.2 entspricht das zweite Niveau mit engeren Grenzen ungefähr der Höhe des Europäischen Emissionshandelspreises der Jahre 2022 bis 2025. Da das IPCC (2018), S. 152 und S. 374 darauf hinweist, dass zur Erreichung der Klimaziele deutlich höhere Emissionspreise notwendig sind (zwischen 135 bis 5500 US-Dollar je emittierter Tonne Kohlendioxid-Äquivalente), wird dieser Forderung über das dritte bis fünfte Niveau annähernd Rechnung getragen.

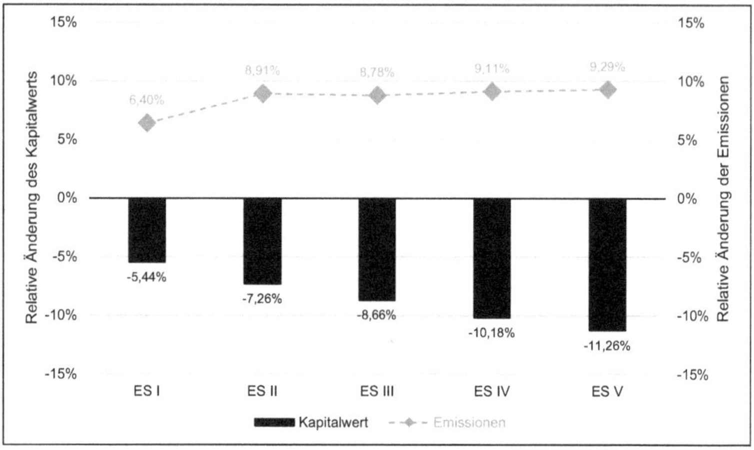

Abb. 4.4 Wirkungsweise verschiedener Emissionssteuern auf Kapitalwert und Emissionen

dass diese einem schwankenden Verlauf unterliegen. Dabei liegen ab ES II alle Werte unter denen von ES I. Es lässt sich somit festhalten, dass mit steigenden Auszahlungen für Emissionssteuern (je Emissionseinheit) ein Vermeidungseffekt einsetzt, der den stückweisen Rückgang der resultierenden gesamten Auszahlungen für Emissionssteuern begründet. Demgemäß erfolgt aufgrund der steigenden Emissionssteuersätze eine Anpassung des Netzwerkdesigns, um die entsprechend höheren Emissionssteuerzahlungen zu vermeiden.

Hinblickend auf die ebenfalls in Abbildung 4.4 dargestellten relativen Änderungen der Emissionen gegenüber der Ausgangssituation lässt sich festhalten, dass mit steigendem Emissionssteuersatz ein Anstieg der Emissionen zu verzeichnen ist. Ab ES II pendelt sich der Anstieg jedoch mit leichten Schwankungen auf einen Wert von ca. 9% gegenüber der Ausgangssituation ein. Der beschriebene Anstieg der Emissionen wird durch eine Emissionsverlagerung von Nicht-Mitgliedsstaaten in Mitgliedsstaaten verursacht. Da Standorte in Nicht-Mitgliedsstaaten in den vorliegenden Testinstanzen mit höheren Emissionen verbunden sind, führt die Verlagerung zu einem Anstieg der Emissionen. Dies steht dem eigentlich intendierten Ziel der Emissionsreduzierung entgegen. Hierin zeigt sich eine Besonderheit der standortabhängigen Emissionsregulierungen, die sich dahingehend von den in der Literatur betrachteten standortunabhängigen Emissionsregulierungen maßgeblich unterscheiden.[34]

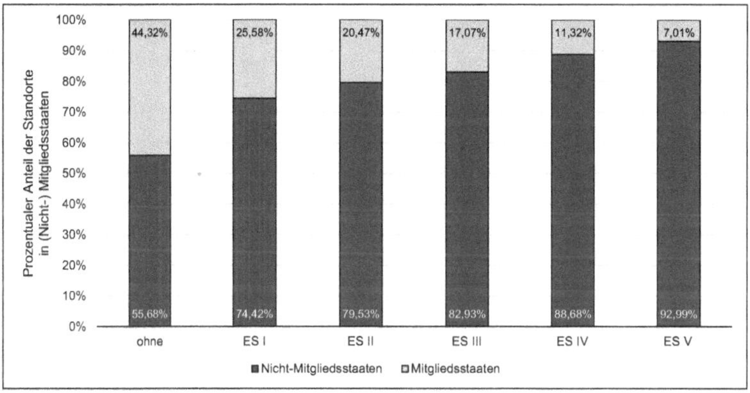

Abb. 4.5 Wirkungsweise verschiedener Emissionssteuern auf die Verteilung der Standorte

Die Verlagerung der Emissionen wird dabei durch eine Standortverlagerung bewirkt. Abbildung 4.5 stellt im Hinblick auf die jeweilige Gesamtanzahl errichteter Standorte den Anteil der in Nicht-Mitgliedsstaaten bzw. Mitgliedsstaaten errichteten Standorte dar. Um den durch die Emissionssteuern imminenten Auszahlungen zu entgehen, werden Standorte in verstärktem Ausmaß in Nicht-Mitgliedsstaaten errichtet und betrieben. Damit geht ein Rückgang der Standorte in Mitgliedsstaaten einher. Mit zunehmenden Auszahlungen für Emissionssteuern verschiebt sich das zu Beginn bereits in Richtung der Nicht-Mitgliedsstaaten tendierende Verhältnis in stark steigendem Ausmaß zugunsten der Nicht-Mitgliedsstaaten. Dabei betrifft die Verlagerung sowohl Distributionszentren als auch Produktionswerke. Bei dem höchsten Emissionssteuerniveau ES V werden mehr als 90% der Standorte in Nicht-Mitgliedsstaaten errichtet. Für die in Mitgliedsstaaten verbleibenden Standorte ist zudem festzustellen, dass diese im Falle höherer Emissionssteuern in zunehmendem Ausmaß zunächst (ab ES III) mit innovativen und ab ES IV sogar mit radikalen

[34] Dabei stellt u.a. der Literaturüberblick von Waltho et al. (2019), S. 307-308 die Fähigkeit der Emissionssteuern zur Reduzierung der Emissionen heraus. Waltho et al. (2019) verweisen hierbei auf den bestehenden Zusammenhang zwischen Höhe des Emissionssteuersatzes und Höhe der Emissionsreduzierung.

Technologien errichtet werden. Dagegen zeigt sich für die in Nicht-Mitgliedsstaaten verlagerten Standorte nahezu kein Einfluss auf die Technologiewahl.

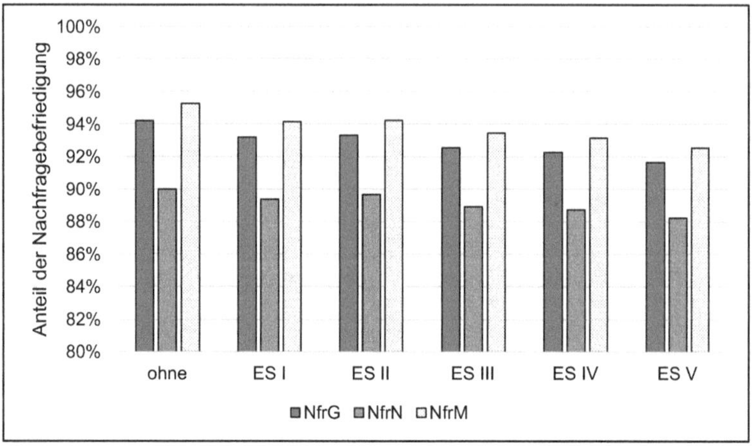

Abb. 4.6 Wirkungsweise verschiedener Emissionssteuern auf das Ausmaß der Nachfragebefriedigung

In Abbildung 4.6 wird aufgezeigt, dass mit zunehmendem Emissionssteuerniveau ein geringerer Anteil der Nachfrage (NfrG) befriedigt wird.[35] Der kontinuierliche Rückgang der Nachfragebefriedigung wird lediglich durch einen kleinen Ausreißer bei ES II unterbrochen, wobei dieser Wert ebenfalls unter dem Wert der Nachfragebefriedigung der Ausgangssituation liegt. Der Rückgang der Nachfragebefriedigung erfolgt dabei in Mitgliedsstaaten (NfrM) in einem etwas größeren Ausmaß als in Nicht-Mitgliedsstaaten (NfrN). Dennoch wird in Mitgliedsstaaten ein vergleichsweise höherer Anteil der Nachfrage als in Nicht-Mitgliedsstaaten befriedigt, was auf die höheren Einzahlungen pro verkauftem Produkt in Mitgliedsstaaten zurückzuführen ist. Der Rückgang von NfrM ist dadurch zu erklären, dass mit einer geringeren Nachfrage in Mitgliedsstaaten weitere Emissionssteuerzahlungen vermieden werden können. Da jedoch ein zunehmender Anteil dieser Nachfrage

[35] Zur Berechnung des Ausmaßes der Nachfragebefriedigung wird die realisierte Nachfrage D_{jknt} in ein Verhältnis zur größten Maximalnachfrage $d^{max}_{jk,n_3,t}$ (jeweils summiert über alle Produkte und Nachfrageorte) gesetzt. Vorliegend wird das durchschnittliche Ausmaß der Nachfragebefriedigung je Periode ausgewertet. Zur besseren Visualisierung der Unterschiede ist die Darstellung auf einen Bereich zwischen 80% und 100% beschränkt. Die zugehörigen Zahlenwerte finden sich aus Übersichtsgründen in Anhang A.2 in Tabelle A.3.

aus Nicht-Mitgliedsstaaten befriedigt wird, erfolgt im Hinblick auf die Kapazitätsbeschränkungen der Produktion ebenfalls ein Rückgang der Nachfrage in Nicht-Mitgliedsstaaten.

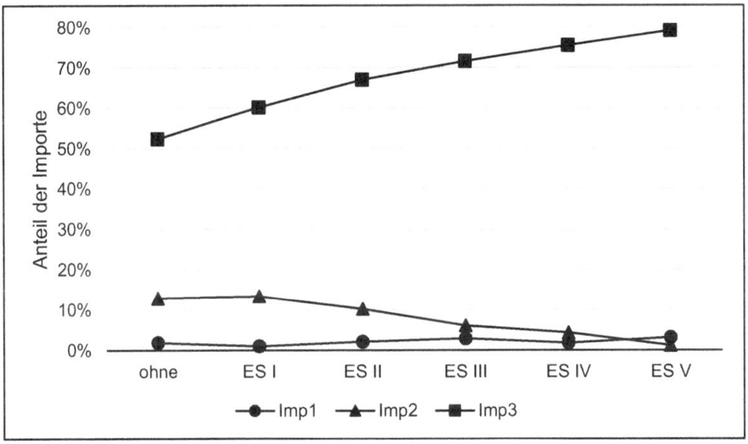

Abb. 4.7 Wirkungsweise verschiedener Emissionssteuern auf den netzwerkstufenabhängigen Anteil der Importe

Des Weiteren wirkt die Emissionssteuer auf die netzwerkstufenabhängigen Importe aus Nicht-Mitgliedsstaaten in Mitgliedsstaaten. Hierzu ist in Abbildung 4.7 der entsprechende Anteil der Komponenten bzw. Produkte visualisiert, die auf der jeweiligen Netzwerkstufe in Mitgliedsstaaten importiert werden.[36] Dementsprechend stellt Abbildung 4.7 den Anteil der Komponenten bzw. Produkte dar, die von Lieferanten zu Produktionswerken (Imp1), von Produktionswerken zu Distributionszentren (Imp2) sowie von Distributionszentren zu Nachfrageorten (Imp3) importiert werden.

Dabei lässt sich grundsätzlich feststellen, dass die Importe in Mitgliedsstaaten mit zunehmender Netzwerkstufe an Bedeutung gewinnen. Auffällig hierbei ist, dass auch schon in der Ausgangssituation mehr als 50% der in Mitgliedsstaaten befriedigten Nachfrage durch in Nicht-Mitgliedsstaaten hergestellte Produkte gedeckt wird. Dieser Verzögerungseffekt, der letztlich damit einhergeht, die Nachfrage durch Importe auf der nachfragenächsten Netzwerkstufe (hier: Imp3) zu

[36] Aus Übersichtsgründen finden sich die zugehörigen Zahlenwerte in Anhang A.2 in Tabelle A.2.

befriedigen, wird durch die standortabhängigen Emissionsregulierungen verstärkt. Der ohnehin geringe Anteil der Importe zu Produktionswerken in Mitgliedsstaaten zeigt hinblickend auf steigende Emissionssteuern lediglich uneindeutige Effekte, wobei, abgesehen von einem Ausreißerwert (ES IV), ein geringer Anstieg zu verzeichnen ist. Dagegen führt das ansteigende Emissionssteuerniveau (von ES I zu ES V) zu einem Rückgang der Importe zu Distributionszentren in Mitgliedsstaaten um mehr als zehn Prozentpunkte. Dem entgegengesetzt steht der Anstieg der Importe zu Nachfrageorten in Mitgliedsstaaten, der zwischen den beiden Extremstwerten der Emissionssteuern mehr als 15 Prozentpunkte beträgt. Demgemäß werden bei ES V mehr als drei Viertel der Nachfrage in Mitgliedsstaaten durch in Nicht-Mitgliedsstaaten hergestellte Produkte befriedigt. Es lässt sich folgern, dass die Importe mit steigenden Emissionssteuern auf die kundennächste Stufe verschoben werden, um insbesondere den mit entsprechenden Emissionssteuerzahlungen verbundenen Durchlauf der Distributionszentren in Mitgliedsstaaten zu umgehen. Damit wird die Wirkungsweise der schon zuvor aufgeführten Standortverlagerungen in Nicht-Mitgliedsstaaten deutlich, die letztlich mit dem erhöhten Ausmaß an Transporten einhergeht.

Aus den vorangestellten Erkenntnissen lässt sich begründen, warum der Anstieg der Emissionen, wie in Abbildung 4.4 dargestellt, auf einen um 9% variierenden Wert beschränkt ist. Die durch die Standortverlagerung in Nicht-Mitgliedsstaaten ansteigenden Emissionen werden einerseits um das reduzierte Ausmaß der Nachfragebefriedigung eingedämpft.[37] Andererseits verhindert der Umstieg auf innovative bzw. radikale Technologien ein weiteres Ansteigen der Emissionen.

Abschließend visualisiert Abbildung 4.8 die Haupteffekte der standortabhängigen Emissionssteuern im Hinblick auf Kapitalwert, Emissionen und Nachfragebefriedigung. Diese werden je nach Effekt hinsichtlich der Gesamtwirkung bzw. der Wirkung in Nicht-Mitgliedsstaaten und Mitgliedsstaaten dargestellt und lassen sich zusammenfassend in folgenden Zusammenhang bringen:[38]

[37] Der Emissionsanstieg durch die Standortverlagerung in Mitgliedsstaaten resultiert aus zweierlei Ursachen: 1. Die Standorte in Nicht-Mitgliedsstaaten führen zu höheren Emissionen (vgl. Abschnitt 4.1). 2. Durch das erhöhte Ausmaß der Importe (vgl. Abbildung 4.7) in Mitgliedsstaaten sind zusätzliche Transporte notwendig, die mit entsprechenden Emissionen einhergehen.

[38] Da nachfolgend aufgezeigt wird, dass für die standortabhängigen Emissionsobergrenzen sowie das standortabhängige Emissionshandelssystem analoge Haupteffekte auftreten, gilt die Darstellung in Abbildung 4.8 gleichermaßen für alle betrachteten standortabhängigen Emissionsregulierungen.

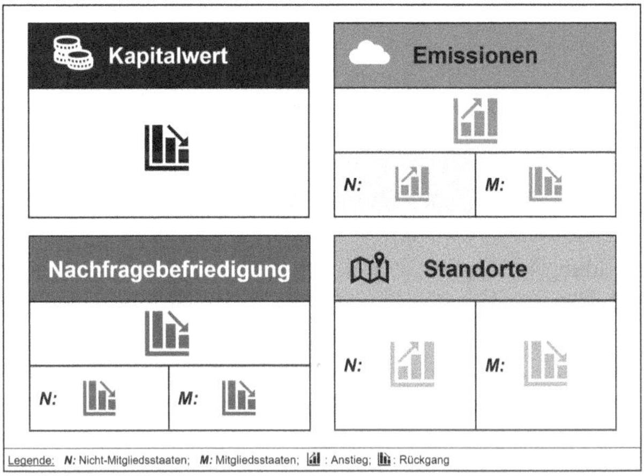

Abb. 4.8 Haupteffekte standortabhängiger Emissionssteuern

Bedingt durch die zusätzlichen Zahlungen, die infolge der Emissionssteuern für die in Mitgliedsstaaten entstandenen Emissionen resultieren, findet eine Anpassung des Netzwerkdesigns statt. Um Zahlungen für Emissionssteuern zu vermeiden, findet eine Verlagerung von Produktionswerken und Distributionszentren von Mitgliedsstaaten nach Nicht-Mitgliedsstaaten statt. Das Ausmaß der Standortverlagerung nimmt dabei mit steigender Höhe des Emissionssteuersatzes zu. Dementsprechend wird die Nachfrage in Mitgliedsstaaten verstärkt durch Importe aus Nicht-Mitgliedsstaaten befriedigt. Hierbei wird deutlich, dass das Ausmaß der Nachfragebefriedigung sowohl in Mitgliedsstaaten als auch in Nicht-Mitgliedsstaaten zurückgeht. Darin liegt teilweise der mit zunehmender Anpassung des Netzwerkdesigns resultierende Rückgang des Kapitalwerts begründet. Es gilt jedoch zu berücksichtigen, dass diesen Rückgang maßgeblich die Auszahlungen für die Anpassungen des Netzwerkdesigns, insbesondere im Hinblick auf Auszahlungen für Transporte, begünstigen. Da diese Auszahlungen für die Netzwerkanpassung letztlich die potentiellen Einzahlungen durch den Verkauf der Produkte übersteigen, resultiert ein reduziertes Ausmaß der Nachfragebefriedigung. Durch die Verlagerung der Standorte in Nicht-Mitgliedsstaaten wird ein größerer Anteil der entstandenen Emissionen einer Regulierung entzogen, wodurch Anreize zur eigentlich intendierten Emissionsreduzierung fehlen. Folglich führt ein höheres Emissionssteuerniveau zu einer Zunahme der Gesamtemissionen. Bedingt durch den Rückgang der Nachfragebefriedigung und den zunehmenden Einsatz emissionsreduzierender Produktionstechnologien

Tabelle 4.8 Niveaustufen zur Analyse der periodenspezifischen Emissionsobergrenzen

Niveau	EO I	EO II	EO III	EO IV	EO V
Ausprägung	4	2	1	0,5	0,25

bleibt der Anstieg der Emissionen für moderate als auch für hohe Emissionssteuern auf einem vergleichbaren Niveau.

Die in Abbildung 4.8 dargestellten Haupteffekte lassen sich zudem für die weiteren Ausprägungsformen der standortabhängigen Emissionsregulierungen feststellen. Um Redundanzen zu vermeiden, wird deshalb im Folgenden lediglich auf die Unterschiede zwischen Emissionssteuern, Emissionshandelssystem sowie periodenspezifischer Emissionsobergrenze eingegangen.

Zur Analyse der periodenspezifischen Emissionsobergrenzen eo_t^{PC}, die gemäß der in Abschnitt 4.1 erläuterten Vorgehensweise bestimmt werden, wird für die vorliegenden Untersuchungen der Variationsfaktor VCC in Übereinstimmung mit Tabelle 4.8 verändert.[39] Von Niveau zu Niveau wird der Variationsfaktor VCC jeweils halbiert, sodass mit zunehmendem Niveau eine geringere Emissionsobergrenze einhergeht.

Für die Analyse des Emissionshandelssystems werden die auf Basis der Gleichverteilung ermittelten Ein- bzw. Auszahlungen (je Emissionseinheit) für gehandelte Emissionsberechtigungen ($\widetilde{eh}_{wt}$ bzw. eh_{it}) gemäß Tabelle 4.9 in verschiedenen Stufen ausgewertet.[40] Analog zur Analyse der Emissionssteuern werden die Grenzwerte der Gleichverteilung von Niveau zu Niveau jeweils verdoppelt, sodass mit zunehmendem Niveau eine höhere Auszahlung für Emissionsberechtigungen impliziert ist.[41]

Tabelle 4.9 Niveaustufen zur Analyse des Emissionshandelssystems

Niveau	EH I	EH II	EH III	EH IV	EH V
Ausprägung	$\mathcal{U}[40, 50]$	$\mathcal{U}[80, 100]$	$\mathcal{U}[160, 200]$	$\mathcal{U}[320, 400]$	$\mathcal{U}[640, 800]$

[39] Die Niveaus EO I und EO II sind hier analog zu Christian und Sahling (2024), S. 9 gewählt.

[40] Die Niveaus EH I bis EH IV sind hier analog zu Christian und Sahling (2024), S. 9 gewählt.

[41] Zudem wurden die Auswirkungen der Emissionscaps $\widetilde{ecap}_{wt}$ bzw. $ecap_{it}$ untersucht, wobei hierbei der Variationskoeffizient VCC analog zu den Niveaustufen der Variation der Emissionsobergrenzen ausgewertet wurde. Die Ergebnisse dieser Untersuchungen sind in Anhang A.2 in Tabelle A.2 angegeben. Da daraus erkenntlich wird, dass die Ein- und Auszahlungen im Vergleich zu den Emissionscaps einen stärkeren Einfluss auf die Auswertungskennzahlen haben, wird die Analyse im vorliegenden Kapitel auf diesen Bereich fokussiert.

Zur vergleichenden Analyse der betrachteten standortabhängigen Emissionsregulierungen werden diese im Folgenden jeweils auf der dritten Niveaustufe (ES III, EH III, EO III) ausgewertet. Die detaillierten Werte der Auswertungen für alle Niveaustufen sind in Anhang A.2 in Tabelle A.2 zu finden. Vorliegend zeigt Abbildung 4.9 die relative Änderung des Kapitalwerts bzw. der Emissionen für Emissionssteuern, Emissionshandelssystem und Emissionsobergrenze.

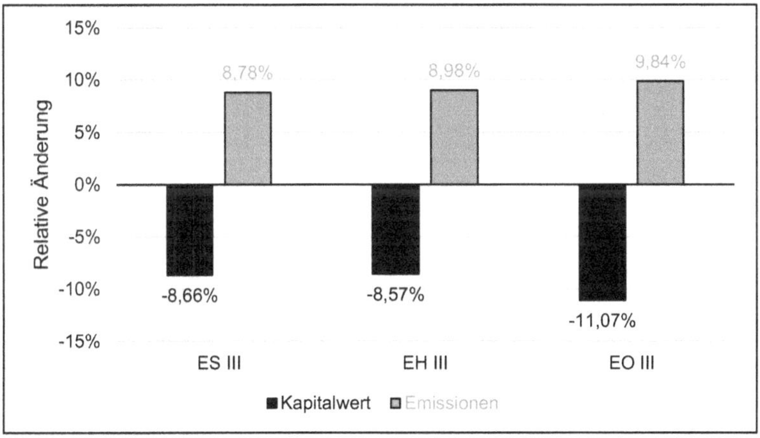

Abb. 4.9 Vergleichende Betrachtung der Emissionsregulierungen hinsichtlich Kapitalwert und Emissionen

Dabei lässt sich im Hinblick auf den Kapitalwert festhalten, dass das Emissionshandelssystem mit dem geringsten Rückgang einhergeht. Auch wenn sich dieser lediglich leicht vom Rückgang des Kapitalwerts der Emissionssteuern unterscheidet, wird dabei der Einfluss der vorgegebenen Emissionscaps deutlich. Durch diese werden beim Emissionshandelssystem lediglich die das Emissionscap übersteigenden Emissionen mit entsprechenden Zahlungen belegt. Auf Basis der Ergebnisse für die vorliegenden Instanzen lässt sich auf geringe Emissionscaps schließen, sodass für einen Großteil der entstandenen Emissionen zusätzliche Zertifikate mit entsprechenden Zahlungen notwendig sind. Folglich ist der Kapitalwert beim Emissionshandelssystem nur leicht höher als bei der Emissionssteuer. Im Gegensatz dazu geht die periodenspezifische Emissionsobergrenze mit dem geringsten Kapitalwert einher. Auch wenn in diesem Fall keine direkten Zahlungen für die Emissionsregulierung anfallen, verursachen die vergleichsweise stärkeren Anpassungen des Netzwerkdesigns den Rückgang des Kapitalwerts.

Diese Anpassungen zeigen sich zudem in Bezug auf die in Abbildung 4.9 dargestellte relative Änderung der Emissionen sowie die in Abbildung 4.10 dargestellte Verteilung der Standorte.

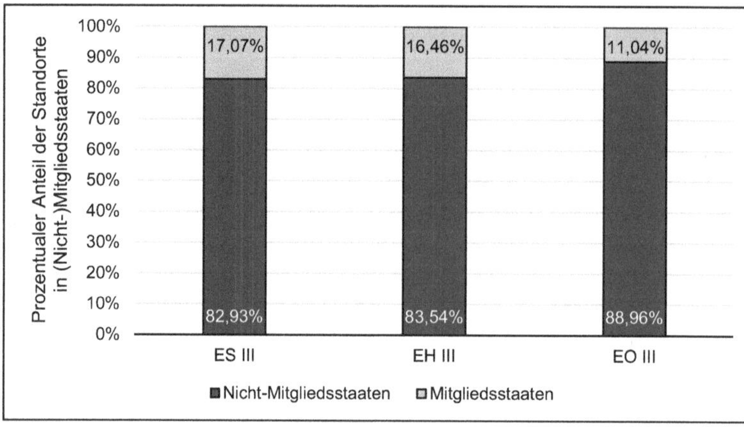

Abb. 4.10 Vergleichende Betrachtung der Emissionsregulierungen hinsichtlich der Standorte

Standortverlagerung und Änderung der Emissionen stehen dabei in einem engen kausalen Zusammenhang. Der Änderungswert der Emissionen ist bei den periodenspezifischen Emissionsobergrenzen deutlich höher als die Vergleichswerte der anderen Emissionsregulierungen. Dies liegt im Wesentlichen darin begründet, dass die Standorte, wie in Abbildung 4.10 ersichtlich, in einem höheren Ausmaß in Nicht-Mitgliedsstaaten verlagert werden. Diese Verlagerung führt nicht nur durch Produktion und Distribution in Nicht-Mitgliedsstaaten zu höheren Emissionen. Zudem bewirkt das erhöhte Ausmaß an Transporten, welches im Wesentlichen auch den Rückgang des Kapitalwerts verursacht, einen weiteren Anstieg der Emissionen. Beim Emissionshandelssystem sind sowohl die Änderung der Emissionen als auch die kausal damit zusammenhängende Standortverlagerung auf einem zur Emissionssteuer vergleichbaren, jedoch nur unwesentlich erhöhtem Niveau.

Hinblickend auf die Nachfragebefriedigung und den netzwerkstufenabhängigen Anteil der Importe stellt Tabelle 4.10 die Unterschiede zwischen Emissionssteuern, Emissionshandelssystem und periodenspezifischer Emissionsobergrenze dar.

Tabelle 4.10 Wirkungsweise von Emissionssteuern, Emissionshandelssystem und Emissionsobergrenzen (in der dritten Niveaustufe) auf das Ausmaß der Nachfragebefriedigung und den netzwerkstufenabhängigen Anteil der Importe

	Nachfragebefriedigung			Importe		
	NfrG	NfrN	NfrM	Imp1	Imp2	Imp3
	(in %)	(in %)	(in %)	(in %)	(in %)	(in %)
ohne	94,20	90,01	95,25	1,87	12,90	52,44
ES III	92,55	88,92	93,46	2,90	6,11	71,69
EH III	92,55	88,92	93,46	2,93	6,12	72,74
EO III	92,01	88,75	92,83	2,95	4,75	75,88

Standortabhängige Emissionsregulierungen führen zu einem reduzierten Ausmaß der Nachfragebefriedigung. Dieses zeigt sich nicht nur in Bezug auf die separate Betrachtung von Mitgliedsstaaten und Nicht-Mitgliedsstaaten, sondern auch im Hinblick auf die Nachfrage im Gesamten. Wohingegen dieses reduzierte Ausmaß für Emissionssteuern und Emissionshandelssystem auf gleichem Niveau liegt, so sind die Werte für die periodenspezifischen Emissionsobergrenzen etwas niedriger. Dies lässt in Kombination mit den vorherigen Erkenntnissen darauf schließen, dass die in Abbildung 4.8 dargestellten Haupteffekte standortabhängiger Emissionsregulierungen für periodenspezifische Emissionsobergrenzen in besonders hohem Ausmaß zutreffen. Dies zeigt sich auch bezogen auf den netzwerkstufenabhängigen Anteil der Importe aus Nicht-Mitgliedsstaaten in Mitgliedsstaaten. Der bereits beschriebene Verzögerungseffekt führt zu einer Verlagerung der Importe auf die nachfragenächste Netzwerkstufe. Für die periodenspezifischen Emissionsobergrenzen ist dieser stärker als die auf vergleichbarem Niveau liegenden Auswirkungen von Emissionssteuern und Emissionshandelssystem.

Zusammenfassend lässt sich folgern, dass standortabhängige Emissionsregulierungen zu einem reduzierten Kapitalwert und zu einem erhöhten Ausstoß von Emissionen im Vergleich zu einer Ausgangssituation ohne Berücksichtigung von Emissionsregulierungen führen. Dies ist im Wesentlichen durch Anpassungen des Netzwerkdesigns begründet, wobei im Sinne des Carbon Leakage weniger Standorte in Gebieten mit Emissionsregulierungen errichtet werden. Dahingegen findet eine Verschiebung dieser Standorte in Gebiete ohne Emissionsregulierungen statt. Das Ausmaß der Auswirkungen wird durch die Art der Emissionsregulierung bedingt, wobei die periodenspezifischen Emissionsobergrenzen im Vergleich zu Emissionshandelssystem und Emissionssteuer zu deutlich größeren Anpassungen am Netzwerkdesign führen.

4.2.2 Wirkungsweise der Emissionszölle

Um den Einfluss der Emissionszölle darzulegen, werden die entsprechenden Auszahlungen (je Emissionseinheit) für Emissionszölle ($\widehat{ez}_{lwt}$, $\widetilde{ez}_{wit}$ und ez_{ijt}) in verschiedenen Niveaus gemäß den Werte in Tabelle 4.11 gleichverteilt ermittelt.[42] Die Grenzwerte der Gleichverteilung werden dabei mit zunehmendem Niveau jeweils verdoppelt, sodass ein höheres Niveau mit einer höheren Auszahlung für Emissionszölle einhergeht.

Tabelle 4.11 Niveaus der Emissionszölle

Niveau	EZ I	EZ II	EZ III	EZ IV
Ausprägung	$\mathcal{U}[40, 50]$	$\mathcal{U}[80, 100]$	$\mathcal{U}[160, 200]$	$\mathcal{U}[320, 400]$
Niveau	EZ V	EZ VI	EZ VII	
Ausprägung	$\mathcal{U}[640, 800]$	$\mathcal{U}[1280, 1600]$	$\mathcal{U}[2560, 3200]$	

Im Folgenden werden die Effekte der Emissionszölle anhand der Auswirkungen auf den Kapitalwert, die Emissionen, die Importe in Mitgliedsstaaten, das Ausmaß der Nachfragebefriedigung sowie die Verteilung der Standorte in Nicht- und Mitgliedsstaaten tiefergehend analysiert.[43]

Hierbei stellt Abbildung 4.11 den Einfluss verschiedener Emissionszollniveaus auf die relativen Änderungen des Kapitalwerts und der Emissionen, jeweils in Bezug auf die entsprechenden Werte der Ausgangssituation (ohne Berücksichtigung von Emissionszöllen und Emissionsregulierungen), dar. Dabei wird deutlich, dass die Auswirkungen maßgeblich von der Höhe des Emissionszolls bedingt werden. Anhand der Auswirkungen auf Kapitalwert und Emissionen werden die Emissionszollniveaus nachfolgend als gering (EZ I bis EZ III), moderat (EZ IV und EZ V) und hoch (EZ VI und EZ VII) klassifiziert.

Hinsichtlich des Kapitalwerts lässt sich für alle Niveaus grundsätzlich festhalten, dass ein steigender Emissionszoll zu einem stetigen Rückgang des Kapitalwerts führt. Wohingegen dieser Rückgang für geringe Emissionszölle maßgeblich durch einen Anstieg der Transportauszahlungen bedingt ist, verursachen im Wesentlichen steigende Standortauszahlungen die Abnahme des Kapitalwerts für moderate und hohe Emissionszölle. Zudem verstärken die insbesondere für hohe Niveaus sinkenden Verkaufseinzahlungen den Rückgang des Kapitalwerts. Des Weiteren

[42] Die Niveaus EZ I bis EZ IV sind hier analog zu Christian und Sahling (2024), S. 9 gewählt.

[43] Weiterführende Kennzahlen sowie die entsprechenden Zahlenwerte finden sich in Anhang A.2 in Tabelle A.5.

führen die Auszahlungen für Emissionszölle zu einem geringeren Kapitalwert. Für geringe und moderate Emissionszölle sind die Höhe des Emissionszolls und die Höhe der Gesamtemissionszollauszahlungen direkt gekoppelt, sodass ein höherer Emissionszoll je Emissionseinheit zu höheren Gesamtemissionszollauszahlungen führt. Dagegen treten für hohe Emissionszölle Vermeidungseffekte auf. Damit ist gemeint, dass die höheren Emissionszölle nicht wie zuvor in Kauf genommen werden, sondern ein alternatives Netzwerkdesign erstellt wird, mit welchem Importe von Nicht-Mitgliedsstaaten in Mitgliedsstaaten in einem stärkeren Ausmaß vermieden werden. Folglich sind die Gesamtemissionszollauszahlungen in diesen Fällen geringer als für moderate Emissionszölle.

Hinblickend auf die Emissionen zeigt Abbildung 4.11, dass steigende Emissionszölle zu sinkenden Emissionen führen. Dieser Effekt tritt vor allem für moderate und hohe Emissionszölle auf, wohingegen für geringe Emissionszölle lediglich ein marginaler und nicht-kontinuierlicher Rückgang zu verzeichnen ist. Werden die Änderungen der Emissionen mit denen des Kapitalwerts verglichen, so zeigt sich, dass die jeweiligen relativen Änderungen des Kapitalwerts betragsmäßig durchgängig größer als die Änderungen der Emissionen sind. Wohingegen die Änderung des Kapitalwerts für geringe und moderate Niveaus fast das Doppelte der Änderung der Emissionen beträgt, erfolgt für hohe Niveaus eine Annäherung beider Änderungswerte. Dennoch liegt ein leicht stärkerer Einfluss der Emissionszölle auf den Kapitalwert vor.

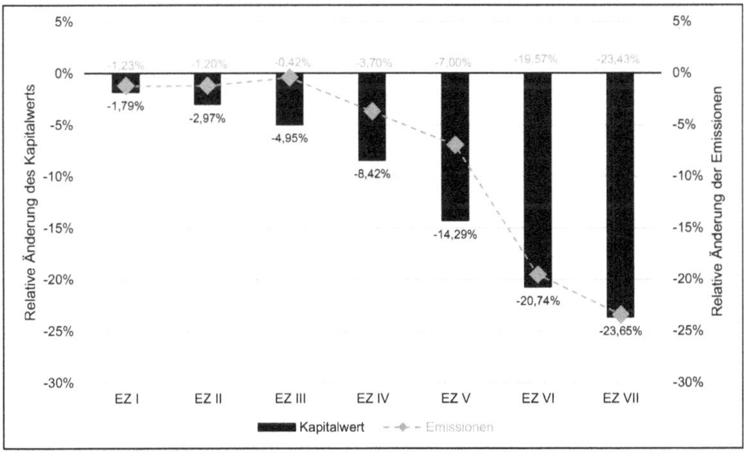

Abb. 4.11 Wirkungsweise verschiedener Emissionszölle auf Kapitalwert und Emissionen

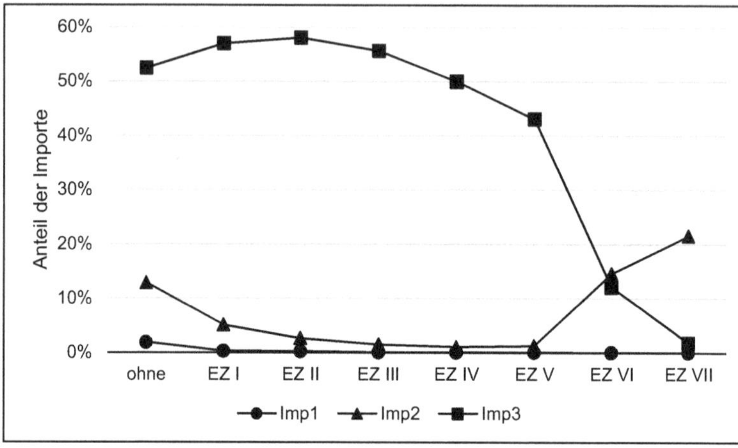

Abb. 4.12 Wirkungsweise verschiedener Emissionszölle auf den netzwerkstufenabhängigen Anteil der Importe

Begründet wird der Rückgang der Emissionen durch eine Verlagerung der Emissionen von Nicht-Mitgliedsstaaten in Mitgliedsstaaten. Da vorliegend davon ausgegangen wird, dass in Mitgliedsstaaten durch die jeweiligen Prozesse ein geringerer Emissionsfußabdruck verursacht wird, führt diese Verlagerung insbesondere für moderate und hohe Niveaus zu einer Reduzierung der Gesamtemissionen. Im Wesentlichen lässt sich die Verlagerung der Emissionen für beide Niveaus auf zwei Vorgänge zurückführen:

Einerseits werden weniger Güter (Komponenten sowie Produkte) von Nicht- in Mitgliedsstaaten importiert. Andererseits werden Standorte von Nicht- in Mitgliedsstaaten umgesiedelt.

In Bezug auf die Importe in Mitgliedsstaaten stellt Abbildung 4.12 den Anteil der Importe je Netzwerkstufe dar.[44] Folglich ist der Einfluss der verschiedenen Emissionszollniveaus auf den an der gesamten Transportmenge gemessenen Anteil der Importe (von Nicht- in Mitgliedsstaaten) je Netzwerkstufe grafisch visualisiert. Dies betrifft entsprechend die Importe zu Produktionswerken (Imp1), Distributionszentren (Imp2) und Kundenorten (Imp3). Dabei wird deutlich, dass der schon in der Ausgangssituation sehr geringe Anteil der zu den Produktionswerken importierten Komponenten durch den Emissionszoll auf nahezu null reduziert wird. Grundsätzlich wird auch hier der bereits in Abschnitt 4.2.1 erläuterte Verzögerungseffekt

[44] Die zugehörigen Zahlenwerte finden sich aus Übersichtsgründen in Anhang A.2 in Tabelle A.3.

kenntlich, sodass die Produkte für niedrige und mittlere Niveaus auf der nachfragenächsten Netzwerkstufe importiert werden. Der Verzögerungseffekt wird für niedrige Emissionszollniveaus verstärkt, wobei für mittlere Niveaus eine zunehmende Abschwächung zu verzeichnen ist. Folglich wird die in Mitgliedsstaaten zu deckende Nachfrage zunehmend direkt aus Mitgliedsstaaten befriedigt. Dies geschieht für hohe Emissionszölle in einem noch größeren Ausmaß, sodass für EZ VII lediglich weniger als zwei Prozent der Nachfrage durch direkte Importe gedeckt werden. Hierbei ist jedoch auffällig, dass der Anteil der Importe zu Distributionszentren wieder ansteigt. Folglich kehrt sich der Verzögerungseffekt für hohe Emissionszölle insofern um, dass der Import in geringerem Ausmaß vorgezogen wird. Hierdurch werden die Emissionszölle, die aufgrund des mit zunehmender Netzwerkstufe ansteigenden Emissionsfußabdrucks bei einem Import auf einer nachfragenäheren Netzwerkstufe vergleichsweise höher sind, in Teilen vermieden.

Die Verschiebungen in den Anteilen der Importe führen letztlich dazu, dass ein zunehmender Anteil der Nachfrage in Mitgliedsstaaten durch aus in Mitgliedsstaaten entstandenen Produkten befriedigt wird. Dies resultiert folglich in einer Emissionsverlagerung in Mitgliedsstaaten, die mit der zuvor beschriebenen Reduzierung der Gesamtemissionen einhergeht.

Eng verknüpft mit den Anpassungen an den Importen ist das Ausmaß der Nachfragebefriedigung im Gesamten (NfrG) sowie in Nicht- (NfrN) und Mitgliedsstaaten (NfrM), welches in Abbildung 4.13 dargestellt ist.[45] Dabei wird ersichtlich, dass im Vergleich zur Ausgangssituation für alle Emissionszollniveaus eine reduzierte Nachfragebefriedigung realisiert wird. Jedoch zeigt sich für niedrige Emissionszollniveaus kein stetiges Sinken der Gesamtnachfragebefriedigung. Vielmehr überwiegen in begrenztem Rahmen schwankende Effekte, die im Besonderen auch für das Ausmaß der Nachfragebefriedigung in Nicht- sowie Mitgliedsstaaten vorliegen. Für moderate und hohe Niveaus führt ein höherer Emissionszoll hingegen zu einem stetig sinkenden Ausmaß der Gesamtnachfragebefriedigung. Diesbezüglich ist insbesondere ein stetiger Rückgang der Nachfragebefriedigung in Mitgliedsstaaten zu verzeichnen. Hierdurch wird die Notwendigkeit für Importe und damit verbundene Emissionszölle leicht reduziert. Um unter anderem die damit verbundenen Einzahlungsrückgänge für den Verkauf der Produkte kompensieren zu können, wird die ökonomisch unvorteilhaftere Nachfrage in Nicht-Mitgliedsstaaten[46] insbesondere für mittlere Emissionszollniveaus zu einem höheren Ausmaß befriedigt. Für hohe

[45] Zur besseren Visualisierung der Unterschiede ist die Darstellung auf einen Bereich zwischen 80% und 100% beschränkt. Die zugehörigen Zahlenwerte finden sich aus Übersichtsgründen in Anhang A.2 in Tabelle A.3.

[46] Diese ist im Vergleich zu Mitgliedsstaaten mit geringeren Verkaufseinzahlungen verbunden, vgl. Abschnitt 4.1.

Emissionszollniveaus ist aufgrund der höheren Auszahlung je emittierter Emissionseinheit eine entsprechende Kompensation nicht mehr möglich. Dementsprechend sinkt NfrN für EZ VII unter den Wert der Ausgangssituation.

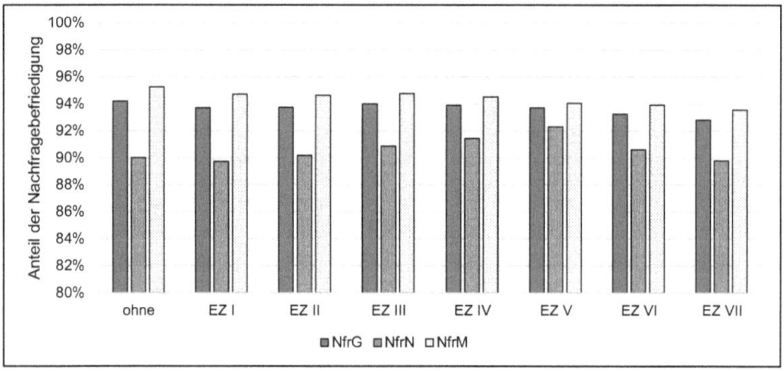

Abb. 4.13 Wirkungsweise verschiedener Emissionszölle auf das Ausmaß der Nachfragebefriedigung

Zusammenfassend reduziert das sinkende Ausmaß der Nachfragebefriedigung einerseits die Notwendigkeit für Importe. Andererseits bedingt der Rückgang durch das Entfallen der zugehörigen Produktions- und Distributionsprozesse ebenfalls ein direktes Sinken der Emissionen.

Des Weiteren ist die Verlagerung von Standorten aus Nicht- in Mitgliedsstaaten für den Rückgang der Emissionen ausschlaggebend. Hierzu visualisiert Abbildung 4.14 den Einfluss der Emissionszölle auf die Verteilung der Standorte in Nicht- und Mitgliedsstaaten. Dabei wird für geringe Emissionszollniveaus eine begrenzte Verschiebung der Standorte in Nicht-Mitgliedsstaaten ersichtlich. Da für diese Niveaus die leicht sinkende Nachfrage in Mitgliedsstaaten verstärkt aus Nicht-Mitgliedsstaaten erfüllt wird, lässt sich auf Basis der zuvor erläuterten Kennzahlen die Standortverlagerung erklären. Erst für moderate Niveaus zeigt sich die durch die Emissionszölle intendierte Standortverlagerung in Mitgliedsstaaten. Gleichwohl ist zu erkennen, dass die Standortverlagerung mit weiter ansteigendem Emissionszoll stärker zunimmt. Dies gilt insbesondere für die hohen Emissionszollniveaus. Während für moderate Niveaus weiterhin die Mehrzahl der Standorte in Nicht-Mitgliedsstaaten errichtet wird, ist für hohe Niveaus dagegen der Großteil der Standorte in Mitgliedsstaaten angesiedelt. Die Verlagerung der Standorte betrifft dabei sowohl die Produktionswerke als auch die Distributionszentren. Da die Emissionszölle keinen Anreiz zur Emissionsreduzierung in Mitgliedsstaaten setzen, ist ein Einfluss auf die Produktionstechnologie dementsprechend nicht zu verzeichnen. Für geringe und mittlere Niveaus ist in Nicht-Mitgliedsstaaten gleichermaßen kein Effekt auf die Produktionstechnologie zu verzeichnen. Der entsprechende Anreiz durch die Emissionszölle ist jedoch erst für hohe Niveaus hinreichend hoch. Dadurch wird für EZ VII die Mehrzahl der in Nicht-Mitgliedsstaaten verbliebenen Produktionswerke mit einer radikalen und folglich stark emissionsreduzierenden Produktionstechnologie errichtet.

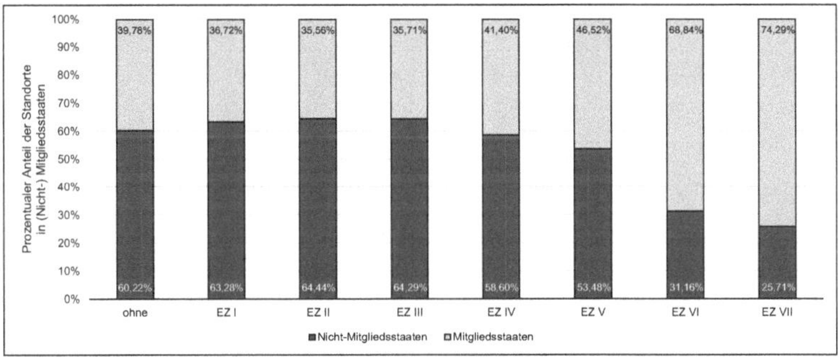

Abb. 4.14 Wirkungsweise verschiedener Emissionszölle auf Verteilung der Standorte in Nicht-Mitgliedsstaaten und Mitgliedsstaaten

Abschließend lässt sich festhalten, dass ein ausreichend hoher Emissionszoll vorhanden sein muss, um durch Effekte der Standortverlagerung sowie einen Rückgang der Importe die zuvor beschriebene Verlagerung der Emissionen aus Nicht- in Mitgliedsstaaten zu erreichen.

Zusammenfassend stellt Abbildung 4.15 die Haupteffekte der Emissionszölle auf den Kapitalwert, die Emissionen, das Ausmaß der Nachfragebefriedigung sowie die Verteilung der Standorte dar. Die vorliegenden Untersuchungen zeigen, dass die Emissionszölle eine Reduzierung des Kapitalwerts bewirken. Diese Reduzierung liegt in den direkten Auszahlungen für Emissionszölle als auch in den indirekten Auszahlungen für die Anpassungen des Netzwerks begründet. Zudem wird deutlich, dass die Emissionszölle eine Reduktion der Gesamtemissionen bewirken können. Hierfür ist unter anderem das reduzierte Ausmaß der Nachfragebefriedigung verantwortlich. Weiterhin verursachen die Emissionszölle infolge der Reduzierung der in Mitgliedsstaaten importierten Materialmengen sowie der Verlagerung von Standorten aus Nicht-Mitgliedsstaaten in Mitgliedsstaaten eine Verlagerung der Emissionen in Mitgliedsstaaten. Diese bewirkt zwar einen Anstieg der Emissionen in Mitgliedsstaaten. Da dieser Anstieg in Mitgliedsstaaten aufgrund der

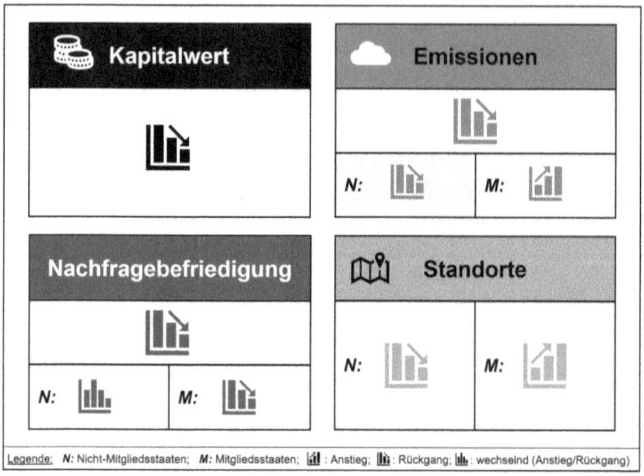

Abb. 4.15 Haupteffekte der Emissionszölle

verhältnismäßig niedrigeren Emissionsfußabdrücke jedoch geringer als der Rückgang in Nicht-Mitgliedsstaaten ausfällt, resultiert im Gesamten eine Reduzierung der Emissionen. Dennoch lässt sich kaum ein Effekt auf die Auswahl der Produktionstechnologie verzeichnen. Zudem führen die Emissionszölle zu einer Reduzierung des Kapitalwerts. Des Weiteren wird durch die Emissionszölle das Ausmaß der Nachfragebefriedigung reduziert.

Limitierend sei angemerkt, dass die in Abbildung 4.15 zusammengefassten Ergebnisse wesentlich vom Ausmaß der Materialflüsse von Standorten in Nicht-Mitgliedsstaaten zu Standorten in Mitgliedsstaaten abhängig sind. Diese Materialflüsse müssen einerseits vorhanden sein und andererseits ein gewisses Niveau annehmen, damit die zuvor beschriebenen Effekte eintreten. In diesem Zusammenhang sei zudem angemerkt, dass für die vorliegenden Instanzen vergleichsweise hohe Emissionszollsätze notwendig waren, um die beschriebenen Konsequenzen zu erzielen. Dabei gilt es zu beachten, dass der zuvor angemerkte Anteil der Materialflüsse einen wesentlichen Effekt auf die Höhe des notwendigen Emissionszollsatzes hat.

4.2.3 Wirkungsweise der kombinierten Emissionszölle und Emissionsregulierungen

In den beiden vorherigen Kapiteln wurde die Wirkungsweise von Emissionszöllen und standortabhängigen Emissionsregulierungen jeweils separat analysiert. Dabei wurden die gegensätzlichen Effekte deutlich, die sich im Wesentlichen hinsichtlich der Wirkung auf die Standortverlagerung und der damit verknüpften Emissionswirkung unterscheiden. Auf dieser Grundlage wird im vorliegenden Kapitel die Wirkungsweise der kombinierten Emissionszölle und -regulierungen untersucht. Die Kombination gewinnt unter anderem dadurch an Bedeutung, dass Mitgliedsstaaten per definitionem durch die Regulierung der resultierenden Emissionen charakterisiert sind. Folglich ist die Einführung eines Emissionszolls in der Regel damit verbunden, dass die in Mitgliedsstaaten verursachten Emissionen entsprechend reguliert werden.

Hierzu wird in diesem Kapitel die Wirkungsweise verschiedener Kombinationen aus Emissionszoll und den im SND-CT-CP enthaltenen Emissionsregulierungen (Emissionssteuer, Emissionshandelssystem, periodenspezifische Emissionsobergrenzen) jeweils untersucht. Dazu wird der Emissionszoll mit niedriger (EZ II) sowie hoher (EZ VI) Ausprägung betrachtet. Gleichermaßen wird die betrachtete Emissionsregulierung in niedriger sowie hoher Ausprägung betrachtet. Die sich daraus ergebenden vier Kombinationsmöglichkeiten sowie die Bezeichnung dieser sind in Tabelle 4.12 dargestellt.

Zunächst wird die Kombination aus Emissionszoll und Emissionssteuer ausgewertet. Hierzu wird die Emissionssteuer entweder auf ein niedriges (ES II) oder hohes Niveau (ES V) gesetzt. Ebenso wird auch der Emissionszoll auf einem niedrigen (EZ II) sowie einem hohen Niveau (EZ VI) betrachtet. In Analogie zu Christian und Sahling (2024) ist dabei der Emissionszoll in einer im Vergleich zur Emissionssteuer höheren Niveaustufe gewählt. Dies steht in Einklang mit der in Abschnitt 4.2.2 gewonnenen Erkenntnis, dass ausreichend hohe Emissionszölle notwendig sind, um einen wesentlichen Einfluss der Emissionszölle auf die in Abbildung 4.15

Tabelle 4.12 Kombinationen verschiedener Ausprägungen von Emissionszöllen und standortabhängigen Emissionsregulierungen

		Emissionsregulierung	
		niedrig	hoch
Emissionszoll	niedrig	KOMB I	KOMB IV
	hoch	KOMB III	KOMB II

dargestellten Haupteffekte (insbesondere hinsichtlich der Emissions- und Standortverlagerung) zu erzielen. Dies ist auf Basis der Ergebnisse von Abschnitt 4.2.2 ab EZ VI gegeben.

In Abbildung 4.16 werden die Ergebnisse aller vier Kombinationsmöglichkeiten visualisiert. Diese werden im Hinblick auf die Änderung des Kapitelwerts (ÄndKap) und der Emissionen (ÄndEm) gegenüber der Ausgangssituation (ohne) ausgewertet. Zudem wird der Anteil der in Nicht- (AntStN) bzw. Mitgliedsstaaten (AntStM) errichteten Standorte angegeben. Des Weiteren ist in Abbildung 4.16 das Ausmaß der Nachfragebefriedigung (NfrG) dargestellt.[47]

Abbildung 4.16 zeigt auf, dass die Kombination aus Emissionszoll und Emissionssteuer jeweils auf niedrigem Niveau (KOMB I) in einer im Vergleich zur Ausgangssituation deutlichen Standortverlagerung von Mitgliedsstaaten in Nicht-Mitgliedsstaaten resultiert. Aufgrund der Standortverlagerung erfolgt zudem eine Emissionsverlagerung in Nicht-Mitgliedsstaaten. In dieser Folge steigen die gesamten Emissionen an. Außerdem wird ein geringerer Anteil der Nachfrage befriedigt. Die damit verknüpften geringeren Einzahlungen führen mit den Auszahlungen für die Anpassungen des Netzwerks sowie den Auszahlungen für die Emissionszölle und -steuern zu einem Rückgang des Kapitalwerts. Die hier beschriebenen Ergebnisse verdeutlichen, dass für den Fall von niedrigen Emissionszöllen und niedrigen Emissionssteuern die Effekte der Emissionssteuern dominieren.

Gleiches gilt auch für den Fall hoher Emissionszölle sowie -steuern (KOMB II). Hierbei fällt jedoch der deutliche Rückgang des Kapitalwerts auf. Dieser ist einerseits durch einen weiteren Rückgang der Nachfragebefriedigung und den damit verbundenen Einzahlungen begründet. Andererseits sorgen im Wesentlichen die deutlich höheren Auszahlungen für Emissionssteuern und -zölle für den Rückgang des Kapitalwerts. Obwohl auch für diese Kombination die Effekte der Emissionssteuern dominieren, haben die Emissionszölle hier einen deutlicheren Einfluss. Dies zeigt sich unter anderem an dem leicht reduzierten Ausmaß der Standortverlagerung in Nicht-Mitgliedsstaaten sowie dem weiter vorhandenen, jedoch im Vergleich zu KOMB I reduzierten Anstieg der Emissionen gegenüber der Ausgangssituation. Gleichermaßen wird dennoch deutlich, dass auf vergleichbarem, aber im Mittel doppelt so hohem Auszahlungsniveau gewählte Emissionszölle hinsichtlich der Wirkungsweise den Emissionssteuern unterlegen sind. Folglich dominieren für diese Kombination letztlich die Effekte der Emissionssteuern.

[47] Weiterführende Kennzahlen sowie die entsprechenden Zahlenwerte finden sich im Anhang A.2 in den Tabellen A.2 und A.5.

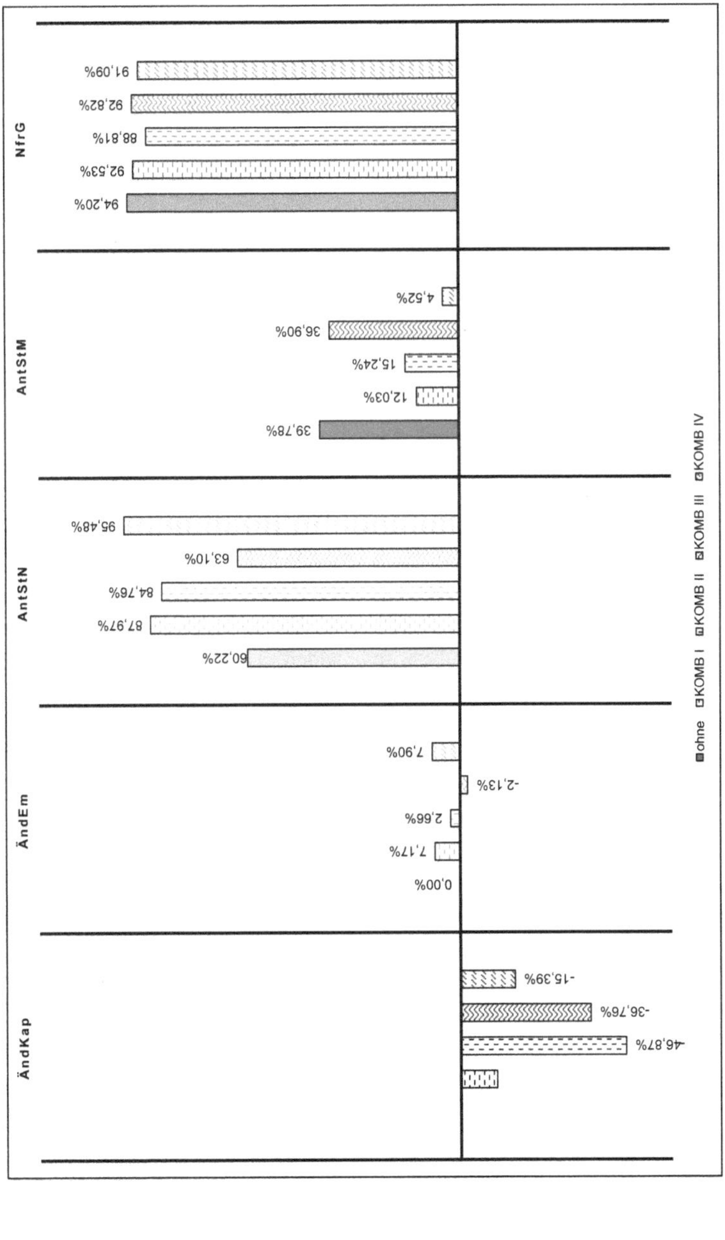

Abb. 4.16 Wirkungsweise der Kombination aus Emissionszöllen und Emissionssteuern auf ausgewählte Kennzahlen

Die Dominanz der Emissionssteuern kann nur durch einen im Vergleich zum Emissionssteuersatz deutlich höheren Emissionszollsatz in Teilen verhindert werden. Folglich ist für die Kombination KOMB III der Emissionszollsatz im Mittel 16 Mal so hoch wie der vergleichbare Emissionssteuersatz. Ungeachtet davon führt diese Kombination in sehr geringem Ausmaß zu einer Standortverlagerung in Nicht-Mitgliedsstaaten. Trotz dieser werden die Emissionen gegenüber der Ausgangssituation reduziert. Jener Rückgang liegt in der Auswirkung dieser Kombination auf die Auswahl der Produktionstechnologien begründet. So bewirkt der hohe Emissionszoll eine teilweise Verschiebung von konventionellen zu radikalen und folglich emissionsreduzierenden Produktionstechnologien in Nicht-Mitgliedsstaaten. Der deutliche Rückgang des Kapitalwerts resultiert neben den reduzierten Einzahlungen durch ein geringeres Ausmaß der Nachfragebefriedigung sowie höhere Auszahlungen durch Anpassungen des Netzwerkdesigns im Wesentlichen aus den Auszahlungen für Emissionszölle und -steuern. Subsumierend lässt sich schließen, dass deutlich höhere Emissionszölle die Effekte der Emissionssteuern stark abschwächen. Eine Dominanz der Emissionszolleffekte lässt sich jedoch ausschließlich hinsichtlich der Emissionsreduzierung verzeichnen.

Für die Kombination aus niedrigem Emissionszoll und hoher Emissionssteuer (KOMB IV) dominieren ausschließlich die Effekte der Emissionssteuern. Folglich ist hinsichtlich der Verlagerung der Standorte in Nicht-Mitgliedsstaaten sowie des Anstiegs der Emissionen ein deutlich höheres Ausmaß als für alle anderen Kombinationen zu verzeichnen. Zudem führen unter anderem der Rückgang des Ausmaßes der Nachfragebefriedigung sowie die entsprechenden Zahlungen für Emissionssteuern und -zölle zu einer Abnahme des Kapitalwerts. Mithin wird deutlich, dass die niedrigen Emissionszölle bei hohen Emissionssteuern einen fast ausschließlich auf den Kapitalwert beschränkten Einfluss haben.

Zusammenfassend stellt Abbildung 4.17 die Wirkungsweisen der unterschiedlichen Kombinationen aus niedrigen sowie hohen Ausprägungen der Emissionszölle und Emissionssteuern dar. Dabei wurde aus den vorangegangenen Ergebnissen ersichtlich, dass die Effekte der Emissionssteuern drei der vier betrachteten Kombinationen dominieren. Demgemäß resultiert daraus eine Verlagerung der Standorte nach Nicht-Mitgliedsstaaten sowie ein damit verknüpfter Anstieg der Gesamtemissionen. Das Ausmaß dieser Effekte wird durch die Höhe der Emissionszölle und -steuern bestimmt. Insofern sind diese Effekte umso ausgeprägter, desto niedriger der Emissionszoll und desto höher gleichzeitig die Emissionssteuer ist. Ein simultanes Vorliegen von hohem Emissionszoll und hoher Emissionssteuer schwächt dabei insbesondere die Wirkung auf die Gesamtemissionen ab.

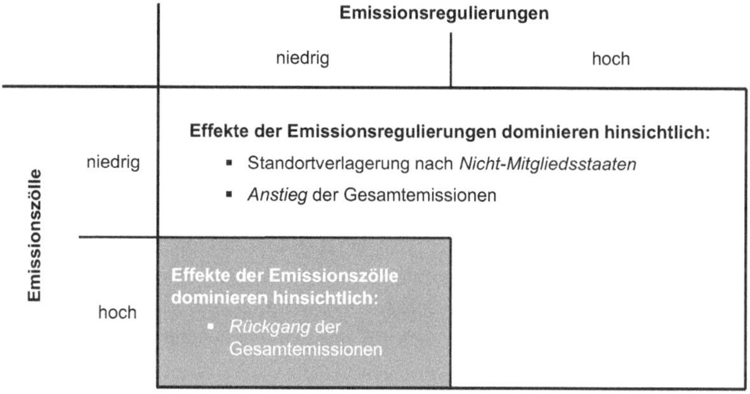

Abb. 4.17 Vergleich der Wirkungsweise von kombinierten Emissionszöllen und Emissionssteuern auf niedrigen und hohen Niveaus

Eine Dominanz der Effekte der Emissionszölle kann gemäß Abbildung 4.17 jedoch nur in Teilen, bei ausreichend hohem Niveau sowie ausschließlich für die Kombination mit niedrigen Emissionssteuern realisiert werden. Dabei ist die Wirkung im Wesentlichen auf die Gesamtemissionen beschränkt, die hierdurch reduziert werden.

Im folgenden Abschnitt werden die Auswirkungen der Kombination von Emissionszöllen mit dem Emissionshandelssystem sowie der periodenspezifischen Emissionsobergrenze untersucht. Hierzu werden in Übereinstimmung mit den vorherigen Untersuchungen alle Kombinationsmöglichkeiten aus niedrigem (EZ II) bzw. hohem (EZ VI) Emissionszoll mit einer niedrigen (EH II) bzw. hohen (EH V) Ein-/Auszahlung (je Emissionseinheit) für gehandelte Emissionsberechtigungen untersucht. Zudem werden alle Kombinationen von EZ II bzw. EZ VI mit geringen (EO II) bzw. strengen (EO V) Emissionsobergrenzen betrachtet. Aus Redundanzgründen erfolgt jedoch nachfolgend nur eine teilweise Darstellung der Ergebnisse, die sich auf die Extremfälle von hohem Emissionszoll/niedriger Emissionsregulierung (KOMB III, Abbildung 4.18) sowie niedrigem Emissionszoll/hoher Emissionsregulierung (KOMB IV, Abbildung 4.19) beschränkt.[48]

Hierbei stellt Abbildung 4.18 die Wirkungsweise der bereits zuvor analysierten Kombination mit Emissionssteuern (KOMB III (ES)) auf die Änderung des Kapitalwerts (ÄndKap) und der Emissionen (ÄndEm), den Anteil der Standorte in

[48] Die Ergebnisse der vorliegend nicht betrachteten Kombinationen sowie weiterführende Kennzahlen und die entsprechenden Zahlenwerte finden sich im Anhang A.2 in den Tabellen A.4 und A.5.

Nicht-(AntStN) und Mitgliedsstaaten (AntStM) sowie das Ausmaß der Nachfragebefriedigung (NfrG) dar. Dies wird in Abbildung 4.18 im Vergleich zur Kombination mit dem Emissionshandelssystem (KOMB III (EH)) sowie der periodenspezifischen Emissionsobergrenze (KOMB III (EO)) und unter Bezug der Ausgangssituation (ohne) visualisiert.

Bei der Kombination mit dem Emissionshandelssystem zeigen sich im Vergleich zur Kombination mit der Emissionssteuer weitgehend analoge und auf vergleichbarem Niveau liegende Effekte. Bei KOMB III (EZ) gibt es eine marginal stärkere Standortverlagerung in Nicht-Mitgliedsstaaten als bei KOMB III (ES). Folglich wird auch das in den Emissionszöllen enthaltene Potential zur Emissionsreduzierung etwas abgeschwächt, wenngleich auch für diese Kombination ein negativer Wert von ÄndEm resultiert. Hiervon unterscheidet sich die Wirkungsweise der Kombination mit periodenspezifischen Emissionsobergrenzen. Diese bewirken eine deutlichere Standortverlagerung in Nicht-Mitgliedsstaaten, sodass in dieser Folge trotz der Emissionszölle ein Anstieg der Emissionen resultiert. Weiterhin wird die Nachfrage bei KOMB III (EO) in deutlich geringerem Ausmaß befriedigt. Infolgedessen sowie aufgrund der Netzwerkanpassungen wird der Kapitalwert im Vergleich zur Ausgangssituation um fast 50% verringert.

Zusammenfassend zeigen die in Abbildung 4.18 visualisierten Untersuchungen zur Kombination von hohen Emissionszöllen mit gering ausgeprägten Emissionsregulierungen, dass die Emissionszölle eine Reduzierung der Emissionen ausschließlich in Kombination mit Emissionssteuer und Emissionshandelssystem realisieren. Hinsichtlich der übrigen Kennzahlen schwächen die hohen Emissionszölle lediglich die Wirkungsweisen der Emissionssteuer und des Emissionshandelssystems ab. Im Gegensatz hierzu sind die periodenspezifischen Emissionsobergrenzen in ihrer Wirkungsweise so dominant, dass selbst damit kombinierte hohe Emissionszölle die Effekte kaum abschwächen können. Folglich resultiert ein Emissionsanstieg. Hinsichtlich des Verhältnisses zwischen Kapitalwertrückgang und Emissionsänderung gilt es anzumerken, dass die ökonomischen Konsequenzen einen vergleichsweise deutlich größeren Umfang annehmen. Dagegen können aus ökologischer Perspektive lediglich geringe Änderungen der resultierenden Emissionen verursacht werden.

Im Unterschied zu den vorherigen Untersuchungen werden in Abbildung 4.19 die Kombinationen aus gering ausgeprägten Emissionszöllen mit hoch ausgeprägten Emissionsregulierungen im Vergleich zur Ausgangssituation dargestellt. Hierbei wird anhand der ausgewerteten Kennzahlen deutlich, dass für alle Kombinationen die bereits zuvor erläuterten Effekte der standortabhängigen Emissionsregulierungen dominieren. Im Vergleich der unterschiedlichen Emissionsregulierungen wird kenntlich, dass sich die Auswirkungen von KOMB III (EO) nur leicht von den auf

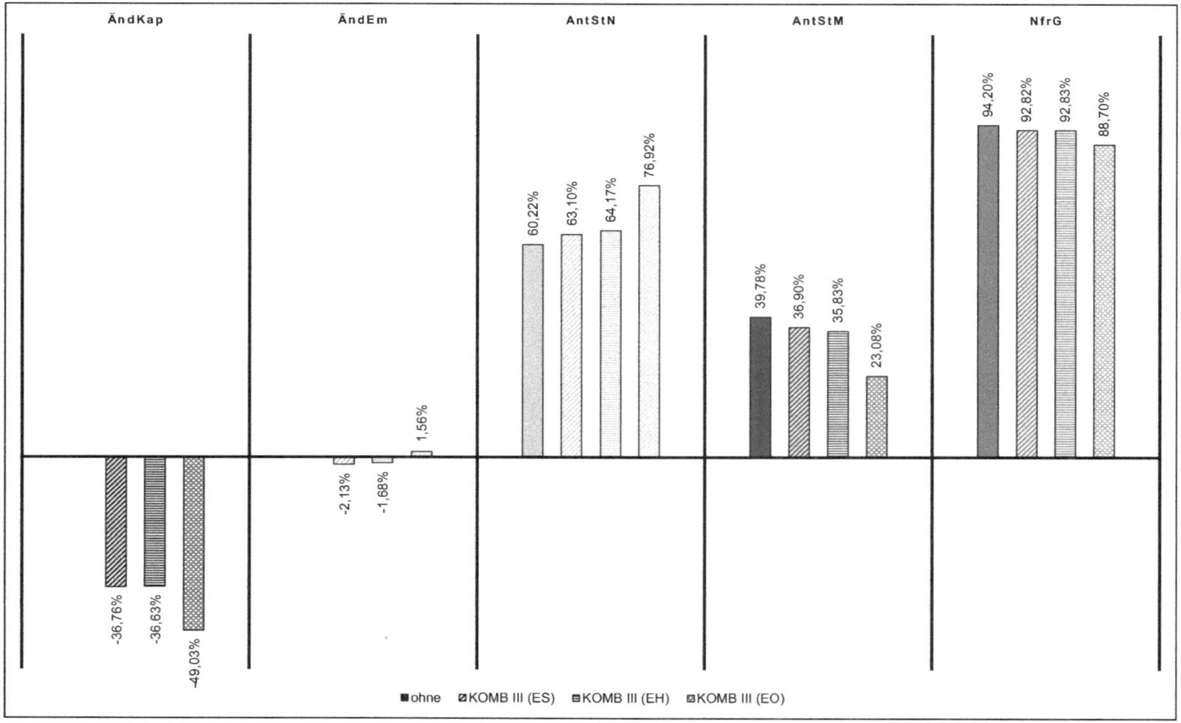

Abb. 4.18 Wirkungsweise der Kombination aus Emissionszöllen (hohes Niveau) und Emissionsregulierungen (niedriges Niveau) auf ausgewählte Kennzahlen

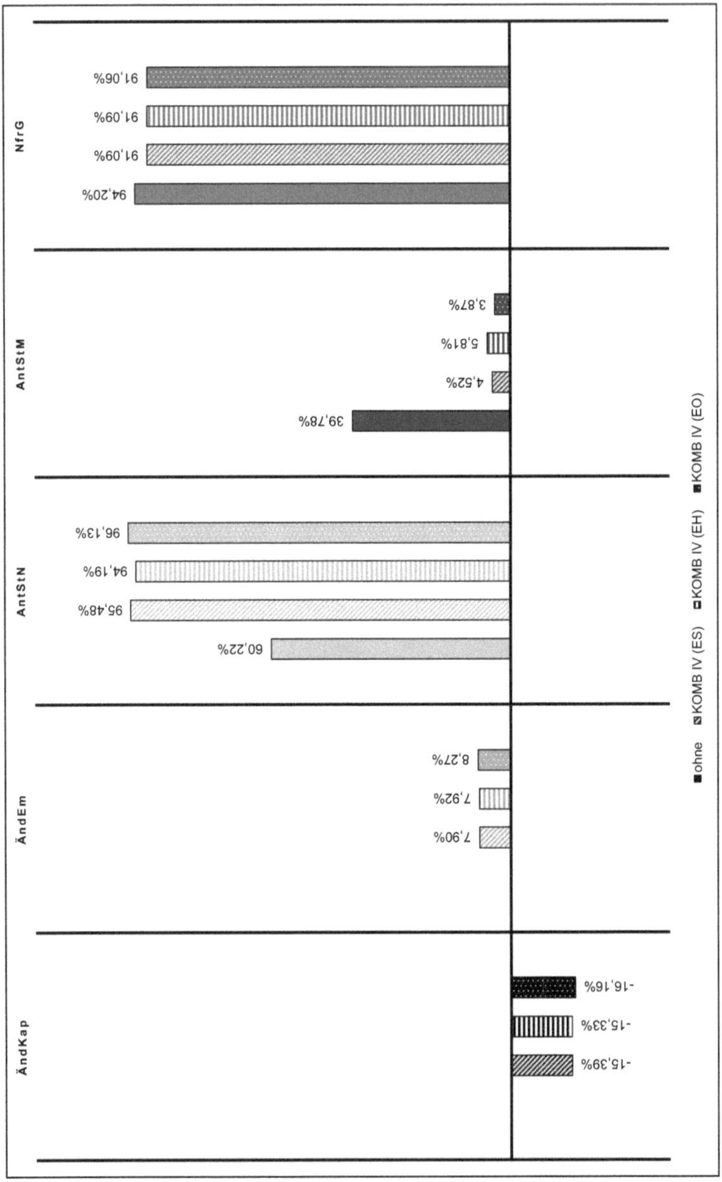

Abb. 4.19 Wirkungsweise der Kombination aus Emissionszöllen (niedriges Niveau) und Emissionsregulierungen (hohes Niveau) auf ausgewählte Kennzahlen

vergleichbarem Niveau liegenden KOMB III (ES) sowie KOMB III (EH) unterscheiden. Dabei zeigt die deutliche Standortverlagerung in Nicht-Mitgliedsstaaten auf, dass bereits für KOMB III (ES) sowie KOMB III (EH) lediglich ca. 5% der Standorte in Mitgliedsstaaten verbleiben. Dieser bereits sehr niedrige Wert wird durch KOMB III (EO) auf knapp 4% reduziert. Die Emissionszölle setzen somit durch das vergleichsweise niedrige Niveau keine Anreize zur Ansiedlung in Mitgliedsstaaten, sodass die dort vorherrschenden Emissionsregulierungen durch das hohe Niveau zu einer sehr stark ausgeprägten Verlagerung in Nicht-Mitgliedsstaaten führen. Dies wirkt sich auch auf die Änderung der Emissionen aus, wobei diese für KOMB III (EO) vergleichsweise zu KOMB III (ES) und KOMB III (EH) ebenfalls leicht erhöht ist. Infolge des reduzierten Ausmaßes der Nachfragebefriedigung sowie der Netzwerkanpassung ist für alle Kombinationen der Kapitalwert um mehr als 15% reduziert, wobei diese Reduktion für KOMB III (EO) am größten ist.

Resümierend zeigen die zuvor erläuterten Untersuchungen, dass die Effekte der Kombination von Emissionszöllen mit standortabhängigen Emissionsregulierungen von der Höhe der jeweils charakteristischen Parameter abhängen. Zudem müssen, wie in Abschnitt 4.2.2 erläutert, für die vorliegenden Ergebnisse signifikante Materialflüsse von Standorten in Nicht-Mitgliedsstaaten zu Standorten in Mitgliedsstaaten vorhanden sein. Um die Effekte der standortabhängigen Emissionsregulierungen zu hemmen, sind sehr hohe Emissionszölle notwendig. Aus ökologischer Perspektive kann hierdurch je nach Ausprägung der Emissionsregulierung entweder ein weiterer Anstieg der Emissionen verhindert oder ein leichter Rückgang der Emissionen erreicht werden. Jedoch führen die sehr hohen Emissionszölle aus ökonomischer Perspektive zu einem deutlichen Rückgang des Kapitalwerts. Sofern die Emissionszölle nicht ausreichend hoch gewählt werden, dominieren die Effekte der standortabhängigen Emissionsregulierungen, die aus ökologischer Perspektive durch einen Anstieg der Emissionen in Folge der Standortverlagerung in Nicht-Mitgliedsstaaten charakterisiert sind. Es wird somit deutlich, dass ökonomische und ökologische Zielsetzungen hier in einem konkurrierenden Spannungsfeld stehen.

Abschließend werden im nachfolgenden Abschnitt 4.3 die in Abschnitt 4.2 vorgestellten Ergebnisse zusammengefasst und bewertet.

4.3 Bewertung der Ergebnisse

Die in Abschnitt 4.2 analysierten Ergebnisse verdeutlichen die Wirkungsweise der für das SND-CT-CP charakteristischen Emissionszölle und der standortabhängigen Emissionsregulierungen. In Ergänzung hierzu wurde auch die Wirkungsweise der Resilienzaspekte in Form des Mindestresilienzscores und der

Resilienzauszahlungen untersucht. Da sich hierbei jedoch nur geringfügige Auswirkungen auf Kapitalwert, Emissionen und das zugehörige Netzwerkdesign gezeigt haben, sind diese Ergebnisse einschließlich der erläuternden Ausführungen lediglich in Anhang A.3 dargestellt.

Insbesondere die standortabhängige Betrachtung der Emissionsregulierungen führt zu Ergebnissen, die von den bisherigen Erkenntnissen der Literatur abweichen.[49] Infolge dieser standortabhängigen Emissionsregulierungen zeigen die Untersuchungen als Carbon Leakage bekannte Verlagerungseffekte auf, die sich sowohl auf die Standorte als auch auf die Emissionen beziehen. Demnach findet eine Standortverlagerung in emissionsunregulierte Gebiete statt, um eine mengen- oder preisorientierte Regulierung der verursachten Emissionen zu umgehen. Das Ausmaß der Standortverlagerung nimmt dabei mit zunehmender Stärke der emissionsbestrafenden Charakteristika der Emissionsregulierungen zu. Gleichermaßen wird durch die Standortverlagerung auch eine Verlagerung der damit korrespondierenden Emissionen bedingt. Da in emissionsunregulierten Gebieten (vorliegend) keinerlei Anreize zur Emissionsreduzierung bestehen, resultiert ein aus ökologischer Perspektive unerwünschter Anstieg der Gesamtemissionen. Dabei gilt es kritisch anzumerken, dass die Emissionsregulierungen für die vorliegenden Untersuchungen nur einen vernachlässigbar geringen Einfluss auf die Wahl emissionsreduzierender Transportmodi haben.[50] Dagegen ist für die in Mitgliedsstaaten verbliebenen Standorte ein Einfluss auf den Einsatz emissionsreduzierender Produktionstechnologien festzustellen. Dennoch gilt es hinsichtlich der intendierten Emissionsreduzierung zu hinterfragen, dass hierzu eine gewisse Höhe der emissionsbestrafenden Charakteristika der Emissionsregulierungen vorliegen muss und gleichermaßen die Effekte nur ein begrenztes Ausmaß annehmen. Die damit verbundenen Auszahlungen lassen die ökonomischen Folgen in einem unausgewogenen Verhältnis zu den auf emissionsregulierte Gebiete begrenzten ökologischen Konsequenzen stehen. Neben diesen Effekten sind die standortabhängigen Emissionsregulierungen mit weiteren Konsequenzen verbunden: Aus ökonomischer Perspektive resultiert in Folge der Anpassungen des Netzwerkdesigns ein unerwünschter Anstieg des Kapitalwerts. Weiterhin wird das Ausmaß der Nachfragebefriedigung reduziert. Limitierend sei angemerkt, dass dieses vom Verhältnis der Auszahlungen für die Anpassungen des

[49] Einen Überblick über die bisherigen Erkenntnisse im Bereich der Standortplanung mit Emissionsregulierungen bietet das Abschnitt 2.4.1.

[50] Dieser lässt sich im Einklang mit Abschnitt 4.1 dadurch begründen, dass bei Parametrisierung der Emissionsfußabdrücke ein größerer Anteil den Emissionen der Produktionstechnologien zuzuordnen ist. Daneben ist aufgrund der standortabhängigen Ausgestaltung der Emissionsregulierungen nur ein Teil der Emissionen über eine Regulierung erfasst, wodurch ebenfalls Anreize zum Einsatz emissionsreduzierender Transportmodi reduziert werden.

Netzwerkdesigns zu den Einzahlungen für den Verkauf abhängig ist. Im Vergleich der Emissionsregulierungen zeigt sich, dass die zuvor beschriebenen Auswirkungen bei einer periodenspezifischen Emissionsobergrenze im Vergleich zum Emissionshandelssystem und der Emissionssteuer deutlich stärker ausgeprägt sind. Diese Erkenntnis ist durchaus bemerkenswert, da die Emissionsobergrenzen eine direkte Begrenzung der Menge an ausgestoßenen Emissionen anstreben. Im Falle einer standortabhängigen Betrachtung wirkt diese Begrenzung jedoch als starker Anreiz, um Gebiete mit einer Emissionsobergrenze zu meiden. Die sowohl aus ökonomischer als auch aus ökologischer unerwünschten Konsequenzen können jedoch für eine Emissionssteuer und auch das Emissionshandelssystem[51] etwas abgemildert werden.

Um den Standort- und Emissionsverlagerungen entgegenzuwirken, zeigen die vorangestellten numerischen Untersuchungen die Wirkungsweise der Emissionszölle auf. Dabei wird deutlich, dass hohe Emissionszölle eine Verlagerung von Produktionswerken als auch Distributionszentren aus emissionsunregulierten in emissionsregulierte Gebiete bedingen. Demnach kommt es in Folge der Standortverlagerung zu einem Anstieg der Emissionen in emissionsregulierten Gebieten. Da jedoch gleichzeitig ein Rückgang der Emissionen in emissionsunregulierten Gebieten zu verzeichnen ist[52] und Standorte in emissionsregulierten Gebieten grundsätzlich zu niedrigeren Emissionen führen, sinken die Gesamtemissionen. Damit verknüpft ist jedoch ein Rückgang des Kapitalwerts. Wohingegen für hohe Emissionszölle der Rückgang des Kapitalwerts und der Emissionen auf gleichem prozentualen Niveau liegen, übersteigt für niedrige und moderate Emissionszölle der Rückgang des Kapitalwerts den Rückgang der Emissionen. Somit sind mit der intendierten ökologischen Zielsetzung gleichermaßen negative ökonomische Konsequenzen verbunden, die zwar aus Sicht der emissionsregulierten Gebiete emissionsbedingte Standortnachteile ausgleichen können. Aus der Gesamtperspektive des betroffenen Unternehmens (oder der betroffenen Supply Chain) resultieren daraus jedoch über direkte Auszahlungen für Emissionszölle und indirekte Auszahlungen für Netzwerkanpassungen negative Auswirkungen auf den Kapitalwert. Es sei jedoch angemerkt, dass für die vorliegenden Instanzen dennoch ein positiver Kapitalwert resultiert. Gleichermaßen ist denkbar, dass das Ungleichgewicht zwischen positiver Standortwirkung für die emissionsregulierten Gebiete und negativer Auswirkung auf den

[51] Bei den vorliegenden Untersuchungen gibt es aufgrund der gewählten Parametrisierung nur kleinere Unterschiede zwischen Emissionssteuer und Emissionshandelssystem. Dabei führt das Emissionshandelssystem zu einem etwas geringeren Rückgang des Kapitalwerts und einem geringeren Anstieg der Emissionen.

[52] Dieser ist einerseits durch die Standortverlagerung bedingt. Andererseits kommen bei hohen Emissionszöllen auch emissionsreduzierende Technologiestufen zum Einsatz.

Kapitalwert des betroffenen Unternehmens über etwaige Subventionen ausgeglichen werden könnte.

Einschränkend sei angemerkt, dass diese Ergebnisse vom Ausmaß der Materialflüsse aus emissionsunregulierten in emissionsregulierte Gebiete abhängig sind. Einerseits müssen signifikante Materialflüsse vorliegen[53]. Andererseits muss in Abhängigkeit dieser Materialflüsse ein ausreichend hoher Emissionszoll gesetzt werden[54], um eine entsprechende Verlagerung der Standorte und Emissionen zu bewirken.

Werden die Emissionszölle mit einer der standortabhängigen Emissionsregulierungen kombiniert, so sind die Effekte zum einen vom jeweiligen Niveau sowie zum anderen von der Art der Emissionsregulierung abhängig. Demnach werden die Effekte der Emissionszölle, die auf dem gleichen oder einem niedrigeren Niveau als die Emissionsregulierung ausgeprägt sind, von den Effekten der Emissionsregulierungen dominiert.[55] Daher kommt es in diesen Fällen unter anderem zu einer Standortverlagerung in emissionsunregulierte Gebiete und zu einem Anstieg der Gesamtemissionen. Daher müssen die Emissionszölle im Vergleich zu der entsprechenden Emissionsregulierung auf ein hohes Niveau gesetzt werden, um deren Effekte abzuschwächen. In diesem Fall kann das Ausmaß der Standortverlagerung in emissionsunregulierte Gebiete abgeschwächt, jedoch nicht umgekehrt werden. Dennoch setzt die Kombination ausreichende Anreize zu einer Reduktion der Gesamtemissionen. Es sei darauf hingewiesen, dass der Einfluss der Emissionszölle nur gegeben ist, wenn diese mit einer Emissionssteuer oder einem Emissionshandelssystem kombiniert werden. In Kombination mit einer periodenspezifischen Emissionsobergrenze führt auch ein hoher Emissionszoll zu einem Anstieg der Gesamtemissionen. Diese Ergebnisse legen nahe, dass ökonomische Anreize oder Bestrafungen wirkungsvoller sind als eine direkte Begrenzung der resultierenden Emissionen. Gleichermaßen sei darauf hingewiesen, dass für alle Fälle die ökonomischen Konsequenzen die ökologischen Auswirkungen deutlich übersteigen. Somit gilt es bei Ausgestaltung der Emissionsregulierungen aus regulatorischer Sicht die ökonomisch-ökologischen Wirkungen sorgsam abzuwägen. Sofern die aus ökologischer Nachhaltigkeitsperspektive notwendige Emissionsreduzierung angestrebt wird, gilt es hinsichtlich

---

[53] In der Ausgangssituation der vorliegend betrachteten Testinstanzen wird mehr als die Hälfte der Nachfrage in emissionsregulierten Gebieten von Standorten aus emissionsunregulierten Gebieten befriedigt.

[54] Für die vorliegenden Instanzen ist dies ab einem Emissionszoll von 1 280 GE je t CO_2-Äquivalente gegeben.

[55] Demnach gilt es die beim CBAM angedachte Gleichheit der Emissionspreise innerhalb und außerhalb emissionsregulierter Gebiete (vgl. Abschnitt 2.3) auf Basis der vorliegenden Ergebnisse zu überdenken.

der ökonomischen Konsequenzen etwaige Ausgleichsmaßnahmen anzudenken, um aus ökonomischer Nachhaltigkeitsperspektive einen dauerhaften wirtschaftlichen Betrieb sicherzustellen.

Für das in diesem Teil vorgestellte und analysierte SND-CT-CP steht im nachfolgenden zweiten Teil dieser Arbeit ein heuristischer Lösungsansatz im Vordergrund. Dazu wird im folgenden Abschnitt 5.1 zunächst eine Übersicht über ausgewählte heuristische Lösungsansätze für die Standortplanung gegeben.

Teil II
Heuristischer Lösungsansatz für die Standortplanung unter ökonomisch-ökologischen Nachhaltigkeitsaspekten

Eine Fix&Optimize-Heuristik zur Lösung des SND-CT-CP

5

5.1 Übersicht über heuristische Lösungsansätze für die Standortplanung

5.1.1 Klassifizierungsschema

Zur Lösung von Problemen der Standortplanung werden gemäß Melo et al. (2009) entweder generelle Standardsolver (wie beispielsweise CPLEX oder Gurobi) oder spezifische Lösungsalgorithmen eingesetzt.[1] In diesem Zusammenhang verweisen Fernández und Landete (2019) darauf, dass die Verwendung eines Standardsolvers für gemischt-ganzzahlige Optimierungsprobleme die naheliegendste Option ist, jedoch insbesondere für größere Instanzen zu Problemen führen kann.[2] Deshalb kommen häufig exakte oder heuristische Lösungsalgorithmen zum Einsatz. Im Rahmen der exakten Lösungsverfahren werden vor allem Brand-and-Bound[3], Branch-and-Cut[4], Spaltengenerierung[5] sowie Dekompositionsverfahren wie beispielsweise Benders Dekomposition[6] angewendet.[7]

Bereits von Cornuejols et al. (1991) wurde jedoch bewiesen, dass das einperiodige Facility-Location-Problem $\mathcal{NP}$-schwer ist.[8] Da die mathematischen Modelle der mehrstufigen Standortplanung auf dem FLP beruhen, sind diese gemäß Pish-

[1] Vgl. Melo et al. (2009), S. 408.

[2] Vgl. Fernández und Landete (2019), S. 74.

[3] Siehe hierzu bspw. Görtz und Klose (2012) oder Solimanpur und Jafari (2008).

[4] Siehe hierzu bspw. Gollowitzer et al. (2013) oder Obreque et al. (2010).

[5] Siehe hierzu bspw. Klose und Drexl (2005) oder Liang et al. (2015).

[6] Siehe hierzu bspw. Benders (1962), Crainic et al. (2021) oder Shaw et al. (2016).

[7] Vgl. Melo et al. (2009), S. 408–409.

[8] Vgl. Cornuejols et al. (1991), S. 289.

J. Christian, *Mehrstufige Standortplanung unter ökonomisch-ökologischen Nachhaltigkeitsaspekten*, Produktion und Logistik,
https://doi.org/10.1007/978-3-658-51327-6_5

vaee et al. (2010) ebenfalls $\mathcal{NP}$-schwer.[9] Bekanntlich existieren für $\mathcal{NP}$-schwere Optimierungsprobleme keine polynomialen exakten Verfahren zur Lösung, sodass der Einsatz heuristischer Lösungsverfahren zweckmäßig ist.[10] Für realitätsbezogene Probleme merken Melo et al. (2009) sogar an, dass der Einsatz heuristischer Lösungsverfahren alternativlos sei.[11] Heuristische Lösungsansätze verfolgen dabei die Zielsetzung in einer kurzen Berechnungszeit[12] möglichst gute Lösungen bereitzustellen.[13] Auch wenn nach derzeitigem Kenntnisstand kein einheitliches Klassifizierungsschema heuristischer Lösungsansätze für die Standortplanung vorliegt, werden besonders Lagrange-Heuristiken sowie Meta-Heuristiken als weit verbreitete Lösungsansätze angesehen.[14] Zudem werden im Rahmen dieses Kapitels Greedy-Heuristiken sowie Heuristiken, die auf der mathematischen Programmierung beruhen (MP-basierte Heuristiken), vorgestellt.[15] Folglich resultiert die in Abbildung 5.1 dargestellte Klassifizierung ausgewählter heuristischer Lösungsansätze für die Standortplanung.[16]

Es sei angemerkt, dass sich diese Lösungsansätze dabei auf die im Sinne von Abschnitt 2.1.1 eingeführte Begrifflichkeit der Standortplanung beziehen. Dementsprechend sind darunter die gemischt-ganzzahligen Entscheidungsmodelle des Facility-Location-Problems sowie der mehrstufigen Standortplanung zu verstehen.

---

[9] Vgl. Pishvaee et al. (2010), S. 1102.

[10] Vgl. Klose (2001), S. 56.

[11] Vgl. Melo et al. (2009), S. 409.

[12] Es sei angemerkt, dass die Begriffe Lösungs- und Berechnungszeit in der vorliegenden Arbeit synonym verwendet werden. Dabei beziehen sich diese Begriffe auf die zur Ermittlung einer Lösung (durch einen Standardsolver oder einen heuristischen Lösungsansatz) benötigte Zeit.

[13] Vgl. Klose (2001), S. 153–154.

[14] Vgl. Ahuja et al. (2004), S. 749; Melo et al. (2009), S. 409; Pishvaee et al. (2010), S. 1102; Eskandarpour et al. (2015), S. 23 und Fernández und Landete (2019), S. 75.

[15] Hinblickend auf die Vielzahl anwendbarer Lösungsansätze (siehe hierzu bspw. Klose (2001), S. 46) für die Standortplanung wird im Folgenden lediglich auf ausgewählte Lösungsansätze eingegangen. Zu jeder Ansatzkategorie für die Heuristiken werden einschlägige sowie vertiefende Literaturhinweise gegeben.

[16] Dieses Klassifizierungsschema findet in seinem grundsätzlichen Aufbau Anlehnung an Buschkühl et al. (2010), S. 238. Buschkühl et al. (2010) bieten jedoch ein Klassifizierungsschema für die dynamische Losgrößenplanung, die ebenfalls durch gemischt-ganzzahlige Entscheidungsmodelle abgebildet wird. Daher findet vorliegend eine grundlegende Orientierung an diesem Schema statt, wobei jedoch eine Anpassung des Klassifizierungsschemata an die Anforderungen der ebenfalls durch gemischt-ganzzahlige Entscheidungsmodell gekennzeichneten Standortplanung erfolgt.

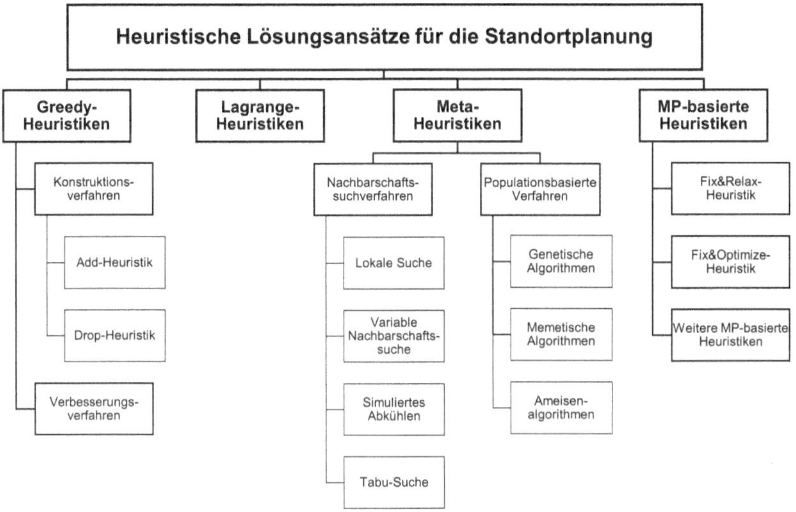

Abb. 5.1 Klassifizierung ausgewählter heuristischer Lösungsansätze für die Standortplanung

Im nachfolgenden Teilkapitel 5.1.2 werden die Kategorien sowie die jeweils in Abbildung 5.1 angeführten Lösungsansätze hinsichtlich ihrer Grundidee erläutert.

5.1.2 Lösungsideen der Heuristiken

Gemäß des in Abbildung 5.1 dargestellten Klassifizierungsschemata werden in diesem Kapitel die Kategorien Greedy-Heuristiken, Lagrange-Heuristiken, Meta-Heuristiken sowie MP-basierte Heuristiken sukzessive vorgestellt. Wie zuvor angemerkt, wird dabei jeweils auf die Grundidee der jeweiligen Lösungsansätze eingegangen. Zudem werden beispielhaft ausgewählte Ansätze genannt, welche die jeweiligen Lösungsansätze im Rahmen der Literatur untersuchen.

Greedy-Heuristiken:

Gemäß Domschke et al. (2018) streben Greedy-Heuristiken in jeder Iteration die größtmögliche Verbesserung des Zielfunktionswerts an. Ein Abbruch erfolgt bei diesen Heuristiken dann, wenn keine Verbesserung mehr resultieren kann.

Greedy-Heuristiken lassen sich in Konstruktions- und Verbesserungsverfahren[17] unterteilen.[18] Zielsetzung der **Konstruktionsverfahren** ist vor allem die Bereitstellung zulässiger Lösungen mit akzeptablen Zielfunktionswerten.[19] Im Rahmen der Standortplanung sind insbesondere die Add- und Drop-Heuristik als Eröffnungsverfahren bekannt. Die von Kuehn und Hamburger (1963) vorgestellte *Add-Heuristik* geht zunächst davon aus, dass keine Standorte errichtet sind und der Zielfunktionswert mit ∞ gegeben sei. In jeder Iteration wird dann derjenige Standort geöffnet, mit dem sich der Zielfunktionswert am stärksten reduzieren lässt. Die Add-Heuristik bricht ab, wenn keine weitere Reduktion des Zielfunktionswerts erreichbar ist. Im Gegensatz hierzu geht die von Feldman et al. (1966) vorgeschlagene *Drop-Heuristik* zunächst davon aus, dass alle Standorte errichtet sind. Iterativ werden diejenigen Standorte geschlossen, die mit der größten Änderung des Zielfunktionswerts einhergehen. Analog zur Add-Heuristik endet die Drop-Heuristik dann, wenn keine weitere Reduktion des Zielfunktionswerts erreichbar ist.[20]

Aufbauend auf den durch die Konstruktionsverfahren generierten Lösungen werden diese im Rahmen der **Verbesserungsverfahren** schrittweise, meist unter Erhaltung der Zulässigkeit, verbessert.[21] Als Verbesserungsverfahren kann beispielsweise der von Manne (1964) vorgeschlagene Ansatz in Anwendung kommen. Hierbei wird im Sinne einer Interchange-Heuristik durch den iterativen Austausch eines eröffneten gegen einen geschlossenen Standort eine Verbesserung des Zielfunktionswerts angestrebt.[22]

Lagrange-Heuristiken:

Mit den Lagrange-Heuristiken wird durch die Relaxation einzelner Restriktionen ein leichter lösbares Problem erzeugt, mit welchem die ursprüngliche Problemstellung dennoch angenähert werden kann. Bei Auswahl der zu relaxierenden Restriktionen gilt zwischen dem notwendigen Berechnungsaufwand sowie der Güte der berechneten Schranken abzuwägen.[23] Im Rahmen von Standortplanungsproblemen

---

[17] An dieser Stelle sei angemerkt, dass die Unterteilung in Konstruktions- und Verbesserungsverfahren auch auf andere heuristische Lösungsansätze zutrifft, siehe hierzu u. a. Nickel et al. (2022), S. 211.

[18] Vgl. Domschke et al. (2018), S. 6–7.

[19] Vgl. Klose (2001), S. 155.

[20] Vgl. Domschke et al. (2018), S. 6.

[21] Vgl. Klose (2001), S. 155.

[22] Vgl. Klose (2001), S. 178.

[23] Vgl. Klose (2001), S. 205.

werden dabei insbesondere die Restriktionen zur Erfüllung der Nachfrage relaxiert.[24] Des Weiteren werden unter anderem auch die Kapazitäts- und Kopplungsrestriktionen relaxiert.[25] Die relaxierten Restriktionen werden über entsprechende Lagrange-Multiplikatoren in die Zielfunktion eingebunden. Über die Lösung des relaxierten Problems werden untere sowie obere Schranken berechnet. Iterativ wird über die Veränderung der Lagrange-Multiplikatoren eine Verbesserung der Schranken sowie folglich eine zulässige Lösung des eigentlichen Problems angestrebt. Ein Abbruch erfolgt beispielweise nach einer vorgegebenen Anzahl an Iterationen.[26] In der Literatur unterscheiden sich die Ansätze insbesondere hinsichtlich der Berechnung der Schranken sowie der zulässigen Lösungen.[27] Frühe Beispiele für die Anwendung der Lagrange-Heuristik auf Standortplanungsprobleme finden sich in Barceló und Casanovas (1984), Cornuejols et al. (1991), Beasley (1993) und Sridharan (1993). Jüngere Beispiele sind in den Arbeiten von Elhedhli und Merrick (2012), Zheng et al. (2020) oder Soleimani et al. (2022) zu finden.

Meta-Heuristiken:

Meta-Heuristiken sind grundsätzlich problemunspezifische Heuristiken, die auf vielfältige Optimierungsprobleme angewendet werden können.[28] Dabei wird über gewisse heuristische Konzepte der Ablauf untergeordneter Heuristiken gesteuert.[29] Ausgehend von einer zulässigen Lösung werden dabei zur Approximation des Optimums im Sinne einer Verbesserungsheuristik sukzessive weitere zulässige Lösungen generiert.[30] Meta-Heuristiken lassen sich in Nachbarschaftssuchverfahren und populationsbasierte Verfahren unterteilen.[31]

Bei **Nachbarschaftssuchverfahren** werden bei Untersuchung der Nachbarschaft einer gegebenen Lösung vorübergehende Verschlechterungen des Zielfunktionswerts zugelassen, um ein Verbleiben in lediglich lokalen Optima zu vermeiden.[32] In den nachfolgenden Ausführungen und gemäß Abbildung 5.1 wird dabei zwischen

---

[24] Vgl. bspw. Barceló und Casanovas (1984), S. 213; Cornuejols et al. (1991), S. 281 oder Sridharan (1993), S. 306–307.

[25] Vgl. bspw. Cornuejols et al. (1991), S. 281 oder Sridharan (1993), S. 306–307.

[26] Vgl. Domschke und Drexl (1996), S. 107–108.

[27] Vgl. Ahuja et al. (2004), S. 750.

[28] Vgl. Nickel et al. (2022), S. 220.

[29] Vgl. Klose (2001), S. 158.

[30] Vgl. Nickel et al. (2022), S. 216.

[31] Vgl. Sahling (2010), S. 60.

[32] Vgl. Sahling (2010), S. 60 und Domschke et al. (2018), S. 6–7.

der lokalen Suche, die als zugrunde liegendes Verfahren für die Nachbarschaftssuche dient, sowie zwischen variabler Nachbarschaftssuche, simuliertem Abkühlen und Tabu-Suche unterschieden.

Die *lokale Suche* (engl. Local Search) ist dadurch gekennzeichnet, dass ausgehend von einem zulässigen Startpunkt eine Nachbarschaft strukturiert nach verbessernden Lösungen untersucht wird. Die bis zu einem festgelegten Abbruchkriterium best-bekannte Lösung wird letztlich ausgegeben.[33] Eine Nachbarschaft für Standortplanungsprobleme kann unter anderem dadurch generiert werden, dass sukzessiv Elemente aus der Menge geöffneter Standorte entfernt werden.[34]

Die *variable Nachbarschaftssuche* (engl. Variable Neighborhood Search) basiert auf der lokalen Suche, bei der jedoch im Unterschied hierzu eine Reihe meist ineinander verschachtelter Nachbarschaften auf der Suche nach verbesserenden Lösungen betrachtet wird.[35] Diese Nachbarschaft kann im Rahmen von Standortplanungsproblemen wie beispielsweise bei Ahuja et al. (2004) durch alternative Zuordnungen von Kunden zu Standorten oder durch alternative Errichtungen der Standorte generiert werden.[36]

Das *simulierte Abkühlen* (engl. Simulated Annealing) stellt in Analogie zur Werkstoffkunde einen Abkühlungsprozess nach. Auf Basis einer zufällig generierten Nachbarschaft werden verbessernde Lösungen immer, verschlechternde Lösungen dagegen nur mit einer gewissen Wahrscheinlichkeit akzeptiert. Über diese Wahrscheinlichkeit, die vom Ausmaß der Zielfunktionswertverschlechterung sowie einem Kontrollparameter abhängt, wird die Heuristik des simulierten Abkühlens gesteuert. Dabei tendiert die Wahrscheinlichkeit der Annahme verschlechternder Lösungen im Laufe des Verfahrens gegen Null.[37] Die zu untersuchende Nachbarschaft kann wie in Arostegui Jr. et al. (2006) dadurch gebildet werden, dass die ursprüngliche Zuordnung der Kundennachfrage zu den Lieferanten durch die Auswahl von Lieferanten mit freier Kapazität geändert wird.[38]

Bei der *Tabu-Suche* (engl. Tabu Search) wird die Nachbarschaft einer zulässigen Lösung vollständig untersucht, wobei der beste Nachbar ausgewählt wird. Gleichzeitig wird eine Tabu-Liste geführt, in welche Merkmale nicht-auszuwählender Lösungen temporär aufgenommen werden. Damit soll die erneute Auswahl von Lösungen, die bereits untersucht wurden, verhindert werden. Gleichzeitig wird so

[33] Vgl. Nickel et al. (2022), S. 216 und Klose (2001), S. 156.

[34] Vgl. Sauvey et al. (2020), S. 11–12.

[35] Vgl. Nickel et al. (2022), S. 223.

[36] Vgl. Ahuja et al. (2004), S. 750.

[37] Vgl. Nickel et al. (2022), S. 220–221 und Klose (2001), S. 158–159.

[38] Vgl. Arostegui Jr. et al. (2006), S. 745.

eine Diversifizierung der Lösungssuche durch das Einbeziehen weiterer Lösungen gefördert. Die Tabu-Suche bricht i. d. R. nach einer gewissen Anzahl an Iterationen ohne Verbesserungen ab.[39] Zur Generierung der entsprechenden Nachbarschaften für Standortplanungsprobleme kann gemäß Sun (2012) ein Austausch geöffneter und geschlossener Standorte vorgenommen werden.[40]

Die Teilklasse der **populationsbasierten Verfahren** ist dadurch gekennzeichnet, dass gleichzeitig mehrere Lösungen betrachtet und zudem häufig naturanaloge Vorgehensweisen gewählt werden.[41] In den nachfolgenden Ausführungen und gemäß Abbildung 5.1 werden die populationsbasierten Verfahren in genetische Algorithmen, memetische Algorithmen und Ameisenalgorithmen untergliedert.

Genetische Algorithmen (engl. Genetic Algorithm) basieren in Form von Fortpflanzungs- und Mutationsprozessen auf der Analogie zur natürlichen Evolution.[42] Demgemäß werden neue Lösungen durch die Kreuzung vorhandener Lösungen generiert. Die generierte Lösung kann dabei durch eine Mutationsoperation leicht verändert werden. Letztlich werden aus den generierten Lösungen gute Lösungen selektiert.[43] Im Rahmen von Standortplanungsproblemen werden bei Arostegui Jr. et al. (2006) durch die Kombination von periodenabhängigen Nachfragezuordnungen sukzessive neue Lösungen generiert und bewertet.[44] Bei Fernandes et al. (2014) erfolgt die Generierung neuer Lösungen dagegen durch die Kombination geöffneter und geschlossener Standorte.[45]

Memetische Algorithmen (engl. Memetic Algorithm) ähneln in ihrer Struktur den genetischen Algorithmen, wobei hierbei zusätzlich häufig eine lokale Suche integriert ist.[46] Zur Anwendung der memetischen Algorithmen als Lösungsansatz für die Standortplanung werden bei Pishvaee et al. (2010) die Zuordnungen der einzelnen Standortkategorien zueinander dazu genutzt, kombiniert und geändert, um sukzessive neue Lösungen zu generieren.[47] Bei Dias et al. (2008) wird hingegen über die periodenweise Kombination von geöffneten wie geschlossenen Standorten eine Lösung kreiert.[48]

---

[39] Vgl. Klose (2001), S. 162–164 und Nickel et al. (2022), S. 221–222.

[40] Vgl. Sun (2012), S. 95.

[41] Vgl. Sahling (2010), S. 60.

[42] Vgl. Klose (2001), S. 166–167.

[43] Vgl. Nickel et al. (2022), S. 223–224.

[44] Vgl. Arostegui Jr. et al. (2006), S. 746.

[45] Vgl. Fernandes et al. (2014), S. 201–202.

[46] Vgl. Pishvaee et al. (2010), S. 1106 auf Basis von Moscato und Cotta (2003).

[47] Vgl. Pishvaee et al. (2010), S. 1106–1107.

[48] Vgl. Dias et al. (2008), S. 224.

Ameisenalgorithmen (engl. Ant Colony Optimization Algorithm) sind durch das Verhalten der Ameisen inspiriert, die als Kommunikationsmittel bei der Futtersuche eine Pheromonspur hinterlassen. Die hinterherlaufenden Ameisen wählen dabei in der Regel den Weg mit der höchsten Pheromonkonzentration aus, wobei dieser meist mit einer geringeren Weglänge einhergeht.[49] Analog zu diesem Vorgehen ist der Ameisenalgorithmus aufgebaut, sodass die futtersuchenden Ameisen mit dem Prozess der Lösungsermittlung sowie die Intensität der Pheromonspuren mit der Qualität der Lösungen assoziiert werden.[50] Im Bereich der Standortplanung stellen beispielsweise Chen und Ting (2008) einen Ameisenalgorithmus vor. Hierbei kommen zwei Auswahlregeln für Standorte und Zuordnungen zum Einsatz, wobei diese mit entsprechenden Pheromoninformationen verknüpft sind. Auf dieser Basis wird in jeder Iteration die bestmögliche aller konstruierten Lösungen ausgewählt. Zudem werden die Pheromoninformationen aktualisiert. Dieses Schema wird wiederholt, bis die Heuristik nach einer vorgegebenen Anzahl an Iterationen abbricht.[51]

Neben Ansätzen, die sich auf einen der vorgestellten meta-heuristischen Algorithmen beschränken, werden diese Ansätze in der Literatur teilweise auch kombiniert betrachtet. So stellen Guan und Lin (2016) eine aus variabler Nachbarschaftssuche und Ameisenalgorithmus kombinierte Heuristik vor. Amrani et al. (2011) kombinieren dagegen eine variable Nachbarschaftssuche mit einer Tabu-Suche. Hingegen kombinieren Silva et al. (2021) die variable Nachbarschaftssuche mit einem genetischen Algorithmus.

MP-basierte Heuristiken:

Als weitere Kategorie lassen sich die auf der mathematischen Programmierung (MP) basierenden Heuristiken abgrenzen. Dabei liegt der Fokus MP-basierter Heuristiken im Rahmen dieser Arbeit vor allem auf den Fix&Relax- sowie den Fix&Optimize-Heuristiken. Neben diesen beiden Heuristiken kommen in der Literatur vereinzelt weitere MP-basierte Heuristiken zum Einsatz.

Zu den in Abbildung 5.1 als **weitere MP-basierte Heuristiken** gekennzeichneten Ansätzen zählen beispielsweise die auf linearer Programmierung (LP) basierenden Heuristiken. Klose (1999) stellt die Anwendung einer *LP-basierten Heuristik* für ein kapazitätsbeschränktes Standortplanungsproblem vor. Dabei werden die binären (Standort-)Entscheidungsvariablen zunächst relaxiert betrachtet und das entsprechend relaxierte Modell mit einem LP-Solver gelöst. Anschließend werden

[49] Vgl. Sahling (2010), S. 64 auf Basis von Dorigo und Stützle (2003) und Deneubourg (1990).

[50] Vgl. Klose (2001), S. 169–171.

[51] Vgl. Chen und Ting (2008), S. 1101–1105.

Rundungsheuristiken genutzt, um auf Basis der relaxierten Werte eine Entscheidung über die zu errichtenden Standorte zu treffen. Weiterhin werden *zulässige Ungleichungen*[52] eingesetzt, um die LP-Relaxation zu stärken.[53]

Im Rahmen der **Fix&Relax-Heuristiken** werden die binären Standortentscheidungsvariablen in mehrere Teilmengen untergliedert. Ein Teil dieser Binärvariablen wird relaxiert gelöst, sodass die betreffenden Entscheidungsvariablen Werte zwischen null und eins annehmen können. Ein anderer Teil der Entscheidungsvariablen wird unter Forderung der Beibehaltung der Binarität gelöst. Die bereits optimierten Binärvariablen werden in der nächsten Iteration fixiert. Dieses Vorgehen wird solange wiederholt, bis alle Variablen optimiert wurden und folglich alle Standortentscheidungsvariablen binäre Werte annehmen. Zur Festlegung der Teilmenge zu optimierender Binärvariablen können unterschiedliche Dekompositionsstrategien in Anwendung kommen.[54] Beispiele für die Anwendung der Fix&Relax-Heuristik zur Lösung von Standortplanungsproblemen stellen die Arbeiten von Albareda-Sambola et al. (2013), Moreno et al. (2016) und Noor-E-Alam und Doucette (2012) dar.

Analog zur Fix&Relax-Heuristik beruht die ursprünglich von Helber und Sahling (2010) auf ein Losgrößenplanungsproblem angewandte **Fix&Optimize-Heuristik** im Rahmen von Standortplanungsproblemen ebenfalls auf dem Prinzip, lediglich eine Teilmenge der binären Standortentscheidungsvariablen optimal zu lösen. Im Unterschied zur

Fix&Relax-Heuristik erfolgt jedoch keine Relaxierung der nicht-fixierten Binärvariablen. Stattdessen sind diese vollständig auf die Werte der Initialisierung bzw. die Werte der vorherigen Iterationen fixiert.[55] Folglich generiert die Fix&Optimize-Heuristik in jeder Iteration eine zulässige Lösung. Dies steht im Gegensatz zur Fix&Relax-Heuristik, bei der nur in der letzten Iteration eine zulässige Lösung ermittelt wird. Beispiele für die Anwendung der Fix&Optimize-Heuristik im Rahmen der Standortplanung stellen die Arbeiten von Moreno et al. (2016) und Christian und Sahling (2024) dar. In den Arbeiten von Ghaderi und Jabalameli (2013), Rahmaniani und Ghaderi (2013), Ghaderi (2015), Pourrezaie-Khaligh et al. (2022) sowie Alarcon-Gerbier und Buscher (2024) wird die Fix&Optimize-Heuristik mit meta-heuristischen Ansätzen kombiniert.

[52] Siehe hierzu auch Melkote und Daskin (2001).

[53] Vgl. Klose (2001), S. 159–163.

[54] Vgl. Albareda-Sambola et al. (2013), S. 2883.

[55] Vgl. Moreno et al. (2016), S. 85–86.

5.1.3 Darstellung der Forschungslücke

Auf Basis der vorangestellten Ausführungen sowie in Kombination mit den Erkenntnissen des Literaturüberblicks in Abschnitt 2.4 sind vor allem die Lagrange-Heuristiken und die problemspezifischen Greedy-Heuristiken als verwendete heuristische Lösungsansätze für Standortplanungsprobleme mit Emissionsregulierungen zu nennen. Die Problemstruktur von Standortplanungsproblemen lässt dabei trotz der Relaxation einzelner Restriktionen eine gute Annäherung an die ursprüngliche Problemstellung zu. Dies begründet die Bedeutung der Lagrange-Heuristiken als einer der zentralen Lösungsansätze für die Standortplanung.[56] Dagegen müssen die verwendeten problemspezifischen Greedy-Heuristiken aufgrund ihrer problemspezifischen Struktur häufig an die entsprechende Variante des Standortplanungsproblems angepasst werden. Im Unterschied hierzu sind MP-basierte Verfahren, die im Bereich der Standortplanung nur vereinzelt zum Einsatz kommen, in der Regel eher generell aufgebaut. Daher können diese auch besser als andere Ansätze an verschiedene Problemstellungen angepasst werden.[57] Auch wenn gemäß Klose (2001) die Ausnutzung der problemspezifischen Struktur bei den schwer lösbaren gemischt-ganzzahligen Modellen (der Standortplanung) vorteilhaft wirkt, ist dennoch der Vorteil einer generellen Lösungsmethodik insbesondere bei Änderungen an der Problemformulierung offensichtlich.[58]

Generell gilt es dabei anzumerken, dass heuristische Lösungsansätze im Bereich der Standortplanung mit Emissionsregulierungen nur sehr vereinzelt Anwendung finden.[59] In lediglich drei der 24 vorgestellten Ansätze des Literaturüberblicks aus Abschnitt 2.4.1 wird eine Heuristik zur Lösung der aufgestellten Modelle verwendet. Da dennoch eine Notwendigkeit für geeignete heuristische Lösungsansätze besteht[60], wird in der vorliegenden Arbeit eine MP-basierte Heuristik vorgestellt. Nach derzeitigem Kenntnisstand ist abgesehen von Christian und Sahling (2024) kein anderer Ansatz bekannt, der eine MP-basierte Heuristik als Lösungsansatz für ein Standortplanungsproblem mit Emissionsregulierungen anwendet. Die in dieser Arbeit vorgestellte Fix&Optimize-Heuristik ist aufgrund ihrer Flexibilität als vielseitiger Lösungsansatz für gemischt-ganzzahlige Optimierungsprobleme geeignet. Daher wird im folgenden Kapitel dargelegt, wie die Fix&Optimize-Heuristik für das

[56] Vgl. Klose (2001), S. 205 und S. 190.

[57] Vgl. Buschkühl et al. (2010), S. 237.

[58] Vgl. Klose (2001), S. 45.

[59] Vgl. hierzu die Erkenntnisse des Literaturüberblicks aus Abschnitt 2.4 sowie Eskandarpour et al. (2015), S. 23.

[60] Vgl. hierzu die Ausführungen in Abschnitt 5.1.1.

SND-CT-CP angewendet werden kann. Dazu wird zunächst auf die Lösungsidee der verwendeten Fix&Optimize-Heuristik eingegangen.

5.2 Anwendung der Fix&Optimize-Heuristik für das SND-CT-CP

5.2.1 Lösungsidee der Fix&Optimize-Heuristik

Die Lösungsidee der Fix&Optimize-Heuristik besteht darin, über die iterative Optimierung einer kleinen Teilmenge der Binärvariablen bei gleichzeitiger Optimierung aller reellwertigen Entscheidungsvariablen den Berechnungsaufwand zu reduzieren.[61] Diese Lösungsidee liegt darin begründet, dass für gemischt-ganzzahlige lineare Programme ein Großteil des Berechnungsaufwands durch die binären Entscheidungsvariablen begründet ist.[62] Folglich haben die reellwertigen Entscheidungsvariablen für den resultierenden Berechnungsaufwand eine geringere Bedeutung.[63] Die auf Helber und Sahling (2010) basierende Fix&Optimize-Heuristik wird ursprünglich zur Lösung eines Losgrößenplanungsproblems eingesetzt. Da jedoch Standortplanungsprobleme im Hinblick auf die gemischt-ganzzahlige Struktur mit binären und reellwertigen Entscheidungsvariablen den Losgrößenplanungsproblemen ähneln, findet die Fix&Optimize-Heuristik zunehmend auch als heuristischer Lösungsansatz für Standortplanungsprobleme Anwendung.[64]

Die Fix&Optimize-Heuristik umfasst im Allgemeinen folgenden Ablauf: Zu Beginn der Heuristik ist eine Initialisierung der binären Entscheidungsvariablen notwendig.[65] Aufbauend auf den Ergebnissen der Initialisierung werden die Binärvariablen auf die entsprechenden Werte fixiert. Hieran anschließend startet die iterative Optimierung der Binärvariablen und die Berechnung der zugehörigen Lösungen. Die innerhalb einer Iteration zu optimierenden Binärvariablen werden hierbei über eine vorgegebene Dekompositionsstrategie festgelegt. Die optimierten Binärvariablen werden für die darauffolgenden Iterationen auf die ermittelten Werte fixiert.

[61] Vgl. Helber und Sahling (2010), S. 250.

[62] Vgl. z. B. Helber und Sahling (2010), S. 250 oder Eskandarpour et al. (2015), S. 29.

[63] Vgl. Helber und Sahling (2010), S. 250.

[64] Vgl. hierzu die Ausführungen in Abschnitt 5.1.2.

[65] Bei Standortplanungsproblemen können hierzu beispielsweise die binären Standortbetriebsvariablen mit eins angenommen werden; vgl. Moreno et al. (2016), S. 85. Je nach Ausgestaltung des Standortplanungsproblems gilt es dabei ggf. die mehrperiodige Struktur des Entscheidungsproblems sowie etwaige Technologieentscheidungen an den Produktionswerken zu berücksichtigen; vgl. Christian und Sahling (2024), S. 7–8.

Die Dekompositionsstrategie wird iterativ so lange durchlaufen, bis alle Binärvariablen optimiert wurden. Es gilt dabei anzumerken, dass neben den festgelegten Binärvariablen jeweils alle reellwertigen Entscheidungsvariablen in jeder Iteration optimiert werden.[66]

Für die Unterteilung der Menge der Binärvariablen in fixierte und zu optimierende Binärvariablen können unterschiedliche Dekompositionsstrategien zum Einsatz kommen. Zur formellen Umsetzung der Dekompositionsstrategien wird für jede Iteration ein Unterproblem formuliert. Dabei wird die Menge der fixierten reellwertigen Entscheidungsvariablen als neue Teilmenge eingeführt und die entsprechend darin enthaltenen Binärvariablen auf exogen festgelegte Werte fixiert.[67] In Abhängigkeit des betrachteten Optimierungsproblems kann eine geeignete Dekompositionsstrategie in Einsatz kommen.[68] Grundsätzlich können auch mehrere Dekompositionsstrategien Anwendung finden, wobei die verschiedenen Dekompositionen entweder separat oder nacheinander durchlaufen werden.[69]

Die Fix&Optimize-Heuristik bricht je nach Ausgestaltung dann ab, wenn die eingesetzte Dekompositionsstrategie[70] einmal durchlaufen wurde oder durch mehrfaches Durchlaufen ein lokales Optimum gefunden wurde.[71]

Zusammenfassend besteht die Lösungsidee der Fix&Optimize-Heuristik darin, über die Optimierung eines kleinen Teils der Binärvariablen bei gleichzeitiger Fixierung aller übrigen Binärvariablen (sowie Optimierung der reellwertigen Entscheidungsvariablen) eine effiziente heuristische Lösung für gemischt-ganzzahlige lineare Modelle bereitzustellen.

Im nachfolgenden Kapitel wird die mathematische Modellformulierung für das zur Umsetzung der Fix&Optimize-Heuristik notwendige Unterproblem vorgestellt.

---

[66] In den folgenden Ausführungen liegt der Fokus auf den binären Entscheidungsvariablen, die im Wesentlichen für die Berechnungsdauer verantwortlich sind. Daher wird nicht erneut explizit auf die reellwertigen Entscheidungsvariablen eingegangen, wobei auch ohne erneute Nennung jeweils alle reellwertigen Entscheidungsvariablen in jeder Iteration optimiert werden.

[67] Vgl. Helber und Sahling (2010), S. 250.

[68] Im Bereich der Losgrößenplanung schlagen beispielsweise Helber und Sahling (2010) eine produktorientierte, eine ressourcenorientierte sowie eine prozessorientierte Dekomposition vor. Im Bereich der Standortplanung verwenden u. a. Moreno et al. (2016) und Christian und Sahling (2024) eine periodenorientierte Dekomposition vor. Des Weiteren findet bei Christian und Sahling (2024) eine standortorientierte Dekomposition Anwendung.

[69] Vgl. Helber und Sahling (2010), S. 250–251.

[70] Gleiches gilt für die Kombinationen mehrerer hintereinandergeschalteter Dekompositionsstrategien.

[71] Vgl. Helber und Sahling (2010), S. 250–252.

5.2.2 Angepasste Modellformulierung zur Umsetzung der Fix&Optimize-Heuristik

Um die gemäß der Fix&Optimize-Heuristik vorgesehene Dekomposition in Unterprobleme umzusetzen, sind Anpassungen am SND-CT-CP notwendig. Die hierfür durchgeführten Modifikationen sowie die daraus resultierende und als SND-CT-CP-F&O bezeichnete Modellformulierung werden in diesem Kapitel vorgestellt.

Wie bereits in Abschnitt 5.2.1 aufgezeigt, bedingen bei gemischt-ganzzahligen linearen Modellen insbesondere die binären Entscheidungsvariablen den Berechnungsaufwand. Das SND-CT-CP ist durch eine besonders hohe Anzahl an binären Entscheidungsvariablen gekennzeichnet. Diese umfassen $|\mathcal{L}| \cdot |\mathcal{C}| \cdot |\mathcal{T}|$ Binärvariablen für die Lieferantenauswahl, jeweils $|\mathcal{W}| \cdot |\mathcal{P}| \cdot |\mathcal{T}|$ Binärvariablen für Errichtung, Betrieb, Schließung der Produktionswerke und für De- sowie Neuinstallation der Technologiestufen an den Produktionswerken, jeweils $|\mathcal{I}| \cdot |\mathcal{T}|$ Binärvariablen für Errichtung, Betrieb und Schließung der Distributionszentren und $|\mathcal{J}| \cdot |\mathcal{K}| \cdot |\mathcal{N}| \cdot |\mathcal{T}|$ Binärvariablen für die Nachfragebefriedigung. Demnach beruht die auf das SND-CT-CP angewandte Fix&Optimize-Heuristik darauf, iterativ nur einen kleinen Teil der entsprechenden Binärvariablen simultan zu optimieren. Daher wird die jeweilige Menge der zu den Binärvariablen zugehörigen Indexmengen-Kombinationen in jeweils zwei disjunkte Teilmengen unterteilt. Demnach wird die Menge aller Komponenten-Lieferanten-Perioden-Kombinationen $\mathcal{LCT} := \mathcal{L} \times \mathcal{C} \times \mathcal{T}$ wie folgt in zwei disjunkte Teilmengen untergliedert:

- Hierbei enthält die Teilmenge $\mathcal{LCT}^{opt}$ alle Lieferanten-Komponenten-Perioden-Kombinationen (l, c, t), deren zugehörige Lieferantenauswahlvariablen α_{lct} im betrachteten Unterproblem optimiert werden.
- Dagegen umfasst die Teilmenge $\mathcal{LCT}^{fix}$ alle Lieferanten-Komponenten-Perioden-Kombinationen (l, c, t), deren zugehörige Lieferantenauswahlvariablen im betrachteten Unterproblem auf $\overline{\alpha_{lct}}$ fixiert sind.

Analog wird die Menge aller Produktionswerke-Technologiestufen-Perioden-Kombinationen $\mathcal{WPT} := \mathcal{W} \times \mathcal{P} \times \mathcal{T}$ in die folgenden zwei disjunkten Teilmengen unterteilt:

- Dabei enthält die Teilmenge $\mathcal{WPT}^{opt}$ alle Produktionswerke-Technologiestufen-Perioden-Kombinationen (w, p, t), deren zugehörige Binärvariablen für Errichtung γ_{wpt}^{est}, Betrieb γ_{wpt}^{ope}, Schließung γ_{wpt}^{clo} sowie Technologieänderung der

Produktionswerke ($\rho_{wpt}^{tec,off}$ bzw. $\rho_{wpt}^{tec,on}$) im betrachteten Unterproblem optimiert werden.

- Weiterhin beinhaltet die Teilmenge $\mathcal{WPT}^{fix}$ alle Produktionswerke-Technologiestufen-Perioden-Kombinationen (w, p, t), deren zugehörige Binärvariablen für Errichtung, Betrieb, Schließung sowie Technologieänderung der Produktionswerke im betrachteten Unterproblem auf $\overline{\gamma_{wpt}^{est}}$, $\overline{\gamma_{wpt}^{ope}}$, $\overline{\gamma_{wpt}^{clo}}$, $\overline{\rho_{wpt}^{tec,off}}$ bzw. $\overline{\rho_{wpt}^{tec,on}}$ fixiert sind.

Zudem wird die Menge aller Distributionszentren-Perioden-Kombinationen $\mathcal{IT} := \mathcal{I} \times \mathcal{T}$ in die nachstehend erläuterten, disjunkten Teilmengen $\mathcal{IT}^{opt}$ und $\mathcal{IT}^{fix}$ aufgeteilt:

- Der Teilmenge $\mathcal{IT}^{opt}$ werden diejenigen Distributionszentren-Perioden-Kombinationen (i, t) zugeteilt, deren zugehörige Binärvariablen für Errichtung ψ_{it}^{est}, Betrieb ψ_{it}^{ope} und Schließung ψ_{it}^{clo} der Distributionszentren im betrachteten Unterproblem optimiert werden.
- In die Teilmenge $\mathcal{IT}^{fix}$ werden hingegen diejenigen Distributionszentren-Perioden-Kombinationen (i, t) eingeordnet, deren zugehörige Binärvariablen für Errichtung, Betrieb und Schließung der Distributionszentren im betrachteten Unterproblem auf $\overline{\psi_{it}^{est}}$, $\overline{\psi_{it}^{ope}}$ bzw. $\overline{\psi_{it}^{clo}}$ fixiert sind.

Weiterhin wird auch die Menge aller Produkt-Nachfragestufen-Nachfrageorte-Perioden-Kombinationen $\mathcal{JKNT} := \mathcal{J} \times \mathcal{K} \times \mathcal{N} \times \mathcal{T}$ in die im Folgenden ausgeführten, disjunkten Teilmengen getrennt:

- Der Teilmenge $\mathcal{JKNT}^{opt}$ werden alle Produkt-Nachfragestufen-Nachfrageorte-Perioden-Kombinationen (j, k, n, t) zugewiesen, deren zugehörige Binärvariablen für die Nachfragebefriedigung ω_{jknt} optimiert werden.
- Hingegen umfasst die $\mathcal{JKNT}^{fix}$ alle Produkt-Nachfragestufen-Nachfrageorte-Perioden-Kombinationen (j, k, n, t), deren zugehörige Binärvariablen für die Nachfragebefriedigung auf $\overline{\omega_{jknt}}$ fixiert sind.

Auf Basis dieser Anpassungen sowie mit der in Tabelle 5.1 angegebenen Notation wird das zur Umsetzung der Fix&Optimize-Heuristik notwendige Unterproblem SND-CT-CP-F&O mathematisch wie folgt modelliert. Aus Redundanzgründen werden ausschließlich diejenigen Bestandteile des SND-CT-CP-F&O erläutert, für die sich im Vergleich zum SND-CT-CP Änderungen ergeben haben. Für die aus dem

Tabelle 5.1 Verwendete Notation für das SND-CT-CP-F&O

Mengen:	
$\mathcal{LCT}$	Menge der Lieferanten-Komponenten-Perioden-Kombinationen (l, c, t)
$\mathcal{WPT}$	Menge der Produktionswerke-Technologiestufen-Perioden-Kombinationen (w, p, t)
$\mathcal{IT}$	Menge der Distributionszentren-Perioden-Kombinationen (i, t)
$\mathcal{JKNT}$	Menge der Produkt-Nachfragestufen-Nachfrageorte-Perioden-Kombinationen (j, k, n, t)
Teilmengen:	
$\mathcal{LCT}^{opt}$	Teilmenge der Lieferanten-Komponenten-Perioden-Kombinationen (l, c, t), deren zugehörige Lieferantenauswahlvariablen im betrachteten Unterproblem optimiert werden
$\mathcal{LCT}^{fix}$	Teilmenge der Lieferanten-Komponenten-Perioden-Kombinationen (l, c, t), deren zugehörige Lieferantenauswahlvariablen im betrachteten Unterproblem fixiert sind
$\mathcal{WPT}^{opt}$	Teilmenge der Produktionswerke-Technologiestufen-Perioden-Kombinationen (w, p, t), deren zugehörige Binärvariablen für Errichtung, Betrieb, Schließung sowie Technologieänderung der Produktionswerke im betrachteten Unterproblem optimiert werden
$\mathcal{WPT}^{fix}$	Teilmenge der Produktionswerke-Technologiestufen-Perioden-Kombinationen (w, p, t), deren zugehörige Binärvariablen für Errichtung, Betrieb, Schließung sowie Technologieänderung der Produktionswerke im betrachteten Unterproblem fixiert sind
$\mathcal{IT}^{opt}$	Teilmenge der Distributionszentren-Perioden-Kombinationen (i, t), deren zugehörige Binärvariablen für Errichtung, Betrieb und Schließung der Distributionszentren im betrachteten Unterproblem optimiert werden
$\mathcal{IT}^{fix}$	Teilmenge der Distributionszentren-Perioden-Kombinationen (i, t), deren zugehörige Binärvariablen für Errichtung, Betrieb und Schließung der Distributionszentren im betrachteten Unterproblem fixiert sind

(Fortsetzung)

Tabelle 5.1 (Fortsetzung)

$\mathcal{JKNT}^{opt}$	Teilmenge der Produkt-Nachfragestufen-Nachfrageorte-Perioden-Kombinationen (j, k, n, t), deren zugehörige Binärvariablen für die Nachfragebefriedigung optimiert werden
$\mathcal{JKNT}^{fix}$	Teilmenge der Produkt-Nachfragestufen-Nachfrageorte-Perioden-Kombinationen (j, k, n, t), deren zugehörige Binärvariablen für die Nachfragebefriedigung fixiert sind
Parameter:	
$\overline{\alpha_{lct}}$	Fixierte Binärvariable für die Lieferantenauswahl von Komponente c bei Lieferant l in Periode t
$\overline{\gamma_{wpt}^{est}}$	Fixierte Binärvariable für die Errichtung von Produktionswerk w mit Technologiestufe p in Periode t
$\overline{\gamma_{wpt}^{ope}}$	Fixierte Binärvariable für den Betrieb von Produktionswerk w mit Technologiestufe p in Periode t
$\overline{\gamma_{wpt}^{clo}}$	Fixierte Binärvariable für die Schließung von Produktionswerk w mit Technologiestufe p zum Ende einer Periode t
$\overline{\rho_{wpt}^{tec,off}}$	Fixierte Binärvariable für die Deinstallation von Technologiestufe p am (bereits errichteten) Produktionswerk w in Periode t
$\overline{\rho_{wpt}^{tec,on}}$	Fixierte Binärvariable für die Neuinstallation von Technologiestufe p am (bereits errichteten) Produktionswerk w in Periode t
$\overline{\psi_{it}^{est}}$	Fixierte Binärvariable für die Errichtung von Distributionszentrum i in Periode t
$\overline{\psi_{it}^{ope}}$	Fixierter Binärvariable für den Betrieb von Distributionszentrum i in Periode t
$\overline{\psi_{it}^{clo}}$	Fixierte Binärvariable für die Schließung von Distributionszentrum i zum Ende einer Periode t
$\overline{\omega_{jknt}}$	Fixierte Binärvariable für die Nachfragebefriedigung von Produkt k in Nachfragestufe n an Nachfrageort j in Periode t

SND-CT-CP übernommenen Bestandteile sei auf die Erläuterungen in Abschnitt 3.2 verwiesen.

Modell SND-CT-CP-F&O:
(3.1) mit (3.1.1)–(3.1.8)
unter Beachtung der Restriktionen (3.2)–(3.32) sowie

$$\alpha_{lct} = \overline{\alpha_{lct}} \qquad \forall l, c, t \in \mathcal{LCT}^{fix} \tag{5.1}$$

$$\gamma_{wpt}^{ope} = \overline{\gamma_{wpt}^{est}} \qquad \forall (w, p, t) \in \mathcal{WPT}^{fix} \tag{5.2}$$

$$\gamma_{wpt}^{est} = \overline{\gamma_{wpt}^{est}} \qquad \forall (w, p, t) \in \mathcal{WPT}^{fix} \tag{5.3}$$

$$\gamma_{wpt}^{clo} = \overline{\gamma_{wpt}^{clo}} \qquad \forall (w, p, t) \in \mathcal{WPT}^{fix} \tag{5.4}$$

$$\rho_{wpt}^{tec,off} = \overline{\rho_{wpt}^{tec,off}} \qquad \forall (w, p, t) \in \mathcal{WPT}^{fix} \tag{5.5}$$

$$\rho_{wpt}^{tec,on} = \overline{\rho_{wpt}^{tec,on}} \qquad \forall (w, p, t) \in \mathcal{WPT}^{fix} \tag{5.6}$$

$$\psi_{it}^{ope} = \overline{\psi_{it}^{ope}} \qquad \forall (i, t) \in \mathcal{IT}^{fix} \tag{5.7}$$

$$\psi_{it}^{est} = \overline{\psi_{it}^{est}} \qquad \forall (i, t) \in \mathcal{IT}^{fix} \tag{5.8}$$

$$\psi_{it}^{clo} = \overline{\psi_{it}^{clo}} \qquad \forall (i, t) \in \mathcal{IT}^{fix} \tag{5.9}$$

$$\omega_{jknt} = \overline{\omega_{jknt}} \qquad \forall (j, k, n, t) \mathcal{JKNT}^{fix} \tag{5.10}$$

Das SND-CT-CP-F&O beinhaltet neben den aus Zielfunktion (3.1) (mit (3.1.1) bis (3.1.8)) und Restriktionen (3.2) bis (3.32) bestehenden sowie bereits in Abschnitt 3.2 erläuterten Bestandteilen des SND-CT-CP zudem noch die zusätzlichen Restriktionen (5.1) bis (5.10). Mit diesen zusätzlichen Restriktionen wird sichergestellt, dass die in den entsprechenden Teilmengen der fixierten Variablen enthaltenen Binärvariablen auf die vorgegebenen Werte gesetzt werden. Gleichermaßen wird dadurch sichergestellt, dass die nicht in der Teilmenge der fixierten Variablen beinhalteten Binärvariablen optimiert werden.

Im Speziellen wird dabei durch die Gleichungen (5.1) gewährleistet, dass die in der Teilmenge $\mathcal{LCT}^{fix}$ enthaltenen Binärvariablen α_{lct} für die Lieferantenauswahl auf die vorgesehenen Werte $\overline{\alpha_{lct}}$ gesetzt werden. Analog werden durch die Gleichungen (5.2) bis (5.6) die in der Teilmenge $\mathcal{WPT}^{fix}$ beinhalteten Binärvariablen für Errichtung, Betrieb, Schließung, Technologiede- sowie Technologieneuinstallation der Produktionswerke auf die exogen vorgegebenen Werte $\overline{\gamma_{wpt}^{est}}$, $\overline{\gamma_{wpt}^{ope}}$, $\overline{\gamma_{wpt}^{clo}}$, $\overline{\rho_{wpt}^{tec,off}}$ bzw. $\overline{\rho_{wpt}^{tec,on}}$ fixiert. Weiterhin werden gemäß den Gleichungen

(5.7) bis (5.9) die in der Teilmenge $\mathcal{IT}^{fix}$ befindlichen binären Entscheidungsvariablen für Errichtung, Betrieb sowie Schließung der Distributionszentren auf die vorgegebenen Werte $\overline{\psi_{it}^{est}}$, $\overline{\psi_{it}^{ope}}$ bzw. $\overline{\psi_{it}^{clo}}$ gesetzt. Zuletzt stellen die Gleichungen (5.10) sicher, dass die in der Teilmenge $\mathcal{JKNT}^{fix}$ enthaltenen Binärvariablen ω_{jknt} die vorgesehenen Werte $\overline{\omega_{jknt}}$ annehmen.

Zur Unterteilung der Binärvariablen in fixierte und zu optimierende Variablen kommen für das SND-CT-CP in Anlehnung an Christian und Sahling (2024) sowohl eine periodenorientierte als auch eine standortorientierte Dekompositionsstrategie in Einsatz. Diese werden im folgenden Kapitel vorgestellt, wobei zunächst die periodenorientierte Dekomposition erläutert wird.

5.2.3 Dekompositionsstrategien der Fix&Optimize-Heuristik für das SND-CT-CP

5.2.3.1 Periodenorientierte Dekomposition

Die periodenorientierte Dekomposition legt die Teilmenge zu optimierender Binärvariablen auf Basis der Zugehörigkeit der binären Entscheidungsvariablen zu einer bestimmten Periode oder einer Aufeinanderfolge bestimmter Perioden fest.[72] Dabei gilt es, die Länge der gleichzeitig betrachteten Perioden ex-ante mit κ festzusetzen. Weiterhin wird mit ν die Anzahl der Perioden vorgegeben, um die das betrachtete Planungsfenster für die darauffolgende Iteration verschoben wird. Durch die Wahl von κ wird folglich darüber entschieden, wie viele Binärvariablen simultan optimiert werden. Zudem legt ν fest, ob die bereits optimierten Binärvariablen erneut in Kombination mit bisher fixierten Binärvariablen optimiert werden. Alternativ kann die Optimierung der Binärvariablen ohne Überschneidungen zwischen den einzelen Unterproblemen erfolgen.

Beispielhaft visualisiert Abbildung 5.2 die Vorgehensweise der periodenorientierten Dekomposition. Dazu wird die Unterteilung der binären Entscheidungsvariablen in die disjunkten Teilmengen zu optimierender (in roten Kreisen dargestellt) und fixierter (in blauen Kreisen dargestellt) farblich kenntlich gemacht.

Dieses Beispiel geht davon aus, dass der Planungshorizont insgesamt $|T| = 6$ Perioden umfasst. Weiterhin werden die zu zwei Perioden zugehörigen Binärvariablen jeweils simultan optimiert ($\kappa = 2$), wobei das Planungsfenster (in grau dargestellt) im Anschluss um zwei Perioden verschoben wird ($\nu = 2$). Dadurch ergeben sich drei Unterprobleme, die iterativ, überschneidungsfrei sowie nacheinander

[72] Das in diesem Teilkapitel beschriebene Vorgehen orientiert sich an Christian und Sahling (2024), S. 8.

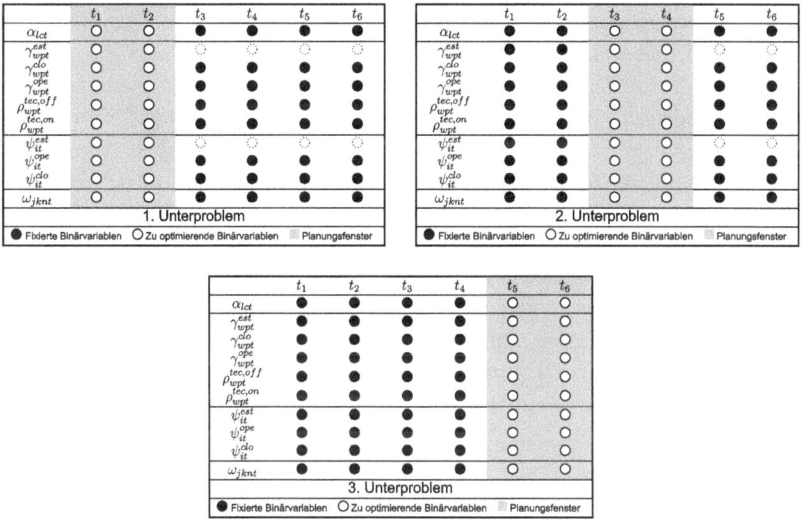

Abb. 5.2 Visualisierung der periodenorientierten Dekomposition für das SND-CT-CP

optimiert werden. Für die Initialisierung wird angenommen, dass alle Standorte in allen Perioden betrieben werden.[73]

Im ersten Unterproblem werden die zu den ersten beiden Perioden zugehörigen Binärvariablen optimiert. Alle übrigen Binärvariablen sind auf die Werte der Initialisierung fixiert. Aufgrund der mehrperiodigen Struktur des SND-CT-CP sind die binären Errichtungsvariablen der Produktionswerke (γ_{wpt}^{est}) sowie Distributionszentren (ψ_{it}^{est}) in den ersten beiden Unterproblemen davon ausgenommen.[74] Ergeben sich für die Betriebsvariablen der Produktionswerke und Distributionszentren innerhalb des Planungsfensters von der Initialisierung abweichende Werte, so resultieren auch Auswirkungen für die Betriebsvariablen der folgenden Perioden. Da jedoch gemäß der Initialisierung in diesen Perioden ein fixierter Betrieb aller Standorte vorgesehen ist, müsste daher eine Anpassung des Errichtungszeitpunktes erfolgen. Zur Gewährleistung der Zulässigkeit der Lösung des Unterproblems sind demnach Anpassungen an den Errichtungsvariablen der außerhalb des Zeitfensters liegenden

[73] Detaillierte Erläuterungen zur Initialisierung finden sich in Abschnitt 5.2.4.

[74] Dies gilt nur für die binären Errichtungsvariablen derjenigen Perioden, die noch nicht in einem Planungsfenster enthalten waren.

Binärvariablen möglich, sodass diese ebenfalls optimiert werden.[75] Dies wird in Abbildung 5.2 als weißer Kreis mit gepunktetem Rand dargestellt.

Im darauffolgenden zweiten Unterproblem sind die Binärvariablen der ersten beiden Perioden auf die Werte des vorherigen Unterproblems fixiert.[76] Gemäß des gewählten $\nu = 2$ werden die zu der dritten und vierten Periode zugehörigen Binärvariablen optimiert. Die Werte der fünften und sechsten Periode sind auf die Werte der Initialisierung fixiert, wobei im Hinblick auf die binären Errichtungsvariablen Analoges zu den vorherigen Ausführungen gilt.

Im abschließenden dritten Unterproblem werden die Binärvariablen der fünften und sechsten Periode optimiert, wobei alle übrigen Binärvariablen auf die in den vorherigen Unterproblemen ermittelten Werte fixiert sind. Nach Abschluss dieses Unterproblems wurden alle Binärvariablen optimiert. Im Anschluss kann je nach vorgegebener Anzahl an Iterationen ein erneutes Durchlaufen oder ein Abbruch der Heuristik erfolgen.

5.2.3.2 Standortorientierte Dekomposition

Alternativ kann die Auswahl der Teilmengen zu optimierender Binärvariablen auch gemäß einer standortorientierten Dekomposition erfolgen.[77] Gemäß dieser Dekompositionsstrategie erfolgt die Auswahl zu optimierender Binärvariablen auf Grundlage der Standortkategorie. Hierbei wird im SND-CT-CP mit Lieferanten, Produktionswerken, Distributionszentren sowie Nachfrageorten zwischen vier Standortkategorien unterschieden. Hinblickend auf die Interdependenzen des Modells werden die zu diesen Standortkategorien zugehörigen Binärvariablen in den einzelnen Unterproblemen simultan oder sukzedan optimiert.

Abbildung 5.3 visualisiert den Ablauf der standortorientierten Dekomposition auf Basis des bereits im vorherigen Teilkapitel 5.2.3.1 eingeführten Beispiels.

---

[75] Dies dient im Wesentlichen der Zulässigkeit der generierten Lösung und ist als Fortführung der gewählten Initialisierung zu verstehen. Daher betrifft dies ausschließlich die Errichtungsvariablen derjenigen Perioden, die noch nicht in einem Planungsfenster enthalten waren und folglich lediglich die ersten beiden Unterprobleme.

[76] Hierfür wird nachfolgend angenommen, dass der Zielfunktionswert mit jeder Iteration verbessert wird ($NPV > NPV^{best}$).

[77] Das in diesem Teilkapitel beschriebene Vorgehen orientiert sich an Christian und Sahling (2024), S. 8.

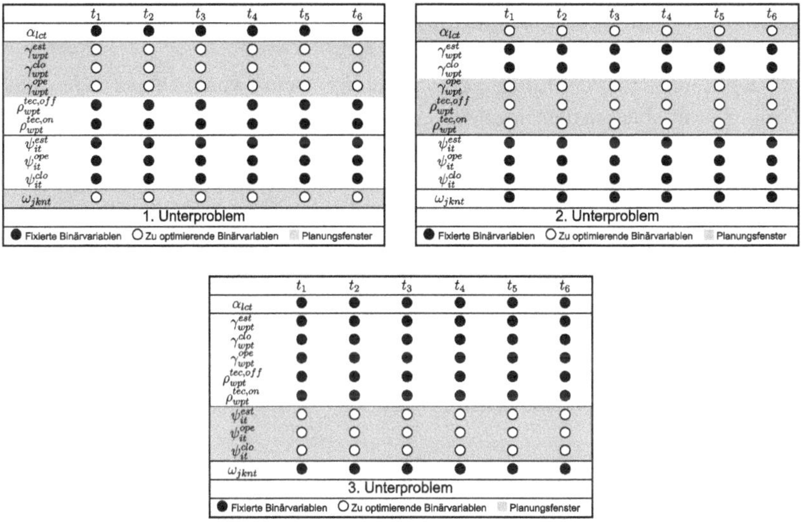

Abb. 5.3 Visualisierung der standortorientierten Dekomposition für das SND-CT-CP

Im Rahmen des ersten Unterproblems werden die binären Entscheidungsvariablen für Errichtung (γ_{wpt}^{est}), Betrieb (γ_{wpt}^{ope}) und Schließung (γ_{wpt}^{clo}) der Produktionswerke optimiert. Da im Hinblick auf die Kapazitätsbeschränkungen des SND-CT-CP das Ausmaß der Nachfragebefriedigung entscheidend ist, werden die Nachfragebefriedigungsvariablen (ω_{jknt}) ebenfalls simultan optimiert. Alle übrigen binären Entscheidungsvariablen sind auf die Werte der Initialisierung fixiert.

Im darauffolgenden zweiten Unterproblem wird auf Basis der bereits im ersten Unterproblem getroffenen Entscheidungen die Lieferantenauswahl vorgenommen. Demgemäß werden die binären Lieferantenauswahlvariablen (α_{lct}) optimiert. Zudem werden unter Beibehaltung der bereits getroffenen Entscheidungen zur Errichtung und Schließung der Produktionswerke Entscheidungen über die Technologieänderungen getroffen. Dies betrifft die Optimierung der binären Entscheidungsvariablen für De-($\rho_{wpt}^{tec,off}$) und Neuinstallation ($\rho_{wpt}^{tec,on}$) der Technologiestufen. Durch etwaige Technologieänderungen ist jedoch auch unmittelbar die Entscheidung über den Betrieb in jeder jeweiligen Technologiestufe betroffen, sodass die binäre Betriebsvariable γ_{wpt}^{ope} erneut vollständig in der die Produktionswerke betreffenden Menge zu optimierender Binärvariablen $\mathcal{WPT}^{opt}$ enthalten ist.

Im abschließenden dritten Unterproblem werden die binären Entscheidungsvariablen für Errichtung (ψ_{it}^{est}), Betrieb (ψ_{it}^{ope}) und Schließung (ψ_{it}^{clo}) der Distributionszentren optimiert. Alle die übrigen Standortkategorien (Lieferanten, Produktionswerke, Nachfrageorte) betreffenden Binärvariablen sind auf die bereits in den vorherigen Iterationen ermittelten Werte gesetzt.

Nach Berechnung der Lösung dieses Unterproblems wurden alle binären Entscheidungsvariablen in den einzelnen Unterproblemen betrachtet, sodass entweder ein erneuter Durchlauf der Dekomposition oder ein Abbruch der Heuristik erfolgen kann. An dieser Stelle sei in Anlehnung an Helber und Sahling (2010) angemerkt, dass die perioden- sowie standortorientierte Dekomposition nicht zwingend getrennt voneinander betrachtet zu sehen sind. Vielmehr können beide Dekompositionsstrategien grundsätzlich in beliebiger sowie im Hinblick auf die Lösungszeit möglichst sinniger Folge aneinandergereiht werden und folglich kombiniert betrachtet werden.[78]

Im folgenden Kapitel wird der Ablauf der Fix&Optimize-Heuristik für das SND-CT-CP zusammenfassend dargestellt.

5.2.4 Ablauf der Fix&Optimize-Heuristik für das SND-CT-CP

Der Ablauf der Fix&Optimize-Heuristik orientiert sich grundsätzlich an der von Christian und Sahling (2024) vorgeschlagenen Variante und wird vorliegend zur Lösung des SND-CT-CP angepasst. Die Fix&Optimize-Heuristik lässt sich hierbei in zwei Abschnitte gliedern. Zunächst wird über die Initialisierung eine Startlösung berechnet. Diese wird durch das Durchlaufen einer der in Abschnitt 5.2.3 vorgestellten Dekompositionen iterativ verbessert. Die Algorithmen 1 und 2 stellen den Ablauf der zur Lösung des SND-CT-CP angewandten Fix&Optimize-Heuristik schematisch dar.

[78] Zur Kombination von Dekompositionsstrategien sei auf Helber und Sahling (2010), S. 251 verwiesen.

Algorithmus 1 Ablauf der Initialisierung der Fix&Optimize-Heuristik für das SND-CT-CP
Quelle: In Anlehnung an Christian und Sahling (2024), S. 8.

Setze $\mathcal{LCT}^{fix} := \mathcal{LCT}$
Setze $\overline{\alpha_{lct}} := 1 \;\; \forall(l,c,t) \in (\mathcal{L} \times \mathcal{C}_l \times \mathcal{T})$
Setze $\mathcal{WPT}^{fix} := \mathcal{WPT}$
Setze $\overline{\gamma^{ope}_{w,p'_w,t}} := 1$, $\overline{\gamma^{clo}_{w,p'_w,w,t}} := 0 \;\forall(w,t) \in (\mathcal{W} \times \mathcal{T})$
Setze $\overline{\rho^{tec,off}_{wpt}} := 0$, $\overline{\rho^{tec,on}_{wpt}} := 0 \;\forall(w,p,t) \in (\mathcal{W} \times \mathcal{P} \times \mathcal{T})$
Setze $\mathcal{IT}^{fix} := \mathcal{IT}$
Setze $\overline{\psi^{ope}_{it}} := 1$, $\psi^{clo}_{it} := 0 \;\forall(i,t) \in (\mathcal{I} \times \mathcal{T})$
Setze $\mathcal{JKNT}^{fix} := \mathcal{JKNT}$
Setze $\overline{\omega_{jk,n'_j,t}} := 1 \;\forall(j,k,t) \in (\mathcal{J} \times \mathcal{K} \times \mathcal{T})$
Löse das SND-CT-CP-F&O und bestimme den Zielfunktionswert NPV
Setze $NPV^{best} := NPV$

Im Rahmen der in Algorithmus 1 dargestellten **Initialisierung** wird zunächst angenommen, dass die Produktionswerke ($\gamma^{ope}_{w,p^*_w,t} := 1$) sowie Distributionszentren ($\psi^{ope}_{it} := 1$) an allen potentiellen Standorten zu Beginn der ersten Periode errichtet sowie in allen Perioden betrieben werden.[79] Hinsichtlich der Technologiestufe an den Produktionswerken wird diejenige Technologie p'_w ausgewählt, die mit den geringsten Einzahlungen verbunden ist (vorliegend p_3). Weiterhin sind Standortschließungen ($\gamma^{clo}_{w,p^*_w,t} := 0$ bzw. $\psi^{clo}_{it} := 0$) sowie Technologieänderungen ($\rho^{tec,off}_{wpt} := 0$ und $\rho^{tec,on}_{wpt} := 0$) ausgeschlossen. Des Weiteren werden zur Beschaffung der Komponenten alle Lieferanten ausgewählt, bei denen die entsprechenden Komponenten verfügbar sind ($\alpha_{lct} := 1$).[80] In Bezug auf die Nachfragebefriedigung wird angenommen, dass diese an allen Nachfrageorten in jeder Periode in der Nachfragestufe n'_j mit der geringsten Nachfragemenge (vorliegend n_1 an jedem Nachfrageort j) erfolgt ($\omega_{jk,n'_j,t} := 1$). Unter diesen Annahmen wird das SND-CT-CP optimal gelöst und der Zielfunktionswert NPV bestimmt. Der ermittelte Kapitalwert entspricht folglich dem bisher best-bekannten Zielfunktionswert NPV^{best}.

[79] Diese Initialisierung hat sich im Rahmen von Voruntersuchungen, auch im Vergleich zu anderen Eröffnungsverfahren, wie beispielsweise einer Fix&Relax-Heuristik, als vorteilhaft erwiesen.

[80] Hierbei gilt es zu beachten, dass die Mindestbestellmenge im Hinblick auf die Kapazitäten je nach Wahl der Parameter zu etwaigen Unzulässigkeiten führen könnte. Deshalb ist vor Ermittlung der Initiallösung eine entsprechende Überprüfung der Zulässigkeit mit evtl. Anpassungen der Lieferantenauswahl vorgesehen.

Algorithmus 2 Ablauf des iterativen Durchlaufens der Fix&Optimize-Heuristik für das SND-CT-CP
Quelle: In Anlehnung an Christian und Sahling (2024), S. 8.

Wiederhole
  Für jedes Unterproblem
    Bestimme $\mathcal{LCT}^{opt} := \mathcal{LCT}$ und setze $\mathcal{LCT}^{fix} := \mathcal{LCT} \setminus \mathcal{LCT}^{opt}$
    Bestimme $\mathcal{WPT}^{opt}$ und setze $\mathcal{WPT}^{fix} := \mathcal{WPT} \setminus \mathcal{WPT}^{opt}$
    Bestimme $\mathcal{IT}^{opt}$ und setze $\mathcal{IT}^{fix} := \mathcal{IT} \setminus \mathcal{IT}^{opt}$
    Bestimme $\mathcal{JKNT}^{opt}$ und setze $\mathcal{JKNT}^{fix} := \mathcal{JKNT} \setminus \mathcal{JKNT}^{opt}$
    Löse das SND-CT-CP-F&O und bestimme den Zielfunktionswert NPV
    Falls $NPV^{\star} > NPV^{best}$ **dann**
      Setze $\overline{\alpha_{lct}} := \alpha^{\star}_{lct} \forall (l,c,t) \in \mathcal{LCT}$
      Setze $\overline{\gamma^{ope}_{wpt}} := \gamma^{\star,ope}_{wpt}$, $\overline{\gamma^{est}_{wpt}} := \gamma^{\star,est}_{wpt}$, $\overline{\gamma^{clo}_{wpt}} := \gamma^{\star,clo}_{wpt}$ $\forall (w,p,t) \in \mathcal{WPT}$
      Setze $\overline{\rho^{tec,off}_{wpt}} := \rho^{\star,tec,off}_{wpt}$, $\overline{\rho^{tec,on}_{wpt}} := \rho^{\star,tec,on}_{wpt}$ $\forall (w,p,t) \in \mathcal{WPT}$
      Setze $\overline{\psi^{ope}_{it}} := \beta^{\star,ope}_{it}$, $\overline{\psi^{est}_{it}} := \psi^{\star,est}_{it}$, $\overline{\psi^{clo}_{it}} := \psi^{\star,clo}_{it}$ $\forall (i,t) \in \mathcal{IT}$
      Setze $\overline{\omega_{jknt}} := \omega^{\star}_{jknt}$ $\forall (j,k,n,t) \in \mathcal{JKNT}$
      Setze $NPV^{best} := NPV^{\star}$
    Ende
    Setze $\mathcal{LCT}^{opt} := \emptyset$, $\mathcal{WPT}^{opt} := \emptyset$, $\mathcal{IT}^{opt} := \emptyset$ und $\mathcal{JKNT}^{opt} := \emptyset$
  Ende
Bis Abbruchkriterium (vorgegebene Anzahl an Iterationen) erfüllt

Die generierte Initiallösung wird gemäß Algorithmus 2 **iterativ verbessert**. Gemäß der ausgewählten Dekompositionsstrategie[81] werden die zu optimierenden Binärvariablen und folglich die jeweiligen Teilmengen der zu optimierenden Binärvariablen ($\mathcal{LCT}^{opt}$, $\mathcal{WPT}^{opt}$, $\mathcal{IT}^{opt}$ bzw. $\mathcal{JKNT}^{opt}$) für jedes Unterproblem bestimmt. Das jeweilige Komplement dieser Teilmengen entspricht der Teilmenge der fixierten Binärvariablen ($\mathcal{LCT}^{fix}$, $\mathcal{WPT}^{fix}$, $\mathcal{IT}^{fix}$ bzw. $\mathcal{JKNT}^{fix}$). Dabei sind die in den Mengen der fixierten Binärvariablen enthaltenen binären Entscheidungsvariablen auf die Werte der Initialisierung bzw. des vorangehenden Unterproblems fixiert.

Auf dieser Basis wird das SND-CT-CP-F&O gelöst und der zugehörige Zielfunktionswert $NPV^{\star}$ bestimmt. Ergibt sich hierbei eine Verbesserung des Zielfunktionswerts ($NPV^{\star} > NPV^{best}$), so werden die binären Variablen auf die für dieses Unterproblem optimal gelösten Werte fixiert.[82] Zudem wird der best-bekannte

[81] Für Erläuterungen zu der verwendeten periodenorientierten sowie der standortorientierten Dekomposition sei auf Abschnitt 5.2.3 verwiesen.

[82] Die für das jeweilige Unterproblem optimalen Ausprägungen der Entscheidungsvariablen werden mit einem Stern ($\star$) im Superskript gekennzeichnet.

Zielfunktionswert durch den optimalen Zielfunktionswert des vorliegenden Unterproblems ersetzt.

Im Anschluss werden alle Elemente aus den jeweiligen Teilmengen der zu optimierenden Binärvariablen entfernt. Die zuvor beschriebene iterative Vorgehensweise wird im Anschluss für das nächste Unterproblem durchlaufen.

Die Fix&Optimize-Heuristik bricht ab, wenn das vorgegebene Abbruchkriterium erfüllt ist. Diese ist vorliegend in Abhängigkeit der gewählten Dekompositionsstrategie nach einer vorgebenen Anzahl an Iterationen erfüllt. Folglich wird dann der beste bis zum Abbruch gefundene Zielfunktionswert ausgegeben.

Die vorgestellte Fix&Optimize-Heuristik wird im nachstehenden Kapitel numerisch untersucht, um die Eignung als Lösungsansatz für das S-SND-CT-CP beurteilen zu können.

6 Numerische Ergebnisse der Fix&Optimize-Heuristik

6.1 Testdesign der numerischen Untersuchungen

Bei Durchführung der numerischen Untersuchungen zur Fix&Optimize-Heuristik wird auf die in Abschnitt 4.1 vorgestellten Testinstanzen zurückgegriffen. Des Weiteren folgt das Testdesign der nachfolgend vorgestellten Untersuchungen dem Vorgehen von Christian und Sahling (2024). Demgemäß werden zwei Problemklassen (PK) A und B gebildet, die sich im Hinblick auf die Kardinalitäten der im Modell enthaltenen Mengen unterscheiden.[1] Dies wird für Problemklasse B besonders durch die im Vergleich zu Problemklasse A verdoppelten Kardinalitäten der Menge an Lieferanten ($|\mathcal{L}|$), potentiellen Produktionswerken ($|\mathcal{W}|$), potentiellen Distributionszentren ($|\mathcal{I}|$) und Nachfrageorten ($|\mathcal{J}|$) realisiert. Die Kardinalitäten der Menge an Komponenten ($|\mathcal{C}|$), Produkten ($|\mathcal{K}|$), Transportmodi ($|\mathcal{M}|$), Nachfragestufen ($|\mathcal{N}|$) und Produktionstechnologien ($|\mathcal{P}|$) sind für beide Problemklassen gleich. Zudem wird jede Problemklasse für einen kürzeren Planungshorizont von $|\mathcal{T}| = 6$ Planungsperioden sowie für einen längeren Planungshorizont von $|\mathcal{T}| = 12$ Planungsperioden betrachtet. Für letzteren Fall wird die Bezeichnung der jeweiligen Problemklasse durch ein „+“ ergänzt. Wie in Abschnitt 4.1 erläutert, werden durch die Änderung des Variationskoeffizienten der Nachfrage sowie durch die Variation verschiedener Faktoren und Zufallszahlenstartwerte letztlich 48 Testinstanzen je Problemklasse ermittelt. Sofern nicht anders angegeben, werden die in Abschnitt 6.2

[1] Im Unterschied zu der in Abschnitt 4.1 untersuchten PK 0 ist PK A durch die jeweils verdoppelten Kardinalitäten $|\mathcal{L}|$, $|\mathcal{W}|$, $|\mathcal{I}|$ und $|\mathcal{J}|$ gekennzeichnet.

Ergänzende Information Die elektronische Version dieses Kapitels enthält Zusatzmaterial, auf das über folgenden Link zugegriffen werden kann https://doi.org/10.1007/978-3-658-51327-6_6.

J. Christian, *Mehrstufige Standortplanung unter ökonomisch-ökologischen Nachhaltigkeitsaspekten*, Produktion und Logistik, https://doi.org/10.1007/978-3-658-51327-6_6

vorgestellten Ergebnisse auf Basis des Mittelwerts der 48 Testinstanzen der zu analysierenden Auswertungskennzahl dargestellt. Zusammenfassend stellt Tabelle 6.1 die Kardinalitäten der Problemklassen A, A+, B sowie B+ sowie die entsprechende Anzahl an Testinstanzen (#TI) je Problemklasse dar.

Tabelle 6.1 Übersicht über die Problemklassen

	$\|\mathcal{C}\|$	$\|\mathcal{I}\|$	$\|\mathcal{J}\|$	$\|\mathcal{K}\|$	$\|\mathcal{L}\|$	$\|\mathcal{M}\|$	$\|\mathcal{N}\|$	$\|\mathcal{P}\|$	$\|\mathcal{T}\|$	$\|\mathcal{W}\|$	#TI
PK A/A+	20	20	40	5	20	5	3	3	6/12	10	48/48
PK B/B+	20	40	80	5	40	5	3	3	6/12	20	48/48

Hinsichtlich der Emissionscharakteristika sei angemerkt, dass die untersuchten Testinstanzen des SND-CT-CP von einem Emissionshandelssystem (EH II) sowie einer Emissionssteuer (ES II) für alle in Mitgliedsstaaten befindliche (potentielle) Standorte ausgehen.[2] Demgegenüber stehen die Emissionszölle, die vorliegend auf die zweite Niveaustufe EZ II gesetzt werden.[3]

Das SND-CT-CP sowie die Fix&Optimize-Heuristik wurden in GAMS 45.7 implementiert. Für die Berechnung der Referenzlösungen sowie der Lösungen der einzelnen Unterprobleme der Fix&Optimize-Heuristik wurde der Standardsolver Gurobi 10.0.0 verwendet. Die nachfolgend vorgestellten Berechnungen wurden auf dem Hochleistungsrechner „Elwetritsch“ der Rheinland-Pfälzischen Technischen Universität Kaiserslautern-Landau im Cluster skylake-96 durchgeführt. Der zur Verfügung stehende Prozessor Intel Xeon Gold 6126 verfügt über zwei CPU-Einheiten mit jeweils 12 Kernen sowie 96 GB Arbeitsspeicher. Für die Untersuchungen kamen vier parallele Threads zum Einsatz.

Im Rahmen der numerischen Untersuchungen werden die periodenorientierte und die standortorientierte Dekomposition sowie eine kombiniert-sukzessive Dekomposition ausgewertet. Bei der kombiniert-sukzessiven Variante wird zunächst die periodenorientierte und im Anschluss die standortorientierte Dekomposition durchlaufen. Aufgrund der hohen Anzahl an binären Entscheidungsvariablen werden die Unterprobleme des SND-CT-CP-F&O, abgesehen von der bis zur Optimalität gelösten Initialisierung, mit Hinblick auf die Berechnungszeiten lediglich suboptimal gelöst. Als Abbruchkriterium wird vorliegend das Duality Gap herangezogen, das auf Basis der in Anhang B.1 ausgeführten Vorüberlegungen auf einen

[2] Vgl. hierzu Abschnitt 4.2.1.

[3] Vgl. hierzu Abschnitt 4.2.2.

Wert von 1 % gesetzt wird. Sobald eine Lösung mit einer relativen Abweichung von weniger als 1 % gefunden wurde, bricht die Berechnung der Lösung des entsprechenden Unterproblems ab. Hinblickend auf die Anzahl an Iterationen, die gemäß des in Abschnitt 5.2.4 geschilderten Ablaufschemas als Abbruchkriterium dienen, kann zwischen dem ein- sowie mehrfachen Durchlaufen der Dekompositionsstrategien unterschieden werden. Da auf Basis der in Anhang B.1 geschilderten Ausführungen das mehrfache Durchlaufen zu keiner deutlichen Verbesserung der Lösungsgüte führt, wird nur ein Durchlauf betrachtet.[4]

Im nächsten Kapitel wird die Lösungsgüte der vorgestellten periodenorientierten sowie standortorientierten Fix&Optimize-Heuristik analysiert. Zudem wird eine kombiniert-sukzessive Dekompositionsstrategie ausgewertet. Zunächst werden jedoch die zur Beurteilung herangezogenen Kriterien vorgestellt.

6.2 Lösungsgüte der Fix&Optimize-Heuristik für das SND-CT-CP

6.2.1 Kriterien zur Beurteilung der Lösungsgüte

Die Kriterien zur Beurteilung der Lösungsgüte basieren im Wesentlichen auf der zur Berechnung der Lösung benötigten Zeit sowie der Abweichung der ermittelten Lösung von der Optimallösung. Die einzelnen Kriterien werden im Nachfolgenden erläutert.[5] Zudem sind die ermittelten Werte für die durchgeführten Untersuchungen zusammenfassend in Tabelle 6.2 angegeben.

Die Referenzlösungen werden über den Standardsolver Gurobi unter Berücksichtigung des vorgegebenen Zeitlimits (ZeitLim^{G}) ermittelt. Dabei wird die durchschnittliche Zeit zur Lösung einer Testinstanz (DZeit^{G}) angegeben. Zudem erfolgt eine Auswertung des unter diesen Prämissen resultierenden Duality Gaps, welches in Abbildung 6.1 als absolutes Duality Gap (Gap_{TI}) visualisiert wird.

---

[4] Mit einem Durchlauf der Dekompositionsstrategie sind bei der standortorientierten Dekomposition vier Iterationen sowie bei der periodenorientierten Dekomposition vier (PK A/B) bzw. sieben (PK A+/B+) Iterationen verbunden. Diese Iterationen bestehen aus der Initialisierung sowie der jeweiligen Anzahl an Unterproblemen, die gemäß der entsprechenden Dekompositionsstrategie durchlaufen werden müssen. Ein Durchlauf der kombiniert-sukzessiven Dekomposition umfasst sieben (PK A/B) bzw. zehn (PK A+/B+) Iterationen.

[5] Die vorgestellten Auswertungskriterien sind in Anlehnung an Christian und Sahling (2024), S. 8–9 sowie Sahling (2010), S. 87–88 und Nickel et al. (2022), S. 224–225 gewählt.

Tabelle 6.2 Kennzahlen der mittels Standardsolver Gurobi generierten Lösungen für das SND-CT-CP

PK	DZeit^{G} (in s)	$\text{ZeitLim}^{\text{G}}$ (in s)	DDualGap (in %)	OptGel (in %)
A	10 806	10 800	1,61	0,00
A+	19 622	21 600	2,53	12,50
B	30 524	32 400	4,37	6,25
B+	64 846	64 800	19,19	0,00

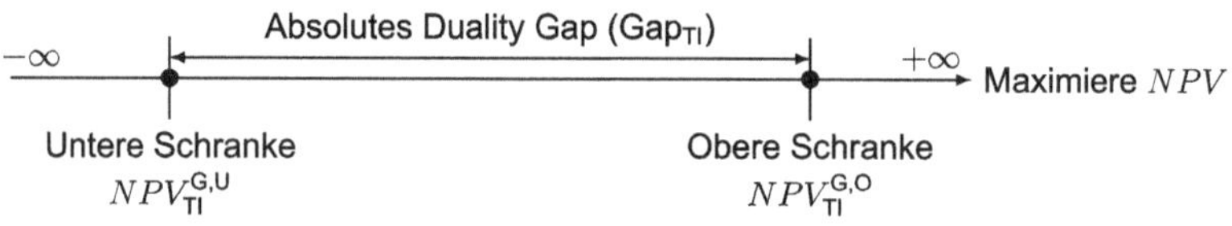

Abb. 6.1 Visualisierung des absoluten Duality Gap

Wie bereits in Abschnitt 4.1 eingeführt, wird über das Duality Gap die relative Abweichung zwischen unterer Schranke ($NPV_{\text{TI}}^{\text{G,U}}$), welche den durch Gurobi innerhalb des Zeitlimits ermittelten Zielfunktionswert enhält, und obererer Schranke ($NPV_{\text{TI}}^{\text{G,O}}$) der optimalen Lösung bestimmt. Bei den nachfolgenden Ergebnissen wird jeweils das durchschnittliche relative Duality Gap (DDualGap) angegeben. Zudem wird der prozentuale Anteil optimal gelöster Testinstanzen (OptGel) ausgewertet.

Zur Darstellung des Laufzeitunterschieds zu Gurobi wird für die ausgewerteten Varianten der Fix&Optimize-Heuristik jeweils die durchschnittlich zur Lösung einer Testinstanz benötigte Zeit (DZeit^{H}) angegeben. Des Weiteren werden die Abweichungen des durch die Fix&Optimize-Heuristik ermittelten Zielfunktionswerts von den unteren bzw. oberen Schranken ausgewertet, die über den Standardsolver Gurobi generiert wurden.

Demnach werden diese Abweichungen einerseits auf die untere Schranke der Gurobi-Referenzlösung $NPV_{\text{TI}}^{\text{G,U}}$ bezogen. Demgemäß wird für jede Testinstanz (TI) die relative Abweichung von der unteren Schranke (AbwU_{TI}) wie folgt berechnet:

$$\text{AbwU}_{\text{TI}} = \frac{NPV_{\text{TI}}^{\text{H}} - NPV_{\text{TI}}^{\text{G,U}}}{NPV_{\text{TI}}^{\text{G,U}}}$$

Nimmt AbwU_{TI} einen negativen Wert an, so ist der über die Fix&Optimize-Heuristik ermittelte Zielfunktionswert schlechter (d. h. im Falle der hier vorliegenden Maximierung niedriger) als der über Gurobi ermittelte Zielfunktionswert. Konträr hierzu nimmt AbwU_{TI} einen positiven Wert an, falls der über die Fix&Optimize-Heuristik ermittelte Zielfunktionswert besser als mittels Gurobi berechnete Zielfunktionswert ist. Dies kann insbesondere dann auftreten, wenn die Instanz innerhalb des vorgegebenen Zeitlimits mittels Gurobi nicht optimal gelöst wurde.

Andererseits werden die Abweichungen für jede Testinstanz auf die durch Gurobi ermittelte obere Schranke $NPV_{\text{TI}}^{\text{G,O}}$ bezogen und als relative Abweichung (AbwO_{TI}) wie folgt berechnet:

$$\text{AbwO}_{\text{TI}} = \frac{NPV_{\text{TI}}^{\text{H}} - NPV_{\text{TI}}^{\text{G,O}}}{NPV_{\text{TI}}^{\text{G,O}}}$$

Die ermittelten Abweichungen (AbwU_{TI} bzw. AbwO_{TI}) werden folglich als Mittelwert über alle Testinstanzen (DAbwU bzw. DAbwO) ausgewertet. Zudem sind jeweils die kleinsten (MinAbwU bzw. MinAbwO) und größten (MaxAbwU bzw. MaxAbwO) Abweichungswerte unter Bezugnahme der jeweiligen Schranken dargelegt.

Die vorgestellten Kennzahlen zur Beurteilung der Lösungsgüte der Fix& Optimize-Heuristik mit periodenorientierter (-per), standortorientierter (-loc) sowie kombiniert-sukzessiver (-comb) Dekomposition werden in der nachfolgenden Tabelle 6.2 angegeben.

In Tabelle 6.2 ist zu erkennen, dass der Standardsolver Gurobi das vorgegebene Ressourcenlimit meist vollständig ausnutzt.[6] Dieses wurde unter Beachtung des Umfangs der jeweiligen Problemklasse in einem (über)proportionalen Ausmaß gewählt. Demnach wurde das Ressourcenlimit von PK B im Vergleich zu PK A verdreifacht, da bei PK B im Verhältnis doppelt so viele (potentielle) Standorte zur Verfügung stehen.[7] Zudem wurde für die Instanzen der Problemklassen mit dem

[6] Für die PK A sowie die PK B+ übersteigt in geringerem Ausmaß die durchschnittlich benötigte Berechnungszeit DZeit^{G} das vorgegebene Limit $\text{ZeitLim}^{\text{G}}$. Dies kann u.a. durch die Schnittstelle zwischen GAMS und Gurobi verursacht sein und folglich an einer Interpretation dieses vorgegebenen Wertes durch den Solver Gurobi liegen, siehe hierzu GAMS (2025a) und GAMS (2025c).

[7] Gleiches gilt auch für das Verhältnis von PK 0 zu PK A. Wie in Abschnitt 4.1 aufgezeigt, wurde das Zeitlimit für PK 0 auf eine Stunde gesetzt. Da PK A im Vergleich zu PK 0 doppelt so viele Standorte enthält, wurde das Ressourcenlimit analog verdreifacht. Wird das Laufzeitverhalten der PK A hinsichtlich DDualGap in der ersten Stunde betrachtet, so zeigt sich zunächst eine knappe Halbierung dieses Wertes bei Verdoppelung des $\text{ZeitLim}^{\text{G}}$ (0,25

längeren Planungshorizont (A+: 6 Stunden und B+: 18 Stunden) die den Instanzen der Problemklassen A und B jeweils zur Verfügung stehende Zeit verdoppelt (A: 3 Stunden und B: 9 Stunden).

Obwohl das DDualGap für die Problemklassen A, A+ und B Werte unter fünf Prozent aufweist, können nur innerhalb der Problemklassen A+ und B einige wenige Instanzen optimal gelöst werden. An dieser Stelle sei auch auf die in Abschnitt 4.1 vorgestellten Vergleiche der Laufzeiten verwiesen, die bereits auf eine sehr langsame Konvergenz des Modells hindeuten. Die im Hinblick auf die Anzahl der Standorte und die Anzahl der betrachteten Planungsperioden größte Problemklasse B+ weicht von den übrigen Problemklassen ab. Innerhalb des Ressourcenlimits von 18 Stunden kann keine Instanz optimal gelöst werden. Zudem liegt das DDualGap mit 19,19% deutlich über den Werten der vorherigen Problemklassen.

Aus den Ergebnissen des Standardsolvers Gurobi wird deutlich, dass zur Lösung des SND-CT-CP grundsätzlich ein heuristischer Lösungsansatz sinnvoll sein kann. Insbesondere für die größeren Problemklassen wird auf Basis der durchschnittlich zur Lösung benötigten Zeit die Notwendigkeit einer Heuristik deutlich. Mittels der Fix&Optimize-Heuristik soll in kürzerer Zeit eine möglichst gute Lösung bereitgestellt werden. Dazu werden die periodenorientierte und standortorientierte Dekomposition als auch die kombiniert-sukzessive Dekomposition in den folgenden Teilkapiteln zunächst separat und abschließend vergleichend hinsichtlich dieser Zielsetzung ausgewertet.

6.2.2 Beurteilung der ausgewählten Dekompositionsstrategien

6.2.2.1 Periodenorientierte Dekomposition

Für die periodenorientierte Dekomposition wurden für alle Problemklassen die zu zwei Perioden zugehörigen Binärvariablen jeweils simultan optimiert ($\kappa = 2$). Das Planungsfenster wird im Anschluss jeweils um zwei Perioden verschoben ($\nu = 2$), sodass die Optimierung der Binärvariablen ohne Überschneidungen zwischen den einzelnen Planungsfenstern erfolgt. Die Ergebnisse der periodenorientier-

---

Stunden: 17,96%; 0,5 Stunden: 9,88%; 1 Stunde: 3,93%). Da analog zu PK 0 ein an 1% annäherndes DDualGap angestrebt wird, ist auf Basis von Voruntersuchungen unter Beachtung der bereits in Abschnitt 4.1 beschriebenen langsamen Konvergenz der Lösung des SND-CT-CP für PK A ein ZeitLim^{G} von drei Stunden gesetzt. Die sich hieraus ergebende Verdreifachung des Zeitlimits im Vergleich zur kleineren PK 0 wird für das Verhältnis von PK B zu PK A ebenfalls angenommen.

ten Dekomposition mit einfachem Durchlauf[8] sind in der nachfolgenden Tabelle 6.3 dargestellt.

Tabelle 6.3 Kennzahlen der mittels periodenorientierter Fix&Optimize-Heuristik generierten Lösungen für das SND-CT-CP

	$DZeit^H$ (in s)	DAbwU (in %)	DAbwO (in %)	MinAbwU (in %)	MinAbwO (in %)	MaxAbwU (in %)	MaxAbwO (in %)
A	126	−5,02	−6,56	−34,07	−34,52	−0,26	−1,45
A+	268	−3,06	−5,56	−13,84	−14,68	10,13	−1,07
B	349	−16,41	−20,25	−59,30	−61,59	12,72	−4,04
B+	1 147	5,88	−17,43	−18,99	−40,10	131,47	−5,57

Dabei wird kenntlich, dass die periodenorientierte Dekomposition für die Problemklassen A, A+ und B im Mittel in jeweils unter sechs Minuten eine Lösung bereitstellt. Im Vergleich hierzu nutzt der Standardsolver Gurobi die gemäß Tabelle 6.2 zwischen drei und sechs Stunden liegenden Zeitlimits im Mittel vollständig aus, wobei ausschließlich für vereinzelte Testinstanzen eine optimale Lösung ermittelt wird. Dies zeigt auf, dass die Fix&Optimize-Heuristik eine enorme Reduzierung der benötigten Rechenzeit bewirkt. Wohingegen die Gurobi mehrere Stunden zur Berechnung benötigt, stellt die Fix&Optimize-Heuristik in wenigen Minuten eine Lösung bereit.[9] Für die größte Problemklasse B+ werden je Instanz im Mittel 20 Minuten benötigt, wobei dies im Vergleich zu den durch Gurobi ausgenutzten 18 Stunden eine deutliche Reduzierung darstellt. Die geringen Laufzeiten werden für die Problemklassen A und A+ durch ebenfalls geringe mittlere Abweichungen von der unteren sowie oberen Schranke ergänzt, sodass diese im Mittel um knapp fünf Prozent[10] schlechter als die entsprechenden Schranken sind. Hinblickend auf die

[8] Wie in Abschnitt 6.1 erläutert, führt ein mehrfaches Durchlaufen der jeweiligen Dekompositionsstrategie im Vergleich zu der damit verbundenen Berechnungszeit zu keiner deutlichen Verbesserung der durchschnittlichen Abweichungen von den unteren sowie oberen Schranken. Hierzu sei auch auf Anhang B.1 verwiesen. Deshalb werden für die nachfolgend vorgestellten Dekompositionsstrategien die Ergebnisse nach jeweils einem Durchlauf der Heuristik ausgewertet.

[9] Wird beispielsweise die für Problemklasse A resultierende Lösungszeit $DZeit^H$ als Zeitlimit ($ZeitLim^G$) für Gurobi gesetzt, so resultiert ein durchschnittliches Duality Gap von 61,44%. Dieses verdeutlicht in Ergänzung zu den vorherigen Ausführungen den deutlichen Unterschied der Lösungszeiten der Fix&Optimize-Heuristik im Vergleich zu Gurobi.

[10] Die Abweichungen von diesem Mittelwert betragen für die einzelnen Schranken nicht mehr als zwei Prozentpunkte.

Extremwerte der Abweichungen ist lediglich auffällig, dass für einige Instanzen der Problemklasse A etwas größere Abweichungen sowohl von der unteren (MinAbwU) als auch von der oberen (MinAbwO) Schranke (jeweils ca. 34–35%) festzustellen sind.

Im Gegensatz hierzu sind für die Problemklasse B auch im Mittel größere Abweichungen von beiden Schranken zu verzeichnen, die jeweils um mehr als 15% schlechter als die entsprechenden Schranken sind. Gestützt werden diese Werte durch Ausreißer, die um knapp 60% schlechter als die durch Gurobi ermittelten Schranken sind. Für die Problemklasse B+ führt die Fix&Optimize-Heuristik zu Zielfunktionswerten, die im Mittel um knapp 6% besser als die untere Schranke sind. Dieser Wert wird jedoch zum einen dadurch relativiert, dass die Ganzzahligkeitslücke der unteren Schranke bei 19,19% liegt. Zum anderen weisen die durch die periodenorientierte Dekomposition ermittelten Kapitalwerte einen Abstand von 17,43% zur oberen Schranke auf. Dies steht in Einklang mit den Ergebnissen der Problemklasse B, sodass hier auch erneut größere Werte für MinAbwO zu verzeichnen sind.

Zusammenfassend zeigen die Untersuchungen, dass die periodenorientierte Variante der Fix&Optimize-Heuristik in kurzer Zeit für das SND-CT-CP eine Lösung bereitstellt, die je nach Problemklasse zu akzeptablen oder größeren Abweichungen führt.[11] Dabei weist die periodenorientierte Dekomposition insbesondere für die kleineren Problemklassen (A und A+) sowohl im Hinblick auf die Laufzeit als auch bezogen auf die Abweichungen ein stabiles Verhalten auf. Dagegen sind für die größeren Problemklassen (B und B+) größere mittlere Abweichungen als auch teilweise hohe Ausreißerabweichungen zu verzeichnen. Folglich sind bei der periodenorientierten Dekomposition vor allem die geringen Laufzeiten hervorzuheben.

6.2.2.2 Standortorientierte Dekomposition

Im Unterschied zur periodenorientierten Dekomposition erfolgt bei der standortorientierten Dekomposition eine in Abschnitt 5.2.3.2 beschriebene Unterteilung der Subprobleme gemäß den Standortkategorien. Die Ergebnisse der standortorientierten Dekomposition der Fix&Optimize-Heuristik zur Lösung des SND-CT-CP sind in Tabelle 6.4 angegeben.

[11] Eine weitere Analyse und Bewertung dieser Ergebnisse folgt in Abschnitt 6.3

Tabelle 6.4 Kennzahlen der mittels standortorientierter Fix&Optimize-Heuristik generierten Lösungen für das SND-CT-CP

PK	$DZeit^H$ (in s)	DAbwU (in %)	DAbwO (in %)	MinAbwU (in %)	MinAbwO (in %)	MaxAbwU (in %)	MaxAbwO (in %)
A	394	−2,62	−4,20	−13,27	−13,91	0,09	−0,19
A+	709	−0,92	−3,48	−12,59	−12,59	15,03	−0,34
B	981	−3,37	−6,52	−49,16	−17,46	16,24	−0,62
B+	3 738	19,21	−7,86	−3,99	−15,59	202,44	−2,82

Aus dieser Tabelle wird deutlich, dass die standortorientierte Fix&Optimize-Heuristik für die Instanzen der Problemklassen A, A+ und B in wenigen Minuten eine Lösung bereitstellt. Im Vergleich zur periodenorientierten Dekomposition sind die Rechenzeiten der standortorientierten Dekomposition im Durchschnitt mehr als verdoppelt. Jedoch liegen die Laufzeiten selbst für Problemklasse B unter 17 Minuten, während die Problemklassen A und A+ nochmals niedrigere Werte von $DZeit^H$ aufweisen. Demnach zeigt sich auch bei der standortorientierten Variante, dass die Fix&Optimize-Heuristik deutlich schneller ist als der meist mehrere Stunden rechnende Standardsolver Gurobi. Dies trifft auch für die größte Problemklasse B+ zu, wobei die Fix&Optimize-Heuristik in diesem Fall zur Lösung einer Instanz durchschnittlich etwas mehr als eine Stunde benötigt. Da Gurobi im Vergleich hierzu das vorgegebene Zeitlimit von 18 Stunden im Mittel vollständig ausnutzt und die korrespondierenden Lösungen gemäß Tabelle 6.2 ein mittleres Duality Gap von fast 20% aufweisen, ist standortorientierte Fix&Optimize-Heuristik auch für Problemklasse B+ als wesentlich schneller zu beurteilen.

Die Abweichungen der Problemklassen A und A+ weisen mit Werten von −2,62% und −0,92% einen nur sehr geringen Abstand zur unteren Schranke auf. Auch für die obere Schranke zeigt sich, dass die generierten Kapitalwerte nur um wenige Prozentpunkte (−4,20% bzw. −3,48%) von den durch Gurobi berechneten Kapitalwerten abweichen. Bezug nehmend auf die größten Abweichungswerte wird deutlich, dass der ermittelte Kapitalwert teilweise[12] besser als die untere Schranke ist (MaxAbwU: +0,09% bzw. +15,03%). Zudem nähert sich die generierte Lösung für wenige Instanzen der oberen Schranke an, was sich durch sehr kleine Abstände (MaxAbwO: −0,19% bzw. −0,34%) zeigt. Hinblickend auf die für die Beurtei-

[12] Für PK A nimmt AbwU für neun der 48 Testinstanzen Werte $\geq 0,00\%$ (aufgrund der in Tabellen B.3 und B.4 vorgenommenen Rundung hier als $\geq$ statt $>$ angegeben). Für PK A+ ist dies bei zwölf der 48 Testinstanzen der Fall.

lung der Lösungsgüte ebenfalls relevanten kleinsten Abweichungen sind sowohl für die obere als auch die untere Schranke negative Abweichungen von weniger als 15 Prozentpunkten festzustellen. Es lässt sich folgern, dass die standortorientierte Dekomposition stabil für alle Instanzen zu geringen Abweichungen von den durch Gurobi bestimmten Kapitalwerten führt.

Diese Verhalten zeigt sich analog für die Problemklasse B, wobei hier der kleinste Abweichungswert von der unteren Schranke (MinAbwU) mit −49,16% auffällt. Dabei wird anhand der in Abbildung 6.2 im Boxplot dargestellten Werte von AbwU_{TI} für die jeweiligen Problemklassen deutlich, dass dieser Wert nicht nur im Verhältnis zu den übrigen Problemklassen[13], sondern auch innerhalb der verbleibenden Instanzen der Problemklasse B einen Ausreißer darstellt.[14]

Dieser Ausreißer lässt sich einerseits dadurch annähern, dass für diese Instanz hinsichtlich Gurobi ein überdurchschnittlicher Wert von DDualGap zu verzeichnen ist. Andererseits wird AbwU dadurch relativiert, dass die AbwO für diese Instanz knapp −8% beträgt und somit innerhalb des auch für die anderen Instanzen üblichen Rahmens liegt. Folglich lässt sich das Abweichungsverhalten der standortorientierten Dekomposition dennoch als stabil beurteilen. Dies wird zusätzlich dadurch

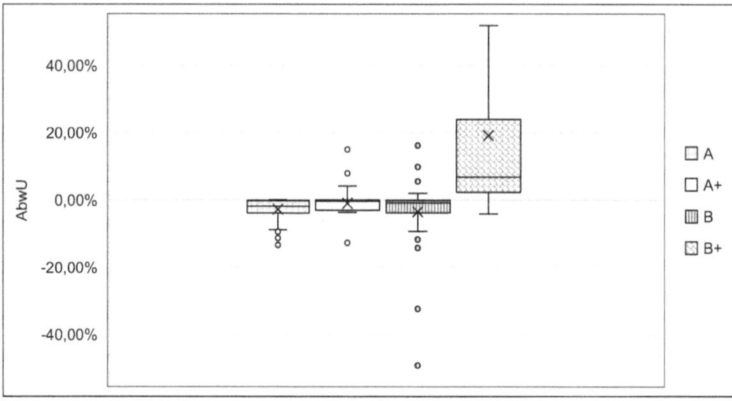

Abb. 6.2 Darstellung der Abweichungen der Kapitalwerte der standortorientierten Fix&Optimize-Heuristik von der unteren Schranke

[13] Es sei darauf hingewiesen, dass hier aus Übersichtsgründen nur ein Ausschnitt des Boxplot-Diagramms dargestellt ist. Folglich werden die in positiver Richtung außerhalb des betrachteten Ausschnitts liegenden Ausreißerwerte von PK B+ nicht dargestellt.

[14] Hierzu sei auf Tabelle B.5 im Anhang B.2 verwiesen. Der entsprechende Ausreißer ist bei TI 44 festzustellen.

gestützt, dass die relative Abweichung zur oberen Schranke (MinAbwO) weniger als 20 Prozentpunkte beträgt. Dieser Wert liegt in einem Bereich von MinAbwO, der auch für die weiteren Problemklassen als üblich zu bezeichnen ist.

Bei Probemklasse B+ fällt zunächst auf, dass die Zielfunktionswerte im Mittel um knapp 20% besser als die von Gurobi generierten unteren Schranken sind. Hierbei sei auf das im Vergleich zu den übrigen Problemklassen deutlich höhere DDualGap hingewiesen. Dies erklärt auch den mit 202,44% sehr hohen Wert von MaxAbwU.[15] Alle übrigen Werte, d. h. die Werte für durchschnittliche, kleinst- und größtmögliche Abweichungen, liegen in Bezug auf die obere Schranke in einem zu den übrigen Problemklassen vergleichbaren Wertebereich.

Resümierend lässt sich festhalten, dass die standortorientierte Dekomposition deutlich schneller als Gurobi zu einer Lösung führt. Im Vergleich zur periodenorientierten Dekomposition sind die Laufzeiten hingegen länger. Dagegen weisen die generierten Lösungen jedoch deutlich geringere Abweichungen von den unteren sowie oberen Schranken auf. Zudem ist das weitgehend stabile Verhalten für alle Instanzen anzuführen.

6.2.2.3 Kombiniert-sukzessive Dekomposition

In diesem Kapitel wird eine kombiniert-sukzessive Dekompositionsstrategie für die Fix&Optimize-Heuristik hinsichtlich der in Tabelle 6.5 dargestellten Auswertungskennzahlen analysiert. Aus den vorherigen Kapiteln wurde deutlich, dass die periodenorientierte Dekomposition in kurzer Zeit eine Lösung bereitstellt, wohingegen die standortorientierte Dekomposition vor allem geringe Abweichungen von den unteren sowie oberen Schranken aufweist. Um diese gegenläufigen Charakteristika gewinnbringend zu kombinieren, wird zunächst die periodenorientierte Dekomposition (mit $\kappa = \nu = 2$) durchlaufen. Im Anschluss wird über die standortorientierte Dekomposition eine Verbesserung angestrebt.

Aus Tabelle 6.5 wird dabei kenntlich, dass die periodenorientierte Dekomposition für die Problemklassen A, A+ und B im Durchschnitt in jeweils unter 13 Minuten eine Lösung bereitstellt. Die mittleren Laufzeiten für die größte Problemklasse B+ sind mit wenig mehr als 30 Minuten dagegen etwas länger. Damit sind die Laufzeiten deutlich kürzer als die Laufzeiten des Standardsolvers Gurobi. Im Vergleich zur rein periodenorientierten Dekomposition sind die Laufzeiten dagegen ungefähr doppelt so lange. Bezug nehmend auf die rein standortorientierte Dekomposition sind die Laufzeiten jedoch kürzer. Besonders deutlich wird dies für die Instanzen der

[15] Siehe hierzu auch Tabelle B.5 im Anhang B.2. Für die betreffende TI 2 ist ein sehr hoher Wert von DDualGap festzustellen.

Tabelle 6.5 Kennzahlen der mittels kombiniert-sukzessiver Fix&Optimize-Heuristik generierten Lösungen für das SND-CT-CP

PK	$DZeit^H$ (in s)	DAbwU (in %)	DAbwO (in %)	MinAbwU (in %)	MinAbwO (in %)	MaxAbwU (in %)	MaxAbwO (in %)
A	293	−3,91	−5,47	−32,72	−33,18	0,08	−0,26
A+	537	−1,94	−4,48	−10,91	−11,77	11,53	−0,52
B	777	−14,78	−18,71	−58,58	−60,92	15,70	−1,06
B+	1 901	8,65	−15,21	−18,92	−40,07	135,45	−3,11

Problemklasse B+, bei denen die kombiniert-sukzessive Dekomposition lediglich etwas mehr als die Hälfte der Laufzeit benötigt.

Die Abweichungswerte der Problemklassen A und A+ sind dabei nur weniger als vier Prozentpunkte von der unteren Schranke entfernt. Bezüglich der oberen Schranke weisen die Kapitalwerte der kombiniert-sukzessiven Dekomposition mit −5,47% und −4,48% ebenfalls sehr geringe Abweichungen auf. Die kleinsten und größten Abweichungswerte von den Schranken deuten auf ein teilweise stabiles Verhalten hin. Analog zur periodenorientierten Dekomposition weist die kombiniert-sukzessive Dekomposition jedoch für PK A mit −32,72% (MinAbwU) und −33,18% (MinAbwO) ebenfalls größere Werte für die kleinsten Abweichungswerte auf.

Die Instabilitätsproblematik der Abweichungswerte zeigt sich im Besonderen bei den Ergebnissen der PK B. Die kleinsten Abweichungswerte haben einen Abstand von ca. −60 % zur unteren bzw. oberen Schranke.[16] Demzufolge sind auch die mittleren Abweichungswerte um −14,78% (DAbwU) bzw. −18,71% (DAbwO) von den Schranken entfernt.

[16] Gemäß der Darstellung aus Tabelle B.5 weisen drei von 48 Testinstanzen (TI 3, TI 19, TI 35) eine betragsmäßige Abweichung von mehr als 50% auf. Zwar sind diese Testinstanzen durch eine Kombination aus größerem Variationsfaktor der Standortkapazitäten sowie geringerem Variationsfaktor der Transportkapazitäten gekennzeichnet. Jedoch wird diese Kombination für diverse Variationsfaktoren der Nachfrage ohne Auffälligkeiten betrachtet. Gleichermaßen treten die größeren Abweichungen für drei unterschiedliche Variationsfaktoren der Nachfrage und unterschiedliche Zufallszahlenstartwerte auf. Daher ist ein Schema in Form eines bestimmten Kombinationsmusters der in Abschnitt 4.1 erläuterten Variationsfaktoren, das sich auch in Bezug auf analoge Testinstanzen der übrigen Problemklassen zeigen würde, jedoch nicht zu verzeichnen.

Dagegen sind bei der PK B+ die Werte für die mittleren, kleinsten und größten Abweichungswerte deutlich geringer. Demgemäß weist der kleinste Abweichungswert zur oberen Schranke mit −40,07% auf die zuvor thematisierte Instabilitäten der Dekompositionsstrategie für einzelne Testinstanzen hin.

Zusammenfassend stellt die Fix&Optimize-Heuristik mit kombinierter Dekomposition in vergleichsweise kurzer Zeit eine heuristische Lösung bereit. Die generierten Lösungen können dabei jedoch für einzelne Instanzen auch größere Abweichungen zu den mit Gurobi ermittelten Schranken aufweisen.

Die vorgestellten Ergebnisse deuten darauf hin, dass sich die kombinierte Dekomposition in Bezug auf Lösungszeit und Abweichung vor allem an das Verhalten der rein periodenorientierten Dekomposition angleicht. Die dahingehenden Charakteristika der rein standortorientierten Dekomposition kommen hierbei nur bedingt zum Tragen. Eine detaillierte vergleichende sowie bewertende Analyse der vorgestellten Dekompositionsstrategien wird im folgenden Kapitel vorgestellt.

6.3 Bewertung der Ergebnisse

Zum Abschluss werden die zuvor ausgewerteten Dekompositionsstrategien (periodenorientiert, standortorientiert, kombiniert-sukzessiv) hinsichtlich ihrer wesentlichen Charakteristika verglichen und bewertet. Dazu werden die Unterschiede exemplarisch anhand der Ergebnisse der Problemklasse A herausgearbeitet.

Diesbezüglich zeigt Abbildung 6.3 in Bezug auf die Problemklasse A die Laufzeiten des Standardsolvers Gurobi sowie aller vorgestellten Varianten der Fix&Optimize-Heuristik auf. Dabei wird kenntlich, dass die drei vorgestellten Varianten mit deutlich geringeren Laufzeiten einhergehen. Folglich sind alle Dekompositionsstrategien dazu geeignet, in wesentlich kürzerer Zeit als Gurobi eine Lösung für das SND-CT-CP zu ermitteln.[17]

[17] Es sei darauf hingewiesen, dass die Laufzeit des Standardsolvers Gurobi hier durch das vorgegebene Zeitlimit entsteht, innerhalb dessen jedoch für keine der Testinstanzen eine optimale Lösung ermittelt werden kann. Gleichermaßen beträgt das zugehörige Duality Gap 1,61%. Hinblickend auf das korrespondierende Laufzeitverhalten des SND-CT-CP sei auf Abschnitt 4.1 verwiesen.

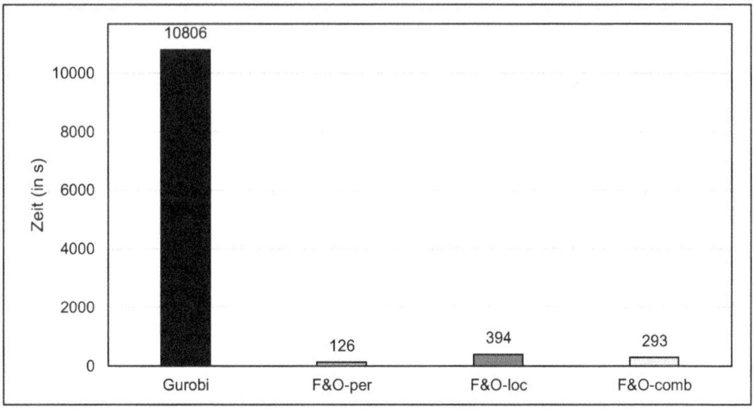

Abb. 6.3 Vergleich der Lösungszeit von Gurobi und Fix&Optimize-Heuristik für Problemklasse A

Die Unterschiede hinsichtlich der Laufzeiten der Dekompositionsstrategien sind zudem in nachfolgender Abbildung 6.4 als Boxplot-Diagramm[18] dargestellt. Hinsichtlich der Lagemaße zeigt sich, dass nicht nur auf Basis des in Abbildung 6.3 analysierten Mittelwerts, sondern auch auf Grundlage des Medians die periodenorientierte Dekomposition mit den geringsten Laufzeiten einhergeht.[19] Der durch die jeweilige Box dargestellte Interquartilsabstand nimmt zudem bei der periodenorientierten Fix&Optimize-Heuristik einen deutlich geringeren Wert an. Dies gilt auch unter Berücksichtigung des Abstandes von oberen und unterem Whisker. Folglich ist das Laufzeitverhalten der periodenorientierten Dekomposition für alle Testinstanzen weitgehend stabil.

Im Unterschied hierzu deuten die Streuungsparameter (in Form des Interquartilsabstands sowie der Whisker) der standortorientierten Dekomposition darauf hin, dass die Berechnungszeiten dieser Dekomposition teilweise instanzabhängig schwanken können. Darauf weist auch der außerhalb der Box liegende Mittelwert hin, der somit durch Ausreißer geprägt ist. Dennoch sind die Berechnungszeiten im Vergleich zu Gurobi auch unter Berücksichtigung der Streuungsmaße als deutlich schneller zu beurteilen. Anhand der Darstellung der Lage- und Streuungsmaße der

[18] Aus Übersichtsgründen wird im vorliegenden Boxplot-Diagramm auf die Darstellung der Ausreißer verzichet.

[19] Der Mittelwert wird in den Boxplot-Diagrammen dieser Arbeit durch ein Kreuz gekennzeichnet. Der Median ist dagegen durch die meist innerhalb der Box liegende Medianlinie dargestellt.

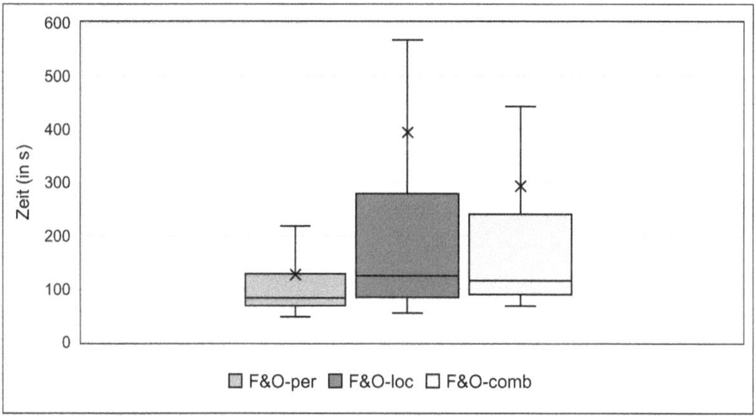

Abb. 6.4 Boxplot der alternativen Dekompositionen hinsichtlich der Lösungszeit für Problemklasse A

kombiniert-sukzessiven Dekomposition wird deutlich, dass diese Variante Merkmale beider Varianten vereint. Einerseits nehmen die Lage- und Streuungsmaße jeweils höhere Werte als bei der periodenorientierten Dekomposition ein. Andererseits sind die Berechnungszeiten aufgrund dieser Maße im Vergleich zur standortorientierten Dekomposition als schneller zu beurteilen.

Daran anknüpfend stellt Abbildung 6.5 für die alternativen Dekompositionen jeweils in einem Boxplot-Diagramm[20] die Abweichungen von der unteren Schranke dar. Dabei zeigt sich, dass die periodenorientierte Dekomposition in Bezug sowohl auf den Median als auch den Mittelwert zu größeren Abweichungen als die übrigen Dekompositionen führt. Zudem ist der Abstand zwischen oberem und unterem Whisker vergleichsweise größer. Im Vergleich hierzu wird die Vorteilhaftigkeit der standortorientierten Dekomposition nicht nur in Bezug auf die diskutierten Lagemaße deutlich, sondern vielmehr durch die Streuungsmaße bekräftigt. Dabei ist der Interquartilsabstand deutlich geringer als bei der periodenorientierten Dekomposition, welche diesbezüglich der kombiniert-sukzessiven Variante gleicht. Die zuvor getroffene Beurteilung der kombiniert-sukzessiven Variante auf Basis des Mittelwerts wird durch die vorliegende Visualisierung teilweise relativiert. Demgemäß liegt der Median nur knapp über dem der standortorientierten Dekomposition.

[20] Aus Übersichtsgründen wird im vorliegenden Boxplot-Diagramm auf die Darstellung der bereits zuvor thematisierten Ausreißer verzichtet.

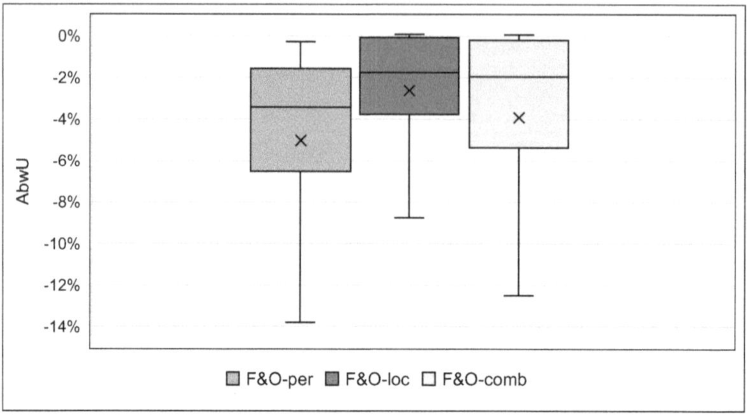

Abb. 6.5 Boxplot der alternativen Dekompositionen hinsichtlich der relativen Abweichung vom Zielfunktionswert für Problemklasse A

Zudem wird anhand der Abbildung 6.5 deutlich, dass die kombiniert-sukzessive Dekomposition hinsichtlich des Interquartilsabstand und der oberen sowie unteren Whisker stark der periodenorientierten Dekomposition gleicht. Folglich kann die bei der kombiniert-sukzessiven Dekomposition im zweiten Schritt durchlaufene standortorientierte Variante nur zu geringen Verbesserungen führen.

Folglich tritt durch die Analyse dieser Abbildung 6.5 erneut hervor, dass die standortorientierte Dekomposition hinsichtlich der Abweichungen über alle Instanzen hinweg das stabilste Verhalten aller untersuchten Dekompositionsstrategien aufweist.

Abschließend führt Abbildung 6.6 die vorherigen Betrachtungen zusammen und ermöglicht auf Basis des Mittelwerts der Lösungszeit sowie anhand der durchschnittlichen Abweichung von der unteren Schranke (DAbwU) eine vergleichende Bewertung aller vorgestellten Varianten der Fix&Optimize-Heuristik.

Hierbei wird kenntlich, dass sich die periodenorientierte Dekomposition insbesondere durch geringe Laufzeiten auszeichnet. Charakteristisch sind jedoch auch die sich noch im akzeptablen Rahmen befindlichen Abweichungen von der unteren Schranke, welche instanzabhängig und problemklassenspezifisch jedoch auch zu deutlich größeren Abweichungen führen können. Diese Ergebnisse deuten darauf

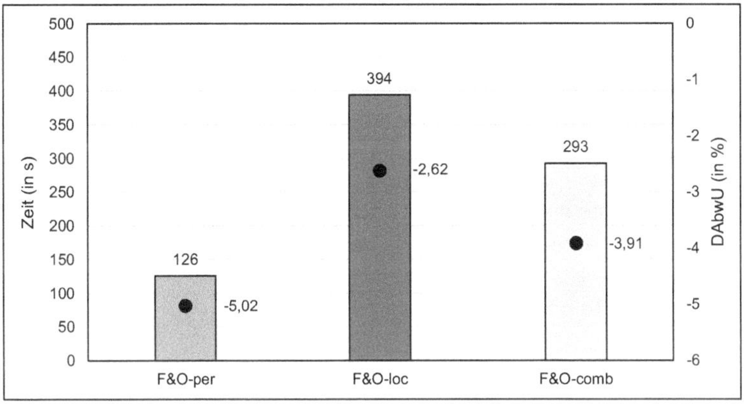

Abb. 6.6 Vergleich der alternativen Dekompositionen hinsichtlich Lösungszeit und durchschnittlicher Abweichung vom Zielfunktionswert für Problemklasse A

hin, dass die periodenorientierte Dekomposition aufgrund der durch Standorterrichtung und -betrieb bedingten Interdependenzen für das mehrperiodige SND-CT-CP nur bedingt geeignet ist.[21]

Diese Interdependenzen können durch eine Dekomposition nach Standortkategorien besser bei der Lösungsfindung berücksichtigt werden. Daher weist die standortorientierte Dekomposition bei etwas längeren Laufzeiten instanzübergreifend besonders geringe Abweichungen von der unteren Schranke auf. Die kombiniert-sukzessive Dekomposition ist keiner der beiden anderen Dekompositionen hinsichtlich beider Auswertungskriterien (Lösungszeit und Abweichungen) überlegen. Daher stellt diese sowohl hinsichtlich Laufzeit als auch bezüglich Abweichung lediglich einen Kompromiss zwischen beiden Varianten dar.

Auch wenn in diesem Kapitel die vergleichende Bewertung ausschließlich anhand der Problemklasse A erfolgt, so lassen sich diese Erkenntnisse auch auf die Anwendung der Dekompositionsstrategien für Problemklassen mit einem größeren Umfang der Kardinalitäten der modellcharakteristischen Indexmengen[22] übertragen. Mit zunehmender Größe der Problemklasse treten sowohl die Notwendigkeit

[21] Naheliegende wäre hierbei eine Anpassung der Werte von κ und ν. In Voruntersuchungen hat jedoch die gewählte Kombination ($\kappa = \nu = 2$) im Vergleich zu anderen Kombinationen zu einer besseren Lösungsgüte geführt.

[22] Gemeint ist damit insbesondere die für die Problemklassen variierte Anzahl der Lieferanten, Produktionswerke, Distributionszentren und Nachfrageorte sowie die Anzahl der Perioden.

eines heuristischen Lösungsansatzes[23] als auch die Unterschiede zwischen den einzelnen Dekompositionsstrategien deutlicher hervor. Infolge der vorherigen Ausführungen wird hinblickend auf die Zielsetzung einer stabilen Lösungsgenerierung die standortorientierte Dekomposition der Fix&Optimize-Heuristik für weitere Anwendungen herangezogen.

Diese ergeben sich durch die Berücksichtigung der Unsicherheit im Rahmen der Standortplanung unter ökonomisch-ökologischen Nachhaltigkeitsaspekten im dritten Teil dieser Arbeit.[24] Hierzu wird im folgenden Kapitel zunächst dargelegt, welche Anpassungen an der Modellformulierung des SND-CT-CP notwendig sind, um stochastische Emissionsobergrenzen zu berücksichtigen.

[23] Hierbei sei insbesondere auf die Lösungszeiten des Standardsolvers Gurobi für die Problemklasse B+ als auch auf das korrespondierende Duality Gap verwiesen.

[24] Die unter diesen Prämissen aufgestellte Modellformulierung wird mit einer standortorientierten Fix&Optimize-Heuristik gelöst.

Teil III
Unsicherheit im Rahmen der Standortplanung unter ökonomisch-ökologischen Nachhaltigkeitsaspekten

Mathematische Modellformulierungen des SND-CT-CP unter Berücksichtigung stochastischer Emissionsobergrenzen

7

7.1 Generische Modellformulierung (S-SND-CT-CP-gen)

7.1.1 Modellannahmen des S-SND-CT-CP-gen

Aufbauend auf dem in Kapitel 3 vorgestellten SND-CT-CP wird dieses Modell im vorliegenden Kapitel um unsichere Emissionsobergrenzen erweitert und modifiziert. Wie aus den einführenden Erläuterungen in Abschnitt 2.2.2 sowie dem Literaturüberblick in Abschnitt 2.4 hervorgeht, wird aufgrund des langfristigen Planungshorizonts insbesondere die Nachfrage häufig als unsicher angenommen. Hinblickend auf die Charakteristika des SND-CT-CP wird die Unsicherheit vorliegend jedoch vielmehr auf die Emissionsaspekte fokussiert. Aus den numerischen Untersuchungen der Abschnitt 4.2.1 bis 4.2.3 geht hervor, dass insbesondere die periodenspezifischen Emissionsobergrenzen mit weitreichenden Folgen hinsichtlich des Kapitalwerts, der Emissionen als auch des konfigurierten Netzwerks verbunden sind. Hinblickend auf die Länge des Planungshorizonts, sich ändernde äußere Vorgaben sowie schwankende Rahmenbedingungen hinsichtlich der Notwendigkeit und Ausprägung solcher Beschränkungen können die Emissionsobergrenzen unerwarteten Änderungen unterliegen. Aus diesen Gründen erscheint eine Fokussierung auf die unsicheren Emissionsobergrenzen für das SND-CT-CP relevant.

Sofern aufgrund der Unsicherheit die realisierte von der erwarteten Emissionsobergrenze abweicht, kann die realisierte Emissionsobergrenze entweder einen höheren oder niedrigeren Wert als die erwartete Emissionsobergrenze annehmen.

Ergänzende Information Die elektronische Version dieses Kapitels enthält Zusatzmaterial, auf das über folgenden Link zugegriffen werden kann https://doi.org/10.1007/978-3-658-51327-6_7.

J. Christian, *Mehrstufige Standortplanung unter ökonomisch-ökologischen Nachhaltigkeitsaspekten*, Produktion und Logistik,
https://doi.org/10.1007/978-3-658-51327-6_7

Dabei ist insbesondere der Fall einer niedriger als erwarteten Emissionsobergrenze mit weitreichenden Konsequenzen verbunden.[1] Dann besteht das Risiko, dass die Emissionsobergrenzen auf der einen Seite unzulässigerweise nicht eingehalten werden. Auf der anderen Seite erscheint eine Einschränkung der Nachfrageerfüllung in Folge der strikt einzuhaltenden Emissionsobergrenzen als mögliche Konsequenz. Demnach besteht im Falle unsicherer Emissionsobergrenzen das Risiko, dass die Zulässigkeit des ermittelten Netzwerkdesigns nicht gewährleistet werden kann.[2] Folglich wird die generische Modellformulierung für das mehrstufige Standortplanungsproblem mit Emissionszöllen und standortabhängigen Emissionsregulierungen unter Berücksichtigung unsicherer Emissionsobergrenzen (S-SND-CT-CP-gen)[3] in diesem Kapitel vorgestellt. Die Modellannahmen beruhen dabei auf den in Abschnitt 3.1 spezifizierten Annahmen des SND-CT-CP. Im Nachfolgenden werden demnach die angepassten Modellannahmen, die sich durch die Berücksichtigung der unsicheren Emissionsobergrenzen ergeben, erläutert.

Auf Grundlage dieser Überlegungen beschreibt die Zufallsvariable $\boldsymbol{EO_t^{PO}}$ die periodenspezifische Emissionsobergrenze.[4] Diese ist für die an den betroffenen Produktionswerken und Distributionszentren entstandenen Emissionen in jeder Periode t strikt einzuhalten. Es wird davon ausgegangen, dass die Verteilungsinformationen der unsicheren Emissionsobergrenze bekannt sind.

Hinblickend auf die Unsicherheit dieser Zufallsvariable gilt es zu beachten, dass die Einhaltung der Emissionsobergrenze auch das Ausmaß der Nachfrageerfüllung beeinflusst. Dabei sind mit der Erfüllung der Nachfrage über die vorangestellten Prozesse (insbesondere Beschaffung, Produktion, Distribution und Transport) entsprechende Emissionen verbunden sind. Über diese wirkt sich das Ausmaß der Nachfrageerfüllung auf die Emissionsobergrenze aus, sodass dieses von den Unsi-

[1] Im Fall „höher-als-erwartet" wäre auf Basis der Untersuchungsergebnisse der Abschnitt 4.2.1 und 4.2.3 zu erwarten, dass es ggf. zu Anpassungen an der Netzwerkstruktur (mit entsprechenden Wirkungen u. a. auf Zielfunktionswert und Emissionen) kommen könnte. Da es in diesem Fall jedoch keine Konsequenzen für die Zulässigkeit der Lösung gibt, werden die Konsequenzen für den Fall „niedriger-als-erwartet" als weitreichend bezeichnet.

[2] Im Vergleich hierzu wären bei den Emissionssteuern, dem Emissionshandel sowie den Emissionszöllen im Falle, dass diese hinsichtlich der Charakteristika anders als erwartet ausgeprägt sind, Änderungen der entsprechenden Ein- bzw. Auszahlungen zu erwarten. In dieser Folge könnte es auch zu Anpassungen am Netzwerkdesign kommen. Da jedoch die Zulässigkeit der Lösung aus mathematischer Sicht nicht gefährdet ist, erfolgt im Nachfolgenden eine Fokussierung auf die unsicheren Emissionsobergrenzen.

[3] Stochastic-generic Supply Network Design with Carbon Tariffs and Carbon Policies (dt. Stochastisch-generisches mehrstufiges Standortplanungsproblem mit Emissionszöllen und standortabhängigen Emissionsregulierungen)

[4] Zur besseren Kenntlichmachung der Zufallsvariablen sind diese **fett** dargestellt.

cherheiten der Emissionsobergrenze betroffen ist. Folglich handelt es sich bei der realisierten Nachfragemenge $\boldsymbol{D}_{jknt}$ sowie der korrespondierenden Auswahlvariable $\boldsymbol{\omega}_{jknt}$ von Produkt k an Nachfrageort j und Nachfragestufe n in Periode t ebenfalls um Zufallsvariablen.[5] Grundsätzlich kann über das Ausmaß der Nachfrageerfüllung eine Anpassung an die zufällig ausgeprägte Emissionsobergrenze erfolgen. Diese Anpassung ist durch Mindestnachfrage in der geringsten Nachfragestufe, die vorliegend mit n_1 gegeben ist, begrenzt. Sofern eine Nachfrageerfüllung mit dieser Mindestnachfrage $d^{min}_{jk,n_1,t}$ zu einem Überschreiten der strikt einzuhaltenden Emissionsobergrenze führen würde, entstehen Lost-Sales. Demgemäß enthält die Zufallsvariable $\boldsymbol{LS}_{jknt}$ die unterhalb der Mindestnachfragemenge liegende Nachfragemenge, die aufgrund der restriktiven periodenspezifischen Emissionsobergrenze nicht befriedigt werden kann. Um die sowohl aus Unternehmens- als auch aus Nachfrageperspektive unerwünschten Lost-Sales einzuschränken, berücksichtigt das S-SND-CT-CP-gen Servicegradrestriktionen. Der hierzu vorgegebene β-Servicegrad β_{jkt} beschränkt für jedes Produkt k an jedem Nachfrageort j in jeder Periode t die erwarteten Lost-Sales.[6] Demzufolge dürfen die erwarteten Lost-Sales nicht um mehr als $(1 - \beta_{jkt}) \cdot 100\%$ von der Mindestnachfrage $d^{min}_{jk,n_1,t}$ abweichen. Dies gilt nur, wenn eine Nachfrageerfüllung für die betreffende Kundenort-Produkt-Perioden-Kombination in n_1 erwartet wird. Folglich wird durch den β-Servicegrad derjenige Anteil der Nachfragemenge vorgegeben, der bei Nachfragerfüllung in n_1 in jedem Fall befriedigt werden muss. Abbildung 7.1 stellt das Zustandekommen der Lost-Sales gemäß den vorherigen Ausführungen grafisch dar.

Zielsetzung des S-SND-CT-CP-gen ist die Maximierung des erwarteten Kapitalwerts $E[\boldsymbol{NPV}]$. Da wie zuvor beschrieben die Nachfragemenge auf die vorgelagerten Prozessschritte wirkt, sind die Transportmengen von den Lieferanten zu den Produktionswerken ($\widehat{\boldsymbol{X}}_{lwcmt}$) sowie von den Produktionswerken zu den Distributionszentren ($\widetilde{\boldsymbol{X}}_{wpikmt}$) als auch von den Distributionszentren zu den Nachfrageorten ($\boldsymbol{X}_{ijkmt}$) ebenfalls Zufallsvariablen. In dieser Folge handelt es sich bei den Ein- und Auszahlungsbestandteilen des Kapitalwerts gleichermaßen um Zufallsvariablen. Dies betrifft somit die gesamten Auszahlungen für Beschaffung ($\boldsymbol{AP}_t$), Transporte ($\boldsymbol{TP}_t$), Emissionszölle ($\boldsymbol{CTFP}_t$), Emissionssteuern ($\boldsymbol{CTXP}_t$) und Emissionshandel ($\boldsymbol{CCTP}_t$). Gleiches gilt für die gesamten Einzahlungen für den Verkauf der Produkte ($\boldsymbol{SIP}_t$).

[5] Somit wird angenommen, dass die unsichere Emissionsobergrenze sowohl die Auswahl einer Nachfragestufe ($\boldsymbol{\omega}_{jknt}$) als auch die Auswahl der realisierten Nachfragemenge ($\boldsymbol{D}_{jknt}$) innerhalb der gewählten Nachfragestufe beeinflusst. Demgemäß sind $\boldsymbol{\omega}_{jknt}$ und $\boldsymbol{D}_{jknt}$ Zufallsvariablen.

[6] Zum β-Servicegrad vgl. bspw. Günther und Tempelmeier (2020), S. 257.

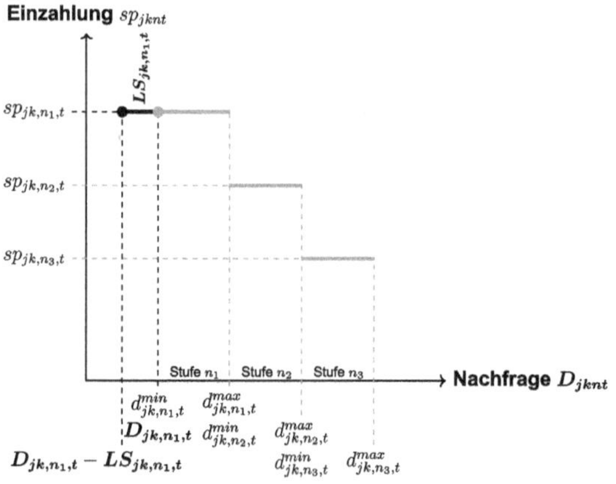

Abb. 7.1 Darstellung der Lost-Sales bei der preisabhängigen Nachfrage im S-SND-CT-CP-gen

7.1.2 Modellformulierung des S-SND-CT-CP-gen

Infolge der beschriebenen Annahmen und mit der zusätzlichen bzw. angepassten Notation aus Tabelle 7.1 kann das S-SND-CT-CP-gen mathematisch wie folgt beschrieben werden. Zur Vermeidung von Redundanzen werden nachfolgend die aus dem SND-CT-CP bekannten Aspekte nur in geringem Umfang und hinsichtlich der Anpassung an die Zufallsvariablen erläutert. Zu einer weiterführenden Erläuterung sei auf Abschnitt 3.2 verwiesen. In diesem Kapitel werden daher im Wesentlichen diejenigen Aspekte vertiefend behandelt, die infolge der Berücksichtigung von unsicheren Emissionsobergrenzen charakteristisch für das S-SND-CT-CP-gen sind (Tabelle 7.1).

Tabelle 7.1 Zusätzliche bzw. angepasste Notation für das S-SND-CT-CP-gen

Parameter:	
β_{jkt}	Vorgegebener β-Servicegrad für Produkt k an Nachfrageort j in Periode t
Zufallsvariablen:	
$\boldsymbol{AP_t}$	Zufallsvariable der gesamten Auszahlungen für Beschaffung in Periode t
$\boldsymbol{CCTP_t}$	Zufallsvariable der gesamten Auszahlungen für Emissionshandel in Periode t
$\boldsymbol{CTXP_t}$	Zufallsvariable der gesamten Auszahlungen für Emissionssteuern in Periode t
$\boldsymbol{CTFP_t}$	Zufallsvariable der gesamten Auszahlungen für Emissionszölle in Periode t
$\boldsymbol{D_{jknt}}$	Zufallsvariable der realisierten Nachfrage nach Produkt k an Nachfrageort j in Nachfragestufe n in Periode t
$\boldsymbol{EO_t^{PO}}$	Zufallsvariable der unsicheren Emissionsobergrenze in Periode t
$\boldsymbol{LS_{jknt}}$	Zufallsvariable der Lost-Sales von Produkt k an Nachfrageort j in Nachfragestufe n in Periode t
$\boldsymbol{NPV}$	Zufallsvariable des Kapitalwerts
$\boldsymbol{SIP_t}$	Zufallsvariable der gesamten Einzahlungen für Verkauf der Produkte in Periode t
$\boldsymbol{TP_t}$	Zufallsvariable der gesamten Auszahlungen für Transporte in Periode t
$\boldsymbol{\widehat{X}_{lwcmt}}$	Zufallsvariable der Transportmenge von Komponente c von Lieferant l zu Produktionswerk w in Transportmodus m in Periode t
$\boldsymbol{\widetilde{X}_{wpikmt}}$	Zufallsvariable der Transportmenge von Produkt k vom Produktionswerk w mit Technologiestufe p zu Distributionszentrum i in Transportmodus m in Periode t
$\boldsymbol{X_{ijkmt}}$	Zufallsvariable der Transportmenge von Produkt k vom Distributionszentrum i zu Kundenort j in Transportmodus m in Periode t
$\boldsymbol{Z^{gen}}$	Zufallsvariable des Zielfunktionswerts des S-SND-CT-CP-gen
$\boldsymbol{\omega_{jknt}}$	Zufallsvariable der Nachfragebefriedigung für Produkt k in Nachfragestufe n an Nachfrageort j in Periode t

Modell S-SND-CT-CP-gen:
Zielfunktion:

$$\text{Max. } \mathbf{Z}^{\mathbf{gen}} = E[\boldsymbol{NPV}] \tag{7.1}$$

mit:

$$\boldsymbol{NPV} = \sum_{t \in \mathcal{T}} \frac{1}{\prod_{\tau=1}^{t}(1 + iz_\tau)} \cdot \Big(\boldsymbol{SIP_t} - \big(\boldsymbol{TP_t} + LP_t + \boldsymbol{AP_t} + RP_t + \boldsymbol{CTFP_t} + \boldsymbol{CTXP_t} + \boldsymbol{CCTP_t} \big) \Big) \tag{7.2}$$

und (3.1.3), (3.1.5) sowie

$$\boldsymbol{SIP_t} = \sum_{j \in \mathcal{J}} \sum_{k \in \mathcal{K}} \sum_{n \in \mathcal{N}} sp_{jknt} \cdot (\boldsymbol{D_{jknt}} - \boldsymbol{LS_{jknt}}) \qquad \forall t \in \mathcal{T} \tag{7.2.1}$$

$$\begin{aligned} \boldsymbol{TP_t} = & \sum_{l \in \mathcal{L}} \sum_{w \in \mathcal{W}} \sum_{c \in \mathcal{C}} \sum_{m \in \mathcal{M}} \widehat{tc}_{lwcmt} \cdot \widehat{\boldsymbol{X}}_{\boldsymbol{lwcmt}} \\ & + \sum_{w \in \mathcal{W}} \sum_{p \in \mathcal{P}} \sum_{i \in \mathcal{I}} \sum_{k \in \mathcal{K}} \sum_{m \in \mathcal{M}} \widetilde{tc}_{wikmt} \cdot \widetilde{\boldsymbol{X}}_{\boldsymbol{wpikmt}} \\ & + \sum_{i \in \mathcal{I}} \sum_{j \in \mathcal{J}} \sum_{k \in \mathcal{K}} \sum_{m \in \mathcal{M}} tc_{ijkmt} \cdot \boldsymbol{X_{ijkmt}} \qquad \forall t \in \mathcal{T} \end{aligned} \tag{7.2.2}$$

$$\boldsymbol{AP_t} = \sum_{l \in \mathcal{L}} \sum_{w \in \mathcal{W}} \sum_{c \in \mathcal{C}} \sum_{m \in \mathcal{M}} \widehat{ac}_{lct} \cdot \widehat{\boldsymbol{X}}_{\boldsymbol{lwcmt}} \qquad \forall t \in \mathcal{T} \tag{7.2.3}$$

$$\begin{aligned}
\boldsymbol{CTFP_t} = & \sum_{l \in \mathcal{L}_N} \sum_{w \in \mathcal{W}_M} \sum_{c \in \mathcal{C}} \sum_{m \in \mathcal{M}} \widehat{ez}_{lwt} \cdot \widehat{em}^{N}_{lwcmt} \cdot \widehat{\boldsymbol{X}}_{\boldsymbol{lwcmt}} \\
& + \sum_{w \in \mathcal{W}_N} \sum_{p \in \mathcal{P}} \sum_{i \in \mathcal{I}_M} \sum_{k \in \mathcal{K}} \sum_{m \in \mathcal{M}} \widetilde{ez}_{wit} \cdot \widetilde{em}^{N}_{wpikmt} \cdot \widetilde{\boldsymbol{X}}_{\boldsymbol{wpikmt}} \\
& + \sum_{i \in \mathcal{I}_N} \sum_{j \in \mathcal{J}_M} \sum_{k \in \mathcal{K}} \sum_{m \in \mathcal{M}} ez_{ijt} \cdot em^{N}_{ijkmt} \cdot \boldsymbol{X}_{\boldsymbol{ijkmt}} \qquad \forall t \in \mathcal{T}
\end{aligned} \tag{7.2.4}$$

$$\begin{aligned}
\boldsymbol{CTXP_t} = & \sum_{w \in \mathcal{W}_{CTX}} \widetilde{es}_{wt} \cdot \Bigg(\sum_{l \in \mathcal{L}_M} \sum_{c \in \mathcal{C}} \sum_{m \in \mathcal{M}} \widehat{em}_{lwcmt} \cdot \widehat{\boldsymbol{X}}_{\boldsymbol{lwcmt}} \\
& + \sum_{p \in \mathcal{P}} \sum_{i \in \mathcal{I}} \sum_{k \in \mathcal{K}} \sum_{m \in \mathcal{M}} \widetilde{em}_{wpikmt} \cdot \widetilde{\boldsymbol{X}}_{\boldsymbol{wpikmt}} \Bigg) \\
& + \sum_{i \in \mathcal{I}_{CTX}} \sum_{j \in \mathcal{J}_M} \sum_{k \in \mathcal{K}} \sum_{m \in \mathcal{M}} es_{it} \cdot em_{ijkmt} \cdot \boldsymbol{X}_{\boldsymbol{ijkmt}} \qquad \forall t \in \mathcal{T}
\end{aligned} \tag{7.2.5}$$

$$\begin{aligned}
\boldsymbol{CCTP_t} = & \sum_{w \in \mathcal{W}_{CCT}} \widetilde{eh}_{wt} \cdot \Bigg[\Bigg(\sum_{l \in \mathcal{L}_M} \sum_{c \in \mathcal{C}} \sum_{m \in \mathcal{M}} \widehat{em}_{lwcmt} \cdot \widehat{\boldsymbol{X}}_{\boldsymbol{lwcmt}} \\
& + \sum_{p \in \mathcal{P}} \sum_{i \in \mathcal{I}} \sum_{k \in \mathcal{K}} \sum_{m \in \mathcal{M}} \widetilde{em}_{wpikmt} \cdot \widetilde{\boldsymbol{X}}_{\boldsymbol{wpikmt}} \Bigg) \\
& - \Bigg(\sum_{p \in \mathcal{P}} \widetilde{ecap}_{wt} \cdot \gamma^{ope}_{wpt} \Bigg) \Bigg] \\
& + \sum_{i \in \mathcal{I}_{CCT}} eh_{it} \cdot \Bigg[\Bigg(\sum_{j \in \mathcal{J}_M} \sum_{k \in \mathcal{K}} \sum_{m \in \mathcal{M}} em_{ijkmt} \cdot \boldsymbol{X}_{\boldsymbol{ijkmt}} \Bigg) \\
& - \Big(ecap_{it} \cdot \psi^{ope}_{it} \Big) \Bigg] \qquad \forall t \in \mathcal{T}
\end{aligned} \tag{7.2.6}$$

Die Zielfunktion (7.1) fordert die Maximierung des erwarteten Kapitalwerts. Für den Kapitalwert werden gemäß (7.2) die Zufallsvariablen der Einzahlungen für den Verkauf der Produkte (Gleichungen (7.2.1)) abzüglich der gesamten Auszahlungen auf den Gegenwartswert abgezinst. Die gesamten Auszahlungen setzen sich zusammen aus den zufälligen Auszahlungen für Transporte (Gleichungen (7.2.2)), Beschaffung (Gleichungen (7.2.3)), Emissionszölle (Gleichungen (7.2.4)), Emissionssteuern (Gleichungen (7.2.5)) sowie Emissionshandel (Gleichungen (7.2.6)).

Hinzu kommen die Auszahlungen für Standorte (Gleichungen (3.1.3)) und Resilienz (Gleichungen (3.1.5)).[7]

Die Maximierung des Zielfunktionswerts des S-SND-CT-CP-gen erfolgt unter Beachtung der folgenden Restriktionen, die aus Übersichtsgründen in analog zum SND-CT-CP gewählte Kategorien eingeteilt sowie erläutert werden.

Restriktionen zum Materialfluss im Netzwerk:

$$\sum_{l \in \mathcal{L}} \sum_{m \in \mathcal{M}} \widehat{\boldsymbol{X}}_{lwcmt} = \sum_{p \in \mathcal{P}} \sum_{i \in \mathcal{I}} \sum_{k \in \mathcal{K}} \sum_{m \in \mathcal{M}} \widetilde{\boldsymbol{X}}_{wpikmt} \cdot an_{ck} \qquad \forall w \in \mathcal{W}, c \in \mathcal{C}, t \in \mathcal{T} \tag{7.3}$$

$$\sum_{w \in \mathcal{W}} \sum_{p \in \mathcal{P}} \sum_{m \in \mathcal{M}} \widetilde{\boldsymbol{X}}_{wpikmt} = \sum_{j \in \mathcal{J}} \sum_{m \in \mathcal{M}} \boldsymbol{X}_{ijkmt} \qquad \forall i \in \mathcal{I}, k \in \mathcal{K}, t \in \mathcal{T} \tag{7.4}$$

$$\sum_{i \in \mathcal{I}} \sum_{m \in \mathcal{M}} \boldsymbol{X}_{ijkmt} = \sum_{n \in \mathcal{N}} (\boldsymbol{D}_{jknt} - \boldsymbol{LS}_{jknt}) \qquad \forall j \in \mathcal{J}, k \in \mathcal{K}, t \in \mathcal{T} \tag{7.5}$$

$$\sum_{w \in \mathcal{W}} \sum_{c \in \mathcal{C}} \widehat{ctu}_c \cdot \widehat{\boldsymbol{X}}_{lwcmt} \leq \widehat{mod}_{lm}^{max} \qquad \forall l \in \mathcal{L}, m \in \mathcal{M}_l, t \in \mathcal{T} \tag{7.6}$$

$$\sum_{p \in \mathcal{P}} \sum_{i \in \mathcal{I}} \sum_{k \in \mathcal{K}} \widetilde{ctu}_k \cdot \widetilde{\boldsymbol{X}}_{wpikmt} \leq \widetilde{mod}_{wm}^{max} \qquad \forall w \in \mathcal{W}, m \in \mathcal{M}_w, t \in \mathcal{T} \tag{7.7}$$

$$\sum_{j \in \mathcal{J}} \sum_{k \in \mathcal{K}} \widetilde{ctu}_k \cdot \boldsymbol{X}_{ijkmt} \leq mod_{im}^{max} \qquad \forall i \in \mathcal{I}, m \in \mathcal{M}_i, t \in \mathcal{T} \tag{7.8}$$

Die Restriktionen zum Materialfluss gewährleisten unter Beachtung der jeweiligen Zufallsvariablen der Transporte den Erhalt des Materialflusses von den Lieferanten über die Produktionswerke (7.3) und Distributionszentren (7.4) zu den Nachfrageor-

[7] Da die Entscheidungen für die Auswahl der Lieferanten sowie die Standortentscheidungen für Produktionswerke und Distributionszentren unabhängig von der Ausprägung der unsicheren Emissionsobergrenze getroffen werden, sind die zugehörigen Auszahlungen nicht zufällig.

ten (7.5). Weiterhin wird sichergestellt, dass beim Transport die bei den Lieferanten (7.6), Produktionswerken (7.7) sowie Distributionszentren (7.8) jeweils verfügbaren modusspezifischen Kapazitäten eingehalten werden.

Restriktionen zur Lieferantenauswahl unter Resilienzaspekten:
Restriktionen (3.10) sowie

$$\sum_{w \in \mathcal{W}} \sum_{m \in \mathcal{M}} \widehat{\boldsymbol{X}}_{\boldsymbol{lwcmt}} \leq \widehat{c}_{lc}^{\max} \cdot \alpha_{lct} \qquad \forall l \in \mathcal{L},\ c \in \mathcal{C}_l,\ t \in \mathcal{T} \tag{7.9}$$

$$\sum_{w \in \mathcal{W}} \sum_{m \in \mathcal{M}} \widehat{\boldsymbol{X}}_{\boldsymbol{lwcmt}} \geq \widehat{c}_{lc}^{min} \cdot \alpha_{lct} \qquad \forall l \in \mathcal{L},\ c \in \mathcal{C}_l,\ t \in \mathcal{T} \tag{7.10}$$

Weiterhin gewährleisten die Restriktionen zur Lieferantenauswahl unter Resilienzaspekten, dass die zufällige Bestellmenge die Mindest- (7.9) bzw. Maximalbestellmengen (7.10) der für die jeweiligen Komponenten gewählten Lieferanten einhält. Zudem wird mit den Restriktionen (3.10) die Einhaltung des Mindestresilienzscores für jede Komponente garantiert.

Restriktionen zu den Standortentscheidungen der Produktionswerke und Distributionszentren:
Restriktionen (3.12)–(3.15), (3.17)–(3.18) sowie

$$\sum_{i \in \mathcal{I}} \sum_{k \in \mathcal{K}} \sum_{m \in \mathcal{M}} \widetilde{cu}_{kp} \cdot \widetilde{\boldsymbol{X}}_{\boldsymbol{wpikmt}} \leq \widetilde{c}_{wp}^{\max} \cdot \gamma_{wpt}^{ope} \qquad \forall w \in \mathcal{W},\ p \in \mathcal{P},\ t \in \mathcal{T} \tag{7.11}$$

$$\sum_{j \in \mathcal{J}} \sum_{k \in \mathcal{K}} \sum_{m \in \mathcal{M}} cu_k \cdot \boldsymbol{X}_{\boldsymbol{ijkmt}} \leq c_i^{\max} \cdot \psi_{it}^{ope} \qquad \forall i \in \mathcal{I},\ t \in \mathcal{T} \tag{7.12}$$

Hinsichtlich der Standortentscheidungen wird durch die Restriktionen (7.11) unter Einhaltung der Kapazität garantiert, dass nur dann ein Produktionswerk betrieben wird, wenn an diesem Standort auch produziert wird. Die mit dem Betrieb der Produktionswerke verknüpfte Standorterrichtung und -schließung sowie die Möglichkeit des Technologiewechsels wird in den aus dem SND-CT-CP übernommenen Nebenbedingungen (3.12) bis (3.15) umgesetzt. Analog zu den vorigen Ausführungen wird durch die Ungleichungen (7.12) das Betreiben eines kapazitätsbeschränkten Distributionszentrums nur für den Fall angenommen, in welchem Kunden ausgehend von diesem Distributionszentrum beliefert werden. Die Verknüpfung des

Standortbetriebs zu Errichtung und Schließung der Distributionszentren ist mit den Restriktionen (3.17) und (3.18) gegeben.[8]

Restriktionen zur Nachfrageerfüllung:

$$\boldsymbol{LS}_{jk,n_1,t} = max\{0, \boldsymbol{D}_{jk,n_1,t} - \sum_{i \in \mathcal{I}} \sum_{m \in \mathcal{M}} \boldsymbol{X}_{ijkmt}\} \quad \forall j \in \mathcal{J},\ k \in \mathcal{K},\ t \in \mathcal{T} \tag{7.13}$$

$$E[\boldsymbol{LS}_{jk,n_1,t}] \leq (1 - \beta_{jkt}) \cdot d^{min}_{jk,n_1,t} \cdot E[\boldsymbol{\omega}_{jk,n_1,t}] \quad \forall j \in \mathcal{J},\ k \in \mathcal{K},\ t \in \mathcal{T} \tag{7.14}$$

$$\boldsymbol{D}_{jknt} \geq d^{min}_{jknt} \cdot \boldsymbol{\omega}_{jknt} \quad \forall j \in \mathcal{J},\ k \in \mathcal{K},\ n \in \mathcal{N},\ t \in \mathcal{T} \tag{7.15}$$

$$\boldsymbol{D}_{jknt} \leq d^{max}_{jknt} \cdot \boldsymbol{\omega}_{jknt} \quad \forall j \in \mathcal{J},\ k \in \mathcal{K},\ n \in \mathcal{N},\ t \in \mathcal{T} \tag{7.16}$$

$$\sum_{n \in \mathcal{N}} \boldsymbol{\omega}_{jknt} = 1 \quad \forall j \in \mathcal{J},\ k \in \mathcal{K},\ t \in \mathcal{T} \tag{7.17}$$

Mit den Restriktionen zur Nachfrageerfüllung werden die Besonderheiten infolge der unsicheren Emissionsobergrenzen sowie der preisabhängigen Nachfrage berücksichtigt. Gemäß den Restriktionen (7.13) entstehen Lost-Sales für eine Kombination aus Nachfrageort, Produkt und Periode nur dann, wenn die zu den Nachfrageorten transportierte Menge kleiner als die zu realisierende Nachfrage in der Nachfragestufe n_1 ist. Erfolgt keine Nachfrageerfüllung in Nachfragestufe n_1, so fallen keine Lost-Sales an. Die Lost-Sales werden über die Ungleichungen (7.14), die als β-Servicegradrestriktionen aufgefasst werden können, beschränkt. Dabei muss bei der Nachfrageerfüllung der β-Servicegrad eingehalten werden. Gemäß diesem ist es zwar möglich, einen als Lost-Sales bezeichneten Teil der Nachfrage nicht zu erfüllen. Dieser Anteil wird im vorliegenden Fall unter Einhaltung des vorgegebenen β-Servicegrads β_{jkt} anteilig an der Mindestnachfrage von Nachfragestufe n_1

[8] Das S-SND-CT-CP-gen verfolgt unter der Maximierung des erwarteten Kapitalwerts die Zielsetzung, ein geeignetes Netzwerkdesign für die unsicheren Ausprägungen der stochastischen Emissionsobergrenze zu ermitteln. Vor diesem Hintergrund werden die Entscheidungen über die Auswahl der Lieferanten als auch die Standortentscheidungen der Produktionswerke und Distributionszentren wie zuvor erläutert unabhängig von der konkreten Ausprägung der unsicheren Emissionsobergrenze bestimmt.

ermittelt. Somit betreffen die β-Servicegradrestriktionen nur diejenigen Produkt-Nachfrageort-Perioden-Kombinationen, für welche eine Nachfrageerfüllung in der Stufe n_1 erwartet wird.[9]

Zudem wird durch die Ungleichungen (7.15) und (7.16) die Einhaltung der Mindest- und Maximalnachfrage der gewählten Nachfragestufe gewährleistet. Weiterhin muss entsprechend den Gleichungen (7.17) für jede Produkt-Nachfrageort-Perioden-Kombination genau eine Nachfragestufe ausgewählt werden.

Restriktionen zur Einhaltung der Emissionsobergrenzen:

$$\begin{aligned} EO_t^{PC} \geq & \sum_{l \in \mathcal{L}_M} \sum_{w \in \mathcal{W}_{PC}} \sum_{c \in \mathcal{C}} \sum_{m \in \mathcal{M}} \widehat{em}_{lwcmt} \cdot \widehat{\boldsymbol{X}}_{\boldsymbol{lwcmt}} \\ & + \sum_{w \in \mathcal{W}_{PC}} \sum_{p \in \mathcal{P}} \sum_{i \in \mathcal{I}} \sum_{k \in \mathcal{K}} \sum_{m \in \mathcal{M}} \widetilde{em}_{wpikmt} \cdot \widetilde{\boldsymbol{X}}_{\boldsymbol{wpikmt}} \\ & + \sum_{i \in \mathcal{I}_{PC}} \sum_{j \in \mathcal{J}} \sum_{k \in \mathcal{K}} \sum_{m \in \mathcal{M}} em_{ijkmt} \cdot \boldsymbol{X}_{\boldsymbol{ijkmt}} \qquad \forall t \in \mathcal{T} \end{aligned} \tag{7.18}$$

Hinsichtlich der unsicheren Emissionsobergrenzen fordern die Restriktionen (7.18), dass durch die an den betroffenen Produktionswerken ($w \in \mathcal{W}_{PC}$) und Distributionszentren ($i \in \mathcal{I}_{PC}$) anfallenden Emissionen die zufällig ausgeprägte periodenspezifische Emissionsobergrenze nicht überschritten wird.

Restriktionen zur Deklaration der Entscheidungs- und Hilfsvariablen:
Restriktionen (3.23)–(3.26) sowie

$$LP_t, RP_t \in \mathbb{R} \qquad \forall t \in \mathcal{T} \tag{7.19}$$

Abschließend werden durch die Restriktionen (3.23) bis (3.26) die binären Entscheidungsvariablen γ_{wpt}^{ope}, γ_{wpt}^{est}, γ_{wpt}^{clo}, $\rho_{wpt}^{tec,off}$, $\rho_{wpt}^{tec,on}$, ψ_{it}^{ope}, ψ_{it}^{est}, ψ_{it}^{clo} und α_{lct} definiert. Zudem werden die Hilfsvariablen LP_t und RP_t der Auszahlungsbestandteile gemäß (7.19) als reellwertig klassifiziert.

Die Notwendigkeit sowie die Umsetzung der Überführung des S-SND-CT-CP-gen in eine Ersatzmodellformulierung wird im folgenden Kapitel erläutert.

---

[9] Die erwartete Nachfragebefriedigung in Nachfragestufe n_1 wird vorliegend über den Erwartungswert der zufälligen Nachfrageauswahl in Nachfragestufe n_1 ($E[\boldsymbol{\omega}_{jk,n_1,t}]$) angegeben.

7.1.3 Motivation einer Ersatzmodellformulierung für das S-SND-CT-CP-gen

Für das zuvor erläuterte generische und nichtlineare S-SND-CT-CP-gen ist aufgrund der durch die Stochastizität enthaltenen Zufallsvariablen sowie deren Einwirken in die Maximumsfunktion zur Berechnung der Lost-Sales auf Basis des derzeitigen Kenntnisstands kein Lösungsansatz bekannt. Da die Problematik bezüglich der Stochastizität bei analogen stochastischen Optimierungsproblemen im Allgemeinen auftritt, findet in der Regel eine Überführung in deterministische Ersatzmodellformulierungen statt. Diese sind im Gegensatz zu den stochastisch-generischen Modellen mit den gewöhnlichen exakten und heuristischen Lösungsmethoden[10] numerisch lösbar.[11]

Zur Umwandlung der generischen Modellformulierung in eine deterministische Ersatzmodellformulierung können für Standortplanungsprobleme die in Abschnitt 2.2.2 beschriebenen Ansätze in Anwendung kommen. Dazu zählt unter anderem der Szenario-Ansatz, bei dem die Zufallsvariablen über eine Menge an Szenarien approximiert werden. Damit verknüpft ist meist die Optimierung des erwarteten Zielfunktionswerts. Bei den Szenario-Ansätzen wird differenziert, ob die zu treffenden Lokations- und Allokationsentscheidungen für die Standortplanung ausschließlich vor oder auch nach Kenntnis der Realisierung des unsicheren Parameters getroffen werden. In ersterem Fall finden einstufige Ansätze Anwendung, wobei in letzterem Fall zwei- oder mehrstufige Ansätze eingesetzt werden. Als Alternative zum Szenario-Ansatz kann auch eine probabilistische Zielsetzung Anwendung finden, bei der über Chance Constraints die Einhaltung ausgewählter Nebenbedingungen lediglich zu einer gewissen Wahrscheinlichkeit erfolgen muss.[12] Neben den in Abschnitt 2.2.2 erläuterten Ansätzen wäre hinsichtlich der Nicht-Linearitäten auch ein stückweiser Linearisierungsansatz denkbar. Für eine entsprechende Anwendung im Bereich der Standortplanung sei auf Sahling und Kayser (2016) verwiesen.[13]

Im Bereich der Standortplanung mit Emissionsregulierungen, der im Rahmen der Literaturübersicht von Abschnitt 2.4.1 vorgestellt wird, kommen für die stochastischen Optimierungsmodelle überwiegend mehrstufige Szenario-Ansätze in

---

[10] Vgl. hierzu im Allgemeinen bspw. Scholl (2001), S. 68–69 oder in Bezug auf die Standortplanung bspw. Abschnitt 5.1.

[11] Vgl. Scholl (2001), S. 76.

[12] Vgl. in Bezug auf allgemeine stochastische Optimierungsprobleme bspw. Scholl (2001), S. 70–76. In Bezug auf die Standortplanung sei auf die Ausführungen und entsprechende Literatur in Abschnitt 2.2.2 verwiesen.

[13] Vgl. Sahling und Kayser (2016), S. 206–207.

Einsatz.[14] Zudem wird von Shaw et al. (2016) eine probabilistische Zielsetzung über Chance-Constraints abgebildet. Hinsichtlich der Parameter, die als stochastisch angenommen werden, werden in diesem Bereich Parameter mit als auch ohne Bezug zu den Emissionsregulierungen betrachtet. Bezüglich der allgemeinen Modellcharakteristika werden Liefermengen[15], Beschaffungspreise[16], Kapazitäten[17] sowie am häufigsten die Nachfrage[18] als stochastisch angenommen. In Bezug auf die Emissionsregulierungen wird ausschließlich der sich beim Emissionshandelssystem bildende Preis für den Handel der Emissionsberechtigungen von Giarola et al. (2012) und Rezaee et al. (2017) als stochastisch abgebildet.

Aus diesen Ausführungen wird deutlich, dass nach derzeitigem Kenntnisstand keiner der Ansätze eine Unsicherheit der Emissionsobergrenze betrachtet hat. Da diese jedoch auf Basis der in Abschnitt 7.1.1 beschriebenen Ausführungen für die Erstellung eines zulässigen Netzwerkdesigns erheblichen Einfluss nehmen kann, wird in der vorliegenden Arbeit eine stochastische Emissionsobergrenze fokussiert. Um die daraus resultierende und im vorherigen Abschnitt 7.1.2 beschriebene generische Modellformulierung in eine Ersatzmodellformulierung zu überführen, kommt ein Szenario-Ansatz zum Einsatz. Auf Basis der erläuterten Literatur im Bereich der Standortplanung sowie im Teilbereich der Standortplanung mit Emissionsregulierungen findet dieser vielfach Anwendung und wird somit auch als geeigneter Ansatz zur Modellierung der stochastischen Emissionsobergrenzen gewählt. Dabei wird vorliegend angenommen, dass alle Entscheidungen vor Realisierung der Ausprägung der unsicheren Emissionsobergrenze getroffen werden müssen. Demnach sind keine Anpassungen am Netzwerkdesign nach Kenntnis über die realisierten Werte der unsicheren Emissionsobergrenze vorgesehen, sodass der angewendete Szenario-Ansatz als einstufiger Ansatz ausgestaltet wird. Die hieraus resultierende szenariobasierte deterministische Ersatzmodellformulierung wird im folgenden Kapitel erläutert.

---

[14] Vgl. Fattahi und Govindan (2018); Giarola et al. (2012) und Rezaee et al. (2017).

[15] Vgl. Fattahi und Govindan (2018).

[16] Vgl. Giarola et al. (2012).

[17] Vgl. Shaw et al. (2016).

[18] Vgl. Rezaee et al. (2017); Shaw et al. (2016) und Martí et al. (2015).

7.2 Szenariobasierte deterministische Ersatzmodellformulierung (S-SND-CT-CP-det)

Wie im vorherigen Abschnitt 7.1.3 motiviert und erläutert, wird zur Approximation der unsicheren periodenspezifischen Emissionsobergrenzen im S-SND-CT-CP-det[19] ein Szenario-Ansatz eingesetzt. Dazu werden im Folgenden die Annahmen des S-SND-CT-CP-det vorgestellt, wobei ein besonderer Fokus auf der Approximation der unsicheren Emissionsobergrenzen sowie der damit verbundenen Konsequenzen durch den Szenario-Ansatz liegt. Alle weiteren Annahmen folgen den Erläuterungen in Abschnitt 3.1.

Es wird im S-SND-CT-CP-det angenommen, dass die unsicheren Emissionsobergrenzen durch $|\mathcal{S}|$ Szenarien ($s \in \mathcal{S}$) approximiert werden können. Jedes Szenario s enthält hierbei eine mögliche Realisation der Emissionsobergrenze $eo_t^{s,PC}$. Zudem tritt jedes Szenario s gemäß der bekannten Wahrscheinlichkeitsverteilung der Emissionsobergrenzen mit der szenariospezifischen Wahrscheinlichkeit π^s ein. Hierbei gilt, dass in jeder Periode t die Summe der mit den Eintrittswahrscheinlichkeiten gewichteten szenariospezifischen Emissionsobergrenzen gemäß der folgenden Formel dem Erwartungswert der Zufallsvariable der Emissionsobergrenzen entspricht:

$$E[\boldsymbol{EO}_t^{PC}] \approx \sum_{s \in \mathcal{S}} \pi^s \cdot eo_t^{s,PC}$$

Sofern die Nachfrage aufgrund einer geringen Emissionsobergrenze nicht erfüllt werden kann, ist grundsätzlich ein Ausweichen auf eine Nachfragestufe mit einer geringeren Nachfragemenge möglich. Dabei wird für jedes Szenario s eine Entscheidung darüber getroffen, in welcher Nachfragestufe n die Nachfrage nach Produkt k an Nachfrageort j erfüllt werden soll. Demgemäß ist die binäre Nachfrageerfüllungsvariable klassifiziert als

$$\omega_{jknt}^{s} = \begin{cases} 1, & \text{falls in Szenario } s \text{ die Nachfrage an Nachfrageort } j \text{ nach Produkt } k \\ & \text{in Nachfragestufe } n \text{ in Periode } t \text{ befriedigt wird} \\ 0, & \text{sonst.} \end{cases}$$

Für die gewählte Nachfragestufe wird zudem szenariospezifisch eine Entscheidung über die innerhalb der vorgegebenen Mindest- und Maximalnachfrage rea-

[19] Stochastic-deterministic Supply Network Design with Carbon Tariffs and Carbon Policies (dt. Stochastisch-deterministisches Ersatzmodell für das mehrstufige Standortplanungsproblem mit Emissionszöllen und standortabhängigen Emissionsregulierungen)

lisierte Nachfragemenge D^s_{jknt} getroffen. Erfolgt eine Realisierung in der Nachfragestufe n_1, die mit der geringstmöglichen Nachfragemenge korrespondiert, ist ein aufgrund der Emissionsobergrenze notwendiges Ausweichen auf eine Nachfragestufe mit einer geringeren Nachfragemenge nicht möglich. Daher können ausschließlich in dieser Nachfragestufe n_1 Lost-Sales $LS^s_{jk,n_1,t}$ anfallen. Lost-Sales treten nur dann auf, wenn selbst die Erfüllung der Mindestnachfrage $d^{min}_{jk,n_1,t}$ in n_1 zu einem Überschreiten der Emissionsobergrenze führen würde.[20] Dabei wird der Erwartungswert der Zufallsvariable der Lost-Sales durch die mit den Eintrittswahrscheinlichkeiten gewichteten szenariospezifischen Lost-Sales $LS^s_{jk,n_1,t}$ gemäß der folgenden Formel approximiert:

$$E[\boldsymbol{LS_{jk,n_1,t}}] \approx \sum_{s \in \mathcal{S}} \pi^s \cdot LS^s_{jk,n_1,t}$$

Die Lost-Sales werden durch den β-Servicegrad β_{jkt} für jede Produkt-Nachfrageort-Perioden Kombination beschränkt. Das Auftreten von szenariospezifischen Lost-Sales im S-SND-CT-CP-det wird gemäß der vorherigen Ausführungen in Abbildung 7.2 visualisiert.

Für die Zielfunktion wird der Erwartungswert der Zufallsvariable des Kapitalwerts durch die mit den Eintrittswahrscheinlichkeiten gewichteten Kapitalwerte NPV^s der jeweiligen Szenarien s auf Basis der folgenden Formel approximiert:

$$E[\boldsymbol{NPV}] \approx \sum_{s \in \mathcal{S}} \pi^s \cdot NPV^s$$

Zielsetzung des S-SND-CT-CP-det ist folglich die Maximierung des erwarteten Kapitalwerts, der unter Berücksichtigung der Eintrittswahrscheinlichkeiten über alle Szenarien ermittelt wird. Hinblickend auf die Ein- und Auszahlungsbestandteile des Kapitalwerts sei angemerkt, dass die im S-SND-CT-CP-gen als Zufallsvariablen abgebildeten Bestandteile[21] im S-SND-CT-CP-det szenariospezifisch ermittelt werden. Dies betrifft auf der einen Seite die szenariospezifischen Einzahlungen für den Verkauf der Produkte SIP^s_t in Periode t. Dabei werden die in Szenario s entstandenen Lost-Sales LS^s_{jknt} von der realisierten Nachfragemenge D^s_{jknt} abgezo-

---

[20] Lost-Sales $LS^s_{jk,n_1,t}$ treten demnach auf, wenn die in Szenario s realisierte Nachfragemenge $D^s_{jk,n_1,t}$ auf $d^{min}_{jk,n_1,t}$ gesetzt ist. Diese Voraussetzung wird durch die Restriktionen (7.24) in Kombination mit der Maximierung des Kapitalwerts erzielt, da Lost-Sales die resultierenden Einzahlungen für den Verkauf der Produkte reduzieren. Über diese Restriktionen (7.24) lässt sich auch der Erwartungswert der Lost-Sales ableiten.

[21] Dies betrifft im S-SND-CT-CP-gen die Gleichungen (7.2.1) bis (7.2.6).

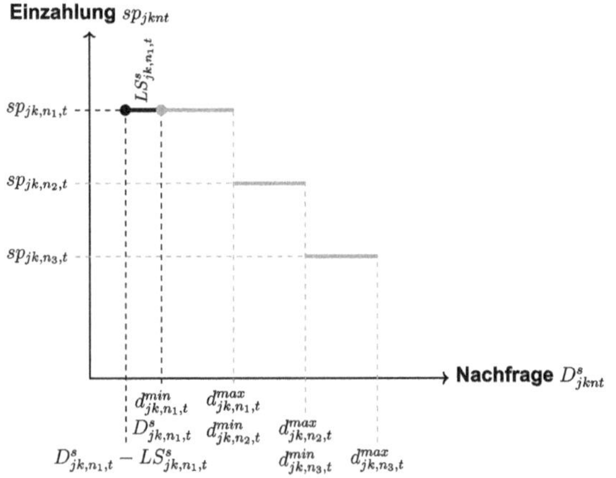

Abb. 7.2 Darstellung der Lost-Sales bei der preisabhängigen Nachfrage im S-SND-CT-CP-det

gen. Auf der anderen Seite werden die in Periode t anfallenden Auszahlungen für Beschaffung AP^s_t, Emissionshandel $CCTP^s_t$, Emissionssteuern $CTXP^s_t$, Emissionszölle $CTFP^s_t$ und Transporte TP^s_t ebenfalls szenariospezifisch ermittelt. Lediglich die Auszahlungen für Standorte LP_t sowie die Auszahlungen aus Resilienzgründen RP_t sind szenariounabhängig. Dies liegt darin begründet, dass infolge des einstufigen Szenario-Ansatzes die Auswahl der Lieferanten und die Standortentscheidungen der Produktionswerke sowie Distributionszentren unabhängig von der Ausprägung der Emissionsobergrenze im entsprechenden Szenario erfolgt. Dagegen werden infolge des Szenario-Ansatzes die Transportmengen von den Lieferanten zu den Produktionswerken ($\widehat{X}^s_{lwcmt}$) und von den Produktionswerken zu den Distributionszentren ($\widetilde{X}^s_{wpikmt}$) sowie von den Distributionszentren zu den Nachfrageorten (X^s_{ijkmt}) szenariospezifisch als auch modellendogen ermittelt.

Infolge der beschriebenen Annahmen und mit der zusätzlichen bzw. angepassten Notation aus Tabelle 7.2 kann das S-SND-CT-CP-det als gemischt-ganzzahliges lineares und deterministisches Entscheidungsmodell mathematisch wie folgt beschrieben werden. Erneut werden zur Vermeidung von Redundanzen nachfolgend ausschließlich die diejenigen Aspekte vertiefend behandelt, die infolge der Berücksichtigung von unsicheren Emissionsobergrenzen über den Szenario-Ansatz charakteristisch für das S-SND-CT-CP-det sind. Für eine tiefergehende Erläuterung sei auf Abschnitt 3.2 verwiesen.

Tabelle 7.2 Zusätzliche bzw. angepasste Notation für das S-SND-CT-CP-det

Indizes und Indexmengen:	
$s \in \mathcal{S}$	Menge der Szenarien
Parameter:	
$eo_t^{s,PC}$	Periodenspezifische Emissionsobergrenze in Szenario s und Periode t
π^s	Eintritts-Wahrscheinlichkeit von Szenario s
Hilfsvariablen:	
NPV^s	Kapitalwert in Szenario s
SIP_t^s	Gesamte Einzahlungen für Verkauf der Produkte in Periode t in Szenario s
AP_t^s	Gesamte Auszahlungen für Beschaffung in Periode t in Szenario s
$CCTP_t^s$	Gesamte Auszahlungen für Emissionshandel in Periode t in Szenario s
$CTXP_t^s$	Gesamte Auszahlungen für Emissionssteuern in Periode t in Szenario s
$CTFP_t^s$	Gesamte Auszahlungen für Emissionszölle in Periode t in Szenario s
TP_t^s	Gesamte Auszahlungen für Transporte in Periode t in Szenario s
Z^{det}	Zielfunktionswert des S-SND-CT-CP-det
Entscheidungsvariablen:	
D_{jknt}^s	Realisierte Nachfrage nach Produkt k an Nachfrageort j in Nachfragestufe n in Periode t in Szenario s
LS_{jknt}^s	Lost-Sales an Produkt k von Nachfrageort j in Nachfragestufe n und Periode t in Szenario s
$\widehat{X}_{lwcmt}^s$	Transportmenge von Komponente c von Lieferant l zu Produktionswerk w in Transportmodus m in Periode t in Szenario s
$\widetilde{X}_{wpikmt}^s$	Transportmenge von Produkt k vom Produktionswerk w mit Technologiestufe p zu Distributionszentrum i in Transportmodus m in Periode t in Szenario s
X_{ijkmt}^s	Transportmenge von Produkt k vom Distributionszentrum i zu Kundenort j in Transportmodus m in Periode t in Szenario s
ω_{jknt}^s	Binäre Nachfragebefriedigungsvariable für Produkt k in Nachfrageort j an Nachfragestufe n in Periode t in Szenario s

Modell S-SND-CT-CP-det:
Zielfunktion:

$$\text{Max. } Z^{det} = \sum_{s \in \mathcal{S}} \pi^s \cdot NPV^s \tag{7.20}$$

mit:

$$NPV^s = \sum_{t \in \mathcal{T}} \frac{1}{\prod_{\tau=1}^{t}(1 + iz_\tau)} \cdot \Big(SIP_t^s - \big(TP_t^s + LP_t + AP_t^s + RP_t + CTFP_t^s + CTXP_t^s + CCTP_t^s \big) \Big) \tag{7.21}$$

(3.1.3), (3.1.5) und:

$$SIP_t^s = \sum_{j \in \mathcal{J}} \sum_{k \in \mathcal{K}} \sum_{n \in \mathcal{N}} sp_{jknt} \cdot \left(D_{jknt}^s - LS_{jknt}^s \right) \quad \forall s \in \mathcal{S},\ t \in \mathcal{T} \tag{7.21.1}$$

$$\begin{aligned} TP_t^s = & \sum_{l \in \mathcal{L}} \sum_{w \in \mathcal{W}} \sum_{c \in \mathcal{C}} \sum_{m \in \mathcal{M}} \widehat{tc}_{lwcmt} \cdot \widehat{X}_{lwcmt}^s \\ & + \sum_{w \in \mathcal{W}} \sum_{p \in \mathcal{P}} \sum_{i \in \mathcal{I}} \sum_{k \in \mathcal{K}} \sum_{m \in \mathcal{M}} \widetilde{tc}_{wikmt} \cdot \widetilde{X}_{wpikmt}^s \\ & + \sum_{i \in \mathcal{I}} \sum_{j \in \mathcal{J}} \sum_{k \in \mathcal{K}} \sum_{m \in \mathcal{M}} tc_{ijkmt} \cdot X_{ijkmt}^s \qquad \forall s \in \mathcal{S},\ t \in \mathcal{T} \end{aligned} \tag{7.21.2}$$

$$AP_t^s = \sum_{l \in \mathcal{L}} \sum_{w \in \mathcal{W}} \sum_{c \in \mathcal{C}} \sum_{m \in \mathcal{M}} \widehat{ac}_{lct} \cdot \widehat{X}_{lwcmt}^s \qquad \forall s \in \mathcal{S},\ t \in \mathcal{T} \tag{7.21.3}$$

$$\begin{aligned} CTFP_t^s = & \sum_{l \in \mathcal{L}_N} \sum_{w \in \mathcal{W}_M} \sum_{c \in \mathcal{C}} \sum_{m \in \mathcal{M}} \widehat{ez}_{lwt} \cdot \widehat{em}_{lwcmt}^N \cdot \widehat{X}_{lwcmt}^s \\ & + \sum_{w \in \mathcal{W}_N} \sum_{p \in \mathcal{P}} \sum_{i \in \mathcal{I}_M} \sum_{k \in \mathcal{K}} \sum_{m \in \mathcal{M}} \widetilde{ez}_{wit} \cdot \widetilde{em}_{wpikmt}^N \cdot \widetilde{X}_{wpikmt}^s \\ & + \sum_{i \in \mathcal{I}_N} \sum_{j \in \mathcal{J}_M} \sum_{k \in \mathcal{K}} \sum_{m \in \mathcal{M}} ez_{ijt} \cdot em_{ijkmt}^N \cdot X_{ijkmt}^s \qquad \forall s \in \mathcal{S},\ t \in \mathcal{T} \end{aligned} \tag{7.21.4}$$

$$CTXP_t^s = \sum_{w \in \mathcal{W}_{CTX}} \widetilde{es}_{wt} \cdot \Big(\sum_{l \in \mathcal{L}_M} \sum_{c \in \mathcal{C}} \sum_{m \in \mathcal{M}} \widehat{em}_{lwcmt} \cdot \widehat{X}_{lwcmt}^s \tag{7.21.5}$$
$$+ \sum_{p \in \mathcal{P}} \sum_{i \in \mathcal{I}} \sum_{k \in \mathcal{K}} \sum_{m \in \mathcal{M}} \widetilde{em}_{wpikmt} \cdot \widetilde{X}_{wpikmt}^s \Big)$$
$$+ \sum_{i \in \mathcal{I}_{CTX}} \sum_{j \in \mathcal{J}_M} \sum_{k \in \mathcal{K}} \sum_{m \in \mathcal{M}} es_{it} \cdot em_{ijkmt} \cdot X_{ijkmt}^s \qquad \forall s \in \mathcal{S},\ t \in \mathcal{T}$$

$$CCTP_t^s = \sum_{w \in \mathcal{W}_{CCT}} \widetilde{eh}_{wt} \cdot \Big[\Big(\sum_{l \in \mathcal{L}_M} \sum_{c \in \mathcal{C}} \sum_{m \in \mathcal{M}} \widehat{em}_{lwcmt} \cdot \widehat{X}_{lwcmt}^s \tag{7.21.6}$$
$$+ \sum_{p \in \mathcal{P}} \sum_{i \in \mathcal{I}} \sum_{k \in \mathcal{K}} \sum_{m \in \mathcal{M}} \widetilde{em}_{wpikmt} \cdot \widetilde{X}_{wpikmt}^s \Big)$$
$$- \Big(\sum_{p \in \mathcal{P}} \widetilde{ecap}_{wt} \cdot \gamma_{wpt}^{ope} \Big) \Big]$$
$$+ \sum_{i \in \mathcal{I}_{CCT}} eh_{it} \cdot \Big[\Big(\sum_{j \in \mathcal{J}_M} \sum_{k \in \mathcal{K}} \sum_{m \in \mathcal{M}} em_{ijkmt} \cdot X_{ijkmt}^s \Big)$$
$$- \Big(ecap_{it} \cdot \psi_{it}^{ope} \Big) \Big] \qquad \forall s \in \mathcal{S},\ t \in \mathcal{T}$$

Die Zielfunktion (7.20) des S-SND-CT-CP-det fordert die Maximierung des erwarteten Kapitalwerts, der über die Summe der mit den Eintrittswahrscheinlichkeiten bewerteten szenariospezifischen Kapitalwerte ermittelt wird. Für die szenariospezifischen Kapitalwerte werden gemäß den Bedingungen (7.21.1) die Differenz aus den szenariospezifischen Verkaufseinzahlungen (Gleichungen (7.21)) und verschiedenen Auszahlungen mit dem internen Zinssatz abgezinst. Die Auszahlungen fallen hierfür szenariospezifisch für Transporte (Gleichungen (7.21.2)), Beschaffung (Gleichungen (7.21.3)), Emissionszölle (Gleichungen (7.21.4)), Emissionssteuern (Gleichungen (7.21.5)) und Emissionshandel (Gleichungen (7.21.6)) sowie szenariounabhängig für Standorte (Gleichungen (3.1.3)) und Resilienz (Gleichungen (3.1.5)) an.

Die Maximierung des erwarteten Kapitalwerts erfolgt unter Beachtung nachfolgender Restriktionen, die aus Übersichtsgründen in analog zum SND-CT-CP und S-SND-CT-CP-gen gewählte Kategorien unterteilt sowie erläutert werden.

Restriktionen zum Materialfluss im Netzwerk:

$$\sum_{l \in \mathcal{L}} \sum_{m \in \mathcal{M}} \widehat{X}^s_{lwcmt} = \sum_{p \in \mathcal{P}} \sum_{i \in \mathcal{I}} \sum_{k \in \mathcal{K}} \sum_{m \in \mathcal{M}} \widetilde{X}^s_{wpikmt} \cdot an_{ck} \forall s \in \mathcal{S}, w \in \mathcal{W}, c \in \mathcal{C}, t \in \mathcal{T} \tag{7.22}$$

$$\sum_{w \in \mathcal{W}} \sum_{p \in \mathcal{P}} \sum_{m \in \mathcal{M}} \widetilde{X}^s_{wpikmt} = \sum_{j \in \mathcal{J}} \sum_{m \in \mathcal{M}} X^s_{ijkmt} \qquad \forall s \in \mathcal{S},\ i \in \mathcal{I},\ k \in \mathcal{K},\ t \in \mathcal{T} \tag{7.23}$$

$$\sum_{i \in \mathcal{I}} \sum_{m \in \mathcal{M}} X^s_{ijkmt} = \sum_{n \in \mathcal{N}} \left(D^s_{jknt} - LS^s_{jknt} \right) \qquad \forall s \in \mathcal{S},\ j \in \mathcal{J},\ k \in \mathcal{K},\ t \in \mathcal{T} \tag{7.24}$$

$$\sum_{w \in \mathcal{W}} \sum_{c \in \mathcal{C}} \widehat{ctu}_c \cdot \widehat{X}^s_{lwcmt} \leq \widehat{mod}^{max}_{lm} \qquad \forall s \in \mathcal{S},\ l \in \mathcal{L},\ m \in \mathcal{M}_l,\ t \in \mathcal{T} \tag{7.25}$$

$$\sum_{p \in \mathcal{P}} \sum_{i \in \mathcal{I}} \sum_{k \in \mathcal{K}} \widetilde{ctu}_k \cdot \widetilde{X}^s_{wpikmt} \leq \widetilde{mod}^{max}_{wm} \qquad \forall s \in \mathcal{S},\ w \in \mathcal{W},\ m \in \mathcal{M}_w,\ t \in \mathcal{T} \tag{7.26}$$

$$\sum_{j \in \mathcal{J}} \sum_{k \in \mathcal{K}} \widetilde{ctu}_k \cdot X^s_{ijkmt} \leq mod^{max}_{im} \qquad \forall s \in \mathcal{S},\ i \in \mathcal{I},\ m \in \mathcal{M}_i,\ t \in \mathcal{T} \tag{7.27}$$

Durch die Restriktionen zum Materialfluss im Netzwerk wird gewährleistet, dass die szenariospezifisch zur Erfüllung der Nachfrage notwendigen Mengen unter Erhaltung des Flusses über die Produktionswerke (7.22) und die Distributionszentren (7.23) an den Nachfrageorten bereitgestellt werden.[22] Zur Nachfrageerfüllung an den Nachfrageorten berücksichtigen die Gleichungen (7.24), dass Lost-Sales auftreten können. Demgemäß werden diese bei Ermittlung der von den Distributionszentren benötigten Transportmengen von der realisierten Nachfragemenge subtrahiert. Dabei gilt es in Kombination mit den Restriktionen (7.38) und (7.39) zu beachten, dass diese nur in der Nachfragestufe n_1, welche die geringstmögliche

[22] Demnach muss sowohl für die Produktionswerke als auch für die Distributionszentren die am jeweiligen Standort eingehende Menge der ausgehenden Menge entsprechen. Für weitere Details sei auf die Erläuterung der Restriktionen (3.2) und (3.3) in Abschnitt 3.2 verwiesen. Diese Restriktionen unterscheiden sich nur darin, dass vorliegend eine szenariospezifische Betrachtung erfolgt.

Nachfragemenge enthält, anfallen können.[23] Sofern keine Lost-Sales auftreten, entspricht die von den Distributionszentren gelieferte Transportmenge gemäß den Gleichungen (7.24) der am jeweiligen Nachfrageort realisierten Nachfragemenge. Weiterhin werden durch die Ungleichungen (7.25) bis (7.27) die modusspezifischen Transportkapazitäten bei den Lieferanten (7.25), Produktionswerken (7.26) und Distributionszentren (7.27) in jedem Szenario eingehalten.

Restriktionen zur Lieferantenauswahl unter Resilienzaspekten:
Restriktionen (3.10) sowie

$$\sum_{w \in \mathcal{W}} \sum_{m \in \mathcal{M}} \widehat{X}^s_{lwcmt} \leq \widehat{c}^{\max}_{lc} \cdot \alpha_{lct} \quad \forall s \in \mathcal{S},\, l \in \mathcal{L},\, c \in \mathcal{C}_l,\, t \in \mathcal{T} \tag{7.28}$$

$$\sum_{w \in \mathcal{W}} \sum_{m \in \mathcal{M}} \widehat{X}^s_{lwcmt} \geq \widehat{c}^{min}_{lc} \cdot \alpha_{lct} \quad \forall s \in \mathcal{S},\, l \in \mathcal{L},\, c \in \mathcal{C}_l,\, t \in \mathcal{T} \tag{7.29}$$

Die Lieferantenauswahl erfolgt gemäß den Ungleichungen (7.28) und (7.29) in jedem Szenario unter Beachtung der jeweiligen komponentenspezifischen Mindest- und Maximalbestellmenge des Lieferanten. Zudem wird durch die Restriktionen (3.10) für jede Komponente gewährleistet, dass bei Auswahl der Lieferanten der vorgegebene Mindestresilienzscore je Komponente erfüllt wird.

Restriktionen zu den Standortentscheidungen der Produktionswerke und Distributionszentren:

Restriktionen (3.12)–(3.15), (3.17)–(3.18) sowie

$$\sum_{i \in \mathcal{I}} \sum_{k \in \mathcal{K}} \sum_{m \in \mathcal{M}} \widetilde{cu}_{kp} \cdot \widetilde{X}^s_{wpikmt} \leq \widetilde{c}^{\max}_{wp} \cdot \gamma^{ope}_{wpt} \quad \forall s \in \mathcal{S},\, w \in \mathcal{W},\, p \in \mathcal{P},\, t \in \mathcal{T} \tag{7.30}$$

$$\sum_{j \in \mathcal{J}} \sum_{k \in \mathcal{K}} \sum_{m \in \mathcal{M}} cu_k \cdot X^s_{ijkmt} \leq c^{\max}_i \cdot \psi^{ope}_{it} \quad \forall s \in \mathcal{S},\, i \in \mathcal{I},\, t \in \mathcal{T} \tag{7.31}$$

Die Nebenbedingungen (7.30) bis (7.31), (3.12) bis (3.15) sowie (3.17) bis (3.18) umfassen alle Aspekte hinsichtlich der Standortentscheidungen der Produktionswerke und Distributionszentren. Dabei verknüpfen die Restriktionen (7.30) die szenariospezifische Transportmenge mit der Betriebsvariable der Produktionswerke.

[23] Gleichermaßen wird in Kombination mit der Zielfunktion (7.20) und den Gleichungen (7.21) sichergestellt, dass hierzu die realisierte Nachfragemenge $D^s_{jk,n_1,t}$ wie zuvor erläutert auf $d^{min}_{jk,n_1,t}$ gesetzt sein muss.

Dadurch wird unter Berücksichtigung der Kapazität sichergestellt, dass bei von Produktionswerk w ausgehenden Transporten dieses Produktionswerk in der entsprechenden Periode betrieben wird. Analog hierzu stellen (7.31) die Verknüpfungs- und Kapazitätsrestriktionen der Distributionszentren dar. Des Weiteren wird durch die aus dem SND-CT-CP übernommene Restriktionen die Verknüpfung von Standorterrichtung, -betrieb und -schließung für die Produktionswerke (Restriktionen (3.12) bis (3.15)) und Distributionszentren (Restriktionen (3.17) bis (3.18)) gewährleistet. Bezug nehmend auf die Produktionswerke wird dabei zudem die Möglichkeit des Technologiewechsels abgebildet.

Restriktionen zur Nachfrageerfüllung:

$$\sum_{s \in \mathcal{S}} \pi^s \cdot LS^s_{jk,n_1,t} \leq (1 - \beta_{jkt}) \cdot d^{min}_{jk,n_1,t} \cdot \sum_{s \in \mathcal{S}} \pi^s \cdot \omega^s_{jk,n_1,t} \; \forall j \in \mathcal{J}, k \in \mathcal{K}, t \in \mathcal{T} \tag{7.32}$$

Die Restriktionen (7.32) gewährleisten in Kombination mit den zuvor erläuterten Gleichungen (7.24) sowie den Restriktionen (7.33) bis (7.35) die Erfüllung der Nachfrage an den Nachfrageorten. Hierbei werden die Lost-Sales über alle Szenarien hinweg durch die β-Servicegradrestriktionen (7.32) beschränkt. Der β-Servicegrad muss für jedes Produkt k an jedem Nachfrageort j sowie in jeder Periode t eingehalten werden. Lost-Sales fallen gemäß den Gleichungen (7.24) dann an, wenn die Nachfrage aufgrund der vorgegebenen und in jedem Szenario einzuhaltenden Emissionsobergrenze selbst mit der Mindestnachfrage der kleinsten Nachfragestufe n_1 nicht mehr vollständig realisiert werden kann. Die somit entstehenden Lost-Sales werden über alle Szenarien hinweg mit den Eintrittswahrscheinlichkeiten bewertet und durch die mit dem β-Servicegrad gewichtete Mindestnachfrage von n_1 beschränkt. Die Mindestnachfrage wird dabei unter Einbezug der Eintrittswahrscheinlichkeit nur in den Szenarien berücksichtigt, in denen die Nachfrage in n_1 erfüllt wird.

$$D^s_{jknt} \geq d^{min}_{jknt} \cdot \omega^s_{jknt} \qquad \forall s \in \mathcal{S}, j \in \mathcal{J}, k \in \mathcal{K}, n \in \mathcal{N}, t \in \mathcal{T} \tag{7.33}$$

$$D^s_{jknt} \leq d^{max}_{jknt} \cdot \omega^s_{jknt} \qquad \forall s \in \mathcal{S}, j \in \mathcal{J}, k \in \mathcal{K}, n \in \mathcal{N}, t \in \mathcal{T} \tag{7.34}$$

$$\sum_{n \in \mathcal{N}} \omega^s_{jknt} = 1 \qquad \forall s \in \mathcal{S}, j \in \mathcal{J}, k \in \mathcal{K}, t \in \mathcal{T} \tag{7.35}$$

Weiterhin stellen die Restriktionen (7.33) und (7.34) die Einhaltung der Mindest- und Maximalmenge der gewählten Nachfragestufe in jedem Szenario sicher. Zudem fordern die Gleichungen (7.35), dass für jedes Szenario und jede Nachfrageort-Produkt-Perioden-Kombination genau eine Nachfragestufe ausgewählt werden muss.

Restriktionen zur Einhaltung der Emissionsobergrenzen:

$$\begin{aligned} eo_t^{s,PC} \geq & \sum_{l \in \mathcal{L}_M} \sum_{w \in \mathcal{W}_{PC}} \sum_{c \in \mathcal{C}} \sum_{m \in \mathcal{M}} \widehat{em}_{lwcmt} \cdot \widehat{X}_{lwcmt}^{s} \\ & + \sum_{w \in \mathcal{W}_{PC}} \sum_{p \in \mathcal{P}} \sum_{i \in \mathcal{I}} \sum_{k \in \mathcal{K}} \sum_{m \in \mathcal{M}} \widetilde{em}_{wpikmt} \cdot \widetilde{X}_{wpikmt}^{s} \\ & + \sum_{i \in \mathcal{I}_{PC}} \sum_{j \in \mathcal{J}} \sum_{k \in \mathcal{K}} \sum_{m \in \mathcal{M}} em_{ijkmt} \cdot X_{ijkmt}^{s} \qquad \forall s \in \mathcal{S},\, t \in \mathcal{T} \end{aligned} \tag{7.36}$$

Weiterhin wird mit den Restriktionen (7.36) sichergestellt, dass die periodenspezifische Emissionsobergrenze in jedem Szenario s sowie in jeder Periode t eingehalten wird. Folglich dürfen die an den jeweiligen Produktionswerken ($w \in \mathcal{W}_{PC}$) und Distributionszentren ($i \in \mathcal{I}_{PC}$) entstandenen Emissionen die szenariospezifische Emissionsobergrenze nicht überschreiten.

Restriktionen zur Deklaration der Entscheidungs- und Hilfsvariablen:
Restriktionen (7.19), (3.23)–(3.26) sowie

$$\begin{aligned} & SIP_t^s, AP_t^s, CCTP_t^s, CTXP_t^s, \\ & CTFP_t^s, LP_t, RP_t, TP_t^s \in \mathbb{R} \qquad \forall s \in \mathcal{S},\, t \in \mathcal{T} \end{aligned} \tag{7.37}$$

$$LS_{jk,n_1,t}^s \geq 0 \qquad \forall s \in \mathcal{S},\ j \in \mathcal{J},\ k \in \mathcal{K},\ t \in \mathcal{T} \tag{7.38}$$

$$LS_{jknt}^s = 0 \qquad \forall s \in \mathcal{S},\ j \in \mathcal{J},\ k \in \mathcal{K},\ n \neq n_1,\ t \in \mathcal{T} \tag{7.39}$$

$$D_{jknt}^s \geq 0 \qquad \forall s \in \mathcal{S},\ j \in \mathcal{J},\ k \in \mathcal{K},\ n \in \mathcal{N},\ t \in \mathcal{T} \tag{7.40}$$

$$\widehat{X}^s_{lwcmt} \geq 0 \qquad \forall s \in \mathcal{S},\ l \in \mathcal{L},\ w \in \mathcal{W},\ c \in \mathcal{C}_l,\ m \in \mathcal{M}_l,\ t \in \mathcal{T} \tag{7.41}$$

$$\widetilde{X}^s_{wpikmt} \geq 0 \qquad \forall s \in \mathcal{S},\ w \in \mathcal{W},\ p \in \mathcal{P},\ i \in \mathcal{I},\ k \in \mathcal{K},\ m \in \mathcal{M}_w,\ t \in \mathcal{T} \tag{7.42}$$

$$X^s_{ijkmt} \geq 0 \qquad \forall s \in \mathcal{S},\ i \in \mathcal{I},\ j \in \mathcal{J},\ k \in \mathcal{K},\ m \in \mathcal{M}_i,\ t \in \mathcal{T} \tag{7.43}$$

$$\omega^s_{jknt} \in \{0, 1\} \qquad \forall s \in \mathcal{S},\ j \in \mathcal{J},\ k \in \mathcal{K},\ n \in \mathcal{N},\ t \in \mathcal{T} \tag{7.44}$$

Abschließend werden die Entscheidungs- und Hilfsvariablen deklariert. Mit (7.19) und (7.37) werden die szenariounabhängigen sowie szenarioabhängigen Hilfsvariablen als reellwertige Variablen gekennzeichnet. Zudem werden die Lost-Sales gemäß den Nebenbedingungen (7.38) und (7.39) dahingehend beschränkt, dass diese nur in der kleinsten Nachfragestufe n_1 anfallen können. Weiterhin werden durch (7.40) bis (7.43) die szenariospezifischen Nachfrageerfüllungsmengen sowie Transportmengen auf den betriebswirtschaftlich sinnvollen Bereich begrenzt. Abschließend werden mit (7.44) die szenarioabhängigen sowie mit (3.23) bis (3.26) die szenariounabhängigen Binärvariablen klassifiziert.

Im nachfolgenden Kapitel wird die vorgestellte deterministische Ersatzmodellformulierung des S-SND-CT-CP-det um eine risikoorientierte Sichtweise in Form eines Risikomaßes erweitert.

7.3 Risikoorientierte Modellformulierung des S-SND-CT-CP-det (S-SND-CT-CP-ris)

Das S-SND-CT-CP-det fordert die Maximierung des erwarteten Kapitalwerts. Durch die szenariobasierte Betrachtung liegt der Fokus hierbei insbesondere auf dem resultierenden Mittelwert der mit den Eintrittswahrscheinlichkeiten gewichteten Kapitalwerte der betrachteten Szenarien. Dabei kann den Szenarien, die mit vergleichsweise niedrigen Kapitalwerten einhergehen, sowohl aus ökonomischer als auch aus ökologischer Perspektive eine besondere Relevanz zugemessen werden. Wie in Abschnitt 4.2.1 erläutert, führen insbesondere geringe Emissionsobergrenzen zu niedrigeren Kapitalwerten. Aus ökonomischer Perspektive sind diese Kapitalwerte als wenig erwünscht zu beurteilen. Aus ökologischer Perspektive resultieren eben diese Emissionsobergrenzen in einem besonders hohen und aus dieser Sichtweise wenig erwünschten Anstieg der Gesamtemissionen. Somit haben diese Szenarien bei Generierung einer geeigneten Lösung bezüglich der Risikopräferenz der Entscheidungsperson eine besondere Relevanz. Deshalb wird das mit diesen

Szenarien korrespondierende Risiko im S-SND-CT-CP-ris[24] in Form einer risikobasierten Betrachtung berücksichtigt.

Dazu wird im S-SND-CT-CP-ris der bereits in Abschnitt 2.2.3 vorgestellte Conditional Value at Risk $CVaR$ als Risikomaß eingesetzt. Dieser $CVaR$ bestimmt den bedingten Mittelwert der schlechtesten Verlustszenarien, die zu einer vorgegebenen Wahrscheinlichkeit μ korrespondieren. Bezogen auf das S-SND-CT-CP-ris entsprechen die schlechtesten Verlustszenarien denjenigen Szenarien, die im Hinblick auf den Kapitalwert die niedrigsten Werte aufweisen. Zur Integration des Conditional Value at Risk in das S-SND-CT-CP-ris wird die von Sahling und Kayser (2016) auf Basis von Koberstein et al. (2013) und Fábián (2008) vorgeschlagene Variante verwendet. Demgemäß wird mit $CVaR$ der bedingte Mittelwert ermittelt, welcher auf die Kapitalwerte der $(1 - \mu)$ schlechtesten Verlustszenarien[25] bezogen ist. Zur Berechnung des $CVaR$ kommen die Hilfsvariablen ρ^0 sowie ρ^s zum Einsatz, deren Funktion im Rahmen der nachfolgenden Modellerläuterung dargestellt wird.

Zielsetzung des S-SND-CT-CP-det-ris ist folglich die Maximierung der mit dem Gewichtungsfaktor λ bewerteten Summe aus dem Kapitalwert, der unter Berücksichtigung der Eintrittswahrscheinlichkeiten über alle Szenarien ermittelt wird, sowie dem Conditional Value at Risk.

Dabei ist mit λ die Risikoneigung der Entscheidungsperson vorgegeben. Die Risikoneigung der Entscheidungsperson ist als umso stärker zu beurteilen, je größer λ ist. Im Extremfall einer rein risikofreudigen Entscheidungsperson ($\lambda = 1$) würde einzig der erwartete Kapitalwert bei der Maximierung der Zielfunktion berücksichtigt werden. Den Szenarien mit den geringsten Kapitalwerten würde in diesem Fall keine gesonderte Relevanz zugerechnet werden. Im Gegensatz hierzu wird für eine rein risikoaverse Entscheidungsperson ($\lambda = 0$) ausschließlich der Conditional Value at Risk maximiert. Folglich würde ausschließlich der bedingte Mittelwert der schlechtesten Verlustszenarien maximiert werden. Dagegen erfolgt für eine risikoneutrale Entscheidungsperson die gleichgewichtete Berücksichtigung beider Zielfunktionsbestandteile ($\lambda = 0, 5$). Neben diesen Extremfällen sind über die Wahl von λ weitere Abstufungen der Risikopräferenz möglich.

Infolge der beschriebenen Annahmen und mit der zusätzlichen Notation aus Tabelle 7.2 kann das S-SND-CT-CP-ris als gemischt-ganzzahliges lineares und deterministisches Optimierungsproblem mathematisch wie folgt beschrieben werden. Aus Redundanzgründen werden ausschließlich die im Vergleich zum

[24] Stochastic Supply Network Design with Carbon Tariffs and Carbon Policies under Risk (dt. Stochastisches mehrstufiges Standortplanungsproblem mit Emissionszöllen und standortabhängigen Emissionsregulierungen unter Risiko)

[25] Wie zuvor ausgeführt, entsprechen die schlechtesten Verlustszenarien denjenigen Szenarien mit den geringsten Kapitalwerten.

S-SND-CT-CP-det ergänzten Bestandteile erläutert. Für die Erläuterung aller übrigen Bestandteile sei auf Abschnitt 7.2 verwiesen (Tabelle 7.3).

Tabelle 7.3 Zusätzliche Notation für das S-SND-CT-CP-ris

Parameter:	
λ	Risikoneigung der Entscheidungsperson
μ	Conditional-Value-at-Risk-bezogene Wahrscheinlichkeit
Hilfsvariablen:	
Z^{ris}	Zielfunktionswert des S-SND-CT-CP-det-ris
ρ^0	Hilfsvariable zur Ermittlung des Conditional Value at Risk
ρ^s	Szenariospezifische Hilfsvariable zur Ermittlung des Conditional Value at Risk
Entscheidungsvariablen:	
$CVaR$	Conditional Value at Risk

Modell S-SND-CT-CP-ris:
Zielfunktion:

$$\text{Max. } Z^{ris} = \lambda \cdot \sum_{s \in \mathcal{S}} \pi^s \cdot NPV^s + (1 - \lambda) \cdot CVaR \tag{7.45}$$

mit (7.21.1) (3.1.3), (3.1.5), (7.21) bis (7.21.6) sowie

$$CVaR = \rho^0 - \frac{1}{1 - \mu} \cdot \sum_{s \in \mathcal{S}} \pi^s \cdot \rho^s \tag{7.46}$$

$$\rho^0 - \rho^s \leq NPV^s \qquad \forall s \in \mathcal{S} \tag{7.47}$$

Die Zielfunktion (7.45) des S-SND-CT-CP-ris fordert die Maximierung der gewichteten Summe aus dem erwarteten Kapitalwert sowie dem Conditional Value at Risk. Die Gewichtung der beiden Zielfunktionsbestandteile erfolgt über den Parameter λ, welcher die Risikoneigung der Entscheidungsperson angibt.

Der Conditional Value at Risk $CVaR$ wird mit (7.46) und (7.47) bestimmt. Die Hilfsvariable ρ^0 gibt hierbei einen zur Berechnung des $CVaR$ verwendeten Grenzwert an. Gemäß der Restriktionen (7.47) enthalten die Hilfsvariablen ρ^s für alle Szenarien s, deren Kapitalwert unter dem Wert von ρ^0 liegt, die Differenz zwischen ρ^0 und den entsprechenden NPV^s. Auf dieser Basis wird $CVaR$ mit den Gleichungen (7.46) sowie der Zielfunktion (7.45) als bedingter Mittelwert des Kapitalwerts der $(1 - \mu)$ Szenarien mit den geringsten Kapitalwerten bestimmt. Dabei wird deutlich, dass ein höheres μ mit einem größeren Fokus auf das Szenario mit dem geringsten Kapitalwert einhergeht. Demnach wird auch über die Wahl des Parameters μ die Risikoneigung der Entscheidungsperson berücksichtigt.

Der szenariospezifische Kapitalwert wird gemäß (7.21.1) über die bereits in Abschnitt 7.2 erläuterten und in den Gleichungen (3.1.3), (3.1.5) sowie (7.21) bis (7.21.6) dargestellten Ein- und Auszahlungsbestandteile ermittelt.

Restriktionen:
Die Maximierung des Zielfunktionswerts folgt unter Beachtung folgender Restriktionen, die analog zum SND-CT-CP, S-SND-CT-CP-gen sowie S-SND-CT-CP-det in die folgenden Kategorien untergliedert sind:

- Restriktionen zum Materialfluss im Netzwerk: (7.22) bis (7.27)
- Restriktionen zur Lieferantenauswahl unter Resilienzaspekten: (7.28), (7.29) und (3.10)
- Restriktionen zu den Standortentscheidungen der Produktionswerke und Distributionszentren: (7.30), (7.31), (3.12) bis (3.15), (3.17) und (3.18)
- Restriktionen zur Nachfrageerfüllung (7.32) bis (7.35)
- Restriktionen zur Einhaltung der Emissionsobergrenzen: (7.36)
- Restriktionen zur Deklaration der Entscheidungs- und Hilfsvariablen: (7.37) bis (7.44), (7.19), (3.23) bis (3.26), (7.48) und (7.49)

Auf eine erneute Darstellung sowie Erläuterung dieser Restriktionen wird im vorliegenden Kapitel aus Redundanzgründen verzichtet. Für die Darstellung und Erläuterung der ausgewiesenen Restriktionen sei auf die Abschnitt 3.2 und 7.2 verwiesen.

Für das S-SND-CT-CP-ris wird lediglich die Kategorie der Restriktionen zur Deklaration der Entscheidungs- und Hilfsvariablen um die folgenden Gleichungen ergänzt

$$CVaR,\ \rho^0 \in \mathbb{R} \tag{7.48}$$

$$\rho^s \geq 0 \qquad \forall s \in \mathcal{S} \tag{7.49}$$

Gemäß den Bedingungen (7.48) sind der Conditional Value at Risk $CVaR$ sowie die zur Berechnung verwendete Hilfsvariable ρ^0 reellwertig. Die ebenfalls zu Berechnung des $CVaR$ verwendete Hilfsvariable ρ^s, die zur Ermittlung der Abweichung der szenarienspezifischen Kapitalwert vom Grenzwert ρ^0 dient, darf gemäß (7.49) nur positive Werte (einschließlich Null) annehmen.

Die Funktionsweise der gewählten Modellierung zur Abbildung und Berechnung des Conditional Value at Risk im S-SND-CT-CP-ris wird in Anhang C.2 anhand eines Zahlenbeispiels vertiefend erläutert.

Im folgenden Kapitel 8 werden numerische Untersuchungen zum S-SND-CT-CP-det vorgestellt, die unter anderem auch einen Vergleich zwischen der deterministischen Ersatzmodellformulierung und der in diesem Kapitel vorgestellten risikoorientierten Modellformulierung enthalten.

Numerische Untersuchungen zum S-SND-CT-CP-det

8

8.1 Beschreibung der verwendeten Testinstanzen

Die Testinstanzen für das S-SND-CT-CP-det basieren auf den in Abschnitt 4.1 beschriebenen Testinstanzen für das SND-CT-CP. Im Folgenden werden lediglich die Anpassungen beschrieben, welche durch die Berücksichtigung von stochastischen Emissionsobergrenzen resultieren.

Im S-SND-CT-CP-det werden die stochastischen Emissionsobergrenzen über eine hinreichend große Anzahl szenariospezifischer Realisationen der Emissionsobergrenze $eo_t^{s,PC}$ approximiert. Es wird angenommen, dass die **stochastischen Emissionsobergrenzen** einer **Dreiecksverteilung** folgen.[1] Demgemäß werden der Modus (eo^C) sowie der untere (eo^A) und obere (eo^B) Grenzwert der Dreiecksverteilung als bekannt angenommen. Der Modus wird gemäß der nachfolgenden Formel und analog zu den in Abschnitt 4.1 erläuterten Berechnungsformeln der Emissionsobergrenzen auf Basis der Durchschnittsnachfrage und der Emissionsfußabdrücke in Mitgliedsstaaten bestimmt.[2]

---

[1] Zur Dreiecksverteilung vgl. bspw. Forbes et al. (2011), S. 189–190.

[2] Im Unterschied zu den Berechnungen im deterministischen Fall wird für den Variationsfaktor VCC hier ein höherer Wert ($VCC = 150$) angenommen, der an das veränderte Netzwerkdesign (mit einer größeren Anzahl an Standorten in Mitgliedsstaaten) angepasst wurde.

Ergänzende Information Die elektronische Version dieses Kapitels enthält Zusatzmaterial, auf das über folgenden Link zugegriffen werden kann https://doi.org/10.1007/978-3-658-51327-6_8.

J. Christian, *Mehrstufige Standortplanung unter ökonomisch-ökologischen Nachhaltigkeitsaspekten*, Produktion und Logistik,
https://doi.org/10.1007/978-3-658-51327-6_8

$$eo^C = VCC \cdot (\sum_{l \in \mathcal{L}_M} \sum_{w \in \mathcal{W}_M} \hat{em}_{lw,c_1,m_1,t_1} + \sum_{w \in \mathcal{W}_M} \sum_{i \in \mathcal{I}_M} \tilde{em}_{w,p_1,i,k_1,m_1,t_1}) \cdot \frac{\sum_{k \in \mathcal{K}} \overline{DN_k}}{|\mathcal{W}_M| \cdot |\mathcal{K}|}$$
$$+ VCC \cdot (\sum_{i \in \mathcal{I}_M} \sum_{j \in \mathcal{J}_M} em_{ij,k_1,m_1,t_1}) \cdot \frac{\sum_{k \in \mathcal{K}} \overline{DN_k}}{|\mathcal{I}_M| \cdot |\mathcal{K}|}$$

Es wird von einer symmetrischen Dreiecksverteilung ausgegangen, sodass sich Modus und Mittelwert entsprechen. Folglich liegen der untere (eo^A) und obere (eo^B) Grenzwert jeweils zehn Prozent vom Mittelwert entfernt ($eo^{A/B} = eo^C \pm 0,1 \cdot eo^C$).

Analog zu Abschnitt 4.1 wird davon ausgegangen, dass die Emissionsobergrenzen im Zeitverlauf sinken. Gemäß folgender Gleichungen berechnet sich die Emissionsobergrenze $eo_t^{s,PC}$ der Periode t (mit $t > 1$) auf Basis des Vorperiodenwerts $eo_{t-1}^{s,PC}$, welcher mit dem Entwicklungsfaktor $ent^{s,PC}$ gewichtet wird.

$$eo_t^{s,PC} = ent^{s,PC} \cdot eo_{t-1}^{s,PC}$$

Aufbauend auf den vorangestellten Ausführungen beruht die Vorgehensweise zur Generierung der **szenariospezifischen Emissionsobergrenzen** $eo_t^{s,PC}$ auf einer Kombination von Zufalls- sowie Entwicklungsfällen.

Für die *Zufallsfälle* wird auf Basis der Dreiecksverteilung mit dem bekannten Lageparameter eo^C sowie den Grenzwerten eo^A und eo^B zunächst eine Zufallszahl $eo_{Start}^{s,PC}$ generiert. Die Generierung der Zufallszahl $eo_{Start}^{s,PC}$ folgt dabei der von Saliby (1990) vorgeschlagenen Vorgehensweise des Descriptive Sampling. Demgemäß werden die szenariospezifischen Realisationen $eo_{Start}^{s,PC}$ koordiniert gemäß der vorgegebenen Dreiecksverteilung bestimmt.

Hinblickend auf den Entwicklungsfaktor $ent^{s,PC}$ der Emissionsobergrenze im Zeitverlauf werden drei *Entwicklungsfälle* betrachtet. Der erste Fall geht von einem schwachen Rückgang der Emissionsobergrenze ($ent^{s,PC} = 0,95$) aus. Dahingegen inkludieren der zweite bzw. dritte Fall einen moderaten ($ent^{s,PC} = 0,9$) bzw. starken Rückgang ($ent^{s,PC} = 0,85$) der Emissionsobergrenze.

Jeder Zufallsfall und die damit verknüpfte Zufallszahl $eo_{Start}^{s,PC}$ wird für alle drei Entwicklungsfälle betrachtet ($eo_{t_1}^{s,PC} = ent^{s,PC} \cdot eo_{Start}^{s,PC}$). Folglich resultieren, wie in Abbildung 8.1 dargestellt, aus einer Zufallszahl drei Szenarien.[3]

[3] Demzufolge entspricht die Szenarienanzahl gemäß dieser Vorgehensweise einem Vielfachen der Zahl drei. Gemäß der vorangestellten Formel wird hierbei für jeweils drei Szenarien dieselbe Zufallszahl $eo_{Start}^{s,PC}$ verwendet.

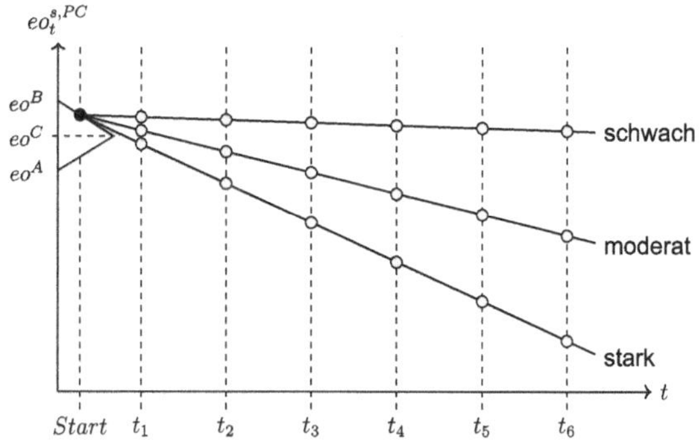

Abb. 8.1 Generierung der szenariospezifischen Emissionsobergrenzen durch Kombination von Zufalls- und Entwicklungsfällen

Abbildung 8.2 zeigt hierbei beispielhaft auf, dass gemäß dieser Vorgehensweise mit drei Zufallsfällen und drei Entwicklungsfällen insgesamt neun Szenarien ($|\mathcal{S}| = 9$ mit $\mathcal{S} = \{s_1, \ldots, s_9\}$) resultieren.

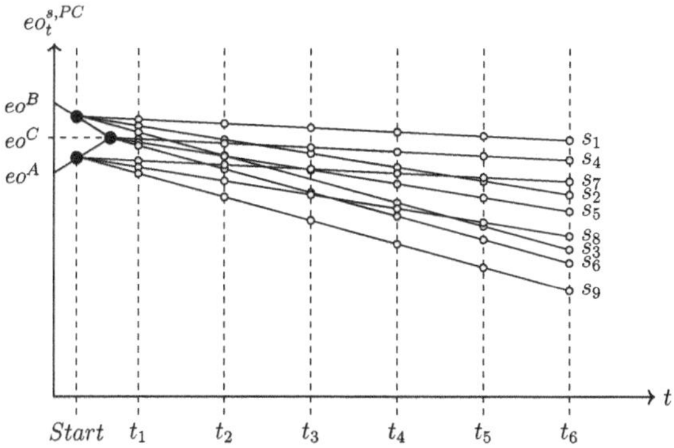

Abb. 8.2 Beispielhafte Generierung von neun Emissionsobergrenzenszenarien auf Basis der Kombination von Zufalls- und Entwicklungsfällen

Im Rahmen der numerischen Untersuchungen werden die Ergebnisse des S-SND-CT-CP-det einer **simulationsbasierten Analyse** unterzogen. Auf dieser Basis soll eine Aussage darüber getroffen werden, inwiefern das ermittelte Netzwerkdesign für verschiedene Ausprägungen der unsicheren Emissionsobergrenze als zulässig und geeignet beurteilt werden kann. Zur Durchführung der simulationsbasierten Analyse wird aus formalen Gründen eine leicht abgewandelte und folglich separate Modellformulierung erstellt, die als S-SND-CT-CP-sim bezeichnet wird und im Anhang C.1 dargelegt ist. Dabei werden die Standortentscheidungen für die Produktionswerke und Distributionszentren sowie die Lieferantenauswahlentscheidungen aus der ermittelten Lösung des S-SND-CT-CP-det fixiert. Unter diesen Annahmen wird das S-SND-CT-CP-sim optimal gelöst.[4]

Zur Durchführung der simulationsbasierten Analyse werden 300 verschiedene Ausprägungen der unsicheren Emissionsobergrenze gemäß der in Abbildung 8.3 dargestellten Vorgehensweise ermittelt. Für jede generierte Ausprägung, die nachfolgend als Simulationsszenario benannt ist, wird das S-SND-CT-CP-sim gelöst und ausgewertet. Für die hierzu benötigten Simulationsszenarien wird analog zur zuvor beschriebenen Vorgehensweise zunächst der Startwert zufällig bestimmt.[5] Zudem wird auch die Entwicklung der Emissionsobergrenze im Zeitverlauf zufallsbasiert ermittelt. Die Entwicklung wird als dreiecksverteilt angenommen, wobei der Modus

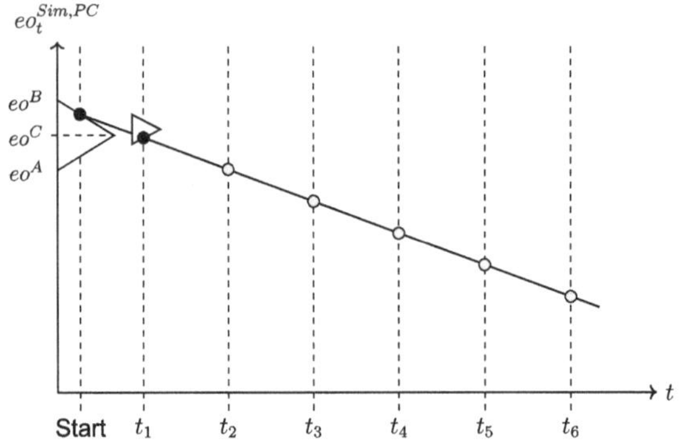

Abb. 8.3 Generierung der Emissionsobergrenzen für die Simulationsszenarien

[4] Um mathematisch zulässige Lösungen ermitteln zu können, enthalten die β-Servicegradrestriktionen (C.12) Schlupfvariablen. Sofern diese genutzt werden, wird dies in der Zielfunktion mit entsprechenden mengenabhängigen Strafauszahlungen berücksichtigt.

[5] Im Unterschied zur vorherigen Vorgehensweise wird der Startwert für die Simulationsszenarien jedoch isoliert (und nicht koordiniert) gemäß der bekannten Dreiecksverteilung bestimmt.

mit $ent^{C,PC} = 0,9$ gegeben ist. Weiterhin sind der untere bzw. obere Grenzwert der Entwicklung mit $ent^{A,PC} = 0,85$ bzw. $ent^{B,PC} = 0,95$ bekannt. Auf dieser Basis wird für jedes Simulationsszenario isoliert ein Entwicklungsfaktor generiert. Dieser wird mit einem dem Zufallsfall entsprechenden Startwert verknüpft. Demnach ist ein Simulationsszenario durch die Kombination von Zufalls- und Entwicklungsfall gekennzeichnet, wobei keine Einschränkungen der Simulationsszenarienzahl resultieren.

Neben den Emissionsobergrenzen werden für die Testinstanzen zu den numerischen Untersuchungen des S-SND-CT-CP-det weitere Anpassungen vorgenommen. Diese betreffen die **Verteilung der (potentiellen) Standorte** in Nicht- sowie Mitgliedsstaaten. Wie in den numerischen Untersuchungen zum SND-CT-CP in Abschnitt 4.2.1 aufgezeigt, führen standortabhängige Emissionsregulierungen zu Standortverlagerungen in Nicht-Mitgliedsstaaten. Dies trifft in besonderem Ausmaß für die periodenspezifischen Emissionsobergrenzen zu. Vor diesem Hintergrund ist der Einfluss stochastischer Emissionsobergrenzen vor allem für diejenigen Standorte relevant, die trotz des Carbon-Leakage-Effektes der Standortverlagerung in Mitgliedsstaaten angesiedelt werden. Um dennoch den Einfluss stochastischer Emissionsobergrenzen aufzeigen zu können, wird die Verteilung der (potentiellen) Standorte gemäß Abbildung 8.4 für die Untersuchungen zum S-SND-CT-CP-det angepasst.

Hierbei werden die Standortkoordinaten zwar analog zu Abschnitt 4.1 zufallsbasiert innerhalb der in Abbildung 8.4 dargestellten Grenzen generiert, jedoch wird der Anteil der in Mitgliedsstaaten generierten (potentiellen) Standorte um 30 Prozentpunkte erhöht.[6] Folglich werden für jede Standortkategorie 90 % der (potentiellen) Standorte in Mitgliedsstaaten angesiedelt, wohingegen lediglich die verbleibenden 10 % der (potentiellen) Standorte in Nicht-Mitgliedsstaaten angeordnet werden.

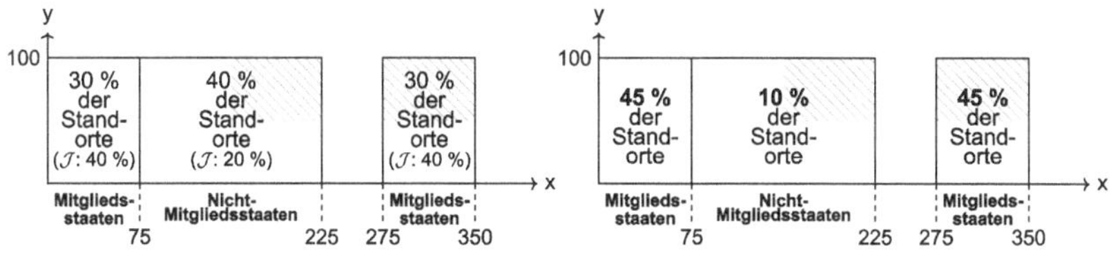

Abb. 8.4 Verteilung der (potentiellen) Standorte für das S-SND-CT-CP-det (rechts) im Vergleich zum SND-CT-CP (links)

[6] Für die Standorte der Nachfrageorte wird der in Mitgliedsstaaten angesiedelte Anteil um lediglich 10 Prozentpunkte erhöht, da bereits im SND-CT-CP 80 % der Nachfrageorte in Mitgliedsstaaten angesiedelt sind.

Es wird davon ausgegangen, dass an allen Standorten in Mitgliedsstaaten ausschließlich die periodenspezifischen Emissionsobergrenzen zu beachten sind. Folglich gibt es keine Standorte, an denen Emissionssteuern oder Emissionshandelssysteme zu berücksichtigen sind.

Zudem wird der **Auszahlungsunterschied** hinsichtlich der Betriebskosten der Standorte in Nicht-Mitgliedsstaaten zu Mitgliedsstaaten verringert. In den in Abschnitt 4.1 vorgestellten Testinstanzen wird dieser über eine Gleichverteilung ($\mathcal{U}[0,85; 0.95]$) zufallsbasiert bestimmt, sodass die Betriebskosten für Standorte in Nicht-Mitgliedsstaaten im Vergleich zu Mitgliedsstaaten um diesen Faktor verringert werden. Für die nachfolgenden Untersuchungen wird das Intervall, aus dem eine gleichverteilte Zufallszahl gezogen wird, auf $\mathcal{U}[0,9; 1]$ verschoben.

Weiterhin werden die Auszahlung (je emittierter Emissionseinheit) für Emissionszölle mit $\mathcal{U}[320; 400]$ auf das vierthöchste Niveau gesetzt (vgl. Abschnitt 4.2.2). Mit den zuvor dargestellten Anpassungen soll der Standortverlagerung in Nicht-Mitgliedsstaaten vorgebeugt werden, um den eingangs beschriebenen Einfluss der stochastischen Emissionsobergrenzen aufzeigen zu können. Zudem sei für die nachfolgend vorgestellten Untersuchungen der β-Servicegrad in jeder Periode t mit 99 % gegeben.[7]

Bezug nehmend auf die Kardinalitäten der Indexmengen beruhen die vorliegenden Testinstanzen auf den analog zu Abschnitt 4.1 gewählten und in Tabelle 8.1 dargestellten Werten. Demgemäß werden für die untersuchte **Problemklasse** insgesamt 48 Testinstanzen untersucht. Es wird dabei angenommen, dass gemäß der zuvor beschriebenen Vorgehensweise $|\mathcal{S}| = 9$ hinreichend sind, um den Erwartungswert der periodenspezifischen Emissionsobergrenze zu approximieren.[8] Für die nachfolgenden Untersuchungen wird zudem angenommen, dass jedes Szenario s mit der gleichen Wahrscheinlichkeit eintritt ($\pi^s = \frac{1}{9}$).

Tabelle 8.1 Übersicht über die Kardinalitäten der Indexmengen für die numerischen Untersuchungen zum S-SND-CT-CP-det

$\|\mathcal{C}\|$	$\|\mathcal{I}\|$	$\|\mathcal{J}\|$	$\|\mathcal{K}\|$	$\|\mathcal{L}\|$	$\|\mathcal{M}\|$	$\|\mathcal{N}\|$	$\|\mathcal{P}\|$	$\|\mathcal{S}\|$	$\|\mathcal{T}\|$	$\|\mathcal{W}\|$	#TI
20	10	20	5	10	5	3	3	9	6	5	48

[7] Es wird dabei angenommen, dass der β-Servicegrad an jedem Nachfrageort j sowie für jedes Produkt k 99 % beträgt.

[8] Dabei gilt es unter anderem zu beachten, dass diese Emissionsobergrenzen auf Basis von Voruntersuchungen in einem vergleichsweise kleinen Bereich gesetzt werden müssen, um einerseits Anreize zur Emissionsreduzierung und andererseits eine Zulässigkeit des Netzwerkdesigns zu ermöglichen.

Die nachfolgend vorgestellten numerischen Untersuchungen wurden auf dem Hochleistungsrechner „Elwetritsch“ der Rheinland-Pfälzischen Technischen Universität Kaiserslautern-Landau im Cluster skylake-96 durchgeführt. Dazu wurde das S-SND-CT-CP-det in GAMS 45.7 implementiert. Bezug nehmend auf den bereits in den Abschnitten 4.1 und 6 thematisierten Berechnungsaufwand sei angemerkt, dass dieser für die Ermittlung einer optimalen Lösung für das S-SND-CT-CP-det infolge der Betrachtung verschiedener Szenarien erhöht ist und folglich zu längeren Laufzeiten führt. Daher wurden die Ergebnisse der Untersuchungen über die in Abschnitt 5.2.3.2 vorgestellte standortorientierte Fix&Optimize-Heuristik ermittelt. Die einzelnen Unterprobleme werden mittels des Standardsolvers Gurobi 10.0.0 gelöst. Zur Berechnung der Lösung dieser Unterprobleme wird ein Zeitlimit von einer Stunde sowie ein Duality Gap von 1 % vorgegeben.[9]

Unter diesen Prämissen wurden die nachfolgend vorgestellten Untersuchungen durchgeführt. Über diese Untersuchungen soll eine Aussage darüber getroffen werden, inwiefern das S-SND-CT-CP-det als geeignet für die Berücksichtigung von unsicheren Emissionsobergrenzen beurteilt werden kann. Hierzu wird in Abschnitt 8.2.1 zunächst die Wirkungsweise des S-SND-CT-CP-det analysiert. Im darauffolgenden Abschnitt 8.2.2 wird das S-SND-CT-CP-det mit anderen Ansätzen verglichen.

8.2 Numerische Ergebnisse

8.2.1 Wirkungsweise des S-SND-CT-CP-det

8.2.1.1 Simulationsbasierte Analyse

Im vorliegenden Kapitel wird die Eignung des S-SND-CT-CP-det zur Generierung zulässiger Lösungen für eine Vielzahl an möglichen Realisierungen der stochastischen Emissionsobergrenzen über eine simulationsbasierte Analyse untersucht. Wie bereits in Abschnitt 8.1 beschrieben, wird hierzu das ermittelte Netzwerkdesign für 300 verschiedene Realisierungen der Emissionsobergrenzen, die als Simulationsszenarien dienen, ausgewertet.

Die Eignung des S-SND-CT-CP-det wird dabei im Wesentlichen auf Basis des Verhältnisses von zulässigen zu unzulässigen Simulationsszenarien beurteilt. In Tabelle 8.2 ist hierzu der durchschnittliche Anteil zulässiger (DZulSz) und unzulässiger (DUnzSz) Simulationszenarien je Testinstanz angegeben. Ein Simulationsszenario wird vorliegend als zulässig bezeichnet, wenn das generierte Netzwerkdesign für das entsprechende Simulationsszenario eine zulässige

[9] Dabei greift dasjenige Kriterium, welches zuerst erfüllt ist.

Nachfragebefriedigung ermöglicht.[10] Dagegen wird ein Simulationsszenario als unzulässig bezeichnet, wenn infolge einer strikt einzuhaltenden Emissionsobergrenze die Nachfrage nach Produkt k mindestens an einem Nachfrageort j selbst in der geringsten Nachfragestufe n_1 nicht mehr vollständig möglich ist. Demnach ist in der betreffenden Periode t die Nachfragebefriedigung auch unter Ausnutzung der gemäß den β-Servicegradrestriktionen[11] denkbaren Lost-Sales $LS_{jk,n_1,t}$ nicht mehr vollständig möglich. Diesbezüglich gibt DUnzJKNT prozentual an, wie viele der Nachfrageort-Produkt-Nachfragestufen-Perioden-Kombinationen (JKNT-Kombinationen)[12] unzulässig sind.[13] Somit führt die nur teilweise Nachfragebefriedigung sowohl für die betreffende Kombination als auch für das Simulationsszenario im Gesamten zu einer Unzulässigkeit. Zudem wird mit DAntLS der prozentuale Anteil der Simulationsszenarien angegeben, für welche Lost-Sales eingeplant werden.[14] Auch wenn Lost-Sales unter Einhaltung der β-Servicegradrestriktionen zulässig sind und nicht zwangsweise zu einer Unzulässigkeit des Simulationsszenarios führen, so sind diese dennoch aus Nachfrageperspektive als unerwünscht zu beurteilen. Daher werden diese als weiteres Bewertungskriterium der ermittelten Lösung herangezogen.

Des Weiteren wird beurteilt, inwiefern das S-SND-CT-CP-det den für die zufällige Ausprägung der Emissionsobergrenze realisierten Zielfunktionswert treffend prognostizieren kann. Hierzu wird die relative Abweichung des Zielfunktionswerts Z^{sim} des S-SND-CT-CP-sim vom Zielfunktionswert Z^{det} des S-SND-CT-CP-det gemäß folgender Formel bestimmt.

$$\text{AbwZ} = \frac{Z^{sim} - Z^{det}}{Z^{det}}$$

[10] Synonym wird das generierte Netzwerkdesign als zulässige Lösung bezeichnet.

[11] Diese sind für die Modellformulierung der simulationsbasierten Analyse durch die im Anhang C.1 aufgeführten Restriktionen (C.12) dargestellt. Für eine zulässige Lösung müssen demnach die β-Servicegradrestriktionen (C.12) ohne Einsatz der Schlupfvariablen eingehalten werden.

[12] Diese Abkürzung ergibt sich über die Bezeichnung der entsprechenden Indexmengen: Nachfrageorte $\mathcal{J}$, Produkte $\mathcal{K}$, Nachfragestufen $\mathcal{N}$ und Perioden $\mathcal{T}$.

[13] Es gilt anzumerken, dass DUnzJKNT vorliegend als bedingter Mittelwert berechnet wird. Folglich wird dieser lediglich für die Testinstanzen und Simulationsszenarien berechnet, in denen JKNT-Kombinationen unzulässig hinsichtlich der Nachfrage befriedigt werden.

[14] Es gilt anzumerken, dass DAntLS vorliegend als bedingter Mittelwert berechnet wird. Folglich wird dieser lediglich für die Testinstanzen und Simulationsszenarien berechnet, in denen Lost-Sales anfallen.

Ein positiver Wert von AbwZ drückt somit aus, dass der für das Simulationsszenario realisierte Kapitalwert durch das S-SND-CT-CP-det unterschätzt wird ($Z^{sim} > Z^{det}$). Dagegen bedeutet ein negativer Wert von AbwZ, dass der Kapitalwert des Simulationsszenarios durch das S-SND-CT-CP-det überschätzt wird ($Z^{sim} < Z^{det}$). Folglich nimmt für diesen Fall der Kapitalwert einen niedrigeren Wert an, als auf Basis des S-SND-CTP-det zu erwarten gewesen wäre. In Tabelle 8.2 wird sowohl der Durchschnittswert der Abweichungen (DAbwZ) als auch der kleinste (MinAbwZ) sowie größte (MaxAbwZ) Abweichungswert angegeben.

Tabelle 8.2 Auswertung der simulationsbasierten Analyse für das S-SND-CT-CP-det

DZulSz (in %)	DUnzSz (in %)	DUnzJKNT (in %)	DAntLS (in %)	DAbwZ (in %)	MinAbwZ (in %)	MaxAbwZ (in %)
99,98	0,02	0,28	12,60	3,39	−15,97	16,43

Aus den in Tabelle 8.2 dargestellten Ergebnissen der simulationsbasierten Analyse für das S-SND-CT-CP-det wird deutlich, dass nahezu alle Simulationsszenarien zulässig gelöst werden. Lediglich für 0,02 % der Simulationsszenarien führt das ermittelte Netzwerkdesign des S-SND-CT-CP-det zu einer unzulässigen Lösung. Dabei gilt es anzumerken, dass bei diesen unzulässigen Simulationsszenarien lediglich 0,28 % der JKNT-Kombinationen eine teilweise Nicht-Erfüllung der Nachfrage aufweisen. Dahingegen werden bei 12,6 % der Simulationsszenarien Lost-Sales eingeplant. Diese Ausführungen deuten darauf hin, dass das S-SND-CT-CP-det ein Netzwerkdesign bereitstellt, welches für verschiedene Realisationen der unsicheren Emissionsobergrenze stabil zu einer zulässigen Lösung führt.

Hinsichtlich der durchschnittlichen Abweichung der Zielfunktionswerte lässt sich festhalten, dass der Mittelwert mit 3,39 % auf eine leichte Unterschätzung des für die zufälligen Emissionsobergrenzen realisierten Kapitalwerts durch das S-SND-CT-CP-det hindeutet. Die betragsmäßig größten Werte weichen sowohl in positiver als auch in negativer Richtung um ca. 16 % ab. Darauf aufbauend visualisiert das in Abbildung 8.5 dargelegte Boxplot-Diagramm die Lage und Verteilung der Werte von AbwZ für alle 300 Simulationsszenarien. Daraus lässt sich ebenfalls ableiten, dass sowohl Median als auch Mittelwert auf eine geringe Unterschätzung des resultierenden Zielfunktionswerts hinweisen. Dies wird dadurch unterstützt, dass der durch die Box dargestellte Interquartilsabstand zwischen dem oberen und unteren Quartil ausschließlich im positiven Bereich liegt. Weiterhin lässt sich hinsichtlich der mit Kreisen dargestellten Ausreißerwerte erneut feststellen, dass diese um jeweils knapp 16 Prozent in positiver sowie negativer Richtung verteilt sind. Zudem weisen die Ausreißer keine größeren Abstände zu den Whiskern auf. Folglich wird durch das Boxplot-Diagramm das stabile Verhalten des S-SND-CT-det betreffend der Approximation des Zielfunktionswerts auch für verschiedene Realisierungen der stochastischen Emissionsobergrenzen verdeutlicht.

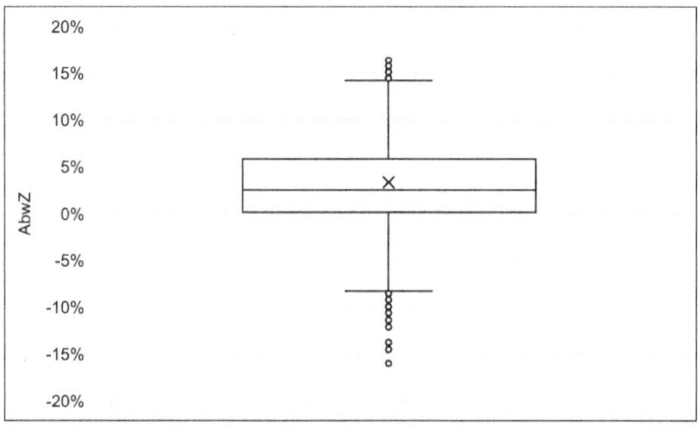

Abb. 8.5 Boxplot der relativen Zielfunktionswertabweichungen zwischen S-SND-CT-CP-sim und S-SND-CT-CP-det

Zusammenfassend zeigt die simulationsbasierte Analyse, dass das S-SND-CT-CP-det für unterschiedliche Realisierungen der stochastischen Emissionsobergrenzen ein zulässiges Netzwerkdesign bereitstellt. Die generierten Lösungen nutzen dabei zu einem geringen Prozentteil die gemäß den β-Servicegradrestriktionen zulässigen Lost-Sales aus. Der durch das S-SND-CT-det ermittelte Kapitalwert approximiert bei einer geringfügigen Unterschätzung den unter der Prämisse verschiedener Emissionsobergrenzen realisierten Kapitalwert treffend. Folglich kann das S-SND-CT-CP-det als geeigneter Modellierungsansatz beurteilt werden, welcher bei stochastischen Emissionsobergrenzen zulässige Entscheidungen hinsichtlich der Auswahl von Lieferanten sowie der Standorte von Produktionswerken und Distributionszentren trifft.

Die vorangestellten Untersuchungen gehen bei der simulationsbasierten Analyse davon aus, dass alle Informationen hinsichtlich der Wahrscheinlichkeitsverteilung der stochastischen Emissionsobergrenzen vollständig bekannt sind. Im nachfolgenden Kapitel wird untersucht, inwiefern das S-SND-CT-CP-det auch unter nur teilweise zutreffender Kenntnis der Parameter der Wahrscheinlichkeitsverteilung als

Modellierungsansatz für stochastische Emissionsobergrenzen geeignet ist. Dazu wird im Folgenden der Einfluss der Prognosegenauigkeit analysiert.

8.2.1.2 Analyse der Prognosegenauigkeit

Im Folgenden wird analysiert, inwiefern sich die Kenntnis der Parameter der Wahrscheinlichkeitsverteilung auf die Eignung des S-SND-CT-CP-det als Modellierungsansatz für stochastische Emissionsobergrenzen auswirkt. Zwar wird diese Kenntnis aufgrund der Annahme einer stochastischen Unsicherheit vorausgesetzt. Mit Blick auf den sich über mehrere Jahre erstreckenden Planungshorizont des S-SND-CT-CP-det muss dies in einer realen Umgebung jedoch nicht immer gegeben sein. Daher wird im vorliegenden Kapitel der Einfluss der Prognosegenauigkeit analysiert. Unter Prognosegenauigkeit wird hierbei verstanden, inwieweit die charakteristischen Parameter der Dreiecksverteilung bei Generierung des Netzwerkdesigns durch das S-SND-CT-CP-det mit deren tatsächlicher Realisierung[15] übereinstimmen. Für den Fall einer vollständigen Prognosegenauigkeit entsprechen die angenommenen charakteristischen Parameter den tatsächlich realisierten Parametern der Wahrscheinlichkeitsverteilung.

Wie in Abschnitt 8.1 ausgeführt, werden die stochastischen Emissionsobergrenzen als dreiecksverteilt angenommen. Die Dreiecksverteilung ist durch den Modus eo^c sowie die Grenzwerte eo^A und eo^B gekennzeichnet. Demgemäß wird zunächst die Prognosegenauigkeit des Modus untersucht. Weiterhin wird die Prognosegenauigkeit der Grenzwerte analysiert. Da die vorliegenden Untersuchungen auf einer im Zeitverlauf sinkenden Emissionsobergrenze beruhen, wird zudem die Genauigkeit der Prognose dieser Entwicklung ausgewertet.[16] Mit der dreigeteilten Analyse der Prognosegenauigkeit bezüglich Modus, Grenzwerte und Entwicklung soll die Frage beantwortet werden, inwiefern die durch das S-SND-CT-CP-det generierte Lösung für verschiedene Prognosegenauigkeiten geeignet ist.

Prognose des Modus:

Der Modus eo^C, der im Falle einer symmetrischen Dreiecksverteilung auch dem Mittelwert entspricht, dient als maßgeblicher Lageparameter der Dreiecksverteilung. Daher wird im Folgenden dargelegt, wie sich die Kenntnis des Modus auf die

---

[15] Die tatsächliche Realisierung erfolgt vorliegend im S-SND-CT-CP-sim.

[16] Im engeren Sinne ist die Entwicklung nicht als charakteristischer Parameter der Dreiecksverteilung zu beurteilen. Vielmehr ergibt sich diese aufgrund der gewählten Vorgehensweise zur Bestimmung der Emissionsobergrenzen. Da diese aber dennoch maßgeblichen Einfluss auf die in den (Simulations-) Szenarien generierten Emissionsobergrenzen hat, wird deren Einfluss in diesem Kapitel untersucht.

Zulässigkeit der Simulationsszenarien sowie die Approximation des resultierenden Zielfunktionswerts auswirkt. Hierzu wird angenommen, dass der für das S-SND-CT-CP herangezogene Modus $eo^{C,det}$ nur zu einem gewissen Prozentteil PGM dem für das S-SND-CT-CP-sim zugrunde liegenden Modus $eo^{C,sim}$ der Emissionsobergrenze entspricht.[17]

$$eo^{C,sim} = PGM \cdot eo^{C,det}$$

Hierbei wird die Prognosegenauigkeit des Modus PGM für Werte von 10 % bis 100 % in jeweils um 10 % ansteigenden Schritten analysiert. Grundsätzlich wird dabei deutlich, dass mit abnehmender Prognosegenauigkeit des Modus der in Abbildung 8.6 dargestellte Anteil zulässig gelöster Simulationsszenarien kontinuierlich sowie teilweise in Sprüngen abnimmt. Anhand dieses Anteils zulässiger Simulationsszenarien lässt sich die Prognosegenauigkeit des Modus in drei Bereiche unterteilen.

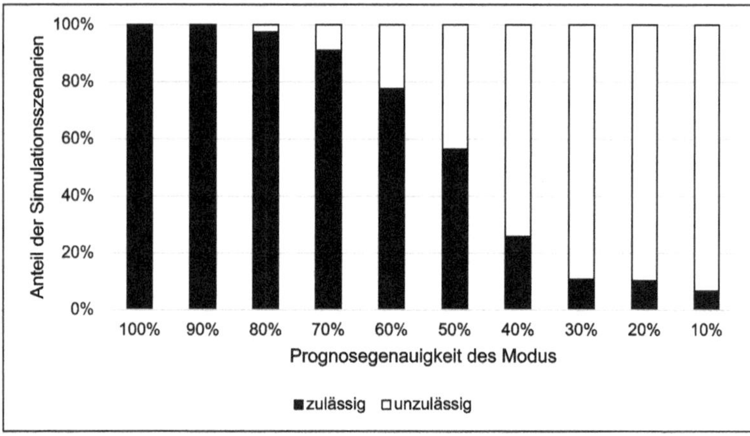

Abb. 8.6 Einfluss der Prognosegenauigkeit des Modus auf den Anteil zulässig vs. unzulässig gelöster Simulationsszenarien

[17] Da die Grenzwerte gemäß der in Abschnitt 8.1 beschriebenen Vorgehensweise jeweils um 10 % vom Modus entfernt gewählt sind, werden diese für das entsprechende Simulationsszenario unter Beinhaltung des zehnprozentigen Abstands an den jeweiligen Modus ebenfalls angepasst.

Wohingegen im ersten Bereich (hohe Prognosegenauigkeit: 80 % bis 100 %) mehr als 95 % der Szenarien zulässig gelöst werden, ist im zweiten Bereich (mittlere Prognosegenauigkeit: 50 % bis 70 %) gleichermaßen immer noch die Mehrheit der Simulationsszenarien zulässig gelöst (>50 % und <95 % zulässige Simulationsszenarien). Dagegen ist im dritten Bereich (geringe Prognosegenauigkeit: 10 % bis 40 %) die Mehrzahl der Simulationsszenarien unzulässig.

Neben dem Anteil zulässig (DZulSz) vs. unzulässig (DUnzSz) gelöster Simulationsszenarien werden in Tabelle 8.3 die bereits in Abschnitt 8.2.1.1 eingeführten Auswertungskriterien dargelegt. Demnach wird auch der Anteil unzulässiger JKNT-Kombinationen (DUnzJKNT), der Anteil der Lost-Sales (DAntLS) sowie die mittleren (DAbwZ), kleinsten (MinAbwZ) und größten (MaxAbwZ) Abweichungen der Zielfunktionswerte angegeben.

Tabelle 8.3 Einfluss der Prognosegenauigkeit des Modus

PGM	DZulSz (in %)	DUnzSz (in %)	DUnzJKNT (in %)	DAntLS (in %)	DAbwZ (in %)	MinAbwZ (in %)	MaxAbwZ (in %)
100 %	99,98	0,02	0,28	12,60	3,39	−15,97	16,43
90 %	99,50	0,50	0,68	12,45	3,09	−25,62	15,70
80 %	97,43	2,57	1,22	15,57	0,27	−63,37	15,18
70 %	91,02	8,98	2,14	23,12	−5,54	−122,39	15,18
60 %	77,61	22,39	3,91	35,11	−16,41	−157,00	15,18
50 %	56,53	43,47	7,26	50,42	−34,23	−186,79	13,06
40 %	25,78	74,22	12,39	68,85	−55,97	−190,76	9,82
30 %	10,76	89,24	22,66	88,69	−82,71	−235,09	9,82
20 %	10,34	89,66	43,69	98,95	−110,34	−280,90	9,82
10 %	6,76	93,24	66,41	100,00	−146,59	−360,25	9,82

Im ersten Bereich, in dem nahezu alle Simulationsszenarien zulässig gelöst werden, sind mit kaum mehr als einem Prozent nur sehr wenige der JKNT-Kombinationen von einer unzulässigen und folglich ausschließlich teilweisen Befriedigung der Nachfrage betroffen. Weiterhin werden nur für wenige der Kombinationen Lost-Sales eingeplant. Zudem wird der für die Simulationsszenarien realisierte Kapitalwert durch das S-SND-CT-CP-det bei leichter Unterschätzung nahezu treffend abgebildet. Dabei ist jedoch eine Zunahme der kleinsten Abweichungswerte MinAbwZ festzustellen, die auf eine zunehmende Überschätzung des realisierten Kapitalwerts hindeutet.

Der zweite Bereich ist durch den zunehmenden Anteil unzulässiger Simulationsszenarien gekennzeichnet, wobei dennoch die Mehrzahl der Simulationsszenarien zulässig gelöst wird. Gleichermaßen sind deutlich weniger als 10 % der JKNT-Kombinationen bezüglich der Nachfragebefriedigung unzulässig. Dagegen werden in zunehmendem Ausmaß Lost-Sales eingeplant, sodass diese bei einer Prognosegenauigkeit von 50 % für die betroffenen Simulationsszenarien an jedem zweiten Nachfrageort auftreten.[18] Aufgrund der sinkenden Prognosegenauigkeit der Emissionsobergrenze und den damit verbundenen geringeren Emissionsobergrenzen im S-SND-CT-CP-sim findet ein Rückgang der Kapitalwerte statt, der im Mittel zu einer zunehmenden Überschätzung der tatsächlich realisierten Kapitalwerte führt.

Im dritten Bereich, der durch eine geringe Prognosegenauigkeit charakterisiert ist, führt das durch das S-SND-CT-CP-det generierte Netzwerkdesign hingegen für die Mehrzahl der Simulationsszenarien zu unzulässigen Lösungen. Insbesondere für eine Prognosegenauigkeit von 30 % oder weniger sind mindestens fast 90 % der Simulationsszenarien unzulässig. Dabei steigt auch DUnzJKNT, sodass die Nachfrage für eine Prognosegenauigkeit von 10 % in Bezug auf die betroffenen Simulationsszenarien bei mehr als jeder zweiten JKNT-Kombination unzulässig befriedigt wird. Demgemäß werden auch die Lost-Sales in zunehmendem Ausmaß genutzt, wodurch bei einer Prognosegenauigkeit von 10 % die Nachfrage an allen Orten ausschließlich unter Ausnutzung der Lost-Sales befriedigt wird. Hinsichtlich der Werte von DAbwZ lässt sich festhalten, dass der resultierende Zielfunktionswert deutlich überschätzt und folglich nur noch unzureichend prognostiziert wird. Dies wird insbesondere deutlich, da MinAbwZ den Abstand der Zielfunktionswerte auf zwischen ca. −190 % bis −360 % beziffert. Dennoch liegt für einzelne Simulationsszenarien durch den positiven Wert von MaxAbwZ eine Unterschätzung vor. Dadurch wird deutlich, dass die Simulationsszenarien eine große Bandbreite unterschiedlicher Emissionsobergrenzen abbilden. Hiermit lässt sich auch der positive Abweichungswert erklären.

Zusammenfassend zeigen die durchgeführten Untersuchungen, dass eine präzisere Prognose des realisierten Modus der Dreiecksverteilung zu einer höheren Zulässigkeit der generierten Lösung führt. Dabei ist das durch das S-SND-CT-CP-det ermittelte Netzwerkdesign insofern als robust zu bezeichnen, als dass auch bei mittlerer Prognosegenauigkeit die Mehrzahl der Simulationsszenarien zulässig gelöst wird. Mit abnehmender Prognosegenauigkeit wird der tatsächlich realisierte

---

[18] Hinsichtlich der Vergleichbarkeit der Zielfunktionswerte über AbwZ sei angemerkt, dass infolge der maximierenden Zielsetzung die Lost-Sales über die geringeren Verkaufseinzahlungen den Zielfunktionswert Z^{sim} reduzieren.

Zielfunktionswert in zunehmendem Ausmaß durch das S-SND-CT-CP-det überschätzt.

Prognose der Grenzwerte:
Neben dem Modus eo^C sind der untere und obere Grenzwert (eo^A bzw. eo^B) für die zur Abbildung der stochastischen Emissionsobergrenzen gewählte Dreiecksverteilung charakteristisch. Diese liegen für die Testinstanzen des S-SND-CT-CP-det gemäß Abschnitt 8.1 jeweils 10 % vom Modus entfernt. Aus den vorherigen Untersuchungen wurde deutlich, dass sich insbesondere Emissionsobergrenzen, die geringer als erwartet sind, negativ auf die Zulässigkeit der Simulationsszenarien auswirken. Daher wird für die vorliegenden Untersuchungen der Einfluss der Prognosegenauigkeit des unteren Grenzwerts eo^A analysiert. Dagegen wird davon ausgegangen, dass der obere Grenzwert eo^B exakt prognostiziert werden kann. Der untere Grenzwert $eo^{A,sim}$ zur Ermittlung der simulationsszenariospezifischen Emissionsobergrenzen im S-SND-CT-CP-sim wird gemäß folgender Formel dabei über den Faktor PGG als prozentuale Abweichung vom Modus eo^C bestimmt.

$$eo^{A,sim} = eo^C - PGG \cdot eo^C$$

Im S-SND-CT-CP-det ist der Faktor PGG stets auf 10 % gesetzt. Für die simulationsbasierte Analyse der Prognosegenauigkeit wird der Faktor PGG im S-SND-CT-CP-sim zusätzlich auf 20 % und 30 % gesetzt, sodass der Einfluss eines niedriger als erwarteten Grenzwerts untersucht wird. Dieser kann über die Dreiecksverteilung, welche der Generierung der Emissionsobergrenzen zugrunde liegt, zu im Mittel niedrigeren Emissionsobergrenzen für die Simulationsszenarien führen. Hierzu stellt Tabelle 8.4 den Einfluss der Prognosegenauigkeit des unteren Grenzwerts auf die Zulässigkeit der Simulationsszenarien (DZulSz bzw. DUnzSz) und der JKNT-Kombinationen (DUnzJKNT), den Anteil der Lost-Sales (DAntLS) sowie die Abweichungen der Zielfunktionswerte (DAbwZ, MinAbwZ bzw. MaxAbwZ) dar.

Tabelle 8.4 Einfluss der Prognosegenauigkeit des unteren Grenzwerts

PGG	DZulSz (in %)	DUnzSz (in %)	DUnzJKNT (in %)	DAntLS (in %)	DAbwZ (in %)	MinAbwZ (in %)	MaxAbwZ (in %)
10 %	99,98	0,02	0,28	12,60	3,39	−15,97	16,43
20 %	99,77	0,23	0,56	12,32	4,00	−24,53	17,47
30 %	99,31	0,69	1,11	13,13	3,28	−41,49	17,39

Aus den in Tabelle 8.4 dargestellten Werten wird deutlich, dass im Vergleich zur vollständigen Prognosegenauigkeit ($PGG = 10\,\%$) für niedrigere untere Grenzwerte ($PGG = 20\,\%$ und $PGG = 30\,\%$) ein geringfügiger Rückgang des Anteils der zulässig gelösten Simulationsszenarien resultiert. Dennoch werden für alle Fälle mehr als 99 % der Simulationsszenarien zulässig gelöst. Gleichermaßen liegt der Anteil unzulässiger JKNT-Kombination unter 2 %. Die Werte von DAbwZ deuten trotz kleiner Schwankungen für alle Fälle auf eine leichte Unterschätzung des tatsächlich realisierten Zielfunktionswerts hin. Wohingegen die größten Abweichungswerte MaxAbwZ auf vergleichbarem Niveau liegen, ist ein Rückgang der kleinsten Abweichungswerte MinAbwZ zu verzeichnen. Dieser weist für einige Simulationsszenarien auf eine zunehmende Überschätzung des realisierten Kapitalwerts hin.

Zusammenfassend zeigen diese Untersuchungen, dass die Prognosegenauigkeit des unteren Grenzwerts einen deutlich geringeren Einfluss auf die Zulässigkeiten sowie die Abweichungen der Zielfunktionswerte als die Prognosegenauigkeit des Modus hat. Dies liegt darin begründet, dass infolge des niedrigeren Grenzwerts zwar ein größeres Intervall zur Generierung der Emissionsobergrenzen betrachtet wird. Gleichermaßen bleibt der Modus unverändert, sodass sich bei Generierung der Simulationsszenarien nur geringere Änderungen ergeben.

Prognose der Entwicklung:
Für die Berechnung der Emissionsobergrenzen im S-SND-CT-CP wird neben der Generierung der Werte über die Dreiecksverteilung davon ausgegangen, dass ein Rückgang der Emissionsobergrenzen im Verlauf des Planungshorizonts vorliegt. Dabei wird angenommen, dass jede Emissionsobergrenze lediglich 90 % des Vorperiodenwerts beträgt. Für die nachfolgende Analyse wird untersucht, welchen Einfluss eine Abweichung von diesem prognostizierten Wert unter anderem auf die Zulässigkeit der ermittelten Lösung hat. Folglich wird im S-SND-CT-CP-sim der Rückgang der Emissionsobergrenzen gemäß folgender Formel (mit $t > 1$) über den Faktor PGE variiert:

$$eo_t^{PC} = PGE \cdot eo_{t-1}^{PC}$$

In Tabelle 8.5 sind die Auswirkungen der vollständigen Prognosegenauigkeit ($PGE = 90\,\%$) im Vergleich zu verringerten Prognosegenauigkeiten ($PGE = 80\,\%$ sowie $PGE = 70\,\%$) der Entwicklung der Emissisonsobergrenzen im Zeitverlauf dargelegt. Die Auswirkungen beziehen sich dabei analog zu den vorherigen Untersuchungen auf die Zulässigkeiten der Simulationsszenarien (DZulSz bzw. DUnzSz) und der JKNT-Kombinationen (DUnzJKNT), den Anteil der Lost-Sales

Tabelle 8.5 Einfluss der Prognosegenauigkeit der Entwicklung

PGE	DZulSz (in %)	DUnzSz (in %)	DUnzJKNT (in %)	DAntLS (in %)	DAbwZ (in %)	MinAbwZ (in %)	MaxAbwZ (in %)
90 %	99,98	0,02	0,28	12,60	3,39	−15,97	16,43
80 %	56,34	43,66	4,15	29,25	−15,21	−103,45	14,18
70 %	10,38	89,62	16,59	57,19	−49,12	−156,00	9,82

(DAntLS) sowie die Abweichungen der Zielfunktionswerte im Mittel (DAbwZ) sowie in den Extremen (MinAbwZ bzw. MaxAbwZ).

Gegenüber der Ausgangssituation, in welcher die Entwicklung der Emissionsobergrenzen im Zeitverlauf zutreffend prognostiziert wird, sinkt für eine geringe Prognosegenauigkeit der Anteil zulässiger Simulationsszenarien. Wohingegen bei $PGE = 80\,\%$ noch mehr als die Hälfte der Simulationsszenarien zulässig ist, sind es für $PGE = 70\,\%$ nur noch knapp über $10\,\%$ der Simulationsszenarien. Dennoch ist weniger als jede fünfte JKNT-Kombination der betroffenen Simulationsszenarien hinsichtlich der Nachfragebefriedigung unzulässig. Gleichermaßen steigt der Anteil eingeplanter Lost-Sales auf mehr als $50\,\%$. Die schlechtere Prognosegenauigkeit der Entwicklung führt zu jeweils reduzierten Emissionsobergrenzen. Da diese einen Rückgang des Kapitalwerts bedingen, wird sowohl anhand der Extremwerte als auch auf Basis des Durchschnittswerts eine zunehmende Überschätzung des resultierenden Kapitalwerts kenntlich. Dabei führt insbesondere eine um zehn Prozentpunkte reduzierte Prognosegenauigkeit zu einem deutlichen Sprung von DAbwZ.

Daraus folgt, dass eine ungenaue Prognose der resultierenden Entwicklung der Emissionsobergrenzen bereits bei Abweichungen von zwei Zehntel Prozentpunkten zu deutlichen Auswirkungen führt. Diese gleichen den Wirkungen der Modusprognose, wobei hierzu jedoch Abweichungen im Bereich mehrerer Zehntel Prozentpunkte notwendig sind. Bei diesem Vergleich gilt es jedoch zu beachten, dass der Reduzierungseffekt der Emissionsobergrenzen von Periode zu Periode bis zum Ende des Planungshorizonts (vorliegend $|T| = 6$) verstärkt wird. Dies erklärt den deutlichen Einfluss bereits kleinerer Prognoseungenauigkeiten. Folglich ist eine möglichst genaue Kenntnis des zeitlichen Verlaufs der Emissionsobergrenzen sowohl hinblickend auf die Zulässigkeit der generierten Lösung als auch auf die Approximation des resultierenden Kapitalwerts von deutlichem Vorteil.

Abschließend lässt sich festhalten, dass das S-SND-CT-CP-det auch für den Fall von Prognoseungenauigkeiten der charakteristischen Parameter der Dreiecksverteilung sowie der generierten Emissionsobergrenzen ein zulässiges Netzwerkdesign bereitstellt. Dieses ist dabei für eine umso höhere Anzahl an verschiedenen Ausprägungen der unsicheren Emissionsobergrenzen zulässig, desto präziser der Modus der zugrunde liegenden Dreiecksverteilung und desto präziser der zeitliche Verlauf der Emissionsobergrenzen prognostiziert werden kann.

Folglich kann das S-SND-CT-CP-det auf Basis der vorliegenden numerischen Ergebnisse als geeigneter Modellierungsansatz zur Ermittlung eines zulässigen Netzwerkdesigns bei unsicheren Emissionsobergrenzen beurteilt werden. Um diese Aussage auch im Verhältnis zu anderen Möglichkeiten zur Berücksichtigung der unsicheren Emissionsobergrenzen einordnen zu können, wird im nachfolgenden Kapitel auf Basis einer simulationsbasierten Analyse eine vergleichende Bewertung des S-SND-CT-CP-det mit anderen Ansätzen vorgenommen.

8.2.2 Vergleich des S-SND-CT-CP-det mit anderen Ansätzen

8.2.2.1 Risikobasierter Ansatz (S-SND-CT-CP-ris)

Das S-SND-CT-CP-det wird zunächst mit der in Abschnitt 7.3 vorgestellten risikoorientierten Modellformulierung (S-SND-CT-CP-ris) verglichen. Im S-SND-CT-CP-ris haben die Szenarien mit den geringsten Kapitalwerten, die gemäß den Erkenntnissen aus Abschnitt 4.2.1 mit den niedrigsten Emissionsobergrenzen verbunden sind, über den Conditional Value at Risk einen Einfluss auf den Zielfunktionswert. Somit wird jenen Szenarien, die hinsichtlich der Zulässigkeit des generierten Netzwerkdesigns besonders kritisch zu beurteilen sind, eine besondere Beachtung zugewiesen. Dazu wird der Conditional Value at Risk als bedingter Mittelwert der $(1-\mu)$ Szenarien mit den niedrigsten Kapitalwerten bestimmt. Über den Faktor λ, welcher die Risikoneigung der Entscheidungsperson widerspiegelt, wird dieser mit dem erwarteten Kapitalwert in ein Verhältnis gesetzt. Folglich maximiert das S-SND-CT-CP-ris das gewichtete Mittel aus Kapitalwert und Conditional Value at Risk.

Für die nachfolgenden Untersuchungen wird zunächst von einer risikoneutralen Entscheidungsperson ($\lambda = 0,5$) ausgegangen. Demnach wird auch die auf den $CVaR$ bezogene Wahrscheinlichkeit mit $\mu = 0,5$ angenommen.[19]

Für den Vergleich der beiden Ansätze wird auch für das S-SND-CT-CP-ris eine simulationsbasierte Analyse durchgeführt. Dabei wird in Analogie zu Abschnitt 8.2.1.1 der Einfluss der Prognosegenauigkeit des Modus über eine Variation von PGM (10 % bis 100 %) untersucht. Die Ergebnisse dieser Untersuchungen sind in Abbildung 8.7 über den Anteil zulässiger Simulationsszenarien dargestellt.[20]

---

[19] Beide Werte sind hierbei analog zu Sahling und Kayser (2016), S. 213 gewählt.

[20] Der Anteil zulässiger Simulationsszenarien (DZulSz) dient hier als wesentliche Kennzahl, um die Unterschiede zwischen den Ansätzen herauszustellen. Der Anteil unzulässiger Szenarien als Komplementär hierzu weist eine starke Wirkungskopplung auf den Anteil unzulässiger

Zudem ist als Referenzwert der jeweilige Anteil zulässiger Simulationsszenarien bei einem durch das S-SND-CT-CP-det generierten Netzwerkdesign visualisiert.

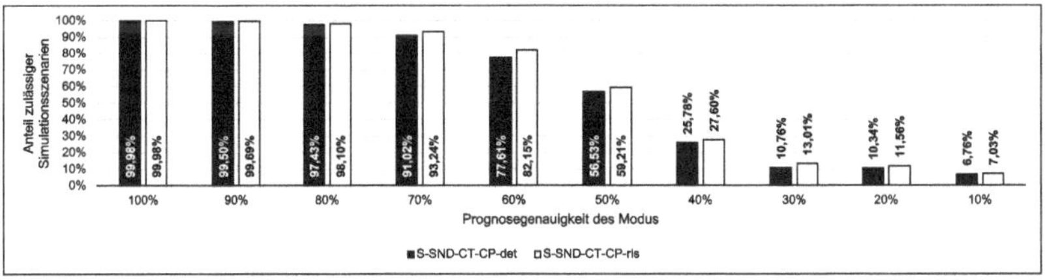

Abb. 8.7 Einfluss des S-SND-CT-CP-det und des S-SND-CT-CP-ris auf den Anteil zulässiger Simulationsszenarien

Für den Fall der vollständigen Prognosegenauigkeit ($PGM = 100\,\%$) wird deutlich, dass beide Ansätze die gleiche Anzahl an Simulationsszenarien zulässig lösen. Somit stellen beide Ansätze für 99,98 % und damit fast alle Simulationsszenarien eine zulässige Lösung bereit. Mit abnehmender Prognosegenauigkeit des Modus werden die Unterschiede zwischen beiden Ansätzen zunehmend deutlicher, sodass die Vorteilhaftigkeit des S-SND-CT-CP-ris hinsichtlich des Anteils zulässig gelöster Simulationsszenarien kenntlich wird. Demnach löst das S-SND-CT-CP-ris im Falle einer hohen Prognosegenauigkeit ($PGM = 90\,\%$ und $PGM = 80\,\%$) zwar mehr Simulationsszenarien als das S-SND-CT-CP-det. Jedoch beträgt der Unterschied zwischen beiden Ansätzen weniger als ein Prozentpunkt. Für die Fälle der mittleren Prognosegenauigkeit ($PGM = 70\,\%$ bis $PGM = 50\,\%$) ist der Unterschied zwischen beiden Ansätzen etwas größer, sodass der Anteil zulässiger Simulationsszenarien für das S-SND-CT-CP-ris im Mittel um mehr als zwei Prozentpunkte erhöht ist. Auch für eine geringe Prognosegenauigkeit des Modus ($PGM = 40\,\%$ bis $PGM = 10\,\%$) resultiert das S-SND-CT-CP-ris im Vergleich zum S-SND-CT-CP in einem höheren Anteil zulässig gelöster Simulationsszenarien, wobei der Unterschied zwischen beiden Ansätzen im Mittel knapp einen Prozentpunkt beträgt.

Zusammenfassend führt die explizite Berücksichtigung der Kapitalwerte jener Szenarien mit den geringsten Emissionsobergrenzen im S-SND-CT-CP-ris dazu, dass das ermittelte Netzwerkdesign für eine im Vergleich zum S-SND-CT-CP-det

JKNT-Kombinationen sowie auf den Anteil der Lost-Sales auf. Deshalb wird auf eine Analyse dieser Werte in den nachfolgenden Ausführungen verzichtet, sodass eine Angabe dieser Werte lediglich im Anhang C.3 in Tabelle C.3 erfolgt.

geringfügig größere Anzahl unterschiedlicher Ausprägungen der unsicheren Emissionsobergrenze zulässig ist.

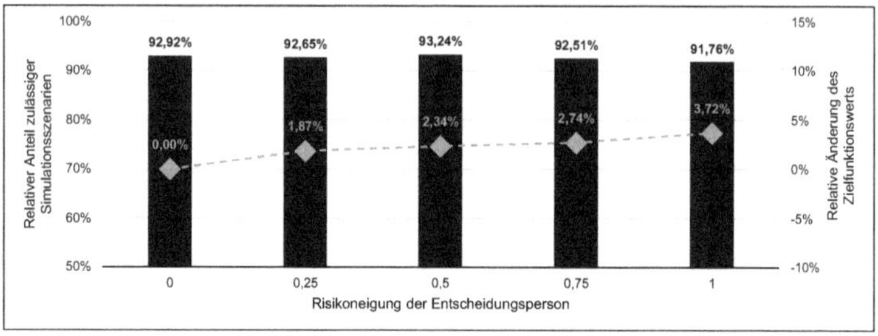

Abb. 8.8 Einfluss der Risikoneigung der Entscheidungsperson

Das S-SND-CT-CP-ris ist dabei im Wesentlichen durch die Risikoneigung λ der Entscheidungsperson sowie die auf den Conditional-Value-at-Risk-bezogene Wahrscheinlichkeit μ gekennzeichnet. Daher wird in Abbildung 8.8 der Einfluss der Risikoneigung λ auf den Anteil zulässig gelöster Simulationsszenarien dargestellt. Hierbei wird λ für eine risikoaverse ($\lambda = 0$), risikofreudige ($\lambda = 1$) und risikoneutrale ($\lambda = 0,5$) Entscheidungsperson untersucht. Zudem werden mit $\lambda = 0,25$ und $\lambda = 0,75$ zwei Zwischenwerte betrachtet. Des Weiteren ist in Abbildung 8.8 die relative Änderung des Zielfunktionswerts Z^{ris} in Bezug auf eine risikoaverse Entscheidungsperson dargestellt. Um die Unterschiede kenntlich zu machen, wurden die Untersuchungen für eine mittlere Modusprognosegenauigkeit von $PGM = 70\,\%$ durchgeführt. Alle weiteren Auswertungskennzahlen sind im Anhang C.3 in Tabelle C.4 dargelegt.

Durch den Vergleich der beiden Extremfälle wird deutlich, dass für eine risikofreudige Entscheidungsperson ($\lambda = 1$) der Anteil zulässig gelöster Simulationsszenarien um mehr als einen Prozentpunkt geringer ist. Gleichermaßen kann bei ausschließlicher Berücksichtigung des erwarteten Kapitalwerts ($\lambda = 1$) ein um mehr als drei Prozentpunkte höherer Zielfunktionswert erzielt werden. Diese Beobachtung folgt auch für die anderen Untersuchungswerte einem trendförmigen Verlauf, sodass mit einer höheren Risikoneigung ein höherer Zielfunktionswert folgt. Weiterhin lässt sich aus der Abbildung 8.8 schließen, dass mit sinkender Risikofreude und einem folglich sinkendem Wert von λ ein höherer Anteil an Simulationsszenarien zulässig gelöst werden kann. Dies liegt darin begründet, dass über den sinkenden Wert von λ ein zunehmender Fokus auf dem Conditional Value at Risk und den folglich für die Gewährleistung der Zulässigkeit besonders relevanten Szenarien liegt. Es gilt jedoch anzumerken, dass dieser Zusammenhang nicht stetig erfolgt.

Vielmehr stellt dabei die risikoneutrale Entscheidungsperson einen Ausreißer dar, für welchen mit 93,24 % der höchste Wert an zulässig gelösten Simulationsszenarien resultiert. Hierdurch zeigt sich der Mehrwert der gewichteten Zielfunktion, wobei für die vorliegenden Instanzen eine Gleichgewichtung beider Zielfunktionsbestandteile zudem größten Anteil an zulässigen Simulationsszenarien führt.

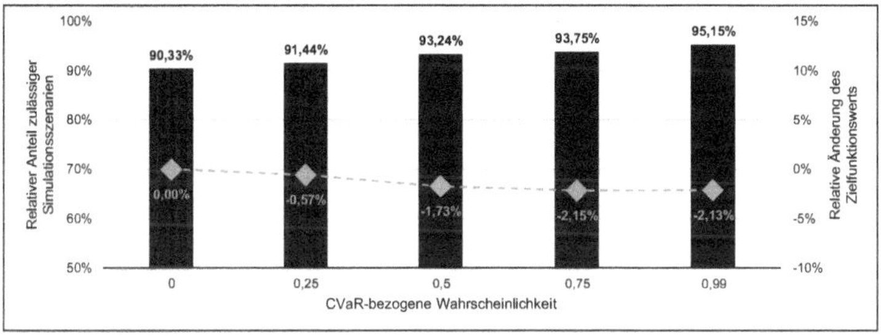

Abb. 8.9 Einfluss der Conditional-Value-at-Risk-bezogenen Wahrscheinlichkeit

Neben der Risikoneigung der Entscheidungsperson prägt die auf den Conditional-Value-at-Risk-bezogene Wahrscheinlichkeit μ das S-SND-CT-CP-ris. Dabei gilt grundsätzlich, dass ein höherer Wert von μ zu einem stärkeren Fokus auf das schlechteste Verlustszenario führt. Demgemäß ist in Abbildung 8.9 der Einfluss eines ansteigenden Wertes von μ, welcher ausgehend von einer Wahrscheinlichkeit von $\mu = 0\,\%$ in jeweils 25 %-Schritten erhöht wird[21], auf den Anteil zulässig gelöster Simulationsszenarien dargestellt. Zudem wird in Abbildung 8.9 die relative Änderung des Zielfunktionswerts Z^{ris} gegenüber der hier mit $\mu = 0\,\%$ angenommenen Ausgangssituation dargestellt. Analog zu den vorherigen Untersuchungen werden diese zur besseren Kenntlichmachung der Unterschiede für eine Modusprognosegenauigkeit von $PGM = 70\,\%$ durchgeführt. Die weiteren Auswertungskennzahlen sind im Anhang C.3 in Tabelle C.5 zu finden.

Auf Grundlage der in Abbildung 8.9 dargestellten Werte wird deutlich, dass mit einem steigenden Wert von μ ein kontinuierlich wachsender Anteil der Simulationsszenarien zulässig gelöst wird. Hierbei wird von $\mu = 0\,\%$ zu $\mu = 99\,\%$ ein Anstieg um knapp fünf Prozentpunkte erzielt. Somit führt ein zunehmender Fokus des Conditional Value at Risk auf das Szenario mit der niedrigsten Emissionsobergrenze dazu, dass die im S-SND-CT-CP-ris erzielte Lösung für eine deutlich höhere

[21] Da $\mu = 100\,\%$ weder rechnerisch möglich noch inhaltlich sinnvoll ist, wird stattdessen als Extremwert $\mu = 99\,\%$ gewählt.

Anzahl an Realisationen der unsicheren Emissionsobergrenze zulässig ist. Somit kann durch die Wahl von μ ebenfalls die Risikoneigung der Entscheidungsperson Ausdruck finden, wobei für eine risikoaverse Entscheidungsperson ein höherer Wert von μ empfehlenswert wäre. Jedoch führt ein höherer Wert von μ zu einem Rückgang des Zielfunktionswerts. Dieser Rückgang beträgt zwischen den beiden Extremfällen lediglich etwas mehr als zwei Prozentpunkte. Daher wird im Verhältnis deutlich, dass eine Anpassung der auf den Conditional-Value-at-Risk-bezogenen Wahrscheinlichkeit μ einen deutlich größeren Einfluss auf den Anteil der zulässig gelösten Simulationsszenarien aufweist.

Abschließend zeigen die durchgeführten Untersuchungen, dass die risikoorientierte Modellformulierung des S-SND-CT-CP-ris bezüglich des Anteils zulässiger Simulationsszenarien der deterministischen Ersatzmodellformulierung in geringem Ausmaß überlegen ist. Über die Wahl der zuvor untersuchten und für das S-SND-CT-CP-ris charakteristischen Parameter λ und μ, die je nach Risikopräferenz der Entscheidungsperson gewählt werden, kann eine Anpassung des Tradeoffs aus Zielfunktionswert und Zulässigkeit des Netzwerkdesigns erfolgen.

8.2.2.2 Deterministischer Ansatz (SND-CT-CP)

In diesem Teilkapitel wird die Berücksichtigung unsicherer Emissionsobergrenzen über den Szenario-Ansatz des S-SND-CT-CP-det mit einer rein deterministischen Betrachtung der Emissionsobergrenzen verglichen. Hierzu dient das in Kapitel 3 vorgestellte SND-CT-CP als Modellierungsansatz, welcher von deterministischen Emissionsobergrenzen ausgeht. Dabei wird die deterministische Emissionsobergrenze im SND-CT-CP auf den in Abschnitt 8.1 beschriebenen Erwartungswert der unsicheren Emissionsobergrenze gesetzt.[22] Bezüglich der Unsicherheit der Emissionsobergrenzen wäre es aus einer pragmatischen Perspektive ebenfalls möglich, die Planung ohne Berücksichtigung der Emissionsobergrenzen vorzunehmen. Dementsprechend wird hierzu als weiterer alternativer Ansatz das SND-CT-CP ohne Beachtung der Restriktionen (3.22), welche die Einhaltung der periodenspezifischen Emissionen sicherstellen, betrachtet. Der Vergleich zwischen dem stochastischen und dem deterministischen Ansatz wird hier auf Basis einer simulationsbasierten Analyse vorgenommen. Diese wird dabei zum einen für den Fall einer hohen Prognosegenauigkeit ($PGM = 100\,\%$) des Modus vorgenommen. Zum anderen wird diese für eine mittlere Prognosegenauigkeit ($PGM = 70\,\%$) ausgewertet.

[22] Auch die Verteilung der Standorte sowie die Berechnung des Erwartungswerts der Emissionsobergrenze entspricht der in Abschnitt 8.1 beschriebenen Vorgehensweise.

Die Ergebnisse dieser Auswertung sind in Abbildung 8.10 über den Anteil zulässiger Simulationsszenarien für das S-SND-CT-CP-det im Vergleich zum deterministischen Ansatz des SND-CT-CP unter Berücksichtigung von deterministischen Emissionsobergrenzen (SND-CT-CP (detEO)) sowie ohne Beachtung der periodenspezifischen Emissionsobergrenzen (SND-CT-CP (keineEO)) dargestellt. Alle weiteren Auswertungskennzahlen sind im Anhang C.3 in Tabelle C.6 dargestellt.

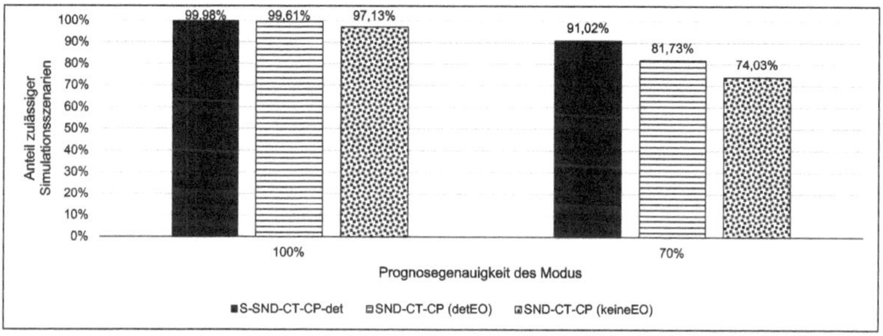

Abb. 8.10 Einfluss der stochastischen vs. deterministischen Emissionsobergrenzen auf den Anteil zulässiger Simulationsszenarien

Anhand der Abbildung 8.10 wird deutlich, dass sich die drei Ansätze im Falle einer hohen Prognosegenauigkeit kaum unterscheiden. Dennoch ist hierbei für die Berücksichtigung von stochastischen Emissionsobergrenzen der Anteil zulässig gelöster Simulationsszenarien mit 99,98 % höher als für die deterministischen Emissionsobergrenzen (99,61 %), wobei die Variante ohne Beachtung der Emissionsobergrenzen mit dem geringsten Anteil zulässig gelöster Simulationsszenarien einhergeht (97,13 %). Die geringen Unterschiede zwischen diesen Varianten mögen zunächst wenig plausibel erscheinen. Dabei gilt es jedoch die in Abschnitt 8.1 beschriebene Verteilung der (potentiellen) Standorte zu berücksichtigen. Demgemäß sind ausschließlich 10 % der (potentiellen) Standorte in Nicht-Mitgliedsstaaten angeordnet. Diese Verteilung liegt im Standortverlagerungseffekt der standortabhängigen Emissionsregulierungen begründet. Um diesem entgegenwirken und den Einfluss der unsicheren Emissionsobergrenzen darlegen zu können, wurden 90 % der (potentiellen) Standorte in Mitgliedsstaaten angeordnet. Somit ist aufgrund der festgelegten Lage der (potentiellen) Standorte die Verteilung der Produktionswerke und Distributionszentren in Nicht- sowie Mitgliedsstaaten unabhängig von der (Nicht-)Beachtung von stochastischen oder deterministischen Emissionsobergrenzen in Teilen vorgegeben. Da neben der Lage jedoch auch die Auswahl der

Technologiestufe einen entscheidenenden Einfluss auf die resultierenden Emissionen und die damit verbundene Möglichkeit zur Einhaltung der periodenspezifischen Emissionsobergrenzen in den Simulationsszenarien hat, sind die Unterschiede zwischen den einzelnen Ansätzen dennoch begründbar.

Die zuvor beschriebene Reihenfolge bezüglich des Anteils zulässiger Simulationsszenarien zwischen den einzelnen Ansätzen lässt sich auch für die mittlere Prognosegenauigkeit feststellen. Für $PGM = 70\,\%$ treten die Unterschiede zwischen den Ansätzen deutlich hervor. Hier wird über die Beachtung der stochastischen Emissionsobergrenzen im S-SND-CT-CP für mehr als $90\,\%$ der Simulationsszenarien eine zulässige Lösung generiert. Dagegen gilt dies bei der deterministischen Betrachtung für knapp mehr als $80\,\%$ der Simulationsszenarien, wozu im Gegensatz ohne die Berücksichtigung der Emissionsobergrenzen weniger als $75\,\%$ der Simulationsszenarien zulässig sind.

Zusammenfassend zeigen die durchgeführten Untersuchungen, dass das unter Beachtung stochastischer Emissionsobergrenzen generierte Netzwerkdesign im Vergleich zur deterministischen Berücksichtigung derselben für eine in Abhängigkeit der Prognosegenauigkeit variierende, aber dennoch größere Anzahl verschiedenster Ausprägungen der unsicheren Emissionsobergrenzen zulässig ist.

8.2.2.3 Worst-Case-Ansatz

Grundsätzlich verfolgt das S-SND-CT-CP-det mittels des Szenario-Ansatzes die Idee, über die Berücksichtigung szenariospezifischer Emissionsobergrenzen ein Netzwerkdesign zu generieren, welches für unterschiedliche Ausprägungen der unsicheren Emissionsobergrenzen zulässig ist. Dabei wird davon ausgegangen, dass verschiedene Emissionsobergrenzen in den Szenarien berücksichtigt werden.[23] Alternativ könnte im Sinne eines Worst-Case-Ansatzes ausschließlich dasjenige Szenario in die Planung eingehen, welches die restriktivste Emissionsobergrenze enthält. Der Unterschied zwischen dem S-SND-CT-CP-det und dem Worst-Case-Ansatz wird in diesem Kapitel analysiert.

Für den Worst-Case-Ansatz wird im S-SND-CT-CP-det ausschließlich dasjenige Szenario betrachtet, welches mit der niedrigsten Emissionsobergrenze verbunden ist. Dieses restriktivste Szenario kann auf zwei unterschiedliche Arten definiert werden. Einerseits kann die restriktivste Emissionsobergrenze auf den geringsten Wert bezogen sein, der unter Maßgabe der in Abschnitt 8.1 beschriebenen Vorgehensweise zur Generierung der Emissionsobergrenzen theoretisch möglich wäre. Dazu wird der Startwert auf die untere Grenze der Dreiecksverteilung gesetzt ($eo^{s,PC}_{Start} = eo^{A}$) und mit einem starken Rückgang der Emissionen ($ent^{s,PC} = 0,85$)

[23] Folglich gilt i. d. R. $|\mathcal{S}| > 1$.

bewertet (S-SND-CT-CP-det (WC1)). Andererseits kann sich die niedrigste Emissionsobergrenze dabei auf den geringsten Wert der im Rahmen dieser Untersuchungen betrachteten $|S| = 9$ Szenarien beziehen (S-SND-CT-CP-det (WC2)).[24] Für die nachfolgenden Untersuchungen werden folglich beide Varianten als Worst-Case-Ansätze analysiert.

Der Vergleich zwischen dem S-SND-CT-CP-det und den beiden Worst-Case-Ansätzen WC1 und WC2 wird in Abbildung 8.11 über den Anteil zulässiger Simulationsszenarien dargestellt. Der Einfluss auf den Anteil zulässiger Simulationsszenarien wird hierbei für hohe ($PGM = 100\,\%$) sowie mittlere ($PGM = 70\,\%$) Genauigkeiten der Modusprognose ausgewertet. Alle weiteren Auswertungskennzahlen sind im Anhang C.3 in Tabelle C.7 zu finden.

Für den Fall der vollständigen Prognosegenauigkeit zeigen sich nur marginale Unterschiede zwischen den einzelnen Ansätzen. Wohingegen im S-SND-CT-CP-det nahezu alle Simulationsszenarien zulässig gelöst werden, sind für die beiden Worst-Case-Ansätze exakt alle Simulationsszenarien zulässig gelöst.

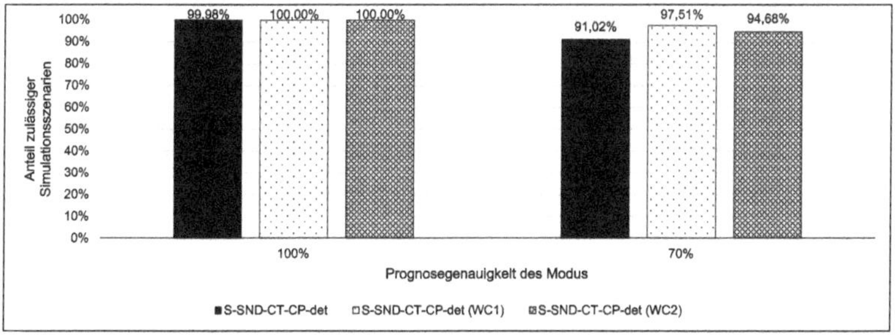

Abb. 8.11 Einfluss des S-SND-CT-CP-det sowie der Worst-Case-Ansätze auf den Anteil zulässiger Simulationsszenarien

Dagegen treten für eine mittlere Prognosegenauigkeit von $PGM = 70\,\%$ die Unterschiede zwischen den einzelnen Ansätzen deutlicher hervor. Der Worst-Case-Ansatz WC1, für welchen ausschließlich das theoretisch-restriktivste Emissionsobergrenzenszenario berücksichtigt wird, führt mit 97,51 % zu dem höchsten Anteil zulässiger Simulationsszenarien. Für den anderen Worst-Case-Ansatz WC2, der ausschließlich das realisiert-schlechteste Emissionsobergrenzenszenario betrachtet, ist der Anteil zulässig gelöster Simulationsszenarien mit 94,68 % um weniger als

[24] Dies entspricht bei $|S| = 9$ Szenarien dem niedrigsten Startwert $eo^{s,PC}_{Start}$, welcher mit einem starken Rückgang der Emissionen ($ent^{s,PC} = 0,85$) bewertet wird.

drei Prozentpunkte geringer. Ein vergleichbarer, jedoch leicht größerer Abstand ist zum Wert des S-SND-CT-CP-det (91,02 %) zu verzeichnen. Für alle drei Ansätze ist trotz der verringerten Prognosegenauigkeit ein mit über 90 % liegender und folglich sehr hoher Anteil der Simulationsszenarien zulässig lösbar.

Resümierend lässt sich festhalten, dass der bereits im S-SND-CT-CP-det hohe Anteil zulässig gelöster Simulationsszenarien insbesondere für den Worst-Case-Ansatz unter Beachtung der theoretisch-geringsten Emissionsobergrenze weiter gesteigert werden kann. Die in den Abschnitten 8.2.2.1 bis 8.2.2.3 vorgestellten Ansätze wurden bislang lediglich auf Basis des Anteils zulässiger Simulationsszenarien isoliert analysiert. Im folgenden Abschnitt 8.3 wird eine vergleichende Bewertung dieser Ansätze vorgenommen. Diese beruht dabei nicht nur auf dem Anteil zulässiger Simulationsszenarien, sondern berücksichtigt auch den resultierenden Kapitalwert.

8.3 Bewertung der Ergebnisse

Zur bewertenden Gegenüberstellung der analysierten Ansätze zur Berücksichtigung der unsicheren Emissionsobergrenzen wird in Abbildung 8.12 die Wirkung der jeweiligen Ansätze auf den durchschnittlichen Anteil zulässig gelöster Simulationsszenarien (DZulSz) und die relative Änderung des Kapitalwerts (ÄndKap) gegenüber dem S-SND-CT-CP-det dargestellt. Um die Unterschiede zwischen den einzelnen Ansätzen stärker herausstellen zu können, beziehen sich diese Werte auf eine Prognosegenauigkeit des Modus von $PGM = 70\,\%$.[25]

Die deterministische Ersatzmodellformulierung (S-SND-CT-CP-det) bietet über das generierte Netzwerkdesign für mehr als 91 % der verschiedenen Realisierungen der unsicheren Emissionsobergrenzen eine zulässige Lösung. Dieser Anteil kann durch die risikoorientierte Modellformulierung (S-SND-CT-CP-ris) im Falle einer risikoneutralen Entscheidungsperson weiter gesteigert werden, sodass mehr als 93 % der Simulationsszenarien zulässig sind. Damit einher geht eine leichte Reduzierung des resultierenden Kapitalwerts, der um 1,09 % unter dem Kapitalwert des S-SND-CT-CP-det liegt. Dagegen führen die beiden deterministischen Ansätze des SND-CT-CP (detEO/keineEO) zu einem Anstieg des resultierenden Kapitalwerts. Wenngleich dieser bei der deterministischen Emissionsobergrenze (detEO) um mehr

[25] Hinblickend auf die in Kapitel 8 dargestellten Ergebnisse sei darauf hingewiesen, dass diese mit einer standortorientierten Fix&Optimize-Heuristik berechnet wurden. Da die vorgestellten Ergebnisse somit nicht nachweisbar einer optimalen Lösung entsprechen und gemäß den Erkenntnissen aus Kapitel 6 eine Abweichung von dieser zu erwarten ist, gilt es dies bei Interpretation der Ergebnisse zu beachten.

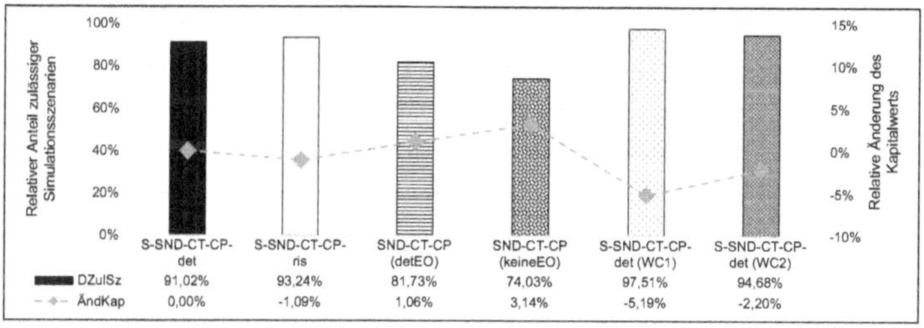

Abb. 8.12 Einfluss der verschiedenen Ansätze auf den Anteil zulässiger Simulationsszenarien und die Änderung des Kapitalwerts

als 1 % erhöht ist, führt das Außerachtlassen der Emissionsobergrenze (keineEO) zu einem Anstieg um 3,14 % gegenüber dem Kapitalwert des S-SND-CT-CP-det. Dies impliziert jedoch, dass eine deutlich geringere Anzahl an unterschiedlichen Emissionsobergrenzenrealisationen zulässig gelöst werden kann. Unter Berücksichtigung der deterministischen Emissionsobergrenze sind dies noch knapp mehr als 80 %, wohingegen ohne Berücksichtigung der Emissionsobergrenze weniger als 75 % der Simulationsszenarien zulässig gelöst werden. Im Vergleich zu den deterministischen Ansätzen, aber auch im Verhältnis zum Szenario-Ansatz sowie dem risikoorientierten Ansatz, ist bei den Worst-Case-Ansätzen (WC1/WC2) des S-SND-CT-CP-det ein deutlich höherer Anteil an Simulationsszenarien zulässig. Demgemäß sind unter Beachtung der theoretisch-geringstmöglichen Emissionsobergrenze (WC1) mehr als 97 % der Simulationsszenarien zulässig. Jener Ansatz bewirkt jedoch die betragsmäßig größte Änderung des Kapitalwerts, sodass dieser um 5,19 % unter dem Kapitalwert des deterministischen Ersatzmodells liegt. Im Vergleich hierzu ist der Rückgang des Kapitalwerts unter Berücksichtigung des Worst-Cases der niedrigsten realisierten Emissionsobergrenze (WC 2) mit 2,20 % etwas geringer. Auch wenn hierbei der Anteil zulässig gelöster Simulationsszenarien mehr als drei Prozentpunkte über dem Wert des deterministischen Ersatzmodells liegt, befindet sich dieser Anteil wiederum knapp drei Punkte unter dem Wert für die Berücksichtigung des theoretisch-schlechtesten Szenarios.

Die Gegenüberstellung der einzelnen Ansätze verdeutlicht die gegenläufige Entwicklung von Kapitalwert und dem Anteil zulässig gelöster Simulationsszenarien. In der Regel geht ein höherer Anteil an zulässigen Simulationsszenarien mit einem Rückgang des Kapitalwerts einher. Dabei ist der Einfluss auf den Anteil zulässiger Simulationsszenarien in einem größeren Umfang vorhanden als der Einfluss auf den Kapitalwert. Wie bereits in Abschnitt 8.2.2.2 ausgeführt, gilt es für den Kapitalwert jedoch die angenommene Verteilung der (potentiellen) Standorte zu berücksichtigen. Dieser liegt die Überlegung zugrunde, dass ausreichend Standorte in Mitgliedsstaaten errichtet werden, um die Effekte der unsicheren Emissionsobergrenze aufzeigen zu können. Durch die Vorgabe dieser Verteilung ist die Lage der Standorte zu einem gewissen Ausmaß vorgegeben. Wie in Abbildung 8.13 aufgezeigt, unterliegt das in dieser Folge resultierende Verhältnis von in Mitgliedsstaaten errichteten Standorten zu in Nicht-Mitgliedsstaaten errichteten Standorten nur geringen Änderungen.

Wesentliche Unterscheide zeigen sich dabei insbesondere zu den deterministischen Ansätzen, für welche ein höherer Anteil an Standorten in Nicht-Mitgliedsstaaten errichtet wird. Die Berücksichtigung der Unsicherheit führt dagegen zu einem höheren Anteil an Standorten in Mitgliedsstaaten, wodurch für die Unsicherheit ein konträres Ergebnis zu den aus Abschnitt 4.2.1 bekannten Resultaten entsteht. Gleichermaßen wird dieses Ergebnis insofern abgeschwächt, als dass hier nur geringe Verschiebungen resultieren.

Grundsätzlich hat die Verteilung der Standorte jedoch durch die Auszahlungsunterschiede zwischen Nicht- und Mitgliedsstaaten deutlichen Einfluss auf den Kapitalwert. Infolge der sich nur in begrenztem Ausmaß ändernden Verteilung lassen sich die eher geringen Unterschiede zwischen den Kapitalwerten der Ansätze begründen.

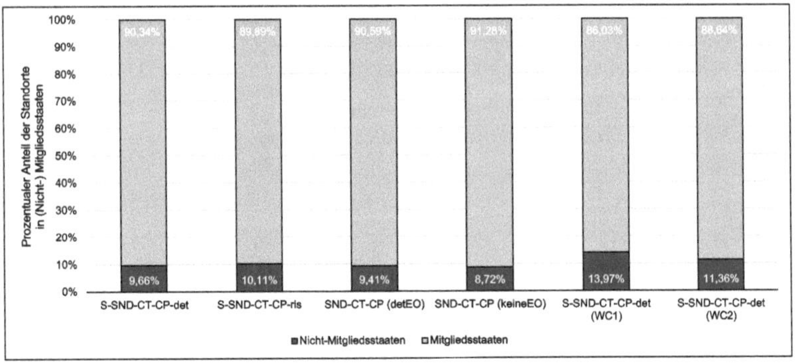

Abb. 8.13 Einfluss der verschiedenen Ansätze auf die Verteilung der Standorte

Folglich sind sowohl die deterministische Ersatzmodellformulierung als auch die risikoorientierte Modellformulierung als geeignet zu beurteilen, um für eine Vielzahl unterschiedlicher Realisierungen der unsicheren Emissionsobergrenzen zulässige Lösungen als auch einen möglichst hohen Kapitalwert zu erzielen. Für die risikoorientierte Modellformulierung kann je nach Risikopräferenz der

Entscheidungsperson eine Anpassung der Zulässigkeit erfolgen, wobei damit auch gegenläufige Entwicklungen auf den Zielfunktionswert verbunden sind.

Alle übrigen Ansätze führen entweder zu einer geringeren Anzahl zulässig gelöster Simulationsszenarien oder resultieren in einem geringeren Kapitalwert. Folglich können diese Ansätze in höchstens einem Kriterium ein besseres Ergebnis als das S-SND-CT-CP-det oder das S-SND-CT-CP-ris erzielen.

Der vorliegende dritte Teil dieser Arbeit als auch die beiden vorherigen Teile werden im abschließenden Kapitel 9 hinsichtlich der Inhalte sowie Ergebnisse zusammenfassend dargestellt.

9 Schlussbemerkungen

9.1 Zusammenfassung

Abschließend erfolgt in diesem Kapitel eine Zusammenfassung der wichtigsten Inhalte und Ergebnisse der vorliegenden Arbeit zur mehrstufigen Standortplanung unter ökonomisch-ökologischen Nachhaltigkeitsaspekten. Dabei werden die Inhalte auf Basis der dreigeteilten Struktur des Hauptteils dargelegt.

Im **ersten Teil** der vorliegenden Arbeit steht das entwickelte **mathematische Modell für die mehrstufige Standortplanung mit Emissionszöllen und standortabhängigen Emissionsregulierungen** im Fokus. Das als SND-CT-CP bezeichnete Modell dient als quantitativer Ansatz zur Entscheidungsunterstützung. Dabei wird von einem aus Lieferanten, Produktionswerken, Distributionszentren und Nachfrageorten bestehenden Netzwerk ausgegangen. Im SND-CT-CP werden Entscheidungen über Errichtung, Betrieb und Schließung der Produktionswerke sowie Distributionszentren getroffen. Für die Produktionswerke erfolgt zudem die Auswahl einer Produktionstechnologie, welche im Laufe des Planungshorizonts geändert werden kann. Gleichermaßen beinhaltet das SND-CT-CP eine Auswahl der Lieferanten unter Beachtung der anhand eines Scores bewerteten Resilienz, wobei über alle gewählte Lieferanten ein Mindestresilienzscore für jede Komponente einzuhalten ist. Zudem wird an den Nachfrageorten eine preisabhängige Nachfrage betrachtet, sodass über die Auswahl der Nachfragestufe jeweils eine Kombination aus Preis und Nachfrage gewählt wird. Diese Entscheidungen werden unter expliziter Berücksichtigung von Emissionszöllen und standortabhängigen Emissionsregulierungen getroffen. Emissionszölle fallen dabei an, wenn Güter aus unregulierten in regulierte Wirtschaftsräume eingeführt werden. Standortabhängige Emissionsregulierungen berücksichtigen hingegen, dass an unterschiedlichen Standorten verschiedene Emissionsregulierungen zu beachten sind, welche sich zudem in der

J. Christian, *Mehrstufige Standortplanung unter ökonomisch-ökologischen Nachhaltigkeitsaspekten*, Produktion und Logistik,
https://doi.org/10.1007/978-3-658-51327-6_9

Ausprägung der jeweils charakteristischen Parameter unterscheiden. Das SND-CT-CP betrachtet Emissionssteuer, Emissionshandelssystem sowie eine periodenspezifische Emissionsobergrenze als standortabhängige Emissionsregulierungen. Zielsetzung des SND-CT-CP ist die Maximierung des Kapitalwerts.

In den numerischen Untersuchungen zum SND-CT-CP wird deutlich, dass die Emissionsregulierungen vor allem zu ökonomischen Konsequenzen führen. Demnach resultieren diese in einem teilweise deutlichen Rückgang des Kapitalwerts. Infolge der standortabhängigen Betrachtung der Emissionsregulierungen führen diese zu einem aus ökologischer Perspektive unerwünschten Anstieg der Gesamtemissionen, der durch eine Standort- sowie Emissionsverlagerung in Gebiete ohne Emissionsregulierungen begründet ist. Das Ausmaß der Auswirkungen ist dabei von der Art der Emissionsregulierung abhängig. Dabei sind die zuvor beschriebenen Effekte für die periodenspezifischen Emissionsobergrenzen stärker als für Emissionssteuer und Emissionshandelssystem ausgeprägt. Auch bei Untersuchung der Wirkungsweise der Emissionszölle wird deutlich, dass das Ausmaß der ökonomischen Konsequenzen in Form des Kapitalwertrückgangs das Ausmaß der ökologischen Folgen übersteigt. Im Unterschied zu den Emissionsregulierungen führen Emissionszölle in einer isolierten Betrachtung jedoch zu einem Rückgang der Emissionen. Dieser liegt in den Netzwerkanpassungen begründet, sodass ein zunehmender Anteil an Standorten in emissionsregulierten Gebieten betrieben werden. Gleichermaßen sei angemerkt, dass in Abhängigkeit des Ausmaßes der Materialflüsse in emissionsregulierte Gebiete hohe Emissionszölle notwendig sein können, um diesen Effekt zu erzielen. Werden Emissionszölle mit standortabhängigen Emissionsregulierungen kombiniert, so beeinflusst das Verhältnis der jeweiligen Höhe der charakteristischen Parameter den resultierenden Effekt. Um die Effekte der Emissionsregulierungen hinsichtlich der Standort- sowie Emissionsverlagerung abzuschwächen, sind im Verhältnis deutlich höhere Emissionszölle notwendig. In diesem Fall kann es zu einem Rückgang der Emissionen kommen, der jedoch nur in Kombination mit der Emissionssteuer oder dem Emissionshandelssystem auftritt.

Aus den durchgeführten Untersuchungen wird somit deutlich, dass die direkte Beschränkung der resultierenden Emissionen über Emissionsobergrenzen mit negativen ökonomischen sowie ökologischen Konsequenzen verbunden ist. Aus Sicht der managementorientierten Entscheidungsperspektive sind Gebiete mit strikten Emissionsobergrenzen bei der Standortplanung somit zu meiden. Gleichermaßen sind aus Sicht der Regulierungsbehörden direkte Emissionsobergrenzen ebenfalls zu vermeiden, da die intendierte Emissionsreduzierung durch eine Standortverlagerung umgangen wird. In dieser Folge kann ein Anstieg der globalen Emissionen resultieren.

Die im Hinblick auf die Vermeidung von Carbon Leakage eingeführten Emissionszölle müssen einen vergleichsweise hohen Emissionszollsatz beinhalten, um in Kombination mit einer Emissionssteuer oder einem Emissionshandelssystem einen Rückgang der Emissionen zu bewirken. Dieser resultiert in Folge der Standortverlagerung in emissionsregulierte Gebiete. Gleichermaßen sei kritisch angemerkt, dass die ökonomischen Konsequenzen in einem unausgewogenen Verhältnis zu dem vergleichsweise geringen Rückgang der Emissionen stehen. Die ökonomische Regulierung der Emissionen führt somit aus ökonomisch-ökologischer Nachhaltigkeitsperspektive in einem geringen Ausmaß zu vor allem ökologisch erwünschten Konsequenzen.

Im **zweiten Teil** der Arbeit steht ein **heuristischer Lösungsansatz** zur Lösung des SND-CT-CP im Vordergrund. Da im Bereich der Standortplanung mit Emissionsregulierungen nur vereinzelt heuristische Lösungsansätze und nach derzeitigem Kenntnisstand keine MP-basierten Verfahren betrachtet werden, schließt die in dieser Arbeit in Anlehnung an Christian und Sahling (2024) vorgestellte Fix&Optimize-Heuristik diese Lücke. Anhand der durchgeführten Untersuchungen kann die Fix&Optimize-Heuristik als geeigneter Lösungsansatz für das SND-CT-CP beurteilt werden. Im Vergleich zum Standardsolver Gurobi, der zur Lösung des SND-CT-CP meist mehrere Stunden benötigt, stellt die Fix&Optimize-Heuristik in deutlich kürzerer Zeit eine geeignete Lösung bereit. Abhängig von der Größe des betrachteten Problems benötigt die Fix&Optimize-Heuristik hierbei nur wenige Minuten. Zudem führt die Fix&Optimize-Heuristik nur zu geringfügigen Abweichungen zu den von Gurobi generierten unteren sowie oberen Schranken. Diese Ergebnisse verdeutlichen, dass die Fix&Optimize-Heuristik als flexibler Lösungsansatz nicht nur zur Lösung von Losgrößenplanungsproblemen geeignet ist, sondern auch im Besonderen für mehrstufige Standortplanungsprobleme mit Emissionsregulierungen angewendet werden kann. Gleichermaßen sei angemerkt, dass die konkrete Ausgestaltung dieser Heuristik unter expliziter Beachtung des zugrunde liegenden Problems erfolgen muss. Auch wenn sowohl die periodenorientierte als auch die standortorientierte Dekomposition zu geringeren Laufzeiten führen, sind dennoch deutliche Unterschiede zwischen den Dekompositionsansätzen festzustellen. Aufgrund der mehrperiodigen Struktur führt die periodenorientierte Dekomposition zwar zu einer schnellen Lösung, welche jedoch die Interdependenzen des Modells nur bedingt beachten kann und daher sowohl im Mittel als auch für einzelne Instanzen zu größeren Zielfunktionswertsabweichungen führt. Im Gegensatz hierzu weist die standortorientierte Dekomposition ein stabiles Abweichungsverhalten auf. Daher führt diese Variante zu geringeren Abweichungen von den ermittelten Schranken. Im Vergleich zur periodenorientierten Variante resultieren im Mittel sowie besonders bei einzelnen Instanzen jedoch etwas längere Laufzeiten. Dennoch kann aufgrund dieser Resultate insbesondere für die mehrperiodige Struktur des SND-CT-CP eine Empfehlung für die standortorientierte Variante der Fix&Optimize-Heuristik ausgesprochen werden. Diese Variante kommt daher auch zum Einsatz, um für die im dritten Teil betrachteten Standortplanungsprobleme unter unsicheren Emissionsobergrenzen eine zulässige Lösung generieren zu können.

Zur Berücksichtigung der **stochastischen Emissionsobergrenzen**, deren Wahrscheinlichkeitsverteilung als gegeben angenommen wird, kommt im **dritten Teil** dieser Arbeit ein Szenario-Ansatz zur Anwendung. Die mit diesem Ansatz erstellte Modellformulierung des S-SND-CT-CP-det wird in Form von simulationsbasierten Untersuchungen analysiert. Dabei wird kenntlich, dass das Netzwerkdesign des S-SND-CT-CP-det für eine Vielzahl an unterschiedlichen Realisierungen der unsicheren Emissionsobergrenzen eine zulässige Lösung bietet. Gleichermaßen wird der für die verschiedenen Ausprägungen resultierende Kapitalwert durch das S-SND-CT-CP-det überwiegend zutreffend prognostiziert. Die Zulässigkeit des generierten Netzwerkdesigns gilt auch dann, wenn die Parameter der zugrunde liegenden Wahrscheinlichkeitsverteilung in einem gewissen Rahmen nur bedingt präzise prognostiziert werden können. Gleichermaßen konnte im Rahmen der durchgeführten Untersuchungen gezeigt werden, dass insbesondere eine exakte Prognose des Modus der vorliegend als Wahrscheinlichkeitsverteilung betrachteten Dreiecksverteilung sowie eine möglichst präzise Prognose des zeitlichen Verlaufs der Emissionsobergrenzen zu einer höheren Zulässigkeit des generierten Netzwerkdesigns führt.

Im Vergleich zu anderen Ansätzen wird anhand der numerischen Untersuchungen die Vorteilhaftigkeit des S-SND-CT-CP-det sowie der risikoorientierten Modellformulierung des S-SND-CT-CP-ris deutlich. Auch wenn über einen Worst-Case-Ansatz ein höheres Ausmaß an Zulässigkeit erreicht werden kann, so ist der korrespondierende Kapitalwert geringer. Vice versa kann für eine lediglich deterministische Berücksichtigung der Emissionsobergrenzen ein höherer Kapitalwert erzielt werden. Gleichermaßen ist das mit deterministischen Emissionsobergrenzen generierte Netzwerkdesign nur in einem sehr begrenzten Rahmen zulässig und für unsichere Emissionsobergrenzen daher ungeeignet. Daraus folgt die Vorteilhaftigkeit des S-SND-CT-CP-det und des S-SND-CT-CP-ris, welche sowohl für eine Vielzahl an möglichen Realisierungen der unsicheren Emissionsobergrenzen ein umsetzbares Netzwerkdesign bieten und gleichermaßen mit einem akzeptablen Kapitalwert einhergehen. Für die risikoorientierte Modellformulierung kann je nach Risikopräferenz der Entscheidungsperson eine weitere Anpassung erfolgen.

Das an diese Zusammenfassung anschließende Kapitel umfasst den Ausblick auf weitere Forschungsvorhaben im Bereich der mehrstufigen Standortplanung unter ökonomisch-ökologischen Nachhaltigkeitsaspekten.

9.2 Ausblick

Das vorliegende Kapitel bietet einen Ausblick auf Aspekte, die interessante Anknüpfungspunkte für weitere Arbeiten im Themenbereich der mehrstufigen Standortplanung unter ökonomisch-ökologischen Nachhaltigkeitsaspekten bieten. Um diese Anknüpfungspunkte zu strukturieren, wird für die nachfolgenden Ausführungen Bezug auf die dreiteilige Struktur des Hauptteils genommen.

Anknüpfend an die in dieser Arbeit behandelten und besonders im **ersten Teil** im Fokus stehenden **ökonomisch-ökologischen Nachhaltigkeitsaspekten der mehrstufigen Standortplanung** kann einerseits die Berücksichtigung der sozialen Nachhaltigkeitsdimension genannt werden, um eine integrierende Abbildung aller drei Nachhaltigkeitsdimensionen zu ermöglichen. Hier sei aus einer globalen Perspektive beispielhaft die etwaig abweichenden Arbeitsbedingungen und Entlohnungen der Mitarbeitenden in verschiedenen wirtschaftlichen Gebieten genannt.[1] Andererseits bietet der Bereich der ökonomisch-ökologischen Nachhaltigkeitsaspekte neben denen in dieser Arbeiten behandelten Emissionsregulierungen weitere Anknüpfungspunkte. Dahingehend weist eine Beachtung der Produktrückkehrer in zirkulären Supply Chains sowohl aus praxisnaher als auch aus wissenschaftlicher Perspektive deutliche Relevanz auf. Auch wenn es im Themenbereich der Standortplanung in zirkulären Supply Chains bereits eine Vielzahl an Ansätzen, auch unter Bezug von Emissionsregulierungen, gibt[2], so lassen sich in Kombination mit dem vorliegenden Thema dennoch Synergieeffekte vermuten. Nach derzeitigem Kenntnisstand sind keine Ansätze bekannt, die sich in diesem Bereich den standortabhängigen Emissionsregulierungen sowie den Emissionszöllen widmen. Gleichermaßen sind diese auch bei Gestaltung von zirkulären Supply Chains relevant. Insbesondere der Anwendungsfall von Elektrofahrzeugbatterien[3] scheint bei globaler Gestaltung der entsprechenden Supply Chain relevante Anknüpfungspunkte aufzuweisen.

Daran anschließend sei angemerkt, dass die vorliegende Modellformulierung trotz der emissionsorientierten Fokussetzung enge Bezugspunkte zum Themenbereich der globalen Standortplanung aufweist. Diese umfasst Aspekte wie Steuern, Zölle, Wechselkurse oder die Vorgabe regionaler Wertschöpfungsquoten.[4] Aus globaler Perspektive wäre es somit interessant, diese Aspekte mit den behandelten

[1] Für weiterführende Ausführungen hierzu sei u. a. auf Eskandarpour et al. (2015), S. 19–20 verwiesen.

[2] Hierzu sei u. a. auf die Übersichten von Govindan und Soleimani (2017) und Amin et al. (2020) verwiesen.

[3] Vgl. hierzu u. a. Reinhart et al. (2023).

[4] Vgl. Melo et al. (2009), S. 406.

Emissionszöllen sowie standortabhängigen Emissionsregulierungen zu verknüpfen, um beispielsweise Aussagen über die Wirkung von Einfuhrzöllen im Verhältnis zur Wirkung der Emissionszölle treffen zu können.

Unter Bezugnahme auf die über die Emissionen im Fokus stehende Klimarelevanz wäre es weiterhin interessant, auch die Klimawirkung der Lieferanten explizit zu betrachten. Hinblickend auf die Emissionsreduzierungsziele ist es vorstellbar, dass diese Anforderungen auch in gleichem Ausmaß an die Lieferanten weitergegeben werden. So könnte die Lieferantenauswahl beispielsweise über eine analog zum Resilienzscore ausgestaltete Metrik zur Klimazielerreichung der Lieferanten erfolgen.

Hinsichtlich des im **zweiten Teil** vorgestellten **Lösungsansatzes** wurde deutlich, dass einzelne Instanzen ein von den übrigen Instanzen abweichendes Verhalten hinsichtlich der Lösungsgüte aufweisen. Demnach sind diese bei der Lösung durch besonders lange Laufzeiten, meist in Kombination mit größeren Abweichungen von der oberen Schranke, gekennzeichnet. Zur Verbesserung der Funktionsfähigkeit der Heuristik scheint eine Orientierung an dem von Bakker (2024) vorgestellten Ansatz vielversprechend. Dieser Ansatz sieht über sogenannte Serviceregionen eine Antizipation eines räumlichen Verteilungsmusters zwischen Nachfrageorten und potentiellen Orten zur Belieferung dieser vor. Durch Festlegung von Serviceregionen soll ein verbessernder Einfluss auf den Lösungsprozess genommen werden.[5] Auch wenn dieser in Bezug auf ein kapazitätsbeschränktes Standortplanungsproblem festgestellt wurde, gilt es eine Anwendung auf ein mehrstufiges Standortplanungsproblem und die Kombination mit einer Fix&Optimize-Heuristik noch auszutesten.[6]

Hinblickend auf die im **dritten Teil** der Arbeit betrachteten **Unsicherheiten** ergeben sich sowohl aus methodischer als auch aus inhaltlicher Perspektive Anknüpfungspunkte. Dabei fokussiert sich die vorliegende Arbeit auf stochastische Emissionsobergrenzen. Diese werden über einen einstufigen Szenario-Ansatz abgebildet, wobei je nach Kenntnis der Ausprägung der unsicheren Emissionsobergrenzen ein zwei- oder mehrstufiger Szenario-Ansatz denkbar wäre. Bei diesem könnte beispielsweise eine Anpassung des Netzwerkdesigns nach Kenntnis der konkreten Ausprägung des unsicheren Parameters erfolgen. Neben den Emissionsobergrenzen erscheint die Höhe der Emissionszölle, die auf europäischer Ebene an die Entwicklung der Emissionshandelspreise gekoppelt sein soll[7], ebenfalls als unsicher. Gleichermaßen lassen sich auch die charakteristischen Parameter der

---

[5] Vgl. Bakker (2024), S. 188–189.

[6] Hierbei wäre beispielsweise denkbar, die Mustererkennung im Rahmen der Initialisierung einzubinden.

[7] Vgl. hierzu die Ausführungen in Kapitel 2.3.2.

Emissionssteuer sowie der Handelspreis des Emissionshandelssystems als unsicher annehmen.[8] Auch wenn für die betrachteten Modellformulierungen aufgrund der weitreichenden Konsequenzen der Fokus auf den unsicheren Emissionsobergrenzen lag, sind die Unsicherheiten der weiteren Aspekte ebenfalls relevant und könnten beispielsweise über Chance Constraints berücksichtigt werden.

Auch wenn die Unsicherheit der Nachfrage in der Literatur zur Standortplanung vielfach untersucht wurde[9], so ist nach derzeitigem Kenntnisstand kein Ansatz bekannt, der sich der Unsicherheit der preisabhängigen Nachfrage in Form der in dieser Arbeit betrachteten Nachfragestufen widmet. Da diese gleichermaßen einen wesentlichen Einfluss auf die Gestaltung des Netzwerks haben und die Kenngrößen hinblickend auf den langfristigen Planungshorizont wesentlichen Änderungen unterliegen können, könnte eine explizite Abbildung dieser beispielsweise über einen stückweisen linearen Approximationsansatz[10] interessant erscheinen. Bezüglich der Resilienzaspekte, die in den vorliegenden Modellen als deterministisch angenommen werden, gilt es gemäß Abschnitt 2.2.4 gleichermaßen einige Unsicherheiten abzubilden. So könnte beispielsweise ein zweistufiger Ansatz zur Abbildung eines etwaigen Auftretens von Disruptionen in Kombinationen mit pro- sowie reaktiven Strategien zu weiterführenden Erkenntnissen führen.

[8] Die Unsicherheit des Emissionscaps könnten dagegen beispielsweise analog zur vorliegenden Ausgestaltung der Emissionsobergrenzen erfolgen.

[9] Vgl. hierzu die Ausführungen in Abschnitt 2.2.

[10] Vgl. hierzu die Ausführungen von Sahling und Kayser (2016), S. 206–207.

Literaturverzeichnis

Abbasi, S. und Ahmadi Choukolaei, H. (2023): A systematic review of green supply chain network design literature focusing on carbon policy. In: Decision Analytics Journal. Vol. 6, Artikelnr. 100189, S. 1–16. https://doi.org/10.1016/j.dajour.2023.100189

Abdallah, T.; Diabat, A. und Rigter, J. (2013): Investigating the option of installing small scale PVs on facility rooftops in a green supply chain. In: International Journal of Production Economics. Vol. 146, Nr. 2, S. 465–477. https://doi.org/10.1016/j.ijpe.2013.03.016

Abdallah, T.; Diabat, A. und Simchi-Levi, D. (2010): A carbon sensitive supply chain network problem with green procurement. In: The 40th International Conference on Computers & Industrial Engineering. S. 1–6. https://doi.org/10.1109/ICCIE.2010.5668278

Abdallah, T.; Farhat, A.; Diabat, A. und Kennedy, S. (2012): Green supply chains with carbon trading and environmental sourcing: Formulation and life cycle assessment. In: Applied Mathematical Modelling. Vol. 36, Nr. 9, S. 4271–4285. https://doi.org/10.1016/j.apm.2011.11.056

Ahuja, R.K.; Orlin, J.B.; Pallottino, S.; Scaparra, M.P. und Scutellà, M.G. (2004): A Multi-Exchange Heuristic for the Single-Source Capacitated Facility Location Problem. In: Management Science. Vol. 50, Nr. 6, S. 749–760. https://doi.org/10.1287/mnsc.1030.0193

Alarcon-Gerbier, E. und Buscher, U. (2024): The dynamic facility location problem with mobile production units: A waste recycling application. In: Computers & Operations Research. Vol. 166, Artikelnr. 106609, S. 1–14. https://doi.org/10.1016/j.cor.2024.106609

Albareda-Sambola, M.; Alonso-Ayuso, A.; Escudero, L.F.; Fernández, E. und Pizarro, C. (2013): Fix-and-Relax-Coordination for a multi-period location–allocation problem under uncertainty. In: Computers & Operations Research. Vol. 40, Nr. 12, S. 2878–2892. https://doi.org/10.1016/j.cor.2013.07.004

Aldrighetti, R.; Battini, D.; Ivanov, D. und Zennaro, I. (2021): Costs of resilience and disruptions in supply chain network design models: A review and future research directions. In: International Journal of Production Economics. Vol. 235, Artikelnr. 108103, S. 1–21. https://doi.org/10.1016/j.ijpe.2021.108103

Altmann, M. (2015): A supply chain design approach considering environmentally sensitive customers: the case of a German manufacturing SME. In: International Journal of Production Research. Vol. 53, Nr. 21, S. 6534–6550. https://doi.org/10.1080/00207543.2014.961203

J. Christian, *Mehrstufige Standortplanung unter ökonomisch-ökologischen Nachhaltigkeitsaspekten*, Produktion und Logistik,
https://doi.org/10.1007/978-3-658-51327-6

Amin, S.H.; Zhang, G. und Eldali, M.N. (2020): A review of closed-loop supply chain models. In: Journal of Data, Information and Management. Vol. 2, S. 279–307. https://doi.org/10.1007/s42488-020-00034-y

Amrani, H.; Martel, A.; Zufferey, N. und Makeeva, P. (2011): A variable neighborhood search heuristic for the design of multicommodity production–distribution networks with alternative facility configurations. In: OR Spectrum. Vol. 33, Nr. 4, S. 989–1007. https://doi.org/10.1007/s00291-009-0182-7

Arostegui Jr., M.A.; Kadipasaoglu, S.N. und Khumawala, B.M. (2006): An empirical comparison of Tabu Search, Simulated Annealing, and Genetic Algorithms for facilities location problems. In: International Journal of Production Economics. Vol. 103, Nr. 2, S. 742–754. https://doi.org/10.1016/j.ijpe.2005.08.010

Bakker, H. (2024): On the interplay between data and decisions in discrete location problems. In: Karlsruher Institut für Technologie (KIT), Fakultät für Wirtschaftswissenschaften, Institut für Operations Research, Dissertation. https://doi.org/10.5445/IR/1000169660

Barceló, J. und Casanovas, J. (1984): A heuristic lagrangean algorithm for the capacitated plant location problem. In: European Journal of Operational Research. Vol. 15, Nr. 2, S. 212–226. https://doi.org/10.1016/0377-2217(84)90211-X

Beasley, J.E. (1993): Lagrangean heuristics for location problems. In: European Journal of Operational Research. Vol. 65, Nr. 3, S. 383–399. https://doi.org/10.1016/0377-2217(93)90118-7

Benders, J.F. (1962): Partitioning procedures for solving mixed-variables programming problems. In: Numerische Mathematik. Vol. 4, S. 238–252. https://doi.org/10.1007/BF01386316

Brandeau, M.L. und Chiu, S.S. (1989): An Overview of Representative Problems in Location Research. In: Management Science. Vol. 35, Nr. 6, S. 645–769. https://doi.org/10.1287/mnsc.35.6.645

Bundes-Immissionsschutzgesetz – BImSchG (Gesetz zum Schutz vor schädlichen Umwelteinwirkungen durch Luftverunreinigungen, Geräusche, Erschütterungen und ähnliche Vorgänge) (2025) in der Fassung vom 24.02.2025; Bundesministerium der Justiz und für Verbraucherschutz. In: https://www.gesetze-im-internet.de/bimschg/, zuletzt zugegriffen am 27.06.2025.

Bundes-Klimaschutzgesetz (KSG) (2024) in der Fassung vom 15.07.2024; Bundesministerium der Justiz und für Verbraucherschutz. In: https://www.gesetze-im-internet.de/ksg/, zuletzt zugegriffen am 26.06.2025.

Bundesministerium für Wirtschaft und Energie (2025): Abkommen von Paris. In: https://www.bundeswirtschaftsministerium.de/Redaktion/DE/Artikel/Industrie/klimaschutz-abkommen-von-paris.html, zuletzt zugegriffen am 30.06.2025.

Buschkühl, L; Sahling, F.; Helber, S. und Tempelmeier, H. (2010): Dynamic capacitated lot-sizing problems: a classification and review of solution approaches. In: OR Spectrum. Vol. 32, Nr. 2, S. 231–261. https://doi.org/10.1007/s00291-008-0150-7

Carvalho, H. und Cruz-Machado, V. (2011): Integrating Lean, Agile, Resilience and Green Paradigms in Supply Chain Management (LARG_SCM). In: Li, P. (Hrsg.), Supply Chain Management. InTech, Rijeka, S. 27–48. https://doi.org/10.5772/14592

Chen, C.-H. und Ting C.-J. (2008): Combining Lagrangian heuristic and Ant Colony System to solve the Single Source Capacitated Facility Location Problem. In: Transportation Research

Part E: Logistics and Transportation Review. Vol. 44, Nr. 6, S. 1099–1122. https://doi.org/10.1016/j.tre.2007.09.001

Chopra, S. und Meindl, P. (2014): Supply Chain Management. Strategie, Planung und Umsetzung. Pearson Deutschland, München, 5. Aufl.

Christian, J. und Sahling, F. (2024): Carbon reduction in global supply network design subject to carbon tariffs and location-specific carbon policies. In: Sustainable Manufacturing and Service Economics. Vol. 3, Artikelnr. 100028, S. 1–16. https://doi.org/10.1016/j.smse.2024.100028

Cornuejols, G.; Sridharan, R. und Thizy, J.M. (1991): A comparison of heuristics and relaxations for the capacitated plant location problem. In: European Journal of Operational Research. Vol. 50, Nr. 3, S. 280–297. https://doi.org/10.1016/0377-2217(91)90261-S

Correia, I. und Saldanha-da-Gama, F. (2019): Facility Location Under Uncertainty. In: Laporte, G.; Nickel, S. und Saldanha da Gama, F. (Hrsg.), Location Science. Springer Nature Switzerland, Cham, S. 185–213, 2. Aufl. https://doi.org/10.1007/978-3-030-32177-2_8

Corsten, H. und Gössinger, R. (2016): Produktionswirtschaft. Einführung in das industrielle Produktionsmanagement. De Gruyter Oldenbourg, Berlin/Boston, 14. Aufl.

Crainic, T.G.; Hewitt, M.; Maggioni, F. und Rei, W. (2021): Partial Benders Decomposition: General Methodology and Application to Stochastic Network Design. In: Transportation Science. Vol. 55, Nr. 2, S. 414–435. https://doi.org/10.1287/trsc.2020.1022

Daly, H.E. (1990): Toward Some Operational Principles of Sustainable Development. In: Ecological Economic. Vol. 2, S. 1–6. https://doi.org/10.1016/0921-8009(90)90010-R

Daskin, M.S. (2013): Network and Discrete Location. Models, Algorithms, and Applications. John Wiley & Sons, Hoboken (New Jersey), 2. Aufl. https://doi.org/10.1002/9781118537015

Deneubourg, J.-L.; Aron, S.; Goss, S. und Pasteels, J.M. (1990): The self-organizing exploratory pattern of the argentine ant. In: Journal of Insect Behavior. Vol. 3, Nr. 2, S. 159–168. https://doi.org/10.1007/BF01417909

Deutscher Bundestag: Wissenschaftliche Dienste (Hrsg.) (2024): Sachstand WD 5 – 3000 – 104/24: CO_2-Emissionen: Preise und Kosten. In: https://www.bundestag.de/resource/blob/1021378/4edf15c87b75d74c51eb672f10703fcb/WD-5-104-24-pdf.pdf, zuletzt zugegriffen am 26.06.2025, S. 1–18.

Diabat, A. und Simchi-Levi, D. (2010): A carbon-capped supply chain network problem. In: IEEE International Conference on Industrial Engineering and Engineering Management. S. 523–527. https://doi.org/10.1109/IEEM.2009.5373289

Dias, J.; Captivo, M.E. und Clímaco, J. (2008): A memetic algorithm for multi-objective dynamic location problems. In: Journal of Global Optimization. Vol. 42, Nr. 2, S. 221–253. https://doi.org/10.1007/s10898-007-9239-9

Domschke, W. und Drexl, A. (1996): Logistik: Standorte. R. Oldenbourg Verlag, München, 4. Aufl. https://doi.org/10.1524/9783486789829

Domschke, W.; Drexl, A.; Mayer, G. und Tadumadze, G. (2018): Betriebliche Standortplanung. In: Tempelmeier, H. (Hrsg.), Planung logistischer Systeme. Springer Vieweg Verlag, Berlin, S. 1–27. https://doi.org/10.1007/978-3-662-57782-0_1

Dorigo, M. und Stützle, T. (2003): The Ant Colony Optimization Metaheuristic: Algorithms, Applications, and Advances. In: Glover, F. und Kochenberg, G.A. (Hrsg.), Handbook of Metaheuristics. Kluwer Academic Publishers, New York, Boston, Dordrecht, London, Moskau, S. 251–285. https://doi.org/10.1007/0-306-48056-5_9

Elhedhli, S. und Merrick, R. (2012): Green supply chain network design to reduce carbon emissions. In: Transportation Research Part D: Transport and Environment. Vol. 17, Nr. 5, S. 370–379. https://doi.org/10.1016/j.trd.2012.02.002

Engelkamp, P.; Sell, F.L. und Sauer, B. (2020): Einführung in die Volkswirtschaftslehre. Springer Gabler, Berlin, 8. Aufl. https://doi.org/10.1007/978-3-662-62248-3

Eskandarpour, M.; Dejax, P.; Miemczyk, J. und Péton, O. (2015): Sustainable supply chain network design: An optimization-oriented review. In: Omega. Vol. 54, S. 11–32. https://doi.org/10.1016/j.omega.2015.01.006

Esmaeili, S.A.H.; Sobhani, A.; Szmerekovsky, J.; Dybing, A. und Pourhashem, G. (2020): First-generation vs. second-generation: A market incentives analysis for bioethanol supply chains with carbon policies. In: Applied Energy. Vol. 277, Artikelnr. 115606, S. 1–19. https://doi.org/10.1016/j.apenergy.2020.115606

Europäische Kommission (Hrsg.) (2025a): Carbon Border Adjustment Mechanism. In: https://taxation-customs.ec.europa.eu/carbon-border-adjustment-mechanism_en#cbam-definitive-regime-from-2026, zuletzt zugegriffen am 29.06.2025.

Europäische Kommission (Hrsg.) (2025b): Umsetzung des europäischen Grünen Deals. In: https://commission.europa.eu/strategy-and-policy/priorities-2019-2024/european-green-deal/delivering-european-green-deal_de, zuletzt zugegriffen am 30.06.2025.

Fábián, C.I. (2008): Handling CVaR objectives and constraints in two-stage stochastic models. In: European Journal of Operational Research. Vol. 191, Nr. 3, S. 888–911. https://doi.org/10.1016/j.ejor.2007.02.052

Fahimnia, B.; Sarkis, J.; Choudhary, A. und Eshragh, A. (2015): Tactical supply chain planning under a carbon tax policy scheme: A case study. In: International Journal of Production Economics. Vol. 164, S. 206–215. https://doi.org/10.1016/j.ijpe.2014.12.015

Fandel, G.; Giese, A. und Raubenheimer, H. (2009): Supply Chain Management. Strategien - Planungsansätze - Controlling. Springer Verlag, Berlin, Heidelberg.

Fang, Y.; Yu, Y.; Shi, Y. und Liu, J. (2020): The effect of carbon tariffs on global emission control: A global supply chain model. In: Transportation Research Part E: Logistics and Transportation Review. Vol 133, Artikelnr. 101818, S. 1–21. https://doi.org/10.1016/j.tre.2019.11.012

Fattahi, M. und Govindan, K. (2018): A multi-stage stochastic program for the sustainable design of biofuel supply chain networks under biomass supply uncertainty and disruption risk: A real-life case study. In: Transportation Research Part E: Logistics and Transportation Review. Vol 118, S. 534–567. https://doi.org/10.1016/j.tre.2018.08.008

Fattahi, M.; Mahootchi, M.; Govindan, K. und Husseini, S.M.M. (2015): Dynamic supply chain network design with capacity planning and multi-period pricing. In: Transportation Research Part E: Logistics and Transportation Review. Vol. 81, S. 169–202. https://doi.org/10.1016/j.tre.2015.06.007

Fechter, T.; Jaich, H. und Glockner, C. (2018): Fertigungstechnik – Werkstücke wirtschaftlich und nachhaltig herstellen. In: Skolaut, W. (Hrsg.), Maschinenbau. Springer Vieweg Verlag, Berlin, 2. Aufl., S. 981–990. https://doi.org/10.1007/978-3-662-55882-9_29

Feldman, E.; Lehrer, F.A. und Ray, T.L. (1966): Warehouse Location Under Continuous Economies of Scale. In: Management Science. Vol. 12, Nr. 9, S. 670–684. https://doi.org/10.1287/mnsc.12.9.670

Fernandes, D.R.M.; Rocha, C.; Aloise, D.; Ribeiro, G.M.; Santos, E.M. und Silva, A. (2014): A simple and effective genetic algorithm for the two-stage capacitated facility location problem. In: Computers & Industrial Engineering. Vol. 75, S. 200–208. https://doi.org/10.1016/j.cie.2014.05.023

Fernández, E. und Landete, M. (2019): Fixed-Charge Facility Loaction Problems. In: Laporte, G.; Nickel, S. und Saldanha da Gama, F. (Hrsg.), Location Science. Springer Nature Switzerland, Cham, S. 67–98, 2. Aufl. https://doi.org/10.1007/978-3-030-32177-2_4

Fleischmann, B.; Meyr, H. und Wagner, M. (2015): Advanced Planning. In: Stadtler, H.; Kilger, C. und Meyr, H. (Hrsg.), Supply Chain Management and Advanced Planning. Springer Verlag, Berlin, Heidelberg, S. 71–95, 5. Aufl. https://doi.org/10.1007/978-3-642-55309-7_4

Forbes, C.; Evans, M.; Hastings, N. und Peacock, B. (2011): Statistical Distributions. John Wiley & Sons, Hoboken, 4. Aufl. https://doi.org/10.1002/9780470627242

GAMS (Hrsg.) (2025a): The GAMS Call and Command Line Parameters: etSolver. In: https://www.gams.com/45/docs/UG_GamsCall.html#GAMSAOetsolver, zuletzt zugegriffen am 09.04.2025.

GAMS (Hrsg.) (2025b): The GAMS Call and Command Line Parameters: optCR. In: https://www.gams.com/45/docs/UG_GamsCall.html#GAMSAOoptcr, zuletzt zugegriffen am 09.04.2025.

GAMS (Hrsg.) (2025c): The GAMS Call and Command Line Parameters: resLim. https://www.gams.com/45/docs/UG_GamsCall.html#GAMSAOreslim, zuletzt zugegriffen am 09.04.2025.

García, S. und Marín, A. (2019): Covering Location Problems. In: Laporte, G.; Nickel, S. und Saldanha da Gama, F. (Hrsg.), Location Science. Springer Nature Switzerland, Cham, S. 99–119, 2. Aufl. https://doi.org/10.1007/978-3-030-32177-2_5

Ghaderi, A. (2015): Heuristic Algorithms for Solving an Integrated Dynamic Center Facility Location – Network Design Model. In: Networks and Spatial Economics. Vol. 15, S. 43–69. https://doi.org/10.1007/s11067-014-9269-z

Ghaderi, A. und Jabalameli, M.S. (2013): Modeling the budget-constrained dynamic uncapacitated facility location–network design problem and solving it via two efficient heuristics: A case study of health care. In: Mathematical and Computer Modelling. Vol. 57, Nr. 3–4, S. 382–400. https://doi.org/10.1016/j.mcm.2012.06.017

Giarola, S.; Shah, N. und Bezzo, F. (2012): A comprehensive approach to the design of ethanol supply chains including carbon trading effects. In: Bioresource Technology. Vol. 107, S. 175–185. https://doi.org/10.1016/j.biortech.2011.11.090

Görtz, S. und Klose, A. (2012): A Simple but Usually Fast Branch-and-Bound Algorithm for the Capacitated Facility Location Problem. In: INFORMS Journal on Computing. Vol. 24, Nr. 4, S. 597–610. https://doi.org/10.1287/ijoc.1110.0468

Gollowitzer, S.; Gouveia, L. und Ljubić, I. (2013): Enhanced formulations and branch-and-cut for the two level network design problem with transition facilities. In: European Journal of Operational Research. Vol. 225, Nr. 2, S. 211–222. https://doi.org/10.1016/j.ejor.2012.09.040

Govindan, K. und Fattahi, M. (2017): Investigating risk and robustness measures for supply chain network design under demand uncertainty: A case study of glass supply chain. In: International Journal of Production Economics. Vol. 183, Bd. C, S. 680–699. https://doi.org/10.1016/j.ijpe.2015.09.033

Govindan, K.; Fattahi, M. und Keyvanshokooh, E. (2017): Supply chain network design under uncertainty: A comprehensive review and future research directions. In: European Journal of Operational Research. Vol. 263, Nr. 1, S. 108–141. https://doi.org/10.1016/j.ejor.2017.04.009

Govindan, K. und Soleimani, H. (2017): A review of reverse logistics and closed-loop supply chains: a Journal of Cleaner Production focus. In: Journal of Cleaner Production. Vol. 142, Nr. 1, S. 371–384. https://doi.org/10.1016/j.jclepro.2016.03.126

Grundgesetz für die Bundesrepublik Deutschland (GG) (2025) in der Fassung vom 22.03.2025; Bundesministerium der Justiz und für Verbraucherschutz. In: https://www.gesetze-im-internet.de/gg/BJNR000010949.html, zuletzt zugegriffen am 30.06.2025.

Grunwald, A. und Kopfmüller, J. (2012): Nachhaltigkeit. Campus Verlag, Frankfurt am Main, 2. Aufl.

Guan, J. und Lin, G. (2016): Hybridizing variable neighborhood search with ant colony optimization for solving the single row facility layout problem. In: European Journal of Operational Research. Vol. 248, Nr. 3, S. 899–909. https://doi.org/10.1016/j.ejor.2015.08.014

Günther, H.-O. (2005): Supply Chain Management and Advanced Planning Systems: A Tutorial. In: Günther, H.-O., Mattfeld, D.C. und Suhl, L. (Hrsg.), Supply Chain Management und Logistik. Optimierung, Simulation, Decision Support. Physica-Verlag, Heidelberg, S. 3–40. https://doi.org/10.1007/3-7908-1625-6_1

Günther, H.-O. und Tempelmeier, H. (2020): Supply Chain Analytics: Operations Management und Logistik. BoD – Books on Demand, Norderstedt, 13. Aufl.

Hauff, M. von (2021): Nachhaltige Entwicklung. Grundlagen und Umsetzung. De Gruyter Oldenbourg, Berlin/Boston, 3. Aufl. https://doi.org/10.1515/9783110722536

Hauff, V. (Hrsg.) (1987): Unsere gemeinsame Zukunft. Der Brundtland-Bericht der Weltkommission für Umwelt und Entwicklung. Eggenkamp Verlag, Greven.

Helber, S. und Sahling, F. (2010): A fix-and-optimize approach for the multi-level capacitated lot sizing problem. In: International Journal of Production Economics. Vol. 123, Nr. 2, S. 247–256. https://doi.org/10.1016/j.ijpe.2009.08.022

Helton, J.C. und Davis, F.J. (2003): Latin hypercube sampling and the propagation of uncertainty in analyses of complex systems. In: Reliability Engineering & System Safety. Vol. 81, Nr. 1, S. 23–69. https://doi.org/10.1016/S0951-8320(03)00058-9

Hölscher, R. und Helms, N. (2017): Investition und Finanzierung. De Gruyter Oldenbourg Verlag, Berlin/Boston, 2. Aufl. https://doi.org/10.1515/9783110353082

Hosseini, S.; Ivanov, D. und Dolgui, A. (2019): Review of quantitative methods for supply chain resilience analysis. In: Transportation Research Part E: Logistics and Transportation Review. Vol. 125, S. 285–307. https://doi.org/10.1016/j.tre.2019.03.001

Hottenroth, H.; Joa, B. und Schmidt, M. (2013): Carbon Footprint für Produkte: Handbuch für die betriebliche Praxis kleinerer und mittlerer Unternehmen. In: Institute for Industrial Ecology, Pforzheim.

IPCC (2018): Global Warming of 1.5°C an IPCC special report on the impacts of global warming of 1.5 °C above pre-industrial levels and related global greenhouse gas emission pathways, in the context of strengthening the global response to the threat of climate change, sustainable development, and efforts to eradicate poverty. Cambridge University Press, Cambridge/New York.

IPCC (2023): Climate Change 2023: Synthesis Report. Contribution of Working Groups I, II and III to the Sixth Assessment Report of the Intergovernmental Panel on Climate Change. IPCC, Genf.

Ivanov, D. (2018): Revealing interfaces of supply chain resilience and sustainability: a simulation study. In: International Journal of Production Research. Vol. 56, Nr. 10, S. 3507–3523. https://doi.org/10.1080/00207543.2017.1343507

Kabadurmus, O. und Erdogan, M.S. (2020): Sustainable, multimodal and reliable supply chain design. In: Annals of Operations Research. Vol. 292, S. 47–70. https://doi.org/10.1007/s10479-020-03654-0

Kallrath, J. (2013): Gemischt-ganzzahlige Optimierung: Modellierung in der Praxis. Mit Fallstudien aus Chemie, Energiewirtschaft, Papierindustrie, Metallgewerbe, Produktion und Logistik. Springer Spektrum, Wiesbaden, 2. Aufl. https://doi.org/10.1007/978-3-658-00690-7

Kilger, C. und Wagner, M. (2015): Demand Planning. In: Stadtler, H.; Kilger, C. und Meyr, H. (Hrsg.), Supply Chain Management and Advanced Planning. Springer Verlag, Berlin, Heidelberg, S. 125–154, 5. Aufl. https://doi.org/10.1007/978-3-642-55309-7_7

Klibi, W.; Martel, A. und Guitouni, A. (2010): The design of robust value-creating supply chain networks: A critical review. In: European Journal of Operational Research. Vol. 203, Nr. 2, S. 283–293. https://doi.org/10.1016/j.ejor.2009.06.011

Klose, A. (1999): An LP-based heuristic for two-stage capacitated facility location problems. In: Journal of the Operational Research Society. Vol. 50, Nr. 2, S. 157–166. https://doi.org/10.1057/palgrave.jors.2600675

Klose, A. (2001): Standortplanung in distributiven Systemen. Modelle, Methoden, Anwendungen. Physica-Verlag, Heidelberg. https://doi.org/10.1007/978-3-642-57582-2

Klose, A. und Drexl, A. (2005): Lower Bounds for the Capacitated Facility Location Problem Based on Column Generation. In: Management Science. Vol. 51, Nr. 11, S. 1593–1732. https://doi.org/10.1287/mnsc.1050.0410

Koberstein, A.; Lukas, E. und Naumann, M. (2013): Integrated Strategic Planning of Global Production Networks and Financial Hedging under Uncertain Demands and Exchange Rates. In: BuR – Business Research. Vol. 6, Nr. 2, S. 215–240. https://doi.org/10.1007/BF03342750

Kuehn, A.A. und Hamburger, M.J. (1963): A Heuristic Program for Locating Warehouses. In: Management Science. Vol. 9, Nr. 4, S. 643–666. https://doi.org/10.1287/mnsc.9.4.643

Küpper, H.-U. (2008): Controlling. Konzeption, Aufgaben, Instrumente. Schäffer-Poeschel Verlag, Stuttgart, 5. Aufl.

Landesanstalt für Umwelt Baden-Württemberg (Hrsg.) (2025): Begriffsbestimmungen. In: https://www.lubw.baden-wuerttemberg.de/luft/begriffsbestimmung, zuletzt zugegriffen am 30.06.2025.

Laporte, G.; Nickel, S. und Saldanha da Gama, F. (2019): Introduction to Location Science. In: Laporte, G.; Nickel, S. und Saldanha da Gama, F. (Hrsg.), Location Science. Springer Nature Switzerland, Cham, S. 1–21, 2. Aufl. https://doi.org/10.1007/978-3-030-32177-2_1

Liang, Z.; He, Y.; Wu, T. und Zhang, C. (2015): An informative column generation and decomposition method for a production planning and facility location problem. In: International Journal of Production Economics. Vol. 170, S. 88–96. https://doi.org/10.1016/j.ijpe.2015.08.024

Mankiw, N.G. und Taylor, M.P. (2016): Grundzüge der Volkswirtschaftslehre. Schäffer-Poeschel Verlag, Stuttgart, 6. Aufl. https://doi.org/10.34156/9783791043500

Manne, A.S. (1964): Plant Location Under Economies-of-Scale – Decentralization and Computation. In: Management Science. Vol. 11, Nr. 2, S. 213–235. https://doi.org/10.1287/mnsc.11.2.213

Marín, A. und Pelegrín, M. (2019): *p*-Median Problems. In: Laporte, G.; Nickel, S. und Saldanha da Gama, F. (Hrsg.), Location Science. Springer Nature Switzerland, Cham, S. 25–50, 2. Aufl. https://doi.org/10.1007/978-3-030-32177-2_2

Martí, J.M.C.; Tancrez, J.-S. und Seifert, R.W. (2015): Carbon footprint and responsiveness trade-offs in supply chain network design. In: International Journal of Production Economics. Vol. 166, S. 129-142. https://doi.org/10.1016/j.ijpe.2015.04.016

Marufuzzaman, M., Ekşioğlu, S.D. und Hernandez, R. (2014): Environmentally Friendly Supply Chain Planning and Design for Biodiesel Production via Wastewater Sludge. In: Transportation Science. Vol. 48, Nr. 4, S. 555–574. https://doi.org/10.1287/trsc.2013.0505

Mattfeld, D. und Vahrenkamp, R. (2014): Logistiknetzwerke. Modelle für Standortwahl und Tourenplanung Springer Gabler, Wiesbaden, 2. Aufl. https://doi.org/10.1007/978-3-8349-6912-5

Melkote, S. und Daskin, M. (2001): Capacitated facility location/network design problems. In: European Journal of Operational Research. Vol. 129, Nr. 3, S. 481–495. https://doi.org/10.1016/S0377-2217(99)00464-6

Melo, M.T.; Nickel, S. und Saldanha-da-Gama, F. (2009): Facility location and supply chain management – A review. In: European Journal of Operational Research. Vol. 196, Nr. 2, S. 401–412. https://doi.org/10.1016/j.ejor.2008.05.007

Moreno, A.; Alem, D. und Ferreira, D. (2016): Heuristic approaches for the multiperiod location-transportation problem with reuse of vehicles in emergency logistics. In: Computers & Operations Research. Vol. 69, S. 79–96. https://doi.org/10.1016/j.cor.2015.12.002

Moscato, P. und Cotta, C. (2003): A Gentle Introduction to Memetic Algorithms. In: Glover, F. und Kochenberg, G.A. (Hrsg.), Handbook of Metaheuristics. Kluwer Academic Publishers, New York, Boston, Dordrecht, London, Moskau, S. 105–144. https://doi.org/10.1007/0-306-48056-5_5

Nickel, S.; Rebennack, S.; Stein, O. und Waldmann, K.-H. (2022): Operations Research. Springer Gabler, Berlin, 3. Aufl.https://doi.org/10.1007/978-3-662-65346-3

Noor-E-Alam, M. und Doucette, J. (2012): Relax-and-fix decomposition technique for solving large scale grid-based location problems. In: Computers & Industrial Engineering. Vol. 63, Nr. 4, S. 1062–1073. https://doi.org/10.1016/j.cie.2012.07.006

Obreque, C.; Donoso, M.; Gutiérrez, G. und Marianov, V. (2010): A branch and cut algorithm for the hierarchical network design problem. In: European Journal of Operational Research. Vol. 200, Nr. 1, S. 28–35. https://doi.org/10.1016/j.ejor.2008.12.022

Olbrich, R. (2022): Marketing. Eine Einführung in die marktorientierte Unternehmensführung. Springer Gabler, Berlin, 3. Aufl. https://doi.org/10.1007/978-3-662-64945-9

Olsson, M. und Piekenbrock, M. (1996): Gabler-Lexikon Umwelt- und Wirtschaftspolitik. Gabler, Wiesbaden, 2. Aufl. https://doi.org/10.1007/978-3-663-05759-8

Pettit, T.J.; Croxton, K.L. und Fiksel, J. (2013): Ensuring Supply Chain Resilience: Development and Implementation of an Assessment Tool. In: Journal of Business Logistics. Vol. 34, Nr. 1, S. 46–76. https://doi.org/10.1111/jbl.12009

Philipsen, G. und Ziemer, F. (2014): Mit Resilienz zu nachhaltigem Unternehmenserfolg. In: Wirtschaftsinformatik & Management. Vol. 6, S. 68–76. https://doi.org/10.1365/s35764-014-0405-9

Pishvaee, M.S.; Farahani, R.Z. und Dullaert, W. (2010): A memetic algorithm for bi-objective integrated forward/reverse logistics network design. In: Computers & Operations Research. Vol. 37, Nr. 6, S. 1100–1112. https://doi.org/10.1016/j.cor.2009.09.018

Pochet, Y. und Wolsey, L.A. (2006): Production Planning by Mixed Integer Programming. Springer Science+Business Media, New York. https://doi.org/10.1007/0-387-33477-7

Pourrezaie-Khaligh, P.; Bozorgi-Amiri, A.; Yousefi-Babadi, A. und Moon, I. (2022): Fix-and-optimize approach for a healthcare facility location/network design problem considering equity and accessibility: A case study. In: Applied Mathematical Modelling. Vol. 102, S. 243–267. https://doi.org/10.1016/j.apm.2021.09.022

Pufé, I. (2017): Nachhaltigkeit. UVK Verlagsgesellschaft, Konstanz/München, 3. Aufl. https://doi.org/10.36198/9783838587059

Rahmani, D. und Mahoodian, V. (2017): Strategic and operational supply chain network design to reduce carbon emission considering reliability and robustness. In: Journal of Cleaner Production. Vol 149, S. 607–620. https://doi.org/10.1016/j.jclepro.2017.02.068

Rahmaniani, R. und Ghaderi, A. (2013): A combined facility location and network design problem with multi-type of capacitated links. In: Applied Mathematical Modelling. Vol. 37, Nr. 9, S. 6400–6414. https://doi.org/10.1016/j.apm.2013.01.001

Rajesh, R. (2019): A fuzzy approach to analyzing the level of resilience in manufacturing supply chains. In: Sustainable Production and Consumption. Vol. 18, S. 224–236. https://doi.org/10.1016/j.spc.2019.02.005

REFA AG (Hrsg.) (2025): Produktionstechnik. In: https://refa.de/service/refa-lexikon/produktionstechnik, zuletzt zugegriffen am 26.02.2025.

Reinhart, L.; Vrucak, D.; Woeste, R.; Lucas, H.; Rombach, E.; Friedrich, B. und Letmathe, P. (2023): Pyrometallurgical recycling of different lithium-ion battery cell systems: Economic and technical analysis. In: Journal of Cleaner Production. Vol. 416, Artikelnr. 137834, S. 1–17. https://doi.org/10.1016/j.jclepro.2023.137834

Rezaee, A.; Dehghanian, F.; Fahimnia, B. und Beamon, B. (2017): Green supply chain network design with stochastic demand and carbon price. In: Annals of Operations Research. Vol. 250, Nr. 2, S. 463–485. https://doi.org/10.1007/s10479-015-1936-z

Rockafellar, R.T. und Uryasev, S. (2002): Conditional value-at-risk for general loss distributions. In: Journal of Banking & Finance. Vol. 26, Nr. 7, S. 1443–1471. https://doi.org/10.1016/S0378-4266(02)00271-6

Rohde, J.; Meyr, H. und Wagner, M. (2000): Die Supply Chain Planning Matrix. In: PPS Management. Vol. 5, Nr. 1, S. 10–15.

Roppel, C. (2024): Angebot und Nachfrage. In: an de Meulen, P; Christiaans, T.; Wilke, C.B. und Wohlmann, M. (Hrsg.), Volkswirtschaftslehre. Mikroökonomik – Wirtschaftspolitik – Makroökonomik. Springer Gabler, Wiesbaden, S. 19–36. https://doi.org/10.1007/978-3-658-43404-5_2

Rosenhead, J.; Elton, M. und Gupta, S.K. (1972): Robustness and Optimality as Criteria for Strategic Decisions. In: Operational Research Quarterly. Vol. 23, Nr. 4, S. 413–431. https://doi.org/10.1057/jors.1972.72

Sabouhi, F.; Jabalameli, M.S. und Jabbarzadeh, A. (2021): An optimization approach for sustainable and resilient supply chain design with regional considerations. In: Computers

& Industrial Engineering. Vol. 159, Artikelnr. 107510, S. 1–21. https://doi.org/10.1016/j.cie.2021.107510
Sahling, F. (2010): Mehrstufige Losgrößenplanung bei Kapazitätsrestriktionen. Gabler Verlag, Wiesbaden. https://doi.org/10.1007/978-3-8349-8708-2
Sahling, F. (2013): A Column-Generation Approach for a Short-Term Production Planning Problem in Closed-Loop Supply Chains. In: BuR - Business Research. Vol. 6, Nr. 1, S. 55–75. https://doi.org/10.1007/BF03342742
Sahling, F. und Kayser, A. (2016): Strategic supply network planning with vendor selection under consideration of risk and demand uncertainty. In: Omega. Vol. 59, Part B, S. 201–214. https://doi.org/10.1016/j.omega.2015.06.008
Saliby, E. (1990): Descriptive Sampling: A Better Approach to Monte Carlo Simulation. In: Journal of the Operational Research Society. Vol. 41, Nr. 12, S. 1133–1142. https://doi.org/10.1057/jors.1990.180
Sarykalin, S.; Serraino, G. und Uryasev, S. (2008): Value-at-Risk vs. Conditional Value-at-Risk in Risk Management and Optimization. In: INFORMS TutORials in Operations Research. Vol. State-of-the-Art Decision-Making Tools in the Information-Intensive Age, S. 270–294. https://doi.org/10.1287/educ.1080.0052
Sauvey, C.; Melo, T. und Correia, I. (2020): Heuristics for a multi-period facility location problem with delayed demand satisfaction. In: Computers & Industrial Engineering. Vol. 139, Artikelnr. 106171, S. 1–23. https://doi.org/10.1016/j.cie.2019.106171
Scholl, A. (2001): Robuste Planung und Optimierung. Grundlagen - Konzepte und Methoden - Experimentelle Untersuchungen. Springer-Verlag, Verlin, Heidelberg.
Shaw, K.; Irfan, M.; Shankar, R. und Yadav, S.S. (2016): Low carbon chance constrained supply chain network design problem: a Benders decomposition based approach. In: Computers & Industrial Engineering. Vol. 98, S. 483–497. https://doi.org/10.1016/j.cie.2016.06.011
Sherafati, M.; Bashiri, M.; Tavakkoli-Moghaddam, R. und Pishvaee, M.S. (2020): Achieving sustainable development of supply chain by incorporating carbon regulatory mechanisms. In: Transportation Research Part D. Vol. 81, Artikelnr. 102253, S. 1–22. https://doi.org/10.1016/j.trd.2020.102253
Shishodia, A.; Verma, P. und Dixit, V. (2019): Supplier evaluation for resilient project driven supply chain. In: Computers & Industrial Engineering. Vol. 129, S. 465–478. https://doi.org/10.1016/j.cie.2019.02.006
Silva, A.; Aloise, D.; Coelho, L.C. und Rocha, C. (2021): Heuristics for the dynamic facility location problem with modular capacities. In: European Journal of Operational Research. Vol. 290, Nr. 2, S. 435–452. https://doi.org/10.1016/j.ejor.2020.08.018
Simon, H. und Fassnacht, M. (2016): Preismanagement. Strategie – Analyse – Entscheidung – Umsetzung. Springer Gabler, Wiesbaden, 4. Aufl. https://doi.org/10.1007/978-3-658-11871-6
Snyder, L.V. (2006): Facility location under uncertainty: a review. In: IIE Transactions. Vol. 38, Nr. 7, S. 547–564. https://doi.org/10.1080/07408170500216480
Soleimani, H.; Chhetri, P.; Fathollahi-Fard, A.M.; Mirzapour Al-e-Hashem, S.M.J. und Shahparvari, S. (2022): Sustainable closed-loop supply chain with energy efficiency: Lagrangian relaxation, reformulations and heuristics. In: Annals of Operations Research. Vol. 318, Nr. 1, S. 531–556. https://doi.org/10.1007/s10479-022-04661-z

Solimanpur, M. und Jafari, A. (2008): Optimal solution for the two-dimensional facility layout problem using a branch-and-bound algorithm. In: Computers & Industrial Engineering. Vol. 55, Nr. 3, S. 606–619. https://doi.org/10.1016/j.cie.2008.01.018

Sridharan, R. (1993): A Lagrangian heuristic for the capacitated plant location problem with single source constraints. In: European Journal of Operational Research. Vol. 66, Nr. 3, S. 305–312. https://doi.org/10.1016/0377-2217(93)90219-D

Stadtler, H. (2015): Supply Chain Management: An Overview. In: Stadtler, H.; Kilger, C. und Meyr, H. (Hrsg.), Supply Chain Management and Advanced Planning. Springer Verlag, Berlin, Heidelberg, S. 3–28, 5. Aufl. https://doi.org/10.1007/978-3-642-55309-7_1

Suhl, L. und Mellouli, T. (2013): Optimierungssysteme. Modelle, Verfahren, Software, Anwendungen. Springer Gabler, Berlin/Heidelberg, 3. Aufl. https://doi.org/10.1007/978-3-642-38937-5

Sun, M. (2012): A tabu search heuristic procedure for the capacitated facility location problem. In: Journal of Heuristics. Vol. 18, S. 91–118. https://doi.org/10.1007/s10732-011-9157-3

Tsao, Y.-C.; Amir, E.N.R.; Thanh, V.-V. und Dachyar, M. (2021): Designing an Eco-efficient Supply Chain Network Considering Carbon Trade and Trade-credit: A Robust Fuzzy Optimization Approach. In: Computers & Industrial Engineering. Vol. 160, Artikelnr. 107595, S. 1–14. https://doi.org/10.1016/j.cie.2021.107595

Tukamuhabwa, B.R.; Stevenson, M.; Busby, J. und Zorzini, M. (2015): Supply chain resilience: definition, review and theoretical foundations for further study. In: International Journal of Production Research. Vol. 53, Nr. 18, S. 5592–5623. https://doi.org/10.1080/00207543.2015.1037934

Turken, N.; Carrillo, J. und Verter, V. (2017): Facility location and capacity acquisition under carbon tax and emissions limits: To centralize or to decentralize? In: International Journal of Production Economics. Vol. 187, S. 126–141. https://doi.org/10.1016/j.ijpe.2017.02.010

Übereinkommen von Paris (2015) in der Fassung vom 12.12.2015; Bundesministerium für wirtschaftliche Zusammenarbeit und Entwicklung. In: https://www.bmuv.de/fileadmin/Daten_BMU/Download_PDF/Klimaschutz/paris_abkommen_bf.pdf, zuletzt zugegriffen am 30.06.2025.

UNFCC (United Nations Framework Convention on Climate Change) (Hrsg.) (1998): Kyoto Protocol to the United Nations Framework Convention on Climate Change. In: https://unfccc.int/resource/docs/convkp/kpeng.pdf, zuletzt zugegriffen am 26.06.2025, S. 1–20.

Umweltbundesamt (Hrsg.) (2022): Emissionsdaten. In: https://www.umweltbundesamt.de/themen/verkehr-laerm/emissionsdaten#hbefa, zuletzt zugegriffen am 27.01.2022.

Umweltbundesamt (Hrsg.) (2023): Der EU-Emissionshandel wird umfassend reformiert. In: https://www.umweltbundesamt.de/themen/der-eu-emissionshandel-wird-umfassend-reformiert, zuletzt zugegriffen am 27.06.2025.

Umweltbundesamt (Hrsg.) (2025a): Der Europäische Emissionshandel. In: https://www.umweltbundesamt.de/daten/klima/der-europaeische-emissionshandel#teilnehmer-prinzip-und-umsetzung-des-europaischen-emissionshandels, zuletzt zugegriffen am 27.06.2025.

Umweltbundesamt (Hrsg.) (2025b): Treibhausgasminderungsziele Deutschlands. In: https://www.umweltbundesamt.de/daten/klima/treibhausgasminderungsziele-deutschlands#internationale-vereinbarungen-weisen-den-weg, zuletzt zugegriffen am 26.06.2025.

Urata, T.; Yamada, T.; Itsubo, N. und Inoue, M. (2017): Global supply chain network design and Asian analysis with material-based carbon emissions and tax. In: Computers & Industrial Engineering. Vol. 113, S. 779–792. https://doi.org/10.1016/j.cie.2017.07.032

Valderrama, C.V.; Santibanez-González, E.; Pimentel, B.; Candia-Véjar, A. und Canales-Bustos, L. (2020): Designing an environmental supply chain network in the mining industry to reduce carbon emissions. In: Journal of Cleaner Production. Vol. 254, Artikelnr. 119688, S. 1–25. https://doi.org/10.1016/j.jclepro.2019.119688

Vereinte Nationen (Hrsg.) (2025): The 17 Goals. In: https://sdgs.un.org/goals, zuletzt zugegriffen am 16.06.2025.

Waltho, C.; Elhedhli, S. und Gzara, F. (2019): Green supply chain network design: A review focused on policy adoption and emission quantification. In: International Journal of Production Economics. Vol. 208, S. 305–318. https://doi.org/10.1016/j.ijpe.2018.12.003

World Bank Group (Hrsg.) (2025): State and Trends of Carbon Pricing Dashboard. In: https://carbonpricingdashboard.worldbank.org/compliance/instrument-detail, zuletzt zugegriffen am 30.06.2025.

Yang, J.; Guo, J. und Ma, S. (2016): Low-carbon city logistics distribution network design with resource deployment. In: Journal of Cleaner Production. Vol. 119, S. 223–228. https://doi.org/10.1016/j.jclepro.2013.11.011

Zakeri, A.; Dehghanian, F.; Fahimnia, B. und Sarkis, J. (2015): Carbon pricing versus emissions trading: A supply chain planning perspective. In: International Journal of Production Economics. Vol. 164, S. 197–205. https://doi.org/10.1016/j.ijpe.2014.11.012

Zheng, M.; Li, W.; Liu, Y. und Liu, X. (2020): A Lagrangian heuristic algorithm for sustainable supply chain network considering CO2 emission. In: Journal of Cleaner Production. Vol. 270, Artikelnr. 122409, S. 1–12. https://doi.org/10.1016/j.jclepro.2020.122409

Zhou, Y.; Gong, D.-C.; Huang, B. und Peters, B.A. (2017): The Impacts of Carbon Tariff on Green Supply Chain Design. In: IEEE Transactions on Automation Science and Engineering. Vol. 14, Nr. 3, S. 1542–1555. https://doi.org/10.1109/TASE.2015.2445316

FSC
www.fsc.org
MIX
Papier | Fördert gute Waldnutzung
FSC® C083411

Kolibri 360 GmbH
Ferdinand-Jühlke-Straße 7
99095 Erfurt, Deutschland
produktsicherheit@kolibri360.de